谢金星　薛　毅　编著

优化建模与LINDO/LINGO软件

清华大学出版社

北　京

内容简介

LINDO 和 LINGO 是美国 LINDO 系统公司开发的一套专门用于求解最优化问题的软件包。LINDO 用于求解线性规划和二次规划问题，LINGO 除了具有 LINDO 的全部功能外，还可以用于求解非线性规划问题，也可以用于一些线性和非线性方程(组)的求解，等等。LINDO 和 LINGO 软件的最大特色在于可以允许优化模型中的决策变量是整数(即整数规划)，而且执行速度很快。LINGO 实际上还是最优化问题的一种建模语言，包括许多常用的函数可供使用者建立优化模型时调用，并提供与其他数据文件(如文本文件、Excel 电子表格文件、数据库文件等)的接口，易于方便地输入、求解和分析大规模最优化问题。由于这些特点，LINDO 和 LINGO 软件在教学、科研和工业、商业、服务等领域得到了广泛应用。

本书详细介绍在 Microsoft Windows 环境下运行的最新版本(LINDO 6.1，LINGO 10.0)的使用方法，并包括社会、经济、工程等方面的大量实际应用问题的数学建模和求解实例，可供了解和使用优化建模和优化软件的教师和学生、管理决策者、科技工作者及其他对此感兴趣的读者阅读，也可作为运筹学课程的教学参考书。

本书封面贴有清华大学出版社防伪标签，无标签者不得销售。
版权所有，侵权必究。举报: 010-62782989, beiqinquan@tup.tsinghua.edu.cn。

图书在版编目(CIP)数据

优化建模与 LINDO/LINGO 软件/谢金星，薛毅编著. —北京: 清华大学出版社，2005.7
(2023.2重印)
ISBN 978-7-302-11180-1

Ⅰ. 优… Ⅱ. ①谢… ②薛… Ⅲ. 最优化算法－应用软件，LINDO、LINGO Ⅳ. O242.23

中国版本图书馆 CIP 数据核字(2005)第 061299 号

责任编辑: 刘 颖 王海燕
责任印制: 曹婉颖

出版发行:	清华大学出版社
网　　址:	http://www.tup.com.cn, http://www.wqbook.com
地　　址:	北京清华大学学研大厦 A 座　　邮　编: 100084
社 总 机:	010-83470000　　邮　购: 010-62786544
投稿与读者服务:	010-62776969, c-service@tup.tsinghua.edu.cn
质 量 反 馈:	010-62772015, zhiliang@tup.tsinghua.edu.cn
印 装 者:	三河市龙大印装有限公司
经　　销:	全国新华书店
开　　本:	185mm×230mm　　印 张: 31.75　　字 数: 762 千字
版　　次:	2005 年 7 月第 1 版　　印　次: 2023 年 2 月第 15 次印刷
定　　价:	89.00 元

产品编号: 017981-05/O

前 言

在工程技术、经济管理、科学研究和日常生活等诸多领域中,人们经常遇到的一类决策问题是,在一系列客观或主观限制条件下,寻求使所关注的某个或多个指标达到最大(或最小)的决策.这种决策问题通常称为最优化(或简称为优化)问题,研究处理这类问题的数学方法称为最优化方法,它也是运筹学和管理科学中解决定量决策问题的基本方法.在决策科学化、定量化的呼声日益高涨的今天,用最优化方法解决定量决策问题无疑是符合时代潮流和形势发展需要的.

用最优化方法解决决策问题包括两个基本步骤:首先,需要把实际决策问题翻译、表述成数学最优化的形式,即用数学建模的方法建立决策问题的优化模型,或简称为优化建模;其次,建立优化模型后,需要选择、利用优化方法和工具求解模型.优化建模方法自然具有一般的数学建模方法的共同特性,但优化模型又是一类既重要、又特殊的数学模型,因此优化建模方法又具有一定的特殊性和专业性.此外,由于优化模型的种类很多,很多模型目前还没有有效的求解方法,不同的算法用于求解不同模型的效果可能差异很大,如何利用优化软件求解优化模型也有一定的专业性和技巧性.

本书就是希望以上面两个步骤为突破口,一方面重点介绍优化建模的思想和方法,另一方面重点介绍专业的优化软件包 LINDO 和 LINGO 的使用.全书结合具体的案例进行介绍,而很少介绍有关优化的数学理论.之所以这样组织,主要是基于以下考虑:目前国内有关优化的数学理论方面的专门书籍已经很多,有兴趣的读者随时可以从几乎任何一本运筹学或最优化方法的书中找到相应的数学理论;此外,我们希望使本书的起点尽量低,让没有太多数学基础的读者也能读懂绝大部分内容,从而把本书的重点放到强调优化建模方法的重要性和实用性上,并借助专业优化软件的强大功能,直接得到优化模型的结果.

目前国际市场上的专业优化软件以及包含部分优化功能的数学类软件很多,本书之所以选择 LINDO 和 LINGO 软件进行介绍,主要是因为 LINDO 和 LINGO 软件是著名的专业优化软件,其功能比较强、计算效果比较好,与那些包含部分优化功能的非专业软件相比,通常具有明显的优势.此外,LINDO 和 LINGO 软件使用起来非常简便,很容易学会,在优化软件(尤其是运行于个人电脑上的优化软件)市场占有很大份额,在国外运筹学类的教科书中也被广泛用做教学软件.

本书大致可以分成两部分：前 4 章介绍优化模型的基本概念和 LINDO/LINGO 软件的基本使用方法．在这一部分，我们尽量将软件的使用介绍得完整些，以便使之能作为 LINDO/LINGO 的简易使用手册，但读者不一定在第一次阅读时就全部掌握，可以在将来需要时再回头来查阅和加深理解（尤其对于标题中带有"*"的内容）．从第 5 章开始，通过介绍优化模型在各个领域的一些典型的应用案例，说明优化建模的过程，最后归结为用 LINDO/LINGO 软件求解．这部分内容中的每个案例基本上都是独立的，读者可以随意选择阅读．

本书中所有案例的 LINDO/LINGO 程序可以从以下网址下载：

$$\text{http://faculty.math.tsinghua.edu.cn/~jxie/lindo}$$

由于编者水平所限，书中一定存在很多不足甚至错误之处，欢迎读者不吝指正．我们的电子邮件地址是：jxie@math.tsinghua.edu.cn（谢金星）；xueyi@bjut.edu.cn（薛毅）．

编　者

2005 年 3 月

目　录

第 1 章　引言 …………………………………………………………………… 1

  1.1　优化模型的基本概念 ……………………………………………………… 1
      1.1.1　优化模型的一般形式 ……………………………………………… 1
      1.1.2　可行解与最优解 …………………………………………………… 2
      1.1.3　优化模型的基本类型 ……………………………………………… 3
  1.2　优化问题的建模实例 ……………………………………………………… 5
      1.2.1　线性规划模型 ……………………………………………………… 5
      1.2.2　二次规划模型 ……………………………………………………… 9
      1.2.3　非线性规划模型 …………………………………………………… 10
      1.2.4　整数规划模型 ……………………………………………………… 11
      1.2.5　其他优化模型 ……………………………………………………… 15
  1.3　LINDO/LINGO 软件简介 ………………………………………………… 16
      1.3.1　LINDO/LINGO 软件的基本功能 ………………………………… 16
      1.3.2　LINDO/LINGO 软件的求解过程 ………………………………… 18
      1.3.3　建立 LINDO/LINGO 优化模型需要注意的几个基本问题 ……… 19
  习题 1 ……………………………………………………………………………… 20

第 2 章　LINDO 软件的基本使用方法 ………………………………………… 25

  2.1　LINDO 入门 ……………………………………………………………… 25
      2.1.1　LINDO 软件的安装过程 …………………………………………… 25
      2.1.2　编写一个简单的 LINDO 程序 …………………………………… 26
      2.1.3　一些注意事项 ……………………………………………………… 31
  2.2　敏感性分析 ………………………………………………………………… 35
  2.3　整数线性规划的求解 ……………………………………………………… 40
  *2.4　二次规划的求解 …………………………………………………………… 46
  *2.5　LINDO 的主要菜单命令 ………………………………………………… 49

2.5.1　文件主菜单 ………………………………………………………… 50
　　　2.5.2　编辑主菜单 ………………………………………………………… 51
　　　2.5.3　求解主菜单 ………………………………………………………… 55
　　　2.5.4　报告主菜单 ………………………………………………………… 55
　*2.6　LINDO 命令窗口 …………………………………………………………… 58
　　　2.6.1　INFORMATION(信息类命令) ……………………………………… 59
　　　2.6.2　INPUT(输入类命令) ……………………………………………… 60
　　　2.6.3　DISPLAY(显示类命令) …………………………………………… 61
　　　2.6.4　OUTPUT(输出类命令) …………………………………………… 63
　　　2.6.5　SOLUTION(求解类命令) ………………………………………… 64
　　　2.6.6　PROBLEM EDITING (编辑类命令) ……………………………… 64
　　　2.6.7　QUIT(退出类命令) ……………………………………………… 65
　　　2.6.8　INTEGER,QUADRATIC,AND PARAMETRIC PROGRAMS
　　　　　　(整数、二次与参数规划类命令) ………………………………… 65
　　　2.6.9　CONVERSATIONAL PARAMETERS(对话类命令) ……………… 66
　　　2.6.10　USER SUPPLIED ROUTINES(用户过程类命令) ……………… 67
　　　2.6.11　MISCELLANEOUS(其他命令) …………………………………… 67
　*2.7　LINDO 命令脚本文件 …………………………………………………… 68
　　附录　MPS 格式数据文件 ………………………………………………… 71
　习题 2 ………………………………………………………………………… 76

第 3 章　LINGO 软件的基本使用方法 ………………………………………… 79

　3.1　LINGO 入门 ……………………………………………………………… 79
　　　3.1.1　LINGO 软件的安装过程和主要特色 …………………………… 79
　　　3.1.2　在 LINGO 中使用 LINDO 模型 ………………………………… 81
　　　3.1.3　编写一个简单的 LINGO 程序 …………………………………… 86
　3.2　在 LINGO 中使用集合 ………………………………………………… 88
　　　3.2.1　集合的基本用法和 LINGO 模型的基本要素 …………………… 88
　　　3.2.2　基本集合与派生集合 ……………………………………………… 94
　　　3.2.3　稠密集合与稀疏集合 ……………………………………………… 99
　　　3.2.4　集合的使用小结 ………………………………………………… 103
　3.3　运算符和函数 …………………………………………………………… 105
　　　3.3.1　运算符及其优先级 ……………………………………………… 105
　　　3.3.2　基本的数学函数 ………………………………………………… 106

         3.3.3　集合循环函数 ·· 107
         3.3.4　集合操作函数 ·· 107
         3.3.5　变量定界函数 ·· 109
         3.3.6　财务会计函数 ·· 109
         3.3.7　概率论中的相关函数 ·· 109
         3.3.8　文件输入输出函数 ··· 110
         3.3.9　结果报告函数 ·· 111
         3.3.10　其他函数 ··· 114
   3.4　LINGO 的主要菜单命令 ·· 115
         3.4.1　文件主菜单 ··· 116
         3.4.2　编辑主菜单 ··· 116
         3.4.3　LINGO 系统（LINGO）主菜单 ······························· 118
   3.5　LINGO 命令窗口 ·· 131
   习题 3 ·· 136

* **第 4 章　LINGO 软件与外部文件的接口** ····································· 140
   4.1　通过 Windows 剪贴板传递数据 ··· 140
         4.1.1　粘贴命令的用法 ··· 141
         4.1.2　特殊粘贴命令的用法 ·· 144
   4.2　通过文本文件传递数据 ··· 145
         4.2.1　通过文本文件输入数据 ··· 146
         4.2.2　通过文本文件输出数据 ··· 147
   4.3　通过电子表格文件传递数据 ·· 149
         4.3.1　在 LINGO 中使用电子表格文件的数据 ··················· 149
         4.3.2　将 LINGO 模型嵌入、链接到电子表格文件中 ········ 152
   4.4　LINGO 命令脚本文件 ·· 154
   附录　LINGO 出错信息 ·· 157
   习题 4 ·· 165

第 5 章　生产与服务运作管理中的优化问题 ································· 166
   5.1　生产与销售计划问题 ·· 166
         5.1.1　问题实例 ·· 166
         5.1.2　建立模型 ·· 166
         5.1.3　求解模型 ·· 167

5.2 有瓶颈设备的多级生产计划问题 ································ 173
5.2.1 问题实例 ································ 173
5.2.2 建立模型 ································ 174
5.2.3 求解模型 ································ 176

5.3 下料问题 ································ 184
5.3.1 钢管下料问题 ································ 184
5.3.2 易拉罐下料问题 ································ 190

5.4 面试顺序与消防车调度问题 ································ 194
5.4.1 面试顺序问题 ································ 194
5.4.2 消防车调度问题 ································ 199

5.5 飞机定位和飞行计划问题 ································ 205
5.5.1 飞机的精确定位问题 ································ 205
5.5.2 飞行计划问题 ································ 210

习题 5 ································ 214

第 6 章 经济与金融中的优化问题 ································ 220

6.1 经济均衡问题及其应用 ································ 220
6.1.1 单一生产商、单一消费者的情形 ································ 220
6.1.2 两个生产商、两个消费者的情形 ································ 223
6.1.3 拍卖与投标问题 ································ 226
6.1.4 交通流均衡问题 ································ 230

6.2 投资组合问题 ································ 236
6.2.1 基本的投资组合模型 ································ 236
6.2.2 存在无风险资产时的投资组合模型 ································ 243
6.2.3 考虑交易成本的投资组合模型 ································ 244
6.2.4 利用股票指数简化投资组合模型 ································ 246
6.2.5 其他目标下的投资组合模型 ································ 251

6.3 市场营销问题 ································ 253
6.3.1 新产品的市场预测 ································ 253
6.3.2 产品属性的效用函数 ································ 255
6.3.3 机票的销售策略 ································ 260

习题 6 ································ 264

第 7 章 图论与网络模型 ... 269

7.1 运输问题与转运问题 ... 269
7.1.1 运输问题 ... 269
7.1.2 指派问题 ... 274
7.1.3 转运问题 ... 280

7.2 最短路问题和最大流问题 ... 284
7.2.1 最短路问题 ... 284
7.2.2 最大流问题 ... 291
7.2.3 最小费用最大流问题 ... 295

7.3 最优连线问题与旅行商问题 ... 297
7.3.1 最优连线问题 ... 297
7.3.2 旅行商问题 ... 301

7.4 计划评审方法和关键路线法 ... 304
7.4.1 计划网络图 ... 304
7.4.2 计划网络图的计算 ... 305
7.4.3 关键路线与计划网络的优化 ... 311
7.4.4 完成作业期望和实现事件的概率 ... 315

习题 7 ... 318

第 8 章 目标规划模型 ... 322

8.1 线性规划与目标规划 ... 322
8.1.1 线性规划建模与目标规划建模 ... 322
8.1.2 线性规划建模的局限性 ... 323

8.2 目标规划的数学模型 ... 324
8.2.1 目标规划的基本概念 ... 324
8.2.2 目标规划模型的建立 ... 325
8.2.3 目标规划的一般模型 ... 326
8.2.4 求解目标规划的序贯式算法 ... 326

8.3 目标规划模型的实例 ... 333

8.4 数据包络分析 ... 343
8.4.1 数据包络分析的基本概念 ... 343
8.4.2 C^2R 模型 ... 345
8.4.3 数据包络分析的求解 ... 346

习题 8 ·· 347

第 9 章　对策论模型 ·· 349

9.1　二人常数和对策模型 ·· 349
9.1.1　二人零和对策 ·· 349
9.1.2　二人常数和对策 ·· 355
9.2　二人非常数和对策 ·· 356
9.2.1　纯对策问题 ··· 356
9.2.2　混合对策问题 ··· 357
9.3　n 人合作对策初步 ·· 362
习题 9 ·· 365

第 10 章　排队论模型 ·· 367

10.1　排队服务系统的基本概念 ··· 367
10.1.1　排队的例子及基本概念 ·· 367
10.1.2　符号表示 ··· 368
10.1.3　描述排队系统的主要数量指标 ··· 369
10.1.4　与排队论模型有关的 LINGO 函数 ······································ 370
10.2　等待制排队模型 ·· 370
10.2.1　等待制排队模型的基本参数 ·· 370
10.2.2　等待制排队模型的计算实例 ·· 371
10.3　损失制排队模型 ·· 375
10.3.1　损失制排队模型的基本参数 ·· 375
10.3.2　损失制排队模型计算实例 ·· 376
10.4　混合制排队模型 ·· 379
10.4.1　混合制排队模型的基本公式 ·· 380
10.4.2　混合制排队模型的基本参数 ·· 380
10.4.3　混合制排队模型计算实例 ·· 381
10.5　闭合式排队模型 ·· 383
10.5.1　闭合式排队模型的基本参数 ·· 383
10.5.2　闭合式排队模型计算实例 ·· 384
10.6　排队系统的最优化模型 ·· 386
10.6.1　系统服务时间的确定 ··· 386
10.6.2　系统服务台(员)的确定 ·· 388

习题 10 ·· 389

第 11 章 存储论模型 ·· 391

11.1 存储论模型简介 ·· 391
  11.1.1 问题的引入 ··· 391
  11.1.2 存储论模型的基本概念 ··· 391

11.2 经济订购批量存储模型 ·· 392
  11.2.1 基本的经济订购批量存储模型 ·· 392
  11.2.2 带有约束的经济订购批量存储模型 ··· 396
  11.2.3 允许缺货的经济订购批量存储模型 ··· 400
  11.2.4 带有约束允许缺货模型 ··· 403
  11.2.5 经济订购批量折扣模型 ··· 407

11.3 经济生产批量存储模型 ·· 409
  11.3.1 基本的经济生产批量存储模型 ·· 410
  11.3.2 带有约束的经济生产批量存储模型 ··· 412
  11.3.3 允许缺货的经济生产批量存储模型 ··· 414
  11.3.4 带有约束的允许缺货模型 ··· 419

11.4 单周期随机库存模型 ·· 419
  11.4.1 模型的基本假设 ·· 419
  11.4.2 模型的推导 ··· 419
  11.4.3 模型的求解 ··· 421

习题 11 ·· 427

第 12 章 数学建模竞赛中的部分优化问题 ·· 429

12.1 一个飞行管理问题 ·· 429
  12.1.1 问题描述 ··· 429
  12.1.2 模型 1 及求解 ·· 430
  12.1.3 模型 2 及求解 ·· 434

12.2 钢管订购和运输 ··· 440
  12.2.1 问题描述 ··· 440
  12.2.2 运费矩阵的计算模型 ·· 442
  12.2.3 运输量计算模型及求解 ··· 448

12.3 露天矿生产的车辆安排 ·· 451
  12.3.1 问题描述 ··· 451

12.3.2　运输计划模型及求解 ………………………………… 453
　12.4　空洞探测 ………………………………………………………… 458
　　　12.4.1　问题描述 ……………………………………………… 458
　　　12.4.2　优化模型及求解 ………………………………………… 460
　习题 12 ………………………………………………………………… 467

附录　LINGO 10.0 新增功能介绍 ……………………………………… 478

参考文献 ………………………………………………………………… 496

第1章 引 言

1.1 优化模型的基本概念

1.1.1 优化模型的一般形式

在工程技术、经济管理、科学研究和日常生活等诸多领域中,人们经常遇到的一类决策问题是:在一系列客观或主观限制条件下,寻求使所关注的某个或多个指标达到最大(或最小)的决策.例如,结构设计要在满足强度要求的条件下选择材料的尺寸,使其总重量最轻;资源分配要在有限资源约束下制定各用户的分配数量,使资源产生的总效益最大;运输方案要在满足物资需求和装载条件下安排从各供应点到各需求点的运量和路线,使运输总费用最低;生产计划要按照产品工艺流程和顾客需求,制定原料、零件、部件等订购、投产的日程和数量,尽量降低成本使利润最高.

上述这种决策问题通常称为最优化(optimization,简称为优化)问题.人们解决这些优化问题的手段大致有以下几种:

(1) 依赖过去的经验判断面临的问题.这似乎切实可行,并且没有太大的风险,但是其处理过程会融入决策者太多的主观因素,常常难以客观地给予描述,从而无法确认结果的最优性.

(2) 做大量的试验反复比较.这固然比较真实可靠,但是常要花费太多的资金和人力,而且得到的最优结果基本上跑不出开始设计的试验范围.

(3) 用数学建模(mathematical modeling)的方法建立优化模型(optimization model)求解最优决策,我们将这种方式简称为优化建模(optimization modeling).虽然由于建模时要作适当的简化,可能使得结果不一定完全可行或达到实际上的最优,但是它基于客观规律和数据,又不需要多大的费用,具有前两种手段无可比拟的优点.如果在此基础上再辅之以适当的经验和试验,就可以期望得到实际问题的一个比较圆满的回答.优化建模是解决优化问题的最有效、最常用的方法之一.在决策科学化、定量化的呼声日益高涨的今天,用数学建模方法求解优化问题,无疑是符合时代潮流和形势发展需要的.

优化模型是一种特殊的数学模型,优化建模方法是一种特殊的数学建模方法.优化模型一般有以下三个要素:

(1) 决策变量(decision variable),它通常是该问题要求解的那些未知量,不妨用 n 维

向量 $x=(x_1,x_2,\cdots,x_n)^T$ 表示,当对 x 赋值后它通常称为该问题的一个解或一个点(solution/point).

(2) 目标函数(objective function),通常是该问题要优化(最小或最大)的那个目标的数学表达式,它是决策变量 x 的函数,可以抽象地记作 $f(x)$.

(3) 约束条件(constraints),由该问题对决策变量的限制条件给出,即 x 允许取值的范围为 $x\in\Omega$,Ω 称为可行域(feasible region),常用一组关于 x 的等式 $h_i(x)=0(i=1,2,\cdots,m_e)$ 或不等式 $g_j(x)\leqslant 0(j=m_e+1,m_e+2,\cdots,m_e+m)$ 来界定,分别称为等式约束(equality constraint)和不等式约束(inequality constraint).

于是,优化模型从数学上可表述成如下一般形式:
$$\text{opt}\quad z=f(x); \tag{1}$$
$$\text{s.t.}\quad h_i(x)=0\quad (i=1,2,\cdots,m_e), \tag{2}$$
$$\quad g_j(x)\leqslant 0\quad (j=m_e+1,m_e+2,\cdots,m_e+m). \tag{3}$$

这里 opt 是最优化(optimize)的意思,可以是 min(求极小,即 minimize 的缩写)或 max(求极大,即 maximize 的缩写)两者之一;s.t. 是"受约束于"(subject to,也可理解成 such that)的意思.

1.1.2 可行解与最优解

同时满足约束(2)和(3)的解 x(即 $x\in\Omega$)称为可行解或可行点(feasible solution/point),否则称为不可行解或不可行点(infeasible solution/point).满足(1)的可行解 x^*(也就是使目标达到最优的 x^*)称为最优解或最优点(optimal solution/point,也称为 optimizer),在最优解 x^* 处目标函数的取值 $f(x^*)$ 称为最优值(optimal value,也称为 optimum).对于极小化问题,则对应的最优解(点)也可以称为最小解(点)(minimum solution/point,或 minimizer),最优值称为最小值(minimum).类似地,对于极大化问题,则对应的最优解(点)也可以称为最大解(点)(maximum solution/point,或 maximizer),最优值称为最大值(maximum).

如果在某个可行解 x^* 的附近(x^* 的某个邻域),x^* 使目标函数达到最优(即将可行域限定在 x^* 的某个邻域中时 x^* 是最优解),但 x^* 不一定是整个可行域 Ω 上的最优解,则 x^* 称为一个局部最优解或相对最优解(local/relative optimal solution,或 local/relative optimizer),此时的所谓最优解实际上只是极值点.相对于局部最优解,我们把整个可行域上的最优解称为全局最优解或整体最优解(global optimal solution,或 global optimizer).例如,对于极小化问题,图 1-1 中的 x_1,x_2 都是局部最优解(最小点),其中 x_1 不是全局最优解,而 x_2 是全局最优解.对大多数优化问题,求全局最优解是很困难的,所以很多优化软件往往只能求到局部最优解.

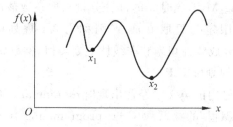

图 1-1　局部最优解与整体最优解

1.1.3　优化模型的基本类型

优化模型可以从不同的角度进行分类.若优化模型中只有(1)式而没有(2)、(3)式,则这种特殊情况称为无约束优化(unconstrained optimization);只要有(2)或(3)式,模型就称为约束优化(constrained optimization).还有一些更特殊的情况,即只有(2)式而没有(1)、(3)式,模型就变成了普通的方程组(system of equations);如果只有(3)式而没有(1)、(2)式,模型就变成了不等式组(system of inequalities);这些都可以看成是约束优化的特例.一般说来,实际生活中的优化问题总是有约束的,但是如果最优解不是在可行域的边界上,而是在它的内部,那么就可以考虑用无约束优化来比较简单地处理.另外,在理论和算法上,无约束优化也是约束优化的基础.

在上面的模型(1)、(2)、(3)中,除了要求决策变量满足约束(2)、(3)外,没有限制决策变量 x 在什么范围内取值,这时通常表示(默认)决策变量的分量 $x_i (i=1,2,\cdots,n)$ 可以在实数范围内取值,即 $x \in \mathbb{R}^n$. 优化问题的另一种分类方法,是按照模型中决策变量的取值范围以及目标函数 $f(x)$ 和约束函数 $h_i(x)=0$ ($i=1,2,\cdots,m_e$) 或不等式 $g_j(x) \leqslant 0$ ($j=m_e+1, m_e+2, \cdots, m_e+m$) 的特性进行分类.常见的类型如下:

(1) 当模型中决策变量 x 的所有分量 $x_i (i=1,2,\cdots,n)$ 取值均为连续数值(即实数)时,优化模型称为连续优化(continuous optimization),这也是通常所说的数学规划(mathematical programming).此时,若 f, h_i, g_j 都是线性函数,称为线性规划(linear programming,LP);若 f, h_i, g_j 至少有一个是非线性函数,则称为非线性规划(nonlinear programming,NLP).特别地,若 f 是一个二次函数,而 h_i, g_j 都是线性函数,则称为二次规划(quadratic programming,QP),它是一种相对比较简单的非线性规划.

(2) 否则,若 x 的一个或多个分量只取离散数值,则优化模型称为离散优化(discrete optimization),或称为组合优化(combinatorial optimization).这时通常 x 的一个或多个分量只取整数数值,称为整数规划(integer programming,IP),并可以进一步明确地分为纯整数规划(pure integer programming,PIP,此时 x 的所有分量只取整数数值)和混合整数规划

(mixed integer programming, MIP, 此时 x 的部分分量只取整数数值). 特别地, 若 x 的分量中取整数数值的范围还限定为只取 0 或 1, 则称为 0-1 规划 (zero-one programming, ZOP). 此外, 与连续优化分成线性规划和非线性规划类似, 整数规划也可以分成整数线性规划(ILP)和整数非线性规划(INLP).

请大家注意, 上面括号内的英文中经常出现"programming"(规划)这个词, 在与计算机语言连用时它通常是"编程"的意思, 如C++ programming (C++语言编程). 但在最优化中, 它的意思就是"optimization"(优化), 因此偶尔也会有用"optimization"(优化)来代替"programming"(规划)的时候, 但反过来通常不行, 什么时候用哪个词基本上是约定俗成的, 并没有什么特别的道理可言. 例如, 我们几乎从来不把"组合优化"(combinatorial optimization)说成"组合规划"(combinatorial programming), 一般也很少会将"整数规划"(integer programming)说成"整数优化"(integer optimization).

还可以根据其他标准对优化问题进行分类. 例如, 根据模型中参数或决策变量是否具有不确定性, 可以把优化问题分成确定性规划、不确定性规划(如随机规划、模糊规划等); 根据 f, h_i, g_j 是否连续、是否可微, 可以把优化问题分成光滑优化、非光滑优化; 根据需要优化的目标的多少, 把优化问题分成单目标规划、多目标规划; 此外, 还有目标规划、动态规划、多层规划, 等等. 总之, 出于解决实际问题的需要, 人们建立和研究了不同类型的优化问题; 反过来, 有关优化问题的理论研究成果和所涉及的内容非常丰富, 为优化方法的广泛应用提供了支持.

本书不准备对优化理论和方法进行具体、详细地介绍, 而是把重点放在如何建立优化模型, 然后如何用 LINDO/LINGO 软件来求解所建立的模型和分析所得到的计算结果. 即便如此, 由于不同类型的优化问题的求解难度和求解方法是有很大差异的, 因此在解决我们所面临的问题时, 弄清问题的类型是很有必要的. 例如, 只能对于连续线性规划或某些特定的二次规划(如凸二次规划)问题, 可以比较容易地求到整体最优解, 或判断原问题无解; 而对于一般的非线性规划和整数规划, 当问题的规模比较大时, 在可以接受的计算时间内找到整体最优解是非常困难的, 因此通常只能求局部最优解. 一般来说, 离散优化问题比连续优化问题难以求解, 非线性规划问题比线性规划问题难以求解, 非光滑优化比光滑优化难以求解. 对于本书后面选择的求解软件来说, 理解下面列出的主要优化类型及其求解难度(如图1-2所示)是有帮助的.

对于解决实际优化问题来说, 建立其对应的优化模型是极其重要的一步. 为了让大家对上述类型的优化模型有一个基本的了解, 1.2节将分别介绍一些可以用线性规划、二次规划、非线性规划、整数规划建立模型的实际问题的案例.

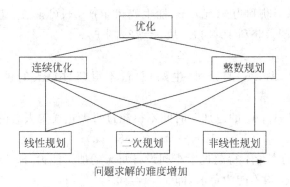

图 1-2 优化模型的简单分类和求解难度

1.2 优化问题的建模实例

1.2.1 线性规划模型

下面通过一个加工奶制品的生产计划问题的实例,说明如何建立线性规划模型.

例 1.1 一奶制品加工厂用牛奶生产 A_1, A_2 两种奶制品,1 桶牛奶可以在甲车间用 12h 加工成 3kg A_1,或者在乙车间用 8h 加工成 4kg A_2.根据市场需求,生产出的 A_1, A_2 全部能售出,且每千克 A_1 获利 24 元,每千克 A_2 获利 16 元.现在加工厂每天能得到 50 桶牛奶的供应,每天正式工人总的劳动时间为 480h,并且甲车间的设备每天至多能加工 100kg A_1,乙车间的设备的加工能力可以认为没有上限限制(即加工能力足够大).试为该厂制定一个生产计划,使每天获利最大,并进一步讨论以下 3 个附加问题:

(1) 若用 35 元可以买到 1 桶牛奶,是否作这项投资?若投资,每天最多购买多少桶牛奶?

(2) 若可以聘用临时工人以增加劳动时间,付给临时工人的工资最多是每小时几元?

(3) 由于市场需求变化,每千克 A_1 的获利增加到 30 元,是否应该改变生产计划?

问题分析

这个优化问题的目标是使每天的获利最大,要作的决策是生产计划,即每天用多少桶牛奶生产 A_1,用多少桶牛奶生产 A_2(当然,决策变量也可以取每天生产多少千克 A_1,多少千克 A_2,得到的模型不会有本质区别),决策受到 3 个条件的限制:原料(牛奶)供应、劳动时间、甲车间的加工能力.按照题目所给,将决策变量、目标函数和约束条件用数学符号及式子表示出来,就可得到这个优化问题的模型.

优化模型

决策变量:设每天用 x_1 桶牛奶生产 A_1,用 x_2 桶牛奶生产 A_2.

目标函数：设每天获利为 z(元). x_1 桶牛奶可生产 $3x_1$(kg)A_1，获利 $24\times 3x_1$，x_2 桶牛奶可生产 $4x_2$(kg)A_2，获利 $16\times 4x_2$，故 $z=72x_1+64x_2$.

约束条件

原料供应：生产 A_1,A_2 的原料（牛奶）总量不得超过每天的供应，即 $x_1+x_2\leqslant 50$（桶）；

劳动时间：生产 A_1,A_2 的总加工时间不得超过每天正式工人总的劳动时间，即
$$12x_1+8x_2\leqslant 480\text{（h）};$$

设备能力：A_1 的产量不得超过甲车间设备每天的加工能力，即 $3x_1\leqslant 100$；

非负约束：x_1,x_2 均不能为负值，即 $x_1,x_2\geqslant 0$.

综上可得

$$\max\quad z=72x_1+64x_2; \tag{4}$$
$$\text{s.t.}\quad x_1+x_2\leqslant 50, \tag{5}$$
$$12x_1+8x_2\leqslant 480, \tag{6}$$
$$3x_1\leqslant 100, \tag{7}$$
$$x_1,x_2\geqslant 0. \tag{8}$$

这就是该问题的基本模型. 由于牛奶是任意可分的，我们可以假设决策变量是在实数范围内取值，因此这是一个连续规划. 又由于目标函数和约束条件对于决策变量而言都是线性的，所以这是一个（连续）线性规划（LP）问题.

模型分析与假设

从该实例可以看到，许多实际的优化问题的数学模型都是线性规划（特别是在像生产计划这样的经济管理领域），这不是偶然的. 让我们分析一下线性规划具有哪些特征，或者说，实际问题具有什么性质，其模型才是线性规划.

比例性：每个决策变量对目标函数的"贡献"，与该决策变量的取值成正比；每个决策变量对每个约束条件右端项的"贡献"，与该决策变量的取值成正比.

可加性：各个决策变量对目标函数的"贡献"，与其他决策变量的取值无关；各个决策变量对每个约束条件右端项的"贡献"，与其他决策变量的取值无关.

连续性：每个决策变量的取值是连续的.

比例性和可加性保证了目标函数和约束条件对于决策变量的线性性，连续性则允许得到决策变量的实数可行解和实数最优解.

对于本例，能建立上面的线性规划模型，实际上是事先作了如下的假设：

(1) A_1,A_2 两种奶制品每千克的获利是与它们各自产量无关的常数，每桶牛奶加工出 A_1,A_2 的数量和所需的时间是与它们各自的产量无关的常数；

(2) A_1,A_2 每千克的获利是与它们相互间产量无关的常数，每桶牛奶加工出 A_1,A_2 的数量和所需的时间是与它们相互间产量无关的常数；

(3) 加工 A_1, A_2 的牛奶的桶数可以是任意实数(只要不是负数).

这三条假设恰好保证了上面的三条性质.当然,在现实生活中这些假设只是近似成立的,比如,A_1, A_2 的产量很大时,自然会使它们每千克的获利有所减少.

由于这些假设对于本书中给出的、经过简化的实际问题是如此明显地成立,本书后面的例题就不再一一列出类似的假设了.不过,读者在打算用线性规划模型解决现实生活中的实际问题时,应该考虑上面三条性质是否近似地满足.

线性规划的解法相对比较简单,为了让大家对此有一个简单的理解,下面直观地通过图解法来解这个问题.

模型求解

图解法:这个线性规划模型的决策变量为二维变量,用图解法既简单又便于直观地把握线性规划的基本性质.

将约束条件(5)~(8)中的不等号改为等号,可知它们是 $x_1 \sim x_2$ 平面上的 5 条直线,依次记为 $L_1 \sim L_5$,如图 1-3,其中 L_4, L_5 分别是 x_2 轴和 x_1 轴,并且不难判断,(5)~(8)式界定的可行域是 5 条直线上的线段所围成的五边形 $OABCD$. 容易算出,5 个顶点的坐标为:$O(0,0), A(0,50), B(20,30), C(100/3,10), D(100/3,0)$.

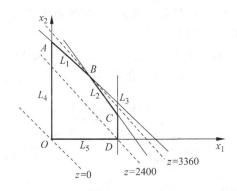

图 1-3 线性规划模型的图解法

目标函数(4)中的 z 取不同数值时,在图 1-3 中表示一组平行直线(虚线),称等值线族.如 $z=0$ 是过 O 点的直线,$z=2400$ 是过 D 点的直线,$z=3040$ 是过 C 点的直线……可以看出,当这族平行线向右上方移动到过 B 点时,$z=3360$,达到最大值,所以 B 点的坐标(20,30) 即为最优解:$x_1=20, x_2=30$.

在最优点 $B(20,30)$ 处,约束(5)、(6)是严格取等号的,此时称它们是积极约束(active constraints),或称为是紧约束(tight constraints),也就是起作用的约束;约束(7)、(8)是严格取不等号的,此时它们是非积极约束(inactive constraints),也就是不起作用的约束.显然,去掉不起作用的约束不会改变模型的最优值.

对于模型中需要讨论的三个问题,实际上是考虑当模型中的参数发生变化时最优解是否变化、变化多少的问题,这种分析称为敏感性分析(sensitivity analysis).我们以后将结合 LINDO/LINGO 软件的使用,再介绍如何作这样的分析.

我们直观地看到,由于目标函数和约束条件都是线性函数,在二维的情形,可行域为直线段围成的凸多边形,目标函数的等值线为直线,于是最优解一定在凸多边形的某个顶点取得.

推广到 n 维的情形,可以猜想,最优解会在约束条件所界定的一个凸多面体(可行域)的某个顶点取得.线性规划的理论告诉我们,这个猜想是正确的.

可以看出,由于线性规划的约束条件和目标函数均为线性函数,所以对于二维的情形,可行域为直线组成的凸多边形,目标函数的等值线为直线,等值线沿着与其垂直的一个方向(法线方向,即等值线上的点的梯度方向)移动时,函数值是增加的(沿相反方向移动时,函数值是减少的).这样,最优解一定在凸多边形的某个顶点取得.

从二维例子的几何意义可以看出,除了取到有限的最优值这种情况外,线性规划的解还可能会有下列情形出现(见图 1-4):

(1) 可行域为空集,原问题无可行解,即原问题不可行(infeasible).

(2) 可行域非空但无界,则可能无最优解(即最优值无界(unbounded)).注意:可行域无界时也可能有(有限的)最优解.

(3) 最优解在凸多边形的一条边上取得,则有无穷多个最优解.由于我们一般不关心最优解的数目(实际上我们很难有效地确定最优解的数目),只要找到一个最优解就满足了.

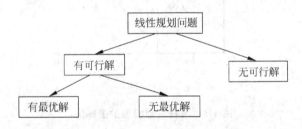

图 1-4 线性规划模型的解的几种情况

二维的情况可以推广到多维:线性规划的可行域是超平面组成的凸多面体,等值线是超平面,最优解在凸多面体的某个顶点取得.一般认为,美国数学家 Dantzig 于 1947 年提出的单纯形法(simplex method)是最早提出的线性规划算法,在 20 世纪 80 年代以前,它几乎是线性规划的惟一算法.其基本思路是:将变量的分量分成基变量(basic variable)和非基变量(nonbasic variable),令非基变量的取值为 0(模型中变量取值的下界),此时的解称为所谓的基本解(basic solution).从代数角度看,基本解对应于约束矩阵的一个可逆子矩阵(称为基矩阵);从几何上看,基本解中的可行解正好对应于可行域的顶点.单纯形法以迭代方式从一个顶点(基本可行解)转换到另一个顶点,每一步转换称为一次旋转(pivot),每次旋转只将一个非基变量(指一个分量)变为基变量,称为进基,同时将一个基变量变为非基变量,称为离基,进基和离基的确定使目标函数值不断下降(对极小化问题).单纯形法的具体步骤可参阅任何一本有关线性规划的书籍.

20世纪80年代以后,人们提出了一类新的算法——内点算法(interior point method).内点算法也是迭代法,但不再从可行域的一个顶点转换到另一个顶点,而是直接从可行域的内部逼近最优解.虽然实践证明单纯形法计算效果很好,目前仍然经常使用,但理论上讲内点算法具有单纯形法所不具备的一些优点,尤其对于特别大规模的问题(如变量规模上万甚至达到十万、百万量级),使用内点算法可能更为有效.内点算法理论较为复杂,有兴趣的读者请参看有关的专门书籍.

1.2.2 二次规划模型

下面通过一个产品生产销售计划实例,说明如何建立二次规划模型.

例 1.2 某厂生产的一种产品有甲、乙两个牌号,讨论在产销平衡的情况下如何确定各自的产量,使总的利润最大.所谓产销平衡指工厂的产量等于市场上的销量,没有卖不出去的产品的情况.显然,销售总利润既取决于两种牌号产品的销量和(单件)价格,也依赖于产量和(单件)成本.按照市场经济规律,甲的价格 p_1 固然会随其销量 x_1 的增长而降低,同时乙的销量 x_2 的增长也会使甲的价格有稍微的下降,可以简单地假设价格与销量成线性关系,即 $p_1=b_1-a_{11}x_1-a_{12}x_2, b_1, a_{11}, a_{12}>0, a_{11}>a_{12}$;类似地,乙的价格 p_2 遵循同样的规律,即有 $p_2=b_2-a_{21}x_1-a_{22}x_2, b_2, a_{21}, a_{22}>0, a_{22}>a_{21}$. 例如,假定实际中 $b_1=100, a_{11}=1, a_{12}=0.1, b_2=280, a_{21}=0.2, a_{22}=2$. 此外,假设工厂的生产能力有限,两种牌号产品的产量之和不可能超过100件,且甲的产量不可能超过乙的产量的两倍,甲乙的单件生产成本分别是 $q_1=2$ 和 $q_2=3$(假定为常数).求甲、乙两个牌号的产量 x_1, x_2 使总利润最大.

优化模型

决策变量:决策变量就是甲、乙两个牌号的产量(也是销量) x_1, x_2.

目标函数:显然,目标函数就是总利润 $z(x_1, x_2)$,即

$$\begin{aligned} z(x_1, x_2) &= (p_1-q_1)x_1+(p_2-q_2)x_2 \\ &= (100-x_1-0.1x_2-2)x_1 \\ &\quad +(280-0.2x_1-2x_2-3)x_2 \\ &= 98x_1+277x_2-x_1^2-0.3x_1x_2-2x_2^2. \end{aligned}$$

约束条件:题中假设工厂的生产能力有限,两种产品的产量之和不可能超过100件,且产品甲的产量不可能超过乙的产量的两倍.写成数学表达式,就是

$$x_1 + x_2 \leqslant 100, \quad x_1 \leqslant 2x_2.$$

于是,可以得到如下数学规划模型:

$$\max \quad z = 98x_1 + 277x_2 - x_1^2 - 0.3x_1x_2 - 2x_2^2; \tag{9}$$
$$\text{s. t.} \quad x_1 + x_2 \leqslant 100, \tag{10}$$
$$x_1 \leqslant 2x_2, \tag{11}$$
$$x_1, x_2 \geqslant 0. \tag{12}$$

由于目标函数(9)是一个二次函数,而约束函数(10)~(12)都是线性函数,所以这是一个二次规划(QP).

如果还要求产量必须是整数,则通常用 $x_1, x_2 \in \mathbb{Z}$ 表示(这里 $\mathbb{Z}$ 表示全体整数集合),此时就是一个整数二次规划(IQP).

由于二次规划是一种特殊的非线性规划,因此自然可以直接用求解非线性规划的算法来求解. 不过,有一些专门针对二次规划的求解方法,如积极集方法(active set method)是常用的方法. 特别是对于凸二次规划,能够有有效的方法求到全局最优解. 有关二次规划的更多知识,请读者参阅其他有关的专门书籍.

1.2.3 非线性规划模型

下面通过一个选址问题的实例,说明如何建立非线性规划模型.

例 1.3 某公司有 6 个建筑工地要开工,每个工地的位置(用平面坐标 a, b 表示,距离单位:km)及水泥日用量 d (单位:t)由表 1-1 给出. 目前有两个临时料场位于 $P(5,1)$, $Q(2,7)$,日储量各有 20t. 请回答以下两个问题:

(1) 假设从料场到工地之间均有直线道路相连,试制定每天的供应计划,即从 P,Q 两料场分别向各工地运送多少吨水泥,使总的吨公里数最小.

(2) 为了进一步减少吨公里数,打算舍弃目前的两个临时料场,改建两个新的料场,日储量仍各为 20t,问应建在何处,与目前相比节省的吨公里数有多大.

表 1-1 工地的位置 (a,b) 及水泥日用量 d

工地	1	2	3	4	5	6
a	1.25	8.75	0.5	5.75	3	7.25
b	1.25	0.75	4.75	5	6.5	7.75
d	3	5	4	7	6	11

优化模型

记工地的位置为 (a_i, b_i),水泥日用量为 $d_i, i=1,2,\cdots,6$;料场位置为 (x_j, y_j),日储量为 $e_j, j=1,2$;从料场 j 向工地 i 的运送量为 c_{ij}.

决策变量：在问题(1)中，决策变量就是料场 j 向工地 i 的运送量 c_{ij}；在问题(2)中，决策变量除了料场 j 向工地 i 的运送量 c_{ij} 外，新建料场位置 (x_j,y_j) 也是决策变量。

目标函数：这个优化问题的目标函数 f 是总吨公里数（运量乘以运输距离），所以优化目标可表为

$$\min f = \sum_{j=1}^{2} \sum_{i=1}^{6} c_{ij} \sqrt{(x_j - a_i)^2 + (y_j - b_i)^2}. \tag{13}$$

约束条件：各工地的日用量必须满足，所以

$$\sum_{j=1}^{2} c_{ij} = d_i, \quad i = 1, 2, \cdots, 6. \tag{14}$$

各料场的运送量不能超过日储量，所以

$$\sum_{i=1}^{6} c_{ij} \leqslant e_j, \quad j = 1, 2. \tag{15}$$

问题归结为在约束条件(14)、(15)及决策变量 c_{ij} 非负的情况下，使目标(13)达到最小。当使用临时料场时（问题(1)中）决策变量只有 c_{ij}，目标函数和约束关于 c_{ij} 都是线性的，所以这时的优化模型是线性规划模型；当为新建料场选址时（问题(2)中），决策变量为 c_{ij} 和 x_j,y_j，由于目标函数 f 对 x_j,y_j 是非线性的，所以在新建料场时这个优化模型是非线性规划模型(NLP)。

对于非线性规划问题（包括二次规划问题），通常的解法仍然是迭代法，使目标函数值不断下降（这里指的是最小化问题；如果是最大化问题，当然是使目标函数值不断上升），即从一个初始解（有时初始解其至不一定是可行解）出发，在可行域中沿着目标函数值下降的某个方向前进到下一个解。不同的算法通常在选择下降方向时采用的方法不同，以及在选定一个方向后所前进的路程（步长）不同，以及判定停止迭代的准则不同，等等。具体的非线性规划方法很多，不同方法可能对具有特定性质的模型求解更有效，理论较为复杂，有兴趣的读者可参看有关的专门书籍。

一般来说，非线性规划问题比线性规划求解起来要困难得多，除了一些比较特殊的情况外，一般只能找到局部最优解（有时在复杂的实际问题中其至只要找到一个可行解就满足了）。

1.2.4 整数规划模型

下面通过一个服务员聘用问题的实例，说明如何建立整数规划模型。

例 1.4 某服务部门一周中每天需要不同数目的雇员：周一到周四每天至少需要 50 人，周五至少需要 80 人，周六和周日至少需要 90 人。现规定应聘者需连续工作 5 天，试确定聘用方案，即周一到周日每天聘用多少人，使在满足需要的条件下聘用总人数最少。

优化模型

决策变量：记周一到周日每天聘用的人数分别为 $x_1, x_2, \cdots, x_7$，这就是问题的决策变量.

目标函数：目标函数是聘用总人数，即

$$z = x_1 + x_2 + x_3 + x_4 + x_5 + x_6 + x_7. \tag{16}$$

约束条件：约束条件由每天需要的人数确定. 由于每人连续工作 5 天，所以周一工作的雇员应是周四到周一聘用的，按照需要至少有 50 人，于是

$$x_1 + x_4 + x_5 + x_6 + x_7 \geqslant 50. \tag{17}$$

类似地，有

$$x_1 + x_2 + x_5 + x_6 + x_7 \geqslant 50, \tag{18}$$

$$x_1 + x_2 + x_3 + x_6 + x_7 \geqslant 50, \tag{19}$$

$$x_1 + x_2 + x_3 + x_4 + x_7 \geqslant 50, \tag{20}$$

$$x_1 + x_2 + x_3 + x_4 + x_5 \geqslant 80, \tag{21}$$

$$x_2 + x_3 + x_4 + x_5 + x_6 \geqslant 90, \tag{22}$$

$$x_3 + x_4 + x_5 + x_6 + x_7 \geqslant 90. \tag{23}$$

显然，人数总应该是整数，所以

$$x_i \geqslant 0 \quad (i = 1, 2, \cdots, 7) \tag{24}$$

其中 x_i 是整数. 问题归结为在条件 (17)~(24) 下求解 $\min z$ 的整数规划模型. 由于目标函数和约束条件关于决策变量都是线性函数，所以这是一个整数线性规划模型.

在 1.2.2 节介绍的生产和销售的二次规划模型中，如果我们要求生产的产品数量必须是整数，那么问题将变成了一个整数二次规划模型，这是一种特殊的整数非线性规划模型.

可以用整数规划建立模型的实际问题非常多. 例如，实际生活中可能遇到这样的分派或选择问题：若干项任务分给一些候选人来完成，因为每个人的专长不同，他们完成每项任务取得的效益或需要的资源就不一样，如何分派这些任务使获得的总效益最大，或付出的总资源最少？也会遇到这样的选择问题：有若干种策略供选择，不同的策略得到的收益或付出的成本不同，各个策略之间可以有相互制约关系，如何在满足一定条件下作出抉择，使得收益最大或成本最小？下面就介绍一个解决这种问题的 0-1 规划模型.

例 1.5 某班准备从 5 名游泳队员中选择 4 人组成接力队，参加学校的 $4 \times 100 \text{m}$ 混合泳接力比赛. 5 名队员 4 种泳姿的百米平均成绩如表 1-2 所示，问应如何选拔队员组成接力队？

1.2 优化问题的建模实例

表 1-2　5 名队员 4 种泳姿的百米平均成绩

队员	甲	乙	丙	丁	戊
蝶泳	1′06″8*	57″2	1′18″	1′10″	1′07″4
仰泳	1′15″6	1′06″	1′07″8	1′14″2	1′11″
蛙泳	1′27″	1′06″4	1′24″6	1′09″6	1′23″8
自由泳	58″6	53″	59″4	57″2	1′02″4

＊ 1′06″8 表示 1 分 6.8 秒，这里沿用了习惯表示法．

问题分析

问题要求从 5 名队员中选出 4 人组成接力队，每人一种泳姿，且 4 人的泳姿各不相同，使接力队的成绩最好．容易想到的一个办法是穷举法，组成接力队的方案共有 5! = 120 种，逐一计算并作比较，即可找出最优方案．显然这不是解决这类问题的好办法，随着问题规模的变大，穷举法的计算量将是无法接受的．

可以用 0-1 变量表示一个队员是否入选接力队，从而建立这个问题的 0-1 规划模型，借助现成的数学软件求解．

优化模型

记甲、乙、丙、丁、戊分别为队员 $i=1,2,3,4,5$；记蝶泳、仰泳、蛙泳、自由泳分别为泳姿 $j=1,2,3,4$．记队员 i 的第 j 种泳姿的百米最好成绩为 c_{ij}（s），则表 1-2 可以表示成表 1-3．

表 1-3　5 名队员 4 种泳姿的百米平均成绩

c_{ij}	$i=1$	$i=2$	$i=3$	$i=4$	$i=5$
$j=1$	66.8	57.2	78	70	67.4
$j=2$	75.6	66	67.8	74.2	71
$j=3$	87	66.4	84.6	69.6	83.8
$j=4$	58.6	53	59.4	57.2	62.4

决策变量：引入 0-1 变量 x_{ij}，若选择队员 i 参加泳姿 j 的比赛，记 $x_{ij}=1$，否则记 $x_{ij}=0$．这就是问题的决策变量（共 20 个决策变量）．

目标函数：当队员 i 入选泳姿 j 时，$c_{ij}x_{ij}$ 表示他（她）的成绩，否则 $c_{ij}x_{ij}=0$．于是接力队的成绩可表示为 $f=\sum_{j=1}^{4}\sum_{i=1}^{5}c_{ij}x_{ij}$，这就是该问题的目标函数．

约束条件：根据组成接力队的要求，x_{ij} 应该满足下面两个约束条件：

(1) 每人最多只能入选 4 种泳姿之一，即对于 $i=1,2,3,4,5$，应有 $\sum_{j=1}^{4}x_{ij}\leqslant 1$.

(2) 每种泳姿必须有 1 人而且只能有 1 人入选,即对于 $j=1,2,3,4$,应有 $\sum_{i=1}^{5} x_{ij} = 1$.

综上所述,这个问题的优化模型可写作

$$\min \quad f = \sum_{j=1}^{4}\sum_{i=1}^{5} c_{ij} x_{ij}; \tag{25}$$

$$\text{s. t.} \quad \sum_{j=1}^{4} x_{ij} \leqslant 1, \quad i=1,2,3,4,5, \tag{26}$$

$$\sum_{i=1}^{5} x_{ij} = 1, \quad j=1,2,3,4, \tag{27}$$

$$x_{ij} = \{0,1\}. \tag{28}$$

这是一个线性 0-1 规划模型,它是一个特殊的线性整数规划. 一般来讲,对于整数规划问题,即使是线性 0-1 规划问题,当问题的规模比较大时,求解也是非常困难的. 虽然整数规划问题的可行解通常只有有限多个(如果可行域有界的话),可以通过枚举所有可行解比较出最优解,但是对于规模稍大些的实际问题,枚举法的计算量就难以接受. 那么我们为什么不先去掉整数限制,求解相应的线性规划或非线性规划问题(称为原问题对应的松弛问题),然后将得到的解四舍五入到最接近的整数? 在有些情况下,尤其当解的分量是非常大的实数时,可能这些解对四舍五入不太敏感,那么这一策略可能是可行的. 但在许多实际应用中,整数变量的取值并不太大,如 0-1 规划问题中整数只取 0 或 1,因此这一方法往往行不通. 此外,把松弛问题的解四舍五入到一个可行的整数解并非易事(参见例 1.6),有时甚至找这样一个可行解与求解原问题本身的难度可能是一样的.

例 1.6 求解整数规划问题

$$\max \quad z = 5x_1 + 8x_2;$$
$$\text{s. t.} \quad x_1 + x_2 \leqslant 6,$$
$$5x_1 + 9x_2 \leqslant 45, \quad \text{(IP)}$$
$$x_1, x_2 \geqslant 0 \text{ 且为整数}.$$

解 将去掉整数限制后的松弛问题记作 LP,其可行域为图 1-5 中由点 $(0,0)$, $(6,0)$, $P(2.25,3.75)$, $(0,5)$ 围成的四边形,过 P 点的等值线(图中点划线)为 $z=z_{\max}$,最优解在 P 点取得. 图中小圆点为整数点(也称为格点),四边形中的小圆点为原问题 IP 的可行解.

为了求 IP 的最优解,将 P 舍入成整数或者找最靠近它的整数,都行不通. 经过在可行解中试探、比较可以得到表 1-4. 可见 IP 的最优解不一定能从 LP 的最优解经过简单的"移动"得到.

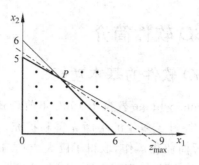

图 1-5 整数规划例题图解

表 1-4 不同解的效果比较

LP 最优解为 P	P 的舍入解	最靠近 P 的可行解	IP 最优解
(2.25, 3.75)	(2, 4)	(2, 3)	(0, 5)
$z = 41.25$	不可行	$z = 34$	$z = 40$

求解整数规划没有统一的有效方法,不同方法的效果与问题的性质有很大关系.比较常用的一种求解方法是分支定界法(branch and bound method),可看作对枚举法的一种改进.分支定界法采用"分而治之"的策略求解整数规划,其基本思想是隐式地枚举一切可行解.自然,这种枚举不是简单的完全枚举,而是以一种比较"聪明"的方式进行的,即逐次对解空间进行划分.所谓分支,指的就是这个划分过程;而所谓定界,是指对于每个划分后的解空间(即每个分支),要计算原问题的最优解的下界(对极小化问题).这些下界用来在求解过程中判定是否需要对目前的解空间进一步划分,也就是尽可能去掉一些明显的非最优点,从而避免完全枚举.分支定界算法的实际计算效果取决于具体的分支策略和定界方法,有兴趣的读者可参看有关的专门书籍.

1.2.5 其他优化模型

实际中的许多优化决策问题,并不一定像上面的例子中的问题那样,很明显地、很简单地就能建立形如(1)、(2)、(3)的优化模型.这时,可能需要利用较多的数学知识和技巧,才能将决策问题转化、描述成形如(1)、(2)、(3)的优化模型.例如,生产和运作管理中的决策问题、经济与金融中的决策问题、图论和网络优化相关的决策问题、目标规划问题、对策论中的决策问题、排队论中的决策问题、存储论中的决策问题,以及更加综合、更加复杂的决策问题等.对这些方面的决策问题和优化建模方法,我们将在介绍过 LINDO/LINGO 软件的使用方法之后,从第 5 章至第 12 章一个专题一个专题地分别通过实例进行介绍和讨论.

1.3 LINDO/LINGO 软件简介

1.3.1 LINDO/LINGO 软件的基本功能

美国芝加哥大学的 Linus Schrage 教授于 1980 年前后开发了一套专门用于求解最优化问题的软件包,后来又经过了多年的不断完善和扩充,并成立了 LINDO 系统公司(LINDO Systems Inc.)进行商业化运作,取得了巨大成功.这套软件包的主要产品有 4 种:LINDO,LINGO,LINDO API 和 What'sBest!,在最优化软件的市场上占有很大的份额,尤其在供微机上使用的最优化软件的市场上,上述软件产品具有绝对的优势.例如,根据 LINDO 公司主页(http://www.lindo.com)上提供的信息,位列全球《财富》杂志 500 强的企业中,一半以上使用上述产品,其中位列全球《财富》杂志 25 强的企业中有 23 家使用上述产品.读者可以从该公司的主页了解更多的有关信息,特别是可以从这个网页上下载上面 4 种软件的演示版(试用版)和大量应用例子.演示版与正式版的基本功能是类似的,只是试用版能够求解问题的规模(即决策变量和约束的个数)受到严格限制,对于规模稍微大些的问题就不能求解.即使对于正式版,通常也被分成求解包(solver suite)、高级版(super)、超级版(hyper)、工业版(industrial)、扩展版(extended)等不同档次的版本,不同档次的版本的区别也在于能够求解的问题的规模大小不同(参见表 1-5,只列出了 LINGO 软件的规模限制;LINDO 软件也类似,只是不能有非线性约束).当然,规模越大的版本的销售价格也越昂贵(不过,所有的正式版对教育机构都有特殊的优惠价).

表 1-5 不同版本 LINGO 程序对求解规模的限制

版本类型	总变量数	整数变量数	非线性变量数	约束数
演示版	300	30	30	150
求解包	500	50	50	250
高级版	2000	200	200	1000
超级版	8000	800	800	4000
工业版	32000	3200	3200	16000
扩展版	无限	无限	无限	无限

说明:通过"Help|About..."菜单命令,就能知道你所安装的 LINDO/LINGO 软件的版本和所能求解的规模限制等相关信息.

LINDO 是英文 Linear INteractive and Discrete Optimizer 字首的缩写形式,即"交互式的线性和离散优化求解器",可以用来求解线性规划(LP)和二次规划(QP);LINGO 是英文 Linear INteractive and General Optimizer 字首的缩写形式,即"交互式的线性和通用优化求解器",它除了具有 LINDO 的全部功能外,还可以用于求解非线性规划,也可以用于一些线性和非线性方程组的求解等. LINDO 和 LINGO 软件的最大特色在于可以允许决策变量是整数(即整数规划,包括 0-1 规划),而且执行速度很快. LINGO 实际上还是最优化问题的一种建模语言,包括许多常用的数学函数供使用者建立优化模型时调用,并可以接受其他数据文件(如文本文件、Excel 电子表格文件、数据库文件等),即使对优化方面的专业知识了解不多的用户,也能够方便地建模和输入、有效地求解和分析实际中遇到的大规模优化问题,并通常能够快速得到复杂优化问题的高质量的解. LINDO 和 LINGO 软件能求解的优化模型参见图 1-6.

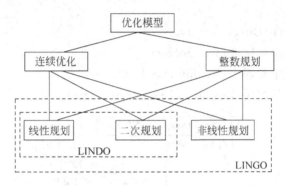

图 1-6 LINDO 和 LINGO 软件能求解的优化模型

此外,LINDO 系统公司还提供了 LINDO/LINGO 软件与其他开发工具(如 C++ 和 Java 等语言)的接口软件 LINDO API(LINDO application program interface),因此使 LINDO 和 LINGO 软件还能方便地融入到用户应用软件的开发中去. 最后,What'sBest! 实际上提供了 LINDO/LINGO 软件与电子表格软件(如 Excel 等)的接口,能够直接集成到电子表格软件中使用.

由于上述特点,LINDO、LINGO、LINDO API 和 What'sBest! 软件在教学、科研和工业、商业、服务等领域得到了广泛应用. 本书只详细介绍在 Microsoft Windows 环境下运行的 LINDO/LINGO 软件最新版本的使用方法,并包括社会、经济、工程等方面的大量实际应用问题的数学建模和求解实例. 需要指出的是,目前 LINGO 的功能完全包含了 LINDO 软件的功能(包括模型程序的书写格式),所以 LINDO 公司已经将 LINDO 软件从其产品目录中删除,这意味着以后不会再有 LINDO 软件的新版本了. 考虑到国内目前仍有不少读者使用 LINDO 软件,而且 LINDO 软件比起 LINGO 软件更容易入门和掌握,所以我们在本书中还是对 LINDO 软件进行一定的介绍,但把全书重点放在 LINGO 软件的使用上.

1.3.2 LINDO/LINGO 软件的求解过程

在进入后续章节的学习之前,先简单介绍一下 LINDO/LINGO 软件求解一个优化模型的过程.实际上,使用 LINDO/LINGO 时,软件本身并不需要用户知道软件内部的这些算法实现和调用方法.不过,如果对此有所了解,对于更有效地利用 LINDO/LINGO 软件解决实际问题,理解软件的运行状态和阅读结果报告、分析出错信息等,还是有所帮助的.

LINDO/LINGO 软件内部有以下 4 个基本的求解程序用于求解不同类型的优化模型(参见图 1-7):

(1) 直接求解程序(Direct Solver).
(2) 线性优化求解程序(Linear Solver).
(3) 非线性优化求解程序(Nonlinear Solver).
(4) 分支定界管理程序(Branch and Bound Manager).

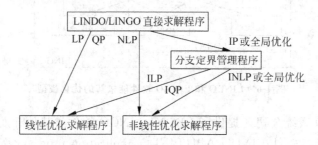

图 1-7 LINDO/LINGO 软件的求解过程

当用户在 LINDO/LINGO 软件中输入完一个优化模型,要求 LINDO/LINGO 软件求解时,LINDO/LINGO 软件首先调用直接求解程序对模型进行一系列直接处理.主要有以下两个功能:

1. 对等式约束的直接处理

如果一个等式约束只含有一个变量,那么这个变量的值就可以直接确定下来,以后 LINDO/LINGO 软件在求解模型时就把这个变量看成固定变量(常数),而不认为它是决策变量了.这个过程是循环进行的,例如,如果约束中有以下三个等式:

$$xyz = 30,$$
$$x + y = 8,$$
$$y = 5,$$

则 LINDO/LINGO 软件能直接确定出固定变量 $y=5$,然后可以确定出 $x=3$,最后确定出 $z=2$,这三个变量就是常量了,而且这三个约束也就不看成是约束了.显然,经过这样的处理,将尽量减小模型中实际需要求解的决策变量和需要满足的约束条件的个数,可能会使问题的规模有所下降,从而使求解更有效.

2. 识别优化模型的类型

对等式约束的直接处理完成后,直接求解程序将对输入的模型进行分析,自动识别模型的数学结构和性质,确定优化模型的类型,从而决定下一步采用什么求解程序.如果模型是(连续)线性规划,下一步将直接调用线性优化求解程序;如果模型是(连续)非线性规划,下一步将直接调用非线性优化求解程序;如果模型是整数规划,则下一步将直接调用整数规划求解程序,主要是通过调用分支定界管理程序进行求解.分支定界管理程序主要用于管理整数规划问题的分支定界算法,在运行中还要不断调用线性优化求解程序和非线性优化求解程序进行定界处理.整数规划求解程序本身通常还有一个预处理程序,主要是为了对整数线性规划模型生成有效的割平面(有效的割平面可以显著地减少求解整数规划所需要的计算时间).

线性优化求解程序通常使用单纯形算法,为了能解大规模问题,也提供了内点算法(LINGO 中一般称为障碍法,即 barrier)以备选用.非线性优化求解程序采用的是顺序线性规划法(sequential linear programming,SLP),即通过迭代求解一系列线性规划来逼近,达到求解非线性规划的目的.非线性优化求解程序也可以使用其他算法,如顺序二次规划法(sequential quadratic programming,SQP),广义既约梯度法(generalized reduced gradient,GRG),并可以让软件自动选择多个初始点开始进行多次求解(LINGO 中称为 multistart),以便通过找到多个局部最优解增加找到全局最优解的可能性. LINGO 中还配备了全局优化求解程序(global solver),用户能要求 LINGO 软件求非线性规划问题的全局最优解,主要的思想是把原问题分解成一系列的凸规划(理论上,凸规划的局部最优解就是全局最优解),这时也要调用分支定界管理程序进行控制.不过,内点算法、GRG 算法、多初始点求解和全局优化功能通常不是 LINGO 软件的标准配置,而是可选的,用户需要额外付费购买.

1.3.3 建立 LINDO/LINGO 优化模型需要注意的几个基本问题

在开始讨论 LINDO/LINGO 软件的使用之前,我们特别指出建立 LINDO/LINGO 优化模型需要注意的几个基本问题.虽然 LINDO/LINGO 软件的功能非常强大,但这并不是说只要将模型随随便便地输入软件中去求解就万事大吉了.事实上,在利用 LINDO/LINGO 求解优化模型之前,为了将来 LINDO/LINGO 能快速地得到高质量的解,对实际问题建立优化模型就必须特别仔细.下面给出值得注意的几个基本问题.

1. 尽量使用实数优化模型,尽量减少整数约束和整数变量的个数

只有在万不得已时才使用整数变量和整数约束(即含有整数变量的约束).原因前面已经讲过,求解离散优化问题比连续优化问题难得多.

2. 尽量使用光滑优化模型,尽量避免使用非光滑函数

非光滑函数是指存在不可微点的函数. 例如,应尽量少地使用绝对值函数($|x|$)、符号函数(如当变量 x 为正数时取 1,为 0 时取 0,为负数时取 -1)、多个变量求最大(或最小)值、四舍五入函数、取整函数等. 这些函数从数学上看是不光滑的,含有尖点(不可微点)甚至间断点(函数的不连续点),因此从数学上看不利于利用其导数信息. 我们在前面也已经讲过,求解非光滑优化比光滑优化难得多.

3. 尽量使用线性优化模型,尽量减少非线性约束和非线性变量的个数

应当尽量简化变量之间的约束关系. 例如,对于"变量 x 与 y 的比值不超过 5"这样的约束,写成"$x/y \leqslant 5$"当然是可以的,但这是一个分式约束(同时它还含有间断点 $y=0$),因此是非线性约束,x,y 都是非线性变量(即非线性约束中的变量),最好改写成线性约束"$x \leqslant 5y$". 原因还是我们在前面已经讲过的,求解非线性模型问题比线性模型问题难.

4. 合理设定变量的上下界,尽可能给出变量的初始值

如果在实际问题中知道变量的取值范围,那就尽量告诉 LINDO/LINGO,不要让软件帮你到大海中去捞针. 例如,如果 x 的取值范围在实际中是大于 30 小于 50,就不要让软件在整个实数范围内去寻求最优解. 有时实际问题中还能知道或感觉到最优解大致在哪个解附近,那就可以以初始值的形式告诉 LINDO/LINGO,这对于问题的求解是很有帮助的. 毕竟,软件是死的,而人要比计算机聪明得多.

5. 模型中使用的单位的数量级要适当

如果同一模型甚至同一约束中有的数很小而有的数很大,如 0.01 和 10000000000,则这两个数的数量级相差太大了,不利于优化模型求解,因为大的数与小的数运算时误差会很大,运算精度降低. LINDO/LINGO 通常希望模型中数据之间的数量级不要相差超过 10^3(即最大数与最小数(按绝对值)不要相差 1000 倍以上),否则会给出警告提示信息. 有时,可以通过对数据选择适当的单位改变相对尺度(scaling),尽量使数据之间的数量级相差减小.

习 题 1

1.1 能否将下面的非线性规划问题等价地转化成线性规划问题?

(1) $\min \quad x_1^2 + x_2 + 4x_3$;

　　s.t. $\quad 4x_1^2 + x_2 + x_3 \geqslant 5,$

　　　　　$x_2 - x_3 \leqslant 10,$

　　　　　$x_1 \geqslant 0, x_2 \geqslant 2, x_3 \geqslant 0.$

(2) min $x_1^2 - x_2^2 + 4x_3 + 5x_4$;
   s.t. $4x_1^2 - 4x_2^2 + x_3 - x_4 = 5$,
   $-x_3 + 2x_4 \leq 10$,
   $x_1 \geq 0, x_2 \leq -2, x_3 \geq 0, x_4 \geq 0$.

(3) min $|x_1| + 2|x_2| + |x_3|$;
   s.t. $x_1 + x_2 - x_3 \leq 10$,
   $x_1 - 3x_2 + 2x_3 = 12$.

(4) min $|x_1 - 5| + 2|x_2 + 4|$;
   s.t. $x_1 + x_2 \leq 10$,
   $x_1 - 3x_2 \geq 2$.

(5) min max (x_1, x_2, x_3);
   s.t. $x_1 + x_2 - x_3 \leq 10$,
   $x_1 - 3x_2 + 2x_3 = 12$.

(6) max min $(x_1 - 5, x_2 + 4)$;
   s.t. $x_1 + x_2 \leq 10$,
   $x_1 - 3x_2 \geq 2$.

1.2 要从给定的数 $c_1, c_2, \cdots, c_n$ 中寻找最大的数,对这个问题建立线性规划模型.

1.3 给定 3 个不同的数 a, b, c,要找出中位数(即给出的数中不是最大也不是最小的那个数 x).建立这个问题的优化模型,并讨论能否把这个问题建模成线性规划模型.

1.4 你有 100 个 25 美分的硬币(quarter)和 90 个 10 美分的硬币(dime),没有其他钱币.你必须付给定的款额 C,不找零给你.用数学形式建立这段话的优化问题.这个问题是线性规划吗?分别对于 $C = 15$ 美分,$C = \$1.02$,$C = \$100$ 求解.

1.5 例 1.1 给出的 A_1, A_2 两种奶制品的生产条件、利润及工厂的"资源"限制全都不变.为增加工厂的获利,开发了奶制品的深加工技术:用 2h 和 3 元加工费,可将 1kg A_1 加工成 0.8kg 高级奶制品 B_1,也可将 1kg A_2 加工成 0.75kg 高级奶制品 B_2,每千克 B_1 能获利 44 元,每千克 B_2 能获利 32 元.试为该厂制定一个生产销售计划,使每天的净利润最大.建立该问题的优化模型,并讨论应该如何分析以下问题:

(1) 若投资 30 元可以增加供应 1 桶牛奶,投资 3 元可以增加 1h 劳动时间,是否应作这些投资?若每天投资 150 元,可多赚回多少元?

(2) 每千克高级奶制品 B_1, B_2 的获利经常有 10% 的波动,对制定的生产销售计划有无影响?若每千克 B_1 的获利下降 10%,计划应该变化吗?

1.6 在当前普遍具有健康意识的时代,许多人在分析食物的营养成分.选择不同食物的组合作为食谱的一般想法是:以最小费用来满足对基本营养的需求.当然,这类实际问题是相当复杂的,我们必须从营养学家那里知道什么是基本营养需求(可能因人而异),

另外，为了保持多样性避免对营养食物的厌倦，应该考虑一个很长的可选择食物的名单．下面的例子做了很大的简化．

按照营养学家的建议，一个人一天对蛋白质、维生素 A 和钙的需求如下：50g 蛋白质、4000IU（国际单位）维生素 A 和 1000mg 钙．我们只考虑以下食物构成的食谱：生的带皮苹果、生的香蕉、生的胡萝卜、切碎并去核的枣和新鲜的生鸡蛋，他们所含的营养成分和搜集到的这些食物的价格如表 1-6 所示．如果可能的话，确定每种食物的用量，以最小费用满足推荐的每日定额（recommended dietary allowances, RDA）．请用这些数据建立一个优化模型．

表 1-6 食物的营养成分和价格

食物	单位	蛋白质/g	维生素 A/IU	钙/mg	价格/元
苹果	中等大小一个(138g)	0.3	73	9.6	1
香蕉	中等大小一个(118g)	1.2	96	7	1.5
胡萝卜	中等大小一个(72g)	0.7	20253	19	0.5
枣	一杯(178g)	3.5	890	57	6
鸡蛋	中等大小一个(44g)	5.5	279	22	0.8

1.7 某架货机有三个货舱：前仓、中仓、后仓．三个货舱所能装载的货物的最大重量和体积都有限制，如表 1-7 所示．为了保持飞机的平衡，三个货舱中实际装载货物的重量必须与其最大容许重量成比例．现有四类货物供该货机本次飞行装运，其有关信息如表 1-8 所示，最后一列指装运后所获得的利润．应如何安排装运，使该货机本次飞行获利最大？请建立该问题的优化模型．

表 1-7 三个货舱装载货物的最大容许重量和体积

	前仓	中仓	后仓
重量限制/t	10	16	8
体积限制/m³	6800	8700	5300

表 1-8 四类装运货物的信息

	重量/t	空间/(m³/t)	利润/(元/t)
货物 1	18	480	3100
货物 2	15	650	3800
货物 3	23	580	3500
货物 4	12	390	2850

1.8 某投资公司经理欲将 50 万元基金用于股票投资,股票的收益是随机的.经过慎重考虑,他从所有上市交易的股票中选择了 3 种股票作为候选的投资对象.从统计数据的分析得到:股票 A 每股的年期望收益为 5 元,标准差为 2 元;股票 B 每股的年期望收益为 8 元,标准差为 6 元;股票 C 每股的年期望收益为 10 元,标准差也为 10 元;股票 A、B 收益的相关系数为 $5/24$,股票 A、C 收益的相关系数为 -0.5,股票 B、C 收益的相关系数为 -0.25.目前股票 A、B、C 的市价分别为每股 20 元、25 元、30 元,在投资时可以用收益的方差或标准差衡量风险(关于随机变量的期望、标准差、相关系数等概念可参看任何一本概率论的教科书.)

(1) 如果该投资人期望今年得到至少 20% 的投资回报,应如何投资可以使风险最小?

(2) 投资回报率与风险的关系如何?

1.9 某房地产开发商准备在两片开发区上分别圈出一块长方形土地,并砌围墙将这两块土地分别围起来.每块土地的面积不得小于 1000m^2,围墙的高度不能低于 2m.能够用于砌围墙的每块砖是一样的,每块砖的高度为 10cm,长度为 30cm,宽度为 15cm(假设砖的宽度就是围墙的宽度).该开发商希望用 10 万块砖,使圈出的两块土地的面积之和最大,问应如何圈地?如果两块土地不要求是长方形,而是三角形,结果如何?请你分别建立优化模型.

1.10 经济学中著名的柯布-道格拉斯(Cobb-Douglas)生产函数的一般形式为

$$Q(K,L) = aK^{\alpha}L^{\beta}, \quad 0 < \alpha, \beta < 1,$$

其中 Q, K, L 分别表示产值、资金、劳动力,式中 α, β, a 要由经济统计数据确定.现有《中国统计年鉴(2003)》给出的统计数据如表 1-9(其中总产值取自"国内生产总值",资金取自"固定资产投资",劳动力取自"就业人员"),请建立优化模型求式中的 α, β, a,并解释 α, β 的含义.

表 1-9 经济统计数据

年 份	总产值/万亿元	资金/万亿元	劳动力/亿人
1984	0.7171	0.0910	4.8179
1985	0.8964	0.2543	4.9873
1986	1.0202	0.3121	5.1282
1987	1.1962	0.3792	5.2783
1988	1.4928	0.4754	5.4334
1989	1.6909	0.4410	5.5329
1990	1.8548	0.4517	6.4749
1991	2.1618	0.5595	6.5491
1992	2.6638	0.8080	6.6152
1993	3.4634	1.3072	6.6808

续表

年 份	总产值/万亿元	资金/万亿元	劳动力/亿人
1994	4.6759	1.7042	6.7455
1995	5.8478	2.0019	6.8065
1996	6.7885	2.2914	6.8950
1997	7.4463	2.4941	6.9820
1998	7.8345	2.8406	7.0637
1999	8.2068	2.9854	7.1394
2000	9.9468	3.2918	7.2085
2001	9.7315	3.7314	7.3025
2002	10.4791	4.3500	7.3740

第2章 LINDO软件的基本使用方法

2.1 LINDO入门

2.1.1 LINDO软件的安装过程

使用LINDO软件前,首先需要在操作系统下安装LINDO软件.笔者完成本书所使用的操作系统是Windows XP的简体汉字版,LINDO软件是LINDO 6.1 for Windows试用版.

LINDO软件非常容易安装,只需要在Windows操作系统下将安装光盘(或USB盘)插入光驱(或USB接口),运行其中的安装程序(通常是setup.exe)就可以了.目前从LINDO系统公司或其他渠道得到的安装程序,多数情况下直接是一个自解压的可执行性文件(如从LINDO系统公司下载的LINDO 6.1 for Windows试用版安装程序为LND61.exe,大致是3M多一些),那么就直接运行这个程序进行安装就可以了.

安装过程中,用户只需要按照程序给出的提示,一步一步走下去,直到安装成功为止.通常,用户首先需要接受用户协议,然后选择将LINDO软件安装到的目的地(一般是硬盘上的某个目录).屏幕将提示默认的安装目录(默认的目录通常是C:\LINDO61),您可以任意修改,如此反复,完成后屏幕将提示您确认您的选择.确认您的选择之后,安装程序就会自动完成全部后续安装过程.安装过程成功结束后,您就可以在Windows操作系统下运行LINDO软件了.

第一次运行刚安装的LINDO软件时,系统会弹出一个对话框(图2-1),要求你输入密码(Password).如果你买的是正版软件,请在密码框中输入LINDO公司给你提供的密码(如果密码已经被复制(Ctrl+C)到Windows剪贴板中,则可以使用粘贴(Ctrl+V)命令从Windows剪贴板中将密码拷贝到图2-1的对话框中),然后按"OK"按钮即可.否则,你只能使用演示版(即试用版),按下"Demo Version(演示版)"按钮即可.

查看安装LINDO软件的硬盘目录,通常可以看到其中有一个名为SAMPLES的子目录,该子目录下有很多名为*.ltx的文件,后缀ltx表明这些文件是LINDO文本(LINDO text)文件,每个文件是一个线性规划的小例子,对初学者学习LINDO的使用很有帮助,所以请大家最好记住这个子目录的位置.

我们以后均假设LINDO软件已经正确地安装完毕,所以直接介绍其用法.

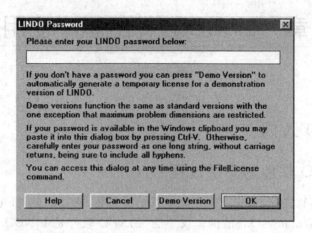

图 2-1　LINDO 要求你输入密码

2.1.2　编写一个简单的 LINDO 程序

下面通过一个非常简单的例子,说明如何编写、运行一个 LINDO 程序的完整过程.

在 Windows 操作系统下双击 LINDO 图标(或在 Windows"开始"菜单的程序中选择运行 LINDO 软件),可以启动 LINDO 软件,屏幕上首先显示如图 2-2 所示的工作窗口.

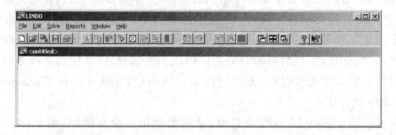

图 2-2　LINDO 初始界面

这就是 LINDO 的初始用户界面.目前光标所在的子窗口称为模型窗口(model window),是用来供用户输入 LINDO 程序的.所谓一个 LINDO 程序,就是用 LINDO 软件所要求的语法格式对一个优化模型的完整描述,因此一个 LINDO 程序也就是一个 LINDO 优化模型.这两者在 LINDO 中可以认为是一回事,所以下面将不再区分这两个概念.

目前这个模型窗口标有"<untitled>"字样,表示用户还没有为这个程序命名,因此 LINDO 采用了一个自动生成的名字"untitled",将来用户在保存程序时可以对它重新命名.

例 2.1 让我们来解如下的简单的线性规划(LP)问题:

$$\max \quad z = 2x + 3y; \tag{1}$$
$$\text{s.t.} \quad 4x + 3y \leqslant 10, \tag{2}$$
$$3x + 5y \leqslant 12, \tag{3}$$
$$x, y \geqslant 0. \tag{4}$$

我们可以直接在<untitled>这个新的、空白的模型窗口中输入这个LP模型(图2-3).

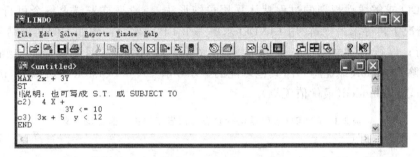

图 2-3 输入一个简单的优化模型

我们看到这段程序(LINDO优化模型)有以下特点:

(1) 这个 LINDO 程序以"MAX"开始,表示目标是最大化问题(容易想到,对最小化问题,自然应该用"MIN"开始),后面直接写出目标函数的表达式和约束的表达式(目标函数和约束之间用"ST"分开). 程序以"END"结束(请注意:"END"在这里也可以省略).

(2) 上面的 LINDO 输入格式与数学模型(1)~(4)的表达式几乎完全一样,连系数与变量之间的乘号也一样省略了(而且必须省略).

(3) 输入的 LINDO 模型中用右括号")"结尾的"c2)"和"c3)"是行名(对于约束,就是约束名);用户也可以分别输入"2)"和"3)"等其他行名;行名放在对应的约束之前. 请注意:约束不一定非命名不可,也就是说上面程序中的"c2)"和"c3)"可以省略,省略时 LINDO 将会按照输入行的顺序自动生成用数字表示的行名(即行号). 如本例中若输入时省略行名时,系统对约束默认的行名分别是"2)"和"3)",并对目标函数所在行自动生成行名"1)".

(4) 我们输入上面模型时故意写得歪七扭八,是为了说明在 LINDO 中模型书写起来是相当灵活的:由于 LINDO 中已假设所有的变量都是非负的,所以非负约束(4)(即 $x, y \geqslant 0$)不必再输入到计算机中;LINDO 也不区分变量中的大小写字符(实际上任何小写字符将被转换为大写字符);约束条件中的"<="及">="可分别用"<"及">"代替;输入的多余的空格和回车也会被忽略;一个约束还可以分成两行甚至多行写;等等.

(5) 一行中感叹号"!"后面的文字将被认为是说明语句(注释语句),不参与模型的建立；主要目的是为了增强程序的可读性.

现在我们就可以用 LINDO 软件来求解这个模型. 用鼠标单击 LINDO 软件工具栏中的图标 ,或从菜单中选择 Solve|Solve(Ctrl+S)命令(即 LINDO 的主菜单"Solve(求解)"中的"Solve(求解)"命令,快捷键是 Ctrl+S,以后我们约定都这样表示),则 LINDO 开始编译这个模型,编译没有错误马上开始求解,求解时会显示如图 2-4 所示的 LINDO 求解器运行状态窗口(LINDO Solver Status),其中显示的相应信息的含义见表 2-1. 注意,LINDO 求解线性规划的过程默认采用单纯形法,一般是首先寻求一个可行解,在有可行解情况下再寻求最优解. 用 LINDO 求解一个 LP 问题会得到如下的几种结果：不可行或可行；可行时又可分为：有最优解和解无界两种情况. 因此图 2-4 中当前状态(Status)除 Optimal(最优解)外,其他可能的显示还有三个：Feasible(可行解),Infeasible(不可行),Unbounded(最优值无界).

表 2-1 LINDO 求解器运行状态窗口显示的相应信息及含义

名 称	含 义
Status(当前状态)	显示当前求解状态："Optimal"表示已经达到最优解；其他可能的显示还有三个：Feasible,Infeasible,Unbounded
Iterations(迭代次数)	显示迭代次数："2"表示经过了 2 次迭代
Infeasibility(不可行性)	约束不满足的量(即各个约束条件不满足的"数量"的和；特别注意不是"不满足的约束个数")："0"表示这个解是可行的
Objective(当前的目标值)	显示目标函数当前的值：7.45455
Best IP(整数规划当前的最佳目标值)	显示整数规划当前的最佳目标值："N/A"(No Answer 或 Not Applicable)表示无答案或无意义,因为这个模型中没有整数变量,不是整数规划
IP Bound(整数规划的界)	显示整数规划的界(对最大化问题显示上界；对最小化问题,显示下界)："N/A"含义同上
Branches(分支数)	显示分支定界算法已经计算的分支数："N/A"含义同上
Elapsed Time(所用时间)	显示计算所用时间(单位：s)："0.00"说明计算太快了,用时还不到 0.005s
Update Interval(刷新本界面的时间间隔)	显示和控制刷新本界面的时间间隔："1"表示 1s；用户可以直接在界面上修改这个时间间隔
Interrupt Solver(中断求解程序)	当模型规模比较大时(尤其对整数规划),可能求解时间会很长,如果不想再等待下去时,可以在程序运行过程中用鼠标单击该按钮终止计算. 求解结束后这个按钮变成了灰色,再单击就不起作用了
Close(关闭)	该按钮只是关闭状态窗口,并不终止计算. 如果你关闭了状态窗口,将来随时可以选择 Window|Open Status Window 菜单命令来再次打开这个窗口

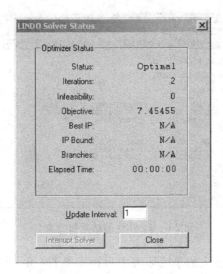

图 2-4　LINDO 运行状态窗口

由于这个例子中的 LP 模型的规模太小了,我们可能还没来得及看清图 2-4 的界面,LINDO 就解出了最优解,并马上弹出如图 2-5 的对话框.这个对话框询问你是否需要作灵敏性分析(DO RANGE (SENSITIVITY) ANALYSIS?)我们现在先选择"否(N)"按钮,这个窗口就会关闭.然后,我们再把图 2-4 的状态窗口也关闭(按下图 2-4 的"Close"按钮即可).

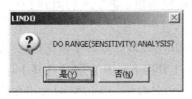

图 2-5　灵敏性分析对话框

现在这个模型就解完了.那么最优解在哪里呢？如果你在屏幕上没有看到求解的结果,那么请你用鼠标选择 LINDO 的主菜单"Window(窗口)",你会发现有一个子菜单项"Reports Window(报告窗口)",这就是最终结果的报告窗口.用鼠标选择"Window | Reports Window",就可以查看该窗口的内容(图 2-6).这些输出结果表示的意思如下:

"LP OPTIMUM FOUND AT STEP 2"表示单纯形法在两次迭代(旋转)后得到最优解.

"OBJECTIVE FUNCTION VALUE 1) 7.4545450"表示最优目标值为 7.4545450.(注意:在 LINDO 中目标函数所在的行总是被认为是第 1 行,这就是这里"1)"的含义).

"VALUE"给出最优解中各变量(VARIABLE)的值:$X=1.272727, Y=1.636364$.

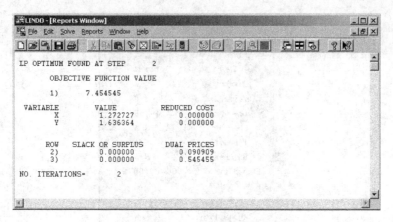

图 2-6　LINDO 的结果报告窗口

"REDUCED COST"给出最优的单纯形表中目标函数行（第 1 行）中变量对应的系数（即各个变量的检验数（也称为判别数））.其中基变量的 REDUCED COST 值一定为 0；对于非基变量（注意：非基变量本身取值一定为 0），相应的 REDUCED COST 值表示当该非基变量增加一个单位（其他非基变量保持不变）时目标函数减少的量（对 max 型问题）.本例最优解中两个变量都是基变量，所以对应的 REDUCED COST 的值均为 0.

"SLACK OR SURPLUS（松弛或剩余）"给出约束对应的松弛变量的值：第 2、3 行松弛变量均为 0，说明对于最优解来讲，两个约束（第 2、3 行）均取等号，即都是紧约束.

"DUAL PRICES"给出对偶价格的值：第 2、3 行对偶价格分别为 0.090909,0.545455. （含义我们以后再介绍）

"NO. ITERATIONS = 2"表示用单纯形法进行了两次迭代（旋转）.

我们现在可以用鼠标单击工具栏中的图标 ■ 或选择 File|Save(F5) 命令把这个结果报告保存在一个文件中（默认的后缀名为 ltx，即 LINDO 文本文件），以便以后调出来查看.

类似地，我们可以回到前面的模型窗口（图 2-3），把我们输入的模型也保存在一个文件中（如保存在文件"exam0201.ltx"中，此时模型窗口中的标题〈untitle〉将变成文件名 exam0201.ltx）.保存的文件将来可以用 File | Open(F3) 和 File | View(F4) 重新打开，用前者打开的程序可以进行修改，而后者只能浏览.

如果您不想继续使用 LINDO，现在可以选择 File | Exit(Shift+F6) 命令退出 LINDO.

现在，我们归纳一下上面介绍的输入、求解 LP 问题的一般步骤如下：

(1) 在模型窗口中输入一个 LP 模型. 模型以"MAX"或"MIN"开始，按线性规划问题的自然形式输入（如前面例子所示）.如要结束一个模型的输入，只需输入"END"（也可以省略）.

(2) 求解模型.如果 LINDO 报告有编译错误，则回到上一步修改模型.

(3) 查看结果，存储结果和模型.

2.1.3 一些注意事项

我们前面已经看到,LINDO 软件对模型的输入格式的要求与线性规划问题的自然形式(数学形式)非常类似,几乎没有什么差别,因此几乎不需要专门学习就可以掌握.不过,LINDO 软件对模型的输入格式还是有一些特殊规定的,这些规则值得引起特别注意.我们下面就简单解释一下使用 LINDO 软件建立线性规划模型的一些特殊的注意事项:

(1) LINDO 中的变量名由字母和数字组成,但必须以字母开头,且长度不能超过 8 个字符(只能是英文字符,不能含有中文字符).LINDO 中不区分大小写字母,包括 LINDO 中本身的关键字(如 MAX,MIN 等)也不区分大小写字母.

(2) LINDO 中对优化模型的目标和约束用行号(行名)进行标识,这些标识会在将来的求解结果报告中用到.用户没有指定行号(行名)时,系统将自动产生行号,将目标函数所在行作为第 1 行,从第 2 行起为约束条件.用户也可以人为定义行号或行名,行号或行名总是以")"结束,放在相应的约束之前;行号或行名可以和变量名一样命名,也可以只用数字命名,但长度同样不能超过 8 个字符.为了方便将来阅读求解结果报告,建议用户总是自觉地对每个约束进行命名.行名中甚至可以含有中文字符,但行名结束标志符号、即右括号")"必须是英文字符,否则会出现错误.

(3) 在 LINDO 模型的任何地方都可以用"TITLE"语句对输入的模型命名,用法是在 TITLE 后面写出其名字(最多 72 个字符,可以有汉字),在程序中单独占一行.请看下面两个例子:

TITLE Example Model for Chapter 2
TITLE 第 2 章的第一个例子

前者将模型命名为"Example Model for Chapter 2",后者将模型命名为"第 2 章的第一个例子".实际上这类似于对模型的注释和说明,这是模型命名的第一个作用.

对模型命名的另一个目的,是为了方便将来阅读求解结果报告.因为用户有可能同时处理多个模型,很容易混淆模型与求解结果的对应关系.这时如果对不同模型分别进行了命名,就可以随时(例如在求解当前模型前)使用菜单命令"FILE|Title"将当前模型的名字显示在求解结果报告窗口中,这样就容易判别每个求解结果与每个模型的对应关系.

此外,LINDO 模型中以感叹号("!"符号)开头的是注释行(注释语句,或称为说明语句),可以帮助他人或以后自己理解这个模型.实际上,每行中"!"符号后面的都是注释或说明.例如:

! This is a comment.
3x + 5y<12   ! 这是一个约束.

第一行完全是注释语句;第二行则后半部分为注释语句.可以看出,注释语句中也可以有汉字,但是领头的感叹号"!"必须是英文字符,否则会出现错误.

再次总结、提醒一下:行号、"TITLE"语句和注释语句,是 LINDO 中惟一可以使用汉字字符的地方.

(4) LINDO 中变量不能出现在一个约束条件的右端(即约束条件的右端只能是常数);变量与其系数间可以有空格(甚至回车),但不能有任何运算符号(包括乘号"*"等).

(5) LINDO 中不能接受括号"()"和逗号","等任何符号(除非在注释语句中),例如:400(X1+X2)需写为 400X1 + 400X2;"10,000"需写为 10000.

(6) LINDO 中表达式应当已经经过化简,如不能出现 2X1 + 3X2 − 4X1,而应写成 − 2X1 + 3X2 等.

(7) LINDO 中已假定所有变量非负.可在模型的"END"语句后面用命令"FREE"(设定自由变量)取消变量的非负假定.其用法是"FREE"后面跟变量名,例如,在"END"语句后输入下面命令,可将变量 vname 的非负假定取消:

FREE vname

(8) 可以在模型的"END"语句后面用命令"SUB"(即设置上界(set upper bound)的英文缩写)设定变量的上界,用命令"SLB"(即设置下界(set lower bound)的英文缩写)设定变量的上下界.其用法是:"SUB vname value"将变量 vname 的上限设定为 value;"SLB"的用法类似.例如:

sub x1 10   ! 作用等价于"x1< = 10"
SLB x2 20   ! 作用等价于"x2> = 20"

但用"SUB"和"SLB"表示的上下界约束不计入模型的约束,因此 LINDO 也不能给出其松紧判断和敏感性分析.

(9) 数值均衡化及其他考虑:如果约束系数矩阵中各非零元的绝对值的数量级差别很大(相差 1000 倍以上),则称其为数值不均衡的.为了避免数值不均衡引起的计算问题,使用者应尽可能自己对矩阵的行列进行均衡化.此时还有一个原则,即系数中非零元的绝对值不能大于 100000 或者小于 0.0001. LINDO 不能对 LP 中的系数自动进行数值均衡化,但如果 LINDO 觉得矩阵元素之间很不均衡,将会给出警告.

(10) 简单错误的检查和避免

当你将一个线性规划问题的数学表达式输入 LINDO 系统时,有可能式子中会带有某些输入错误.这类错误虽可能只是抄写和输入错误造成的,但当问题规模较大时,要搜寻它们也是比较困难的.在 LINDO 中有一些可帮助寻找错误的功能,其中之一就是菜单命令"Report | Picture(Alt+5)",它的功能是可以将目标函数和约束表达式中的非零系数通过列表(或图形)显示出来.

例 2.2 对图 2-7 中的输入,用 Report|Picture 命令,将弹出一个对话框(图 2-8);在

弹出的对话框中采用默认选项（即不采用下三角矩阵形式，而以图形方式显示），直接按"OK"按钮可得到图 2-9 的输出。可以从图 2-9 很直观地发现，其实错误原因只不过是在图 2-7 中的输入中，5)行的表达式中 CO 与 C0 弄混了（英文字母 O 与数字 0 弄混了）。在图 2-9 中，还可以用鼠标控制显示图形的缩放，这对于规模较大的模型是有用的。

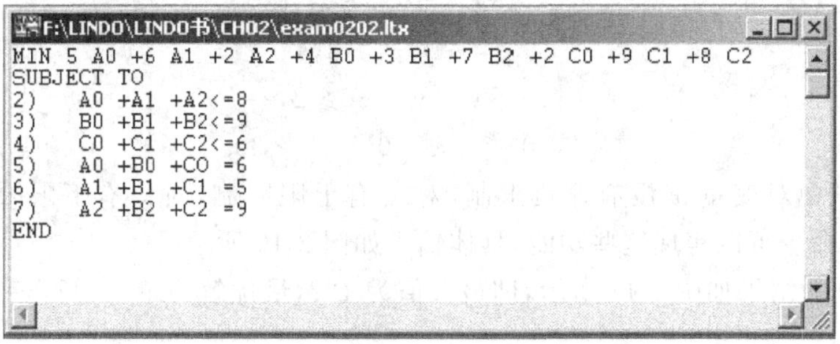

```
MIN 5 A0 +6 A1 +2 A2 +4 B0 +3 B1 +7 B2 +2 C0 +9 C1 +8 C2
SUBJECT TO
  2)   A0 +A1 +A2<=8
  3)   B0 +B1 +B2<=9
  4)   C0 +C1 +C2<=6
  5)   A0 +B0 +CO =6
  6)   A1 +B1 +C1 =5
  7)   A2 +B2 +C2 =9
END
```

图 2-7 一个输入中含有错误的例子

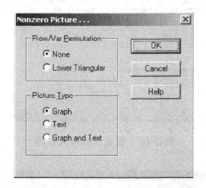

图 2-8 系数矩阵显示方式的控制对话框

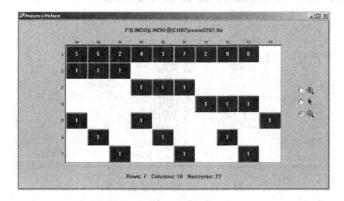

图 2-9 系数矩阵的图形显示

下面我们用一个例子,说明三个变量范围限定命令(FREE、SUB、SLB)的作用.

例 2.3 来解如下的线性规划(LP)问题：

$$\max \quad 2x - 3y + 4z; \tag{5}$$
$$\text{s.t.} \quad 4x + 3y + 2z \leqslant 10, \tag{6}$$
$$-3x + 5y - z \leqslant 12, \tag{7}$$
$$x + y + 5z \geqslant 8, \tag{8}$$
$$-5x - y - z \geqslant 2, \tag{9}$$
$$0 \leqslant y \leqslant 20, \quad z \geqslant 30. \tag{10}$$

这个模型中对变量 x 没有非负限制,对 y 有上限限制,对 z 有下限限制.用 FREE、SUB、SLB 三个命令可以实现这些功能,具体输入如图 2-10 所示.

求解得到的结果如图 2-11 所示,即最大值为 122,最优解为 $x=-17, y=0, z=39$. 可

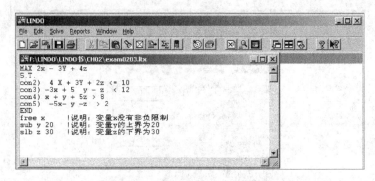

图 2-10　例 2.3 的输入模型

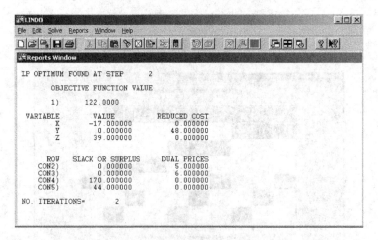

图 2-11　例 2.3 的输出结果

以看出 y 的上界(20)在最优解中并没有达到,z 的下界(30)也没有达到,因此模型中去掉"sub y 20"和"slb z 30"两个语句,得到的结果应该是不变的.但由于最优解中 x 的取值为负值,所以"free x"这个语句确实是不能少的.读者不妨试一下,去掉这个语句后效果会怎样?这时你会发现模型没有可行解.

2.2 敏感性分析

下面来看一个简单的具体例子.

例 2.4 某家具公司制造书桌、餐桌和椅子,所用的资源有三种:木料、木工和漆工.生产数据如表 2-2 所示.若要求桌子的生产量不超过 5 件,如何安排三种产品的生产可使利润最大?

表 2-2 家具公司的基础生产数据

	每个书桌	每个餐桌	每个椅子	现有资源总数
木料	8 单位	6 单位	1 单位	48 单位
漆工	4 单位	2 单位	1.5 单位	20 单位
木工	2 单位	1.5 单位	0.5 单位	8 单位
成品单价	60 单位	30 单位	20 单位	

用 DESKS、TABLES 和 CHAIRS 分别表示三种产品的生产量(决策变量),容易建立 LP 模型.首先在 LINDO 模型窗口中输入模型,见图 2-12.

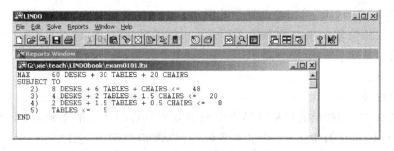

图 2-12 家具生产问题的输入模型

求解这个模型,并对图 2-5 的对话框(DO RANGE (SENSITIVITY) ANALYSIS?)选择"是(Y)"按钮,这表示你需要作灵敏性分析.这时,查看报告窗口(Reports Window),可以看到结果如图 2-13 所示.

图 2-13 中前半部分的输出结果的解释与 2.1 节例 2.1 的结果(图 2-6)类似:

"LP OPTIMUM FOUND AT STEP 2"表示两次迭代(旋转变换)后得到最优解.

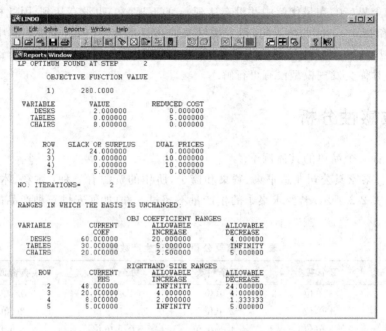

图 2-13 家具生产问题的输出结果

"OBJECTIVE FUNCTION VALUE 1)280.0000"表示最优目标值为 280.

"VALUE"给出最优解中各变量的值：造 2 个书桌(DESKS),0 个餐桌(TABLES),8 个椅子(CHAIRS). 所以 DESKS、CHAIRS 是基变量(取值非 0),TABLES 是非基变量(取值为 0).

"SLACK OR SURPLUS"给出松弛变量的值：

第 2 行松弛变量=24；(模型第 1 行表示目标函数,所以第 2 行对应第 1 个约束.)

第 3 行松弛变量=0；

第 4 行松弛变量=0；

第 5 行松弛变量=5.

"REDUCED COST"列出最优单纯形表中判别数所在行的变量的系数,表示当变量有微小变动时,目标函数的变化率. 其中基变量的 REDUCED COST 值应为 0,对于非基变量 X_j(请注意,非基变量的取值一定是 0),相应的 REDUCED COST 值表示当某个变量 X_j 增加一个单位时目标函数减少的量(max 型问题). 本例中,变量 TABLES 对应的 REDUCED COST 值为 5,表示当非基变量 TABLES 的值从 0 变为 1 时(此时假定其他非基变量保持不变,但为了满足约束条件,基变量显然会发生变化),最优的目标函数值=280－5＝275.

"DUAL PRICE"(对偶价格)表示当对应约束有微小变动时,目标函数的变化率. 输出结果中对应于每一个约束有一个对偶价格. 若其数值为 p,表示对应约束中不等式右端项若增加 1 个单位,目标函数将增加 p 个单位(max 型问题). 显然,如果在最优解处约束正好取等号(也就是"紧约束",即起作用约束),对偶价格值才可能不是 0. 本例中,第 3、4 行是紧约束,对应的对偶价格值为 10,表示当紧约束

    3)   4 DESKS + 2 TABLES + 1.5 CHAIRS <=   20

变为

    3)   4 DESKS + 2 TABLES + 1.5 CHAIRS <=   21

时,目标函数值=280+10=290. 对第 4 行也可类似解释.

对于非紧约束(如本例中第 2、5 行是非紧约束),DUAL PRICE 的值为 0,表示对应约束中不等式右端项的微小扰动不影响目标函数. 有时,通过分析 DUAL PRICE,也可对产生不可行问题的原因有所了解.

图 2-13 中后半部分的输出结果是敏感性分析结果(如原来求解模型时你没有要求 LINDO 作敏感性分析,现在想获得敏感性分析也不必从头开始重新求解模型,可直接用菜单命令"Reports|Range"). 敏感性分析的作用是给出"RANGES IN WHICH THE BASIS IS UNCHANGED",即研究当目标函数的系数和约束右端项在什么范围变化(此时假定其他系数保持不变)时,最优基(矩阵)保持不变. 报告中 INFINITY 表示正无穷. 这个部分包括两方面的敏感性分析内容:

(1) 目标函数中系数变化的范围(OBJ COEFFICIENT RANGES)

如本例中,目标函数中 DESKS 变量当前的系数(CURRENT COEF)=60,允许增加(ALLOWABLE INCREASE)=20、允许减少(ALLOWABLE DECREASE)=4,说明当这个系数在[60−4, 60+20]=[56,80]范围变化时,最优基保持不变. 对 TABLES、CHAIRS 变量,可以类似解释. 由于此时约束没有变化(只是目标函数中某个系数发生变化),所以最优基保持不变的意思也就是最优解不变(当然,由于目标函数中系数发生了变化,所以最优值会变化).

(2) 约束右端项变化的范围(RIGHT HAND SIDE RANGES)

如本例中,第 2 行约束中当前右端项(CURRENT RHS)=48,允许增加(ALLOWABLE INCREASE)=INFINITY(无穷)、允许减少(ALLOWABLE DECREASE)=24,说明当它在[48−24, 48+∞]=[24,∞)范围变化时,最优基保持不变. 第 3、4、5 行可以类似解释. 不过由于此时约束发生变化,最优基即使不变,最优解、最优值也会发生变化. 如何变化呢? 我们将在本节后面结合 1.2.1 节例 1.1 给出的实际问题来进行说明.

最后,如果你对单纯形法比较熟悉,你可以直接查看最优解时的单纯形表,这只要选择菜单命令 Reports|Tableau (Alt+7)执行即可,输出结果见图 2-14. 在图 2-14 中,基变量为 BV={SLK2,CHAIRS,DESKS,SLK5},ART 是人工变量(artificial variable),即相应的目标值 z;这样,你就可以知道 z = 5 TABLES + 10SLK3 + 10SLK4 = 280.

敏感性分析结果表示的是最优基保持不变的系数范围. 由此,也可以进一步确定当目标函数的系数和约束右端项发生小的变化时,最优解、最优值如何变化. 下面我们通过求

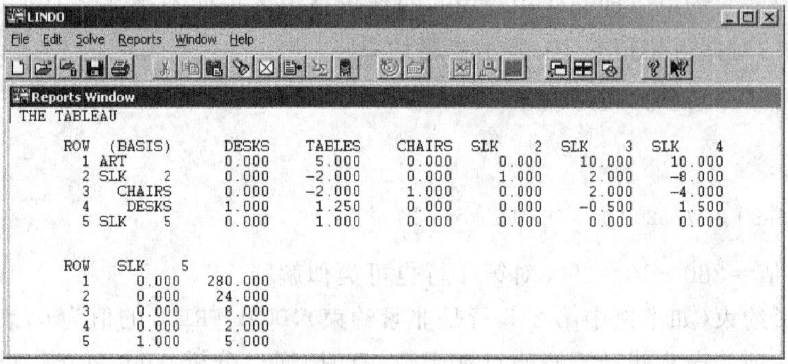

图 2-14 LINDO 输出的单纯形表

解 1.2.1 节例 1.1 的实际问题来进行说明.

例 2.5 继续讨论例 1.1,其模型为

$$\max \quad z = 72x_1 + 64x_2; \tag{11}$$
$$\text{s.t.} \quad x_1 + x_2 \leqslant 50, \tag{12}$$
$$12x_1 + 8x_2 \leqslant 480, \tag{13}$$
$$3x_1 \leqslant 100, \tag{14}$$
$$x_1, x_2 \geqslant 0. \tag{15}$$

首先在 LINDO 模型窗口中输入模型,见图 2-15.求解这个模型并做灵敏性分析,查看报告窗口(Reports Window)看到结果如图 2-16.结果告诉我们:这个线性规划的最优解为 $x_1=20, x_2=30$,最优值为 $z=3360$,即用 20 桶牛奶生产 A_1,30 桶牛奶生产 A_2,可获最大利润 3360 元.这与我们在第 1 章中使用图解法得到的结果是一致的.输出中除了告诉我们问题的最优解和最优值以外,还有许多对分析结果有用的信息,下面结合题目中提出的 3 个附加问题给予说明.

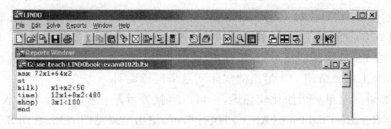

图 2-15 奶制品生产计划问题的模型

3 个约束条件的右端不妨看作 3 种"资源":原料、劳动时间、车间甲的加工能力.输出中 SLACK OR SURPLUS(松弛或剩余)给出这 3 种资源在最优解下是否有剩余:原料、劳动时

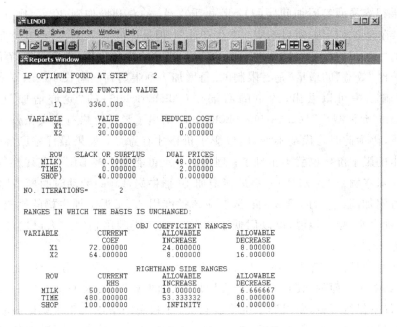

图 2-16 奶制品生产计划问题的计算结果

间的剩余均为零(即约束为紧约束),车间甲尚余 40kg 加工能力(不是紧约束).

目标函数可以看作"效益",成为紧约束的"资源"一旦增加,"效益"必然跟着增长. 输出中 DUAL PRICES 给出这 3 种资源在最优解下"资源"增加 1 个单位时"效益"的增量: 原料增加 1 个单位(1 桶牛奶)时利润增长 48(元),劳动时间增加 1 个单位(1h)时利润增长 2(元),而增加非紧约束车间甲的能力显然不会使利润增长. 这里,"效益"的增量可以看作"资源"的潜在价值,经济学上称为**影子价格**(shadow price),即 1 桶牛奶的影子价格为 48 元,1h 劳动的影子价格为 2 元,车间甲生产能力的影子价格为零. 读者可以用直接求解的办法验证上面的结论,即将输入文件中原料约束 milk)右端的 50 改为 51,看看得到的最优值(利润)是否恰好增长 48(元). 用影子价格的概念很容易回答附加问题(1): 用 35 元可以买到 1 桶牛奶,低于 1 桶牛奶的影子价格 48,当然应该作这项投资. 回答附加问题(2): 聘用临时工人以增加劳动时间,付的工资低于劳动时间的影子价格才可以增加利润,所以工资最多是 2 元/h.

目标函数的系数发生变化时(假定约束条件不变),最优解和最优值会改变吗? 这个问题不能简单地回答. 上面的输出结果给出了最优基不变条件下目标函数系数的允许变化范围: x_1 的系数范围为 $[72-8, 72+24]=[64, 96]$; x_2 的系数范围为 $[64-16, 64+8]=[48, 72]$. 注意: x_1 系数的允许范围需要 x_2 的系数 64 不变,反之亦然. 由于目标函数的系数变化并不影响约束条件,因此此时最优基不变可以保证最优解也不变,但最优值变化.

用这个结果很容易回答附加问题(3)：若每千克 A_1 的获利增加到 30 元，则 x_1 系数变为 $30\times 3=90$，在允许范围内，所以不应改变生产计划，但最优值变为 $90\times 20+64\times 30=3720$。

下面对"资源"的影子价格作进一步的分析。影子价格的作用（即在最优解下"资源"增加 1 个单位时"效益"的增量）是有限制的。每增加 1 桶牛奶利润增长 48 元（影子价格），但是，从上面输出中可以看出，约束的右端项（CURRENT RHS）的"允许增加"（ALLOWABLE INCREASE）和"允许减少"（ALLOWABLE DECREASE）给出了影子价格有意义条件下约束右端的限制范围（因为此时最优基不变，所以影子价格才有意义；如果最优基已经变了，那么结果中给出的影子价格也就不正确了；理解这一点可能需要多了解一些线性规划的有关知识）。具体对本例来说：milk)原料最多增加 10 桶牛奶，time)劳动时间最多增加 53h。现在可以回答附加问题(1)的第 2 问：虽然应该批准用 35 元买 1 桶牛奶的投资，但每天最多购买 10 桶牛奶。顺便地说，可以用低于 2 元/h 的工资聘用临时工人以增加劳动时间，但最多增加 53.3333h。

需要注意的是：灵敏性分析给出的只是最优基保持不变的充分条件，而不一定是必要条件。比如对于上面的问题，"原料最多增加 10 桶牛奶"的含义只能是"原料增加 10 桶牛奶"时最优基保持不变，所以影子价格有意义，即利润的增加大于牛奶的投资。反过来，原料增加超过 10 桶牛奶，最优基是否一定改变？影子价格是否一定没有意义？一般来说，这是不能从灵敏性分析报告中直接得到的。此时，应该重新用新数据求解规划模型，才能作出判断。所以严格来说，我们上面回答"原料最多增加 10 桶牛奶"并不是完全科学的。

2.3 整数线性规划的求解

LINDO 可用于求解线性纯整数规划或混合整数规划（IP），模型的输入与 LP 问题类似，但在 END 标志后需定义整型变量。0/1 型的变量可由 INTEGER（可简写为 INT）命令来标识，有以下两种可能的用法：

  INT vname
  INT n

前者只将决策变量 vname 标识为 0/1 型，后者将当前模型中前 n 个变量标识为 0/1 型（模型中变量顺序由模型中输入时出现的先后顺序决定，该顺序可由输出结果中的变量顺序查证是否一致）。

一般的整数变量可用命令 GIN(general integer 的缩写)，其使用方式及格式与 INT 命令相似。再次提醒读者，对整数变量的说明只能放在模型的"END"语句之后。

下面对 1.2.4 节提出的两个问题，具体进行演示。

例 2.6 现在我们来解 1.2.4 节例 1.4 的员工聘用问题。首先在 LINDO 模型窗口输入模型,如图 2-17,其中"GIN 7"表示 7 个变量都是一般整数变量(仍然默认为取值是非负的).求解后报告窗口见图 2-18.我们特意把状态窗口也叠加在这个窗口上,可以看到此时状态窗口中与整数相关的三个域就有了相关结果(其意义也可回顾一下图 2-4 和表 2-1):

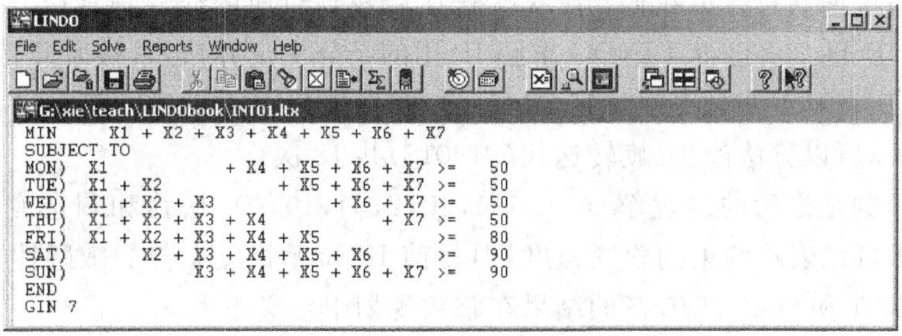

图 2-17 例 2.6 的输入模型

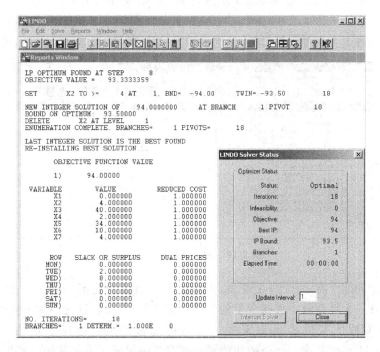

图 2-18 例 2.6 的输出结果

"Best IP:94"表示当前得到的最好的整数解的目标函数值为 94(人).

"IP Bound:93.5"表示该整数规划目标值的下界为 93.5(人).

"Branches:1"表示分支数为 1(即在第 1 个分支中就找到了最优解).我们前面说过,LINDO 求解 IP 用的是分支定界法.

显然,上面第二条"整数规划目标值的下界为 93.5(人)"表明至少要聘用 93.5 名员工,由于员工人数只能是整数,所以至少要聘用 94(人).而第一条说明目前得到的解就是聘用 94(人),所以已经是最优的了.

报告窗口中前两行告诉我们,在 8 次迭代后找到对应的线性规划(LP)问题的最优解,最优值等于 93.3333359.LINDO 求解 IP 用的是分支定界法,紧接着几行显示的是分支定界的信息,在第 1 个分支中设定 X2>=4,并在该分支中找到了整数解,而且就是全局整数最优解,所以算法停止.旋转迭代(PIVOTS)共 18 次.

后面显示的是最后的最优解 $x=(0,4,40,2,34,10,4)$.松弛和剩余变量(SLACK OR SURPLUS)仍然可以表示约束的松紧程度,但目前 IP 尚无相应完善的敏感性分析理论,因此 REDUCED COST 和 DUAL PRICES 的结果在整数规划中意义不大.

例 2.7 下面来解 1.2.4 节例 1.5 的游泳队员的选拔问题(0-1 规划).输入见图 2-19,其中"INT 20"表示 20 个变量都是 0-1 整数变量;结果报告见图 2-20(只列出变量的取值部分).求解得到结果为:$x_{14}=x_{21}=x_{32}=x_{43}=1$,其他变量为 0,成绩为 253.2s$=4'13''2$.即应当选派甲乙丙丁 4 人组成接力队,分别参加自由泳、蝶泳、仰泳、蛙泳的比赛.

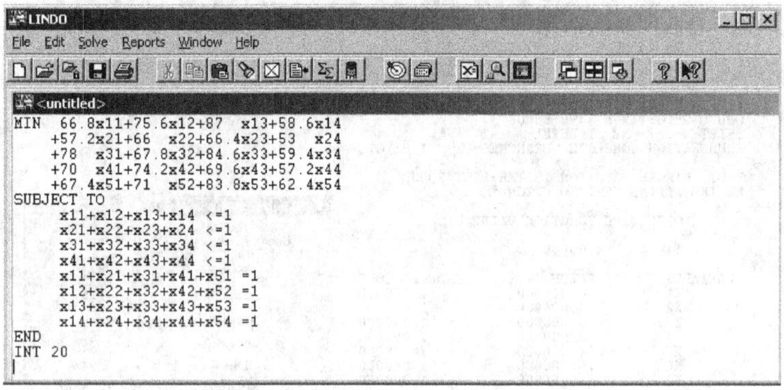

图 2-19 例 2.7 的输入模型

由于这个问题中有 20 个 0-1 变量,而最优解中肯定只有其中的 4 个变量取非零值"1",所以要在一大堆变量中去找少量的几个取非零值的变量,这是不太方便的.有没有办法只把取非零值的变量显示出来呢?这是可以做到的:选择菜单命令"Reports | Solution...(Alt+0)"(这个命令的功能是要把最优解显示出来),这时会弹出一个选择对话框(图 2-21),默认的选项是"Nonzeros Only(只显示非零值)".按下图 2-21 对话框中的"OK"按钮,则报告窗口中的显示如图 2-22 所示,可以看到这时只显示了 4 个取非零值"1"的变量,这样阅读起来就很方便了.请读者注意,这个功能并不仅仅在整数规划中可以使用,在其他模型中也是可以使用的,不妨试试就知道了.

2.3 整数线性规划的求解

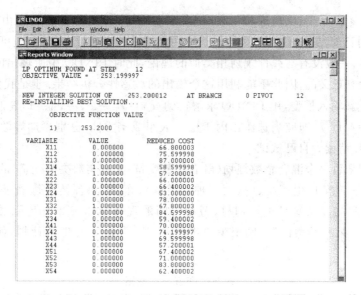

图 2-20 例 2.7 的输出结果

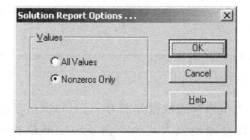

图 2-21 显示解答报告的选择对话框

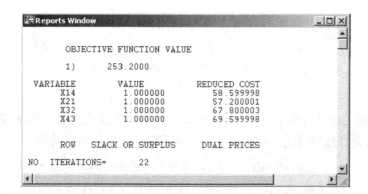

图 2-22 例 2.7 的简洁的输出结果（只输出非零分量的值）

讨论 若考虑到丁、戊最近的状态，c_{43}由原来的69.6s变为75.2s，c_{54}由原来的62.4s变为57.5s，讨论对结果的影响。这类似于线性规划中的敏感性分析，但是可惜的是，对于整数规划模型，一般没有与线性规划相类似的理论，此时LINDO中所输出的敏感性分析结果通常是没有意义的，因此不能利用这个输出的敏感性分析结果。于是我们只好用c_{43}，c_{54}的新数据重新输入模型，用LINDO求解得到$x_{21}=x_{32}=x_{43}=x_{51}=1$，其他变量为0，成绩为257.7s=$4'17''7$。即应当选派乙丙丁戊4人组成接力队，分别参加蝶泳、仰泳、蛙泳、自由泳的比赛。请读者自己试试。

下面我们来看一个混合整数规划（既有整数变量、又有实数决策变量）的例子。

例 2.8 一汽车厂生产小、中、大三种类型的汽车，已知各类型每辆车对钢材、劳动时间的需求，利润以及每月工厂钢材、劳动时间的现有量如表2-3所示。由于各种条件限制，如果生产某一类型汽车，则至少要生产80辆。试制定月生产计划，使工厂的利润最大。

表 2-3 汽车生产数据

	小型	中型	大型	现有量
钢材/t	1.5	3	5	600
劳动时间/h	280	250	400	60000
利润/万元	2	3	4	

模型建立与求解

设每月生产小、中、大型汽车的数量分别为x_1, x_2, x_3（由于生产是一个月一个月连续进行的，所以这里可以合理地认为这个产量不一定非取整数不可，而是可以取实数），工厂的月利润为z，在题目所给参数均不随生产数量变化的假设下，立即可得线性规划模型：

$$\max \quad z = 2x_1 + 3x_2 + 4x_3; \tag{16}$$
$$\text{s.t.} \quad 1.5x_1 + 3x_2 + 5x_3 \leq 600, \tag{17}$$
$$280x_1 + 250x_2 + 400x_3 \leq 60000, \tag{18}$$
$$x_1, x_2, x_3 \geq 0. \tag{19}$$

但是，如果生产某一类型汽车，则至少要生产80辆，这个约束怎么表达？可以引入0-1变量，化为整数规划。设y_1只取0,1两个值，则"$x_1=0$或≥ 80"等价于

$$x_1 \leq My_1, \quad x_1 \geq 80y_1, \quad y_1 \in \{0,1\}, \tag{20}$$

其中M为相当大的正数，本例可取1000（x_1不可能超过1000）。类似地有

$$x_2 \leq My_2, \quad x_2 \geq 80y_2, \quad y_2 \in \{0,1\}, \tag{21}$$

$$x_3 \leqslant My_3, x_3 \geqslant 80y_3, \quad y_3 \in \{0,1\}. \tag{22}$$

于是这个模型构成一个混合整数规划模型(既有一般的整数变量 x,又有 0-1 变量 y),用 LINDO 直接求解时,输入的最后(END 语句后)只需要加上 0-1 变量 y 的限定语句.

模型的输入见图 2-23.求解得到输出如下(只列出需要的部分结果):

```
        OBJECTIVE FUNCTION VALUE
   1)         611.2000
   VARIABLE         VALUE           REDUCED COST
       Y1          1.000000          108.800003
       Y2          1.000000            0.000000
       Y3          0.000000            0.000000
       X1         80.000000            0.000000
       X2        150.399994            0.000000
       X3          0.000000            0.800000
```

图 2-23 例 2.8 的输入模型

也就是说,只生产小型和中型汽车,产量分别为 80 辆和 150 辆(近似值).读者不妨试试把产量 x 也限定只取整数,结果会如何呢?

备注 尽管 LINDO 对整数规划问题很有威力,但要想有效地使用,有时还是需要一定的技巧.这是因为,人们很容易将一个本质上很简单的问题列成一个不太好的输入模型,从而有可能会导致一个冗长的分支定界计算.遗憾的是,我们往往难以预先估计什么样的模型才能避免冗长的分支定界计算,也难以判别什么样的模型是"不太好"的输入模型.当然这时 LINDO 会主动砍去一些计算过程,以缩短计算时间,而且越是高版本的

LINDO 软件,这种自动处理的"智能"越强.我们的建议是:如果分支定界计算时间很长仍得不到最优解,你可以试试对输入模型进行一些等价变换:如交换变量的次序,交换约束的顺序等,有时也许会对减少求解所需的时间有所帮助.

*2.4 二次规划的求解

LINDO 可用于求解二次规划(QP)问题,但输入方式比较复杂,因为在 LINDO 中不允许出现非线性表达式.我们需要为每一个实际约束增加一个对偶变量(或 Lagrange 乘子),通过在实际约束前增加有关变量的一阶最优条件,从而转化二次型为线性互补型(对线性互补型有兴趣的读者,可参阅其他一些专门书籍);并要使用 QCP 命令指明实际约束开始的行号,然后才能求解.下面仅通过两个例子进行说明.

例 2.9 求解如下二次规划问题

$$\min \quad z = 3x^2 + y^2 - xy + 0.4y; \tag{23}$$
$$\text{s.t.} \quad 1.2x + 0.9y > 1.1, \tag{24}$$
$$x + y = 1, \tag{25}$$
$$y < 0.7. \tag{26}$$

我们用 RT、ONE 和 UL 作为对偶变量,问题输入格式参见图 2-24.

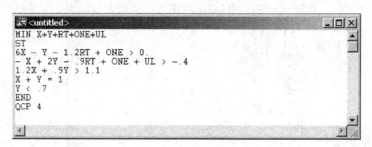

图 2-24 二次规划的输入

输入中的第一行(目标函数)只用于给出模型中相应变量的出现顺序:X,Y,RT,ONE,UL,用加号连接.

输入中的第二、三行约束是在实际约束前增加的有关变量的一阶最优条件,即 Lagrange 函数

$$3x^2 + y^2 - xy + 0.4y - RT(1.2x + 0.9y - 1.1)$$
$$+ ONE(x + y - 1) + UL(y - 0.7) \tag{27}$$

分别对 x,y 求偏导数,令其大于 0 可得第二、三行约束(一阶最优条件).

"END"后面的语句"QCP 4"表示原来的二次规划问题真正的约束是从输入的第 4 行开

始的.

求解得到输出如下(只列出需要的部分结果):

```
QP OPTIMUM FOUND AT STEP        7
      OBJECTIVE FUNCTION VALUE
    1)      1.3555560
      VARIABLE        VALUE         REDUCED COST
           X          .666667        .000000
           Y          .333333        .000000
           RT       10.888890        .000000
          ONE        9.399998        .000000
           UL         .000000        .366667
        ROW        SLACK OR SURPLUS    DUAL PRICES
         2)         .000000         -.666667
         3)         .000000         -.333333
         4)         .000000        -10.888890
         5)         .000000          9.399998
         6)         .366667          .000000


      NO. ITERATIONS =        7
```

这样,经过 7 次迭代,就得到了最优解 $x = 0.666667, y = 0.333333$,最优值为 1.3555560. 同整数规划时的情况类似,二次规划也没有敏感性分析结果,因此 LINDO 对应的敏感性分析输出结果也是没有意义的,不能被利用.

例 2.10 对于 1.2.2 节例 1.2 给出的如下二次规划问题(注意:我们把目标函数取了负号,因此把原来的最大化问题变成了最小化问题):

$$\min \quad z = -98x_1 - 277x_2 + x_1^2 + 0.3x_1x_2 + 2x_2^2; \tag{28}$$

$$\text{s.t.} \quad x_1 + x_2 \leqslant 100, \tag{29}$$

$$x_1 \leqslant 2x_2, \tag{30}$$

$$x_1, x_2 \geqslant 0. \tag{31}$$

我们需要用对偶变量(Lagrange 乘子)写出其 Lagrange 函数. 设两个"$\leqslant$"约束的 Lagrange 乘子分别是 LAG1, LAG2,则其 Lagrange 函数为

$$\begin{aligned} L = & -98x_1 - 277x_2 + x_1^2 + 0.3x_1x_2 + 2x_2^2 \\ & + \text{LAG1}(x_1 + x_2 - 100) \\ & + \text{LAG2}(x_1 - 2x_2). \end{aligned} \tag{32}$$

分别对原问题的决策变量 x_1, x_2 求偏导数,令其大于等于 0(这实际上是一阶最优条件),

可得两个新约束如下：

$$-98 + 2x_1 + 0.3x_2 + \text{LAG1} + \text{LAG2} \geq 0, \tag{33}$$

$$-277 + 4x_2 + 0.3x_1 + \text{LAG1} - 2\text{LAG2} \geq 0. \tag{34}$$

QP 问题输入 LINDO 软件求解时，第一行（目标函数）只用于给出模型中相应变量的出现顺序：x1,x2,LAG1,LAG2，用加号连接；在实际约束前增加刚刚得到的有关变量的一阶最优条件. 此外，必须在"end"语句用"QCP n"语句说明这是一个二次规划，同时指出实际约束是从第 n 行开始的. 最后，这个问题的输入如图 2-25（注意：我们这里故意假设产量必须为整数，所以最后增加了"gin 2"语句）.

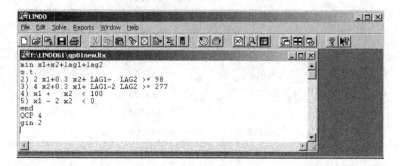

图 2-25 例 2.10 的输入

最后得到的结果见图 2-26，最优整数解 $x = (35, 65)$，最大利润等于 11109.17.

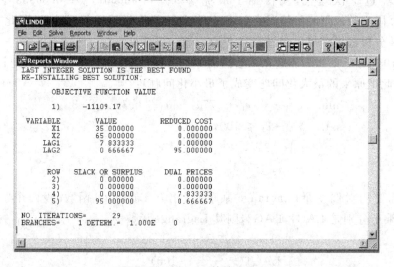

图 2-26 例 2.10 的输出结果

可见，LINDO 用于求解二次规划（QP）问题比较复杂，不容易非常直观地理解．特别要注意：若原约束是"$\geqslant$"约束，则对应的 Lagrange 乘子应该取 0 或负值（对最小化问题），所以在例 2.9 构造的 Lagrange 函数中，RT 的前面是一个负号（减号），这样 RT 就取非负值了．对最大化问题，这些规律可能又不相同，所以建议您在没有绝对把握时总是将目标一律化成最小化（min）问题，将约束一律写成"$\leqslant$"约束（等式约束也可以），以免出错．

备注 建议最好直接用第 3 章介绍的 LINGO 软件求解 QP 问题，因为 LINGO 中输入的模型更接近二次规划的数学表达形式，不容易出错，而计算效果同样很好．

要想学好和灵活应用 LINDO 软件，首先要多练习使用 LINDO 来解决问题，熟能生巧．LINDO 中的显示报告完全是英文的，大家要熟悉其含义．不要太拘泥于书本或别人教你的方法，要会举一反三，综合使用，才能用得巧而精．这就像编程序一样，同样的几条程序命令，有的人只能生搬硬套，而有的人却能发挥得淋漓尽致，这中间的功夫不是光靠一招招向书本学能得来的了．

*2.5 LINDO 的主要菜单命令

从前面的各个图形窗口中我们已经看到，LINDO 软件的菜单条上有 6 个主菜单：

- File（文件）
- Edit（编辑）
- Solve（求解）
- Reports（报告）
- Window（窗口）
- Help（帮助）

File（文件）菜单包括了 LINDO 通过文件与外部设备（如磁盘）交换信息的命令；Edit（编辑）菜单包括了在当前窗口下编辑文本的命令；Solve（求解）菜单包括了求解模型的命令；REPORTS（报告）菜单包括了生成解答结果报告的命令；Window（窗口）菜单包括了窗口切换的命令；HELP（帮助）菜单包括了访问在线帮助文档的命令．

对于几乎所有的菜单命令，LINDO 都提供了快捷键（快捷键的提示位于每个菜单命令的右侧）；对于常用的菜单命令，LINDO 在工具栏提供了相应的图形按钮（参见图 2-27）．工具栏是浮动式的，可以用鼠标拖到屏幕上任何地方．这些用法都是和 WINDOWS 下其他应用程序的标准用法类似的，所以我们不准备对所有的菜单命令进行完整和详细的介绍，而是只对前 4 个主菜单中有一定 LINDO 特色的主要命令进行简要介绍．

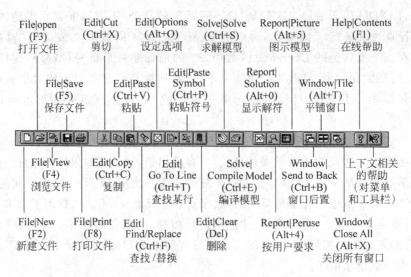

图 2-27 LINDO 工具栏及其对应的菜单命令和快捷键

2.5.1 文件主菜单

• File|New、File|Open 和 File|View 的区别

File|New 用于新建一个模型文件,File|Open 用于打开一个已有文件,此后可以对这个文件进行编辑、求解、保存等;而 File|View 只用于打开已有文件供浏览(也可以求解)使用,不能编辑.由于 LINDO 编辑器对文件的大小是有限制的,因此用 File|New 和 File|Open 打开的文件不能太大(通常不能超过 64000 字符);而 File|View 不受文件大小限制,这对浏览特别大规模的文件(通常不一定是由 LINDO 本身的编辑器产生的)是有用的.

• File|Log Output

该命令将打开一个对话框(图 2-28),要求你指定一个文件名(该文件成为"Log(日志)文件").此后,LINDO 软件的所有输出都被送到这个日志文件中保存下来,供你以后查看.注意,正常情况下,在菜单驱动模式下,LINDO 的输出应当是被送到报告窗口;在"Command Window(命令窗口)"模式下(参见 2.6 节),LINDO 的输出应当是被送到命令窗口.在图 2-28 的对话框中有两个检验盒:

(1) 如果选择"Echo to screen(屏幕显示)"检验盒,屏幕上也会同时显示输出结果,否则屏幕上就不再显示了;

(2) 如果选择"Append output(追加输出)"检验盒,则以后所有 LINDO 的输出被追加到这个日志文件的结尾,否则系统将首先清空这个文件,然后开始追加内容.

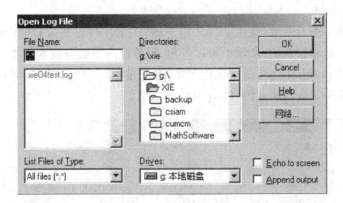

图 2-28 日志文件对话框

- File|Take Commands

File|Take Commands(提取命令)用于打开和执行一个 LINDO 命令脚本文件(命令脚本文件中包含的是由一系列 LINDO 命令组成的命令序列,具体参见 2.6 节对应的行命令"TAKE"以及 2.7 节对应的例子).

- File|Basis Read 和 File|Basis Save

File|Basis Save(保存基)命令打开一个标准的文件保存对话框,可以将单纯形算法的当前的基(解)以你指定的文件名和文件格式保存下来;将来可以用 File|Basis Read(读取基)命令读出这个基(解),并可以从这个基(解)开始继续运行单纯形算法.

保存时可以有三种文件格式可供选择: *.pun(以 MPS(数学规划系统)的"punch"格式保存); *.fbs(以 LINDO 格式保存); *.sdbc(以数据库格式按列(变量)保存).具体请参考 2.6 节中对应的行命令.

- File|Title

显示当前模型的名称(如果该模型被命名过,即模型的程序中出现过 Title 语句).

- File|Date

显示当前日期和时间.

- File|Elapsed Time

显示本次启动 LINDO 以来已经运行了多长时间.

- File|License

输入、验证 LINDO 的许可证密码,功能和界面与图 2-1 相同.

2.5.2 编辑主菜单

该菜单下的多数命令基本上是不言自明的,与 Windows 下的其他编辑器类似,这些命令就不具体介绍了.这里只介绍几个 LINDO 软件中的特色命令.

- Edit|Options

该命令打开一个对话框(见图 2-29),用于设置 LINDO 系统运行的内部参数,这对于比较专业的用户是有帮助的。从图中可以看出,可修改的参数分成两大类:左边一类是关于优化程序的(Optimizer 这里是指优化程序,也就是 LINDO 求解器,而不是最优解的意思),右边一类是关于输出格式的(Output)。

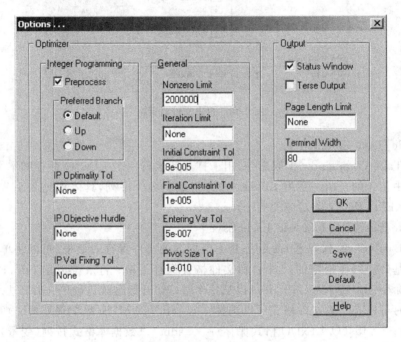

图 2-29 Options 对话框

先看输出格式(Output)中所包括的 4 个选项:

Status Window(状态窗口)选项:用于控制求解模型时是否显示状态窗口(默认设置为显示)。

Terse Output(以简明的形式显示结果)选项:用于控制是否以简明的形式报告结果(默认设置为以详细(Verbose)的形式报告结果)。

Page Length Limit(页长限制):用于控制输出时每页最多显示多少行(可以设置为任意正整数;默认设置是"None",表示无限制)。

Terminal Width(终端宽度):每行的最大宽度(每行多少字符),可以设为 40~132 之间的整数(默认设置为 80)。

关于优化程序(Optimizer)的参数又分成两类,左边一类是关于整数规划(Integer Programming,即 IP)的,右边一类是一般参数(General).对于 IP,可以如下设置参数。

Preprocess(预处理)：控制是否进行预处理.预处理中将生成割平面,割平面对求解有利,所以系统默认设置是进行预处理.但生成割平面也会花费不少时间,所以也可以不让 LINDO 生成割平面,即不进行预处理.

Preferred Branch(优先的分支方式)：可以选择"Default"(默认方式,向上或向下取整都可能)、"Up"(向上取整优先)、"Down"(向下取整优先).

IP Optimality Tol(IP 最优值允许的误差上限)：是一个百分数,如 0.05 表示 5%,即当 LINDO 得到一个目标值与最优值相差不超过 5% 的可行解时,就认为达到了最优,停止计算.默认值为"None",表示不使用这个判停准则(即相当于要求误差为 0).

IP Objective Hurdle(IP 目标函数的篱笆值)：即只在比这个值更优的解中寻找最优解,这相当于给出了最优值的一个界,因此有利于求解(例如,当知道当前模型的某个整数可行解时,就可以用这个可行解的目标值设置这个值).默认值为"None",表示没有指定这个条件.

IP Var Fixing Tol(固定一个整数变量取值时所允许的上限)：如果在 IP 模型松弛后的计算中某一个整数变量确实取到了整数,但对应的判别数(REDUCED COST)的值很大,超过这里指定的上限,则以后的迭代中就把该整数变量固定下来不再允许变化.这样做的理由是判别数很大的整数值很难在以后的迭代中发生变化.默认值为"None",表示没有指定这个条件.

对于 LINDO 的一般参数(General),可以如下设置.

Nonzero Limit(模型中允许出现的非零系数的个数上限)：这个参数对于不同版本的 LINDO 软件的默认值不同,试用版中是 2000000.

Iteration Limit(求解时允许的最大迭代步数)：默认值是"None",即没有限制;有时为了防止计算时间太长,用户可以自行设置为任意一个正整数.

Initial Contraint Tol(初始阶段求解时约束允许的误差上限)：即只要约束两边相差小于这个数时,就认为约束成立.计算的初始阶段这个误差可能没有必要设置得过小,以免找不到可行解,所以默认值是 0.00008.

Final Contraint Tol(最后阶段求解时约束允许的误差上限)：含义同上,即只要约束两边相差小于这个数时,就认为约束成立.计算的最后阶段这个误差有必要设置得比较小,以便提高计算精度,所以默认值是 0.00001.

Entering Var Tol(进基变量的误差上限)：即只有当变量的判别数大于这个上限时(按绝对值),这个变量才可能进基(相当于认为绝对值小于这个数时,判别数就是 0).默认值是 0.0000005.

Pivot Size Tol(旋转(迭代)时采用的误差下限)：即旋转元的绝对值不能小于该上限

(相当于认为绝对值小于这个数时,旋转元就是0).默认值是0.0000000001.

一旦参数被修改并按下"OK(确定)"按钮后,将对所有此后的运行均有效,直到退出LINDO系统或重新设置这个参数为止,而与具体模型无关.如果将这些参数用对话框中的"Save(保存)"按钮保存下来,退出 LINDO 后下次启动 LINDO 时这些参数仍然有效.对话框中右下方的"Default(默认)"按钮用于恢复 LINDO 系统的默认参数值."Cancel(取消)"按钮用于废除本次参数修改,关闭这个选项窗口;"Help(帮助)"按钮用于提供本窗口的在线帮助.

- Edit|Paste Symbol

该命令打开一个对话框,用于在模型中当前光标后面插入符号.例如,对于前面介绍的 QP 模型(参见例 2.9),Paste Symbol 打开的对话框如图 2-30,可以看到,可选的符号主要是三类:

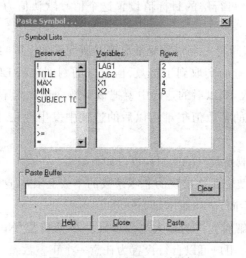

图 2-30 Paste Symbol 对话框

Reserved(保留字):LINDO 系统的保留字(如一些常用的语句关键词和运算符号);
Variables(变量):当前模型的决策变量;
Rows(行名):约束的行号或行名.

可以用鼠标双击其中某个符号,则该符号显示在图中的缓冲区("Paste Buffer");也可以直接编辑缓冲区的内容.当单击"Paste(粘贴)"按钮时,缓冲区的内容将被插入当前模型的当前光标后.单击"Clear(清除)"按钮将清除缓冲区的内容,单击"Close(关闭)"按钮将关闭该对话框.

- Edit|Choose New Font

该命令用于指定显示的字体、字形和文字的大小.对话框如图 2-31 所示.

图 2-31 字体选择

2.5.3 求解主菜单

- Solve|Compile Model

Solve|Compile Model(编译模型)命令对当前模型进行编译(使用 Solve|Solve 命令时自然也是要先调用该命令).如果当前模型输入有语法错误,编译时将报告错误.

- Solve|Pivot

Solve|Pivot(旋转)命令从当前解出发进行一次单纯形旋转(即一次迭代).用这个命令可以跟踪整个单纯形算法的运行.

- Solve|Debug

Solve|Debug(调试)命令分析 LP 无解(Infeasible)或无界(Unbounded)的原因,建议如何修改.它仅对 LP 有效,对 IP 和 QP 无意义.对线性规划的高手而言,这个功能可能是有用的.

- Solve|Preemptive Goal

Solve|Preemptive Goal(多目标)命令依次按照多个目标求解模型,参见 2.6 节的行命令 GLEX.它仅对 LP 和 IP 有效,对 QP 无意义.

2.5.4 报告主菜单

- Report|Solution

Report|Solution(解答)命令显示当前的解(你必须在此之前求解过当前模型).对话框参见图 2-21,你可以选择"All Values"(把所有变量的值全部显示)、"Nonzeros Only"(只显示非零取值的变量),然后单击"OK"按钮即可.

- Report|Range

Report|Range(敏感性分析)命令显示当前解的敏感性分析结果(你必须在此之前求解过当前模型).敏感性分析可参见 2.2 节.

- Report|Parametrics

Report|Parametrics(参数分析)命令对约束的右端项(RHS)进行参数分析,也就是研究某个约束的右端项发生变化时,最优值如何变化.例如,对于前面介绍过的员工聘用模型,对话框如图 2-32,你可以选择约束的行名(这里选择的是 MON),输入新的右端项值(New RHS Value,这里输入的是 40,原来的值是 50),还可以选择参数分析结果的报告方式(文本(Text)、二维图形(2D)或三维图形(3D)).单击"OK"按钮得到参数分析结果(如图 2-33 所示),非常方便!从图中和报告窗口中的显示结果都可以看出,这时最优解和最优值没有变化.请你用其他行或其他数试试,看看效果如何.

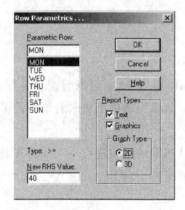

图 2-32 Row Parametrics 对话框

图 2-33 参数分析显示的结果

*2.5 LINDO 的主要菜单命令

- Report|Statistics

Report|Statistics(统计)命令显示当前模型的统计信息. 例如, 对于前面介绍的 QP 模型(例 2.9), 该命令将在报告窗口显示如下统计信息:

```
ROWS =    5  VARS =    4  INTEGER VARS =   2(  0 = 0/1)  QCP =   4
NONZEROS =   19  CONSTRAINT NONZ =  12( 6  = + - 1) DENSITY = 0.760
SMALLEST AND LARGEST ELEMENTS IN ABSOLUTE VALUE =   0.300000   277.000
OBJ = MIN, NO. <, = , >:    2   0   2, GUBS  <=   1  VUBS >=   0
SINGLE COLS =    0   REDUNDANT COLS =    0
```

第 1 行的意思: 该模型有 5 行(当然,约束只有 4 行), 4 个变量, 其中两个整数变量(没有 0-1 变量), 从第 4 行开始是二次规划的实际约束.

第 2 行的意思: 非零系数共有 19 个, 约束中非零系数共有 12 个(其中 6 个为 1 或 −1), 模型密度为 0.760(密度定义为非零系数/[行数×(变量数+1)], 分母即模型中所有可能出现的系数个数, 这里系数也包括右端项).

第 3 行的意思: 模型中系数的最小值和最大值(按绝对值看)分别为 0.3 和 277.

第 4 行的意思: 模型目标为极小化; 小于等于、等于、大于等于约束分别有 2,0,2 个; 广义上界约束(GUBS)不超过 1 个; 变量上界约束(VUBS)不少于 0 个. 所谓 GUBS, 是指一组不含有相同变量的约束; 所谓 VUBS, 是指一个蕴涵变量上界的约束, 如从约束 $X_1 + X_2 - X_3 = 0$ 可以看出, 若 $X_3 = 0$, 则 $X_1 = 0, X_2 = 0$(因为有非负限制), 因此 $X_1 + X_2 - X_3 = 0$ 是一个 VUBS 约束.

第 5 行的意思: 只含有 1 个变量的约束个数=0 个; 冗余的列数=0 个.

- Report|Peruse

Report|Peruse(用户请求)命令按照你的要求显示当前解答的各种信息, 对话框如图 2-34. 用户主要有两类选择:

Report Parameters (报告参数): 设置用户需要显示的信息项; 选项框"A""B""C"中项目的含义可参见 2.6 节的行命令 CPRI 和 RPRI.

- Report Format (报告格式): 设置用户希望的显示格式.

该命令的具体用法这里不详细介绍了, 大家试试就清楚了.

- Report|Picture 和 Report|Basis Picture

Report|Picture(模型图示)按照图形或文本方式显示模型中的非零系数(参见图 2-9), 而 Report|Basis Picture(基图示)只显示当前基(Basis)的非零系数. 参见 2.6 节的行命令 PIC 和 BPIC.

- Report|Tableau

Report|Tableau(单纯形表)显示当前单纯形表(参见图 2-12).

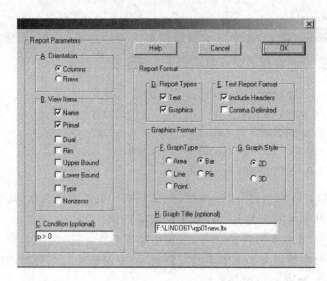

图 2-34 Report Parameters 对话框

- Report|Formulation

Report|Formulation(模型)显示当前模型(或其指定的部分).

- Report|Show Column

Report|Show Column(显示列)显示模型中你选定的列的信息.

- Report|Positive Definite

Report|Positive Definite(正定)判断二次规划的目标函数中的二次型是否正定(只对 QP 问题有效,也就是说只有当前内存中的模型是一个二次规划模型时,这个命令才有意义).

*2.6　LINDO 命令窗口

我们前面介绍的基本上是在 Windows 下拉式菜单模式下驱动 LINDO 运行,使用起来相当方便. LINDO 还提供了另一种运行模式,即"Command-Line"(命令行)模式. 所谓"命令行"模式,即通过在字符方式下输入一行一行的命令来驱动 LINDO 运行,因此每个命令也称为"行命令". 这种操作方式很像老式 DOS 操作系统和 UNIX 操作系统下的运行方式. 在 Windows 操作系统下,相信很少有人会选择使用"命令行"模式,但为了对 LINDO 软件介绍的完整性,我们这里还是简单介绍一下.

你随时可以通过菜单命令"Window|Open Command Window（Alt＋C）"打开命令窗口,在命令窗口下操作(图 2-35).

*2.6 LINDO命令窗口

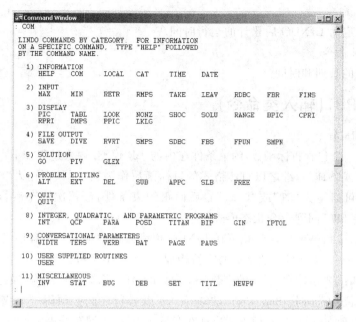

图 2-35 命令窗口

命令窗口下的提示符是":",用户在":"后面可以输入各种 LINDO 的有效命令进行操作,输出也马上显示在命令窗口下.那么,命令窗口下有哪些行命令呢？在命令窗口下,只需输入"COMMANDS"或"COM"(命令),就会看到 LINDO 的所有有效行命令(图 2-35).下面就给出这些命令的简要解释,注意使用命令时如果该命令很长,通常可以只写出前面的若干个字母(当然需要注意不要与其他命令重名),下文中括号内表示的是该命令的最简单的简写形式.

2.6.1 INFORMATION(信息类命令)

- HELP 命令

输入"HELP"会显示出 LINDO 的一般帮助信息.通过输入"HELP name",LINDO 可帮你了解某个具体的命令,其中"name"是命令名.

- COMMAND(COM)命令

给出按类型分类的 LINDO 命令目录,参见图 2-35.

- LOCAL(LOC)命令

给出该程序的版本信息.

- CATEGORY(CAT)命令

列出 LINDO 命令类型,并可按提示有选择地给出某类型下的所有命令.

- TIME 命令

显示本次启动 LINDO 后累计的运行时间.

- DATE 命令

显示当前的日期和时间.

2.6.2 INPUT(输入类命令)

- MAX/MIN 命令

用于输入一个包含目标函数,约束条件在内的 LP 模型.输入过程如下:在提示符":"下输入"MAX"(或"MIN"),继之以自然格式的目标函数作为第一行;再输入"SUBJECT TO"或"SUCH THAT"(可简写为"ST"或"S.T."),后面跟约束条件行.每次回车后将显示"?"提示符.最后,输入"END"回到命令状态模式.

可以看出,这和 Windows 环境下在 LINDO 模型窗口中输入一个程序是类似的.其中,变量名可以由 1~8 个字母或数字型的字符构成,且第一个字符必须是字母.变量系数不能为指数型,例如:.258E+29 形式的系数是不允许的.任一系数的整数位数最多为 9 位,小数位数最多为五位.关键词("MAX","ST","END"...)及各行之间必须用一个或多个空格分隔开.空格可以出现在一行之中,但不能出现在变量名中.一个回车符等价于一个空格.

例:下面是同一问题的两种合法的输入方式:

```
1) MIN   2X+3Y   SUBJECT TO  -5X-2Z<=10
   +10X- Y >5  END
2) MIN   2X+3Y
   ST  -5X-2Z
       <10
       10X -Y> +5
   END
```

另外,任一约束可自由选择一个名称来代替行号,例如:

```
DEMAND)  10X-Y>5
```

- RETRIEVE(RETR)命令

执行该命令可直接从硬盘上的文件中获得一个 LINDO 格式的模型. LINDO 会为你提示可供选择的具体的文件名. 能被 RETRIEVE 的模型文件必须是以前经"SAVE"行命令存入的文件,或者经过 File|Save(或 Save As)菜单命令以 LINGO 格式存入的模型(后缀通常是"lpk",即 LINDO 压缩格式文件),而不能是 LINDO 文本格式文件(后缀通常是"ltx").

- RMPS 命令

读取一个 MPS 格式文件,并转化成 LINDO 格式的模型. LINDO 会为你提示可供选

择的具体的文件名.能被 RMPS 命令读取的模型文件必须是 MPS 格式文件(关于 MPS 格式文件的说明见附录),如以前经"SMPS"命令存入的文件,或经过 File|Save(或 Save As)菜单命令以 MPS 格式存入的模型(后缀通常是"mps",即 MPS 格式文件).

- TAKE 命令

用该命令可执行由一系列 LINDO 命令组成的文本文件(称为 LINDO 命令的脚本文件).该文件内容只能同终端输入一致,例如文件中不能有行号等,且文件中最后一个命令应为"LEAVE".可参见 2.7 节的例子.

- LEAVE 命令

该命令表示结束一个可由"TAKE"行命令或"File|Take Commands"菜单命令访问的文件的输入.

- RDBC 命令

从(数据库格式)文件中读出当前模型的一个初始解.该解应该是以前由"SDBC"命令存入文件中的.

- FBR 和 FINS 命令

FBR 命令从一个由 FBS 命令建立的文件中得到一个(可行)基,FINS 命令从一个 MPS 格式的文件中得到一个(可行)基.此时一个与该(可行)基匹配的 LP 模型必须是内存中已有的.

2.6.3　DISPLAY(显示类命令)

- PICTURE(PIC)命令

给出一个模型中系数矩阵的逻辑示意图,参见 Report|Basis Picture 菜单命令.该命令有助于检查一个模型的输入是否正确.下面是图中对应字母代表的数字大小:

```
Z            .000000 - -                        .000001
Y            .000001 - -                        .000009
X            .000010 - -                        .000099
W            .000100 - -                        .000999
V            .001000 - -                        .009999
U            .010000 - -                        .099999
T            .100000 - -                        .999999
A           1.000001 - -                      10.000000
B          10.000001 - -                     100.000000
C         100.000001 - -                    1000.000000
D        1000.000001 - -                   10000.000000
E       10000.000001 - -                  100000.000000
F      100000.000001 - -                 1000000.000000
```

```
G                    > 1000000
```

- TABLEAU (TABL) 命令

显示当前单纯形表(参见菜单命令 Reports|Tableau). 参见图 2-14.

- LOOK 命令

可用"LOOK"查看当前问题模型的全部或部分. 输入"LOOK ALL"可看全部问题模型. 输入"LOOK row1,row2"或"LOOR row1-row2"可看行 row1 至行 row2. 模型中系数只能有 5 个小数位,最多有 9 位整数,任何更大的数只能显示为"*****".

- NONZEROES(NONZ) 命令

显示一个简略的解答报告,其中只显示非零的变量及相应的行."NONZ"命令并不能求解问题,所以需首先执行"GO"命令,且"NONZ"只有在设置了"TERSE"(简洁型)交互型模式后才能起作用.

- SHOCOLUMN(SHOWC) 命令

输入"SHOC variable-name"可显示出变量 variable-name 的系数列.

- SOLUTION(SOLU) 命令

显示解的标准报告. 若要把结果存到硬盘上,请参见"DIVERT"命令. 若需要更简明的解答报告,请见"NONZ","CPRI"及"RPRI"命令.

- RANGE 命令

显示关于 RHS(右端项)及 OBJ(目标函数费用系数)的范围报告(敏感性分析).

- BPICTURE(BPIC) 命令

按最后一次转置/三角化的行序显示当前(可行)基的逻辑图. 参见 Report|Basis Picture 菜单命令.

- CPRI 和 RPRI 命令

可有选择地显示列(用 CPRI 命令)或行(用 RPRI 命令)的有关信息. CPRI 的命令格式如下:

```
CPRI print-list: conditional-expression
```

例如,执行

```
CPRI   N   P: N = "M%%X".AND.D > 0
```

将显示满足下列条件的列(变量)的名称(N: NAME)及原始值(P: primal value),其条件为:列名(N)的第一个字符=M,第二、三个字符任意,第四个字符=X,且有一对偶值(dual value)大于零.

如果"print-list"一项被省略了,将只显示匹配的数目. 下面是 print-list(显示列表)及 conditional-expression(条件表达式)中有关列/行特征的常用符号及意义:

N=NAME(名称)
P=PRIMAL VALUE 原始值(也包括行的松弛变量)
D=DUAL VALUE (相当于列的 REDUCED COST)
R=RIM (列对应的目标函数的系数;对于行,则表示右端项)
U=SIMPLE UPPER BOUND(简单上界)
L=SIMPLE LOWER BOUND(简单下界)
T=变量类型("C","I",或"F",分别表示连续、整数、自由变量;"<","=",或">")
Z=一列或一行中的非零元.
%=名称(N)中的不确定字符(任意字符)
其他一些有用的符号有:

算术运算符	逻辑运算符	关系运算符	顺序运算符
+ - / * ^	.AND.	> < = ≠	( )
LOG( ) EXP( )	.OR.		
ABS( )	.NOT.		

- DMPS 命令

以 MPS(数学规划系统)格式显示当前解答报告.

- PPIC 命令

交换模型中的行或列,给出模型中系数的报告,使得非零数尽量靠近主对角线.

- LKLG 命令

LKLG 是 LOOK LINGO 的意思,以 LINGO 格式显示模型(LINGO 格式将在第 3 章介绍).

2.6.4 OUTPUT(输出类命令)

- SAVE 命令

将当前的问题模型用 LINDO 压缩格式存储到一个文件中.该问题模型可由"RETR"命令重新提取.

- DIVERT(DIVE)命令

要求提供一个文件名,随后所有的结果输出(如解答报告等),将转至该文件中,直至给出一个 RVRT (REVERT)命令为止.

- RVRT 命令

重新使以后的所有结果输出都回到终端.该命令的作用与"DIVERT"命令相反.

- SMPS 命令

将当前的问题模型用 MPS 格式存储到文件中.

- SDBC 命令

用数据库格式存储一个解. 变量名称, 取值大小, REDUCED COST, 变量类型, 上界(SUB)和下界(SLB)分别以(A8,2G15.8,A1,2G15.8)格式存储(这里 A 表示字符型, G 表示数值型).

- FBS 命令

将当前的(可行)基按 LINDO 格式存入一个文件. 若重新提取, 可参见 FBR 命令.

- FPUN 命令

将当前的(可行)基以 MPS 格式存入一个文件. 若重新提取, 可参见 FINS 命令.

- SMPN 命令

将当前的模型以扩展的 MPS 格式存入一个文件, 该格式可以包括 BV, LI, UI 等扩展.

2.6.5 SOLUTION(求解类命令)

- GO 命令

求解当前的问题模型. 该模型在求解过程中不会被改变. 若在 GO 之后有一正整数, 表示用单纯形法迭代旋转(PIVOT)的次数.

- PIVOT(PIV)命令

演示单纯形方法的每一步旋转迭代(PIVOT STEP). 如果输入"PIVOT" + 变量名, 则该变量会进入基. 变量名后还可给出该变量所在的行号, 即指定旋转元.

- GLEX 命令

按字典序对目标进行优化. 先优化第 1 个目标, 然后把这个目标的值固定在最优值, 对第 2 个目标进行优化; 依此类推. 这时要求按照一定的特殊形式输入一个多目标模型.

2.6.6 PROBLEM EDITING (编辑类命令)

- ALTER(ALT)命令

用"ALTER"可编辑当前的问题模型. 使用格式为: "ALTER row-id var-id". "row-id"是需要改动的行的行号, "var-id"是需要改动的变量系数的变量名. 随后, LINDO 会提示你输入一个新的值. 如果想改动 RHS(右端项), DIRECTION(不等号方向) 或某个行的名称, "var-id"一项可用"RHS", "DIR", 或"NAME".

注 (1) 对目标函数而言, 有效的 DIRECTIONS 有"MAX"或"MIN";
对所有其他行可用"<", " = ", 或">";
(2) 请用"DELETE"命令, 而勿用"ALTER"命令来消去一行.

- EXTEND(EXT)命令

可为一个以前定义的问题模型增添约束行. 输入新的行, 不要再输入"MAX", "MIN"或"SUBJECT TO"这样的关键词. 新的行将会被附在原问题模型的最后, 输入"END"结束.

- DELETE (DEL)命令

输入"DELETE row-id"可从当前的问题模型中消除行 row-id. 也可输入 DELETE row1 row2 消去行 row1 至行 row2. DELETE ALL 可用来清除当前的整个问题模型.

- FREE、SUB、SLB 命令

分别设置自由变量、变量上界、下界,与模型窗口下的功能和使用方法类似.

- APPC 命令

是 APPEND COLUMN 的意思. 输入 APPC var-id 可为问题模型添加以变量 var-id 命名的新的一列. 随后是关于该对应变量出现的行/系数值. 每行有一对行/系数值;行和系数值要用一个空格分开. 输入 0 作为行名可结束. 若以 RHS 为列名,将使输入成为新的 RHS(右端项).

2.6.7 QUIT(退出类命令)

- QUIT 命令

该命令用于退出 LINDO 系统(不仅仅是退出命令窗口!). 任何未存储下来的问题模型和其他数据会丢失!

2.6.8 INTEGER,QUADRATIC,AND PARAMETRIC PROGRAMS (整数、二次与参数规划类命令)

- INTEGER(INT)和 GIN 命令

GIN 命令可将问题模型中的变量标为整数型,INT 命令可将问题模型中的变量标为 0-1 型. 第一种格式为"INT(或 GIN)n",其中 n 是整型变量的个数,此时 LINDO 要求整型变量应放在问题模型的最前面. 第二种格式为"INT(或 GIN) var-id",其中 var-id 是变量名. 这与模型窗口中的功能和使用方法类似.

- QCP 命令

QCP 用于定义一个二次规划问题. 问题通过在实际约束前增加有关变量的一阶条件转化为线性(互补)型. 这需要我们为每一个实际约束增加一个对偶变量. 要使用 QCP,第一行(目标函数)只用于给出相应变量的顺序. QCP 用于指出第一个实际约束的行号.

- PARA 命令(参见菜单命令"Reports|Parametrics")

输入 PARA row-id new-rhs 可对行 row-id 的 RHS(右端项)进行参数分析. PARA 会将该行 RHS(右端项)的当前值改为新值 new-rhs,同时演示出在由此方式改变任一(可行)基产生的最优目标值. 在此之前,该问题需被优化过.

- POSD 命令(参见菜单命令"Reports|Positive Definite")

检验当前二次规划问题中二次型对应的约束矩阵是否正定.

- TITAN 命令

该命令可收紧一个 LP/IP 问题模型(加强条件),是 LINDO 进行预处理的一部分.

(1) 它将收紧上界,例如:

2X + Y < 12
- X + 2Y < 3

执行 TITAN 命令后可将上界减为

SUB X 6
SUB Y 4.5

(2) 它会收紧整型变量的系数,如除上述条件外另外有条件:

30W - 3X + 2Y > 3

其中 W 是 0-1 型,那么执行 TITAN 命令收紧后为

21W - 3X + 2Y > 3

- BIP 命令(在菜单命令 Edit|Options 中也有此功能)

输入 BIP bound-val 会将 bound-val 标示为"篱笆值",即整数解的目标函数值的一个界.此后若分支定界树中某一分支的最佳值比"篱笆值"还坏,该分支会剪掉.例如,任何已知的可行整数解对应的目标值都可以看作一个 BIP.

- IPTOL 命令(在菜单命令 Edit|Options 中也有此功能)

格式为:IPTOL F,其中 F 是一个非负分数(百分数).当搜索另一个 IP 解时,只考虑比目前最好的解至少优 100F% 的解.

2.6.9 CONVERSATIONAL PARAMETERS(对话类命令)

- WIDTH 和 PAGE 命令(在菜单命令 Edit|Options 中也有此功能)

输入 WIDTH n 可告知 LINDO 你的终端行宽为 n 字符.例如,可以用 WIDTH 132 告诉 LINDO 你使用的是宽行打印纸.

输入 PAGE n 设置帧幅(每页多少行).例如,PAGE 24 将使每屏幕显示 24 行出现一次暂停.按一次回车键将显示下一幅.PAGE 0 表示不设限制,这对于硬拷屏是适宜的.

- TERSE(TERS) 和 VERBOSE(VERB) 命令(在菜单命令 Edit|Options 中也有此功能)

TERS 改变对话方式为 TERSE(简明)型.例如,它将不会自动地显示模型的最优解报告,使用者需用 NONZ,CPRI,或 RPRI 等命令来浏览解.

命令 VERBOSE 可消除 TERSE 状态,令对话方式回到详细型状态(默认状态).

- BATCH(BAT) 和 PAUSE(PAUS) 命令

BATCH 设置对话方式到 BATCH(批处理)状态模式.分批运行任务,可使输出更具可

读性,如发生错误,则可在第一个主要错误处停止运行.

PAUSE 表示暂停直至用户输入下一个回车,PAUSE 后的内容(在同一行)被显示到终端上. 这两个命令常用于命令脚本文件中(命令脚本文件可用 TAKE 命令读出来运行).

2.6.10　USER SUPPLIED ROUTINES(用户过程类命令)

- USER 命令

在 LINDO 命令模式下输入 USER 只是显示一个提示信息,没有什么其他用处.实际上,LINDO 中提供了与其他应用程序开发工具(如 Visual BASIC,FORTRAN,C++,MATLAB 等)的接口,有大量子过程可供用户开发自己的应用程序时调用,从而构造一个问题模型、求解并获得解的有关信息等.这对于利用 LINDO 来开发自己的应用程序来说是非常有用的,详细信息请读者参阅 LINDO API 的使用手册.

2.6.11　MISCELLANEOUS(其他命令)

- INVERT(INV)命令

INVERTS 对当前的(可行)基求逆,通常将使结果更趋精确.

- STAT 命令

给出当前模型的统计报告,参见菜单命令"Reports|Statistics".

- BUG 命令

如果你发现了 LINDO 系统的漏洞,用该命令显示应该向谁报告(通常就是 LINDO 公司的联系地址).

- DEBUG(DEB)命令

如因约束系数或右端项中的错误造成问题无可行解,DEBUG 将标出一个包含错误的约束条件的最小集合(LINDO 尽量如此做),但不能用于二次规划.参见菜单命令"Reports|Debug".

- SET 命令

重新设置 LINDO 的内部参数,与 LINDO 菜单命令 Edit|Options 的功能类似.SET 命令的使用格式为

SET　PARAM-ID　NEW-VALUE

可行的参数(PARAM-ID)有

PARAM-ID	作用
1	最后约束的误差容限(精度)
2	初始约束的误差容限(精度)
3	进基变量的 REDUCED COST 的误差容限(精度)

	4	将整数变量的取值固定时 REDUCED COST 的阈值（上限）
	5	旋转（迭代）次数的阈值（上限）
	6	是否对整数规划（IP）进行预处理（0：否；>0：是）
	7	是否进行 SCALING（改变尺度使数据更均衡）（0：否；>0：是）
	8	是否显示状态窗口（0：否；>0：是）
	9	分支策略：（0：默认；1：向上取整优先；-1：向下取整优先）
	10	最优整数解的界（即"篱笆"值，参见 BIP 命令）
	11	基于惩罚的分支中树的深度
	12	基于惩罚的分支中评价的候选项
	13	是否取消占优的整数变量（0：否；>0：是）

- TITLE(TITL)命令

TITLE TEXT 命令用标题 TEXT 命名当前模型；只输入 TITLE 则显示当前的标题（参见菜单命令"File|Title"）。

- NEWPW 命令

该命令用于更新 LINDO 的使用许可证密码．升级 LINDO 系统到更高级别的用户版本时就可以这样做（如提升 LINDO 对求解规模的限制）．功能与菜单命令"File|License"相同，界面同图 2-1．

*2.7 LINDO 命令脚本文件

LINDO 命令脚本（Script）文件是一个普通的文本文件，但是文件中的内容是由一系列 LINDO 命令构成的命令序列．

下面举例说明可同时运行一系列的 LINDO 批处理命令（命令脚本文件）．例如，可用任何文本编辑器生成如下命令脚本文件 BAT01.txt（把它保存在当前目录下；注意其中有不少说明语句可使运行程序更有可读性）：

```
BAT
! 将所有结果存放在文件"RESULT0201.txt"中
DIVE RESULT0201.txt
! 从以前保存的模型文件"exam0201.lpk"中读出模型
RETR exam0201.lpk
! 下面显示、查看这个模型
LOOK ALL
! 下面求解这个模型
GO
! 回答是否进行敏感性分析
```

```
N
! 显示解答
SOLU
! 在屏幕上显示一段提示信息
PAUS 第一个模型求解成功,按 R 键或 Resume 按钮继续!
! 关闭文件"RESULT0201.txt"
RVRT
! 回到执行本命令脚本前的会话模式
BAT
! 结束,退出本命令脚本文件
LEAV
```

阅读上面的命令脚本文件 BAT01.txt,很容易理解其主要功能(实际上,注释语句已经解释得很清楚了)。需要注意的是 RETR exam0201.lpk 命令需要读取 LINDO 模型文件 exam0201.lpk,所以我们在运行 BAT01.txt 之前需要在当前目录下输入一个名为 exam0201.lpk 的 LINDO 模型文件。假设这个模型就是 2.1.2 节例 2.1 中输入的简单模型,由于 RETR 只能读取 LINGO 压缩格式的文件(即 LPK 格式文件),所以有两种方法生成这个文件:

(1) 可以在命令窗口中直接输入这个模型,然后用 SAVE 行命令保存在文件 exam0201.lpk 中。注意:用 SAVE 行命令保存下来的 LINDO 模型文件不是一般的文本文件,而是 LINDO 压缩格式文件,用一般的文本编辑器打开无法正常显示模型,但 LINDO 菜单模式下的模型编辑器可以阅读和编辑它(使用菜单命令"File|Open"打开这个文件即可)。

(2) 在 2.1.2 节例 2.1 中我们已经把这个模型保存在了文件 exam0201.ltx 中,当时采用的是默认的文件格式,即 LTX 格式(LINDO 文本格式文件)。但这个文本文件不能被 RETR 行命令正常打开。不过,我们可以先用菜单命令"File|Open"把文件 exam0201.ltx 打开,然后选择"File|Save As",这时会出现如图 2-36 的保存文件对话框,将保存文件的格式选择为"LINDO Packed(*.Lpk)"(LINGO 压缩格式的文件,即 LPK 格式文件),这样就可以得到我们希望的文件 exam0201.lpk。

不过,将模型保存为 LPK 格式文件时,说明语句或文中的格式(如字体等)将会自然丢失。所以如果要保留说明语句和原来模型的格式,原来的文本格式文件千万不要轻易删掉。顺便指出,从图 2-36 可以看出 LINDO 模型文件还有第三种格式,即 MPS 格式,格式的具体规范请参见下一节所提供的信息。

现在,在命令窗口运行"TAKE BAT01.TXT"(也可以在 WINDOWS 模式下选择"File|Take Commands"命令打开脚本文件 BAT01.TXT),将显示如图 2-37 的命令窗口。模型的目标函数、约束条件及解答保存到文件 RESULT0201.TXT 中,然后可以用任何文本处理程序对该结果文件进行编辑和打印输出等。如图 2-38,是用记事本打开的 RESULT0201.TXT 中的内容:首先显示的是模型(执行命令"LOOK ALL"的结果),然后是

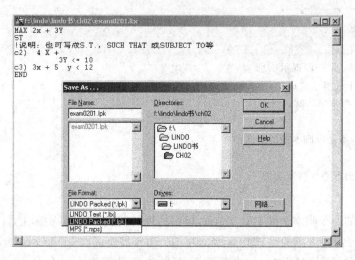

图 2-36 模型文件的保存窗口

求解的答案(执行"GO"命令的结果,且回答"N"表示不需要显示敏感性分析的结果),最后又一次显示答案(执行"SOLU"命令的结果).注意:如果该文件原来有内容,将被覆盖.

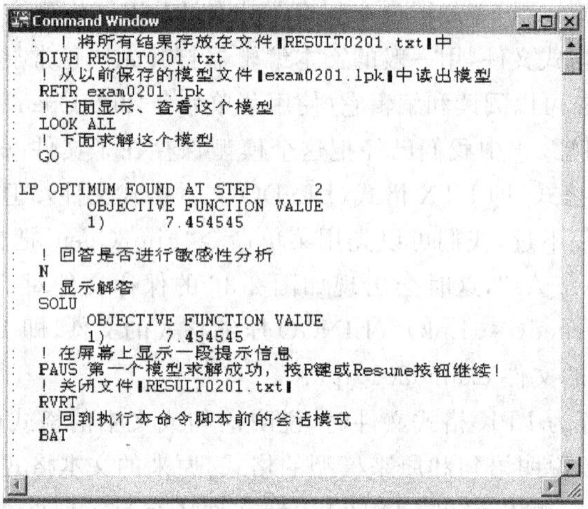

图 2-37 命令脚本文件运行时的命令窗口

当然,这里我们只是作为一个例子来说明 LINDO 行命令的用法,一般情况下在 Windows 环境下实际上这样做的意义不大,因为在 Windows 环境下一切都是所见即所得的图形界面,已经足够直观了.

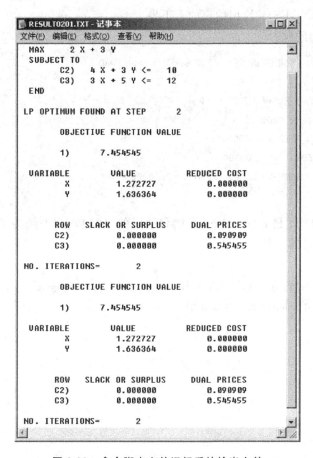

图 2-38 命令脚本文件运行后的输出文件

附录 MPS 格式数据文件

MPS 是 mathematical programming system 的首字母缩写形式,MPS 格式是线性规划中被广泛使用的一种标准数据文件格式,大多数商业性的线性规划软件系统都能接受这种格式.这种格式据说是由 IBM 公司首先提出来并在其优化软件中使用的.

一个 MPS 文件由下列一些要素构成,其所含信息如下.

(1) 行(ROWS):给出行号、行的类型(等式/不等式)

(2) 列(COLUMNS):给出在目标函数和各约束行的变量名称、行号及系数值

(3) 右端项(RHS—right-hand side):给出非零的右端项

(4) 界(BOUNDS):给出变量的上下界

(5) 范围(RANGES)：给出约束的上下界

考虑下面这个问题：

```
MAX 500 FIESTA + 1600 GRANADA + 4300 MARKV + 1800 FORD
SUBJECT TO
    2)   12 FIESTA-4 MARKV-2 FORD > = 0
    3)   FIESTA < = 250000
    4)   GRANADA + FORD < = 2000000
    5)   MARKV + FORD < = 1500000
    6)   FIESTA + GRANADA + MARKV + FORD < = 3000000
END
```

该问题写成 MPS 格式时，如下（开始和结尾的"12345…"等是为了便于阅读而给出的，并不是模型文件的一部分）：

```
              1         2         3         4         5         6
1234567890123456789012345678901234567890123456789012345678 90-
NAME     LINDO GENERATED MPS FILE(MAX)
ROWS
 N 1
 G 2
 L 3
 L 4
 L 5
 L 6
COLUMNS
    FIESTA        1         500.00000
    FIESTA        2         12.00000000
    FIESTA        3         1.00000000
    FIESTA        6         1.00000000
    GRANADA       1         1600.00000
    GRANADA       4         1.00000000
    GRANADA       6         1.00000000
    MARKV         1         4300.00000
    MARKV         2         -4.00000000
    MARKV         5         1.00000000
    MARKV         6         1.00000000
    FORD          1         1800.00000
    FORD          2         -2.00000000
    FORD          4         1.00000000
```

```
    FORD          5          1.00000000
    FORD          6          1.00000000
RHS
    RHS           3          250000.
    RHS           4          2000000.
    RHS           5          1500000.
    RHS           6          3000000.
ENDATA
123456789012345678901234567890123456789012345678901234567890
        1         2         3         4         5         6
```

其中各部分固定书写结构及某些符号注释如下：

ROWS 部分

　列 2～3：

　　L　约束不等式是<＝型；

　　E　约束不等式是＝型；

　　G　约束不等式是>＝型；

　　N　目标函数行.

　列 5～12：行名(不大于 8 个字符).

注　并无特定方式以确定目标函数是 min 型还是 max 型，一般默认时假设为 min 型.

COLUMNS 部分

　列 5～12：变量名(不多于 8 个字符)；

　列 15～22：变量所在行的行名；

　列 25～36：变量在某行中系数值；

　另外可空缺的有：

　列 40～47：另一行名；

　列 50～61：变量在某行中系数值.

RHS 部分

　与 COLUMNS 部分大致相同.

BOUNDS 部分

　在这部分，符号 UP 也可用来表示形如 x<＝10 这样的约束不等式，符号 FR 表示对应变量无上下界(FREE)，例如：

```
BOUNDS
 UP BOUNDNAM    X 10.
 FR BOUNDNAM    XX
```

表示 X<=10, XX 没有非负限制

RANGES 部分

提供了一种描述约束不等式同时有上下界的格式.

例如: 6<=4X+3Y-Z<=10.

上式等价于

$$4X+3Y-Z<=10,$$
$$4X+3Y-Z>=6.$$

可在 ROWS, RHS, BOUNDS 三部分中定义如下:

设 4X+3Y-Z<=10 所在约束行行名为 ROW1, 则

```
ROWS
...
L    ROW1
...
RHS
...
     RHS1   ROW1 10
...
RANGES
...
     RSET1  ROW1 4
...
```

注 上面最后一行的 4 表示上下界之差 $10-6$.

另外, MPS 文件中还可在 COLUMNS 部分中定义整数型变量. 其格式如下:

```
COLUMNS
     INTEGERS    'MARKER'     'INTORG'
     ......
     变量名   所在行名   系数   所在行名   系数
     ......
     INTEGERS    'MARKER'     'INTEND'
```

例如:

```
MIN    3A+4B+6AX+2AY+7BX+4BY
S.T.                                          对应行名
    AX+AY   <=8                              ACAP
    AX+AY   >=5
    AX+BX   <=7                              XCAP
```

$$AX + BX \geq 4$$
$$AY + BY \geq 6 \qquad\qquad\qquad\qquad \text{YCAP}$$
$$BX + BY - 10B \leq 0 \qquad\qquad\qquad \text{BSETUP}$$
$$AY - 6A \leq 0 \qquad\qquad\qquad\qquad \text{ASETUP}$$
$$BX \leq 6$$
$$AX - AY - DIF = 0 \qquad\qquad\qquad \text{DEFN}$$
$$A, B = 0, 1$$

则此问题的 MPS 文件为

```
    NAME         SAMPLE-PROBLEM
    ROWS
     N    COST
     L    ACAP
     L    XCAP
     G    YCAP
     L    BSETUP
     L    ASETUP
     E    DEFN
    COLUMNS
INTEGERS          'MARKER'          'INTORG'
      A           COST  3.      ASETUP  -6.
      B           COST  4.      BSETUP  -10.
INTEGERS          'MARKER'          'INTEND'
     AX           COST  6.        ACAP   1.
     AX           XCAP  1.        DEFN   1.
     AY           COST  2.        ACAP   1.
     AY           YCAP  1.      ASETUP   1.
     AY           DEFN -1.
     BX           COST  7.        XCAP   1.
     BX         BSETUP  1.
     BY           COST  4.        YCAP   1.
     BY         BSETUP  1.
    DIF           DEFN -1.
    RHS
     RHS1         ACAP  8.
     RHS1         XCAP  7.
     RHS1         YCAP  6.
    BOUNDS
     UP BOUNDNAM  BX 6.
```

```
       UP BOUNDNAM        A 1.
       UP BOUNDNAM        B 1.
       FR BOUNDNAM        DIF
RANGES
          RSET1      ACAP 3.
          RSET1      XCAP 3.
ENDATA
```

习 题 2

2.1 下面的 LINDO 模型有什么错误？应当如何改正？

```
MIN = X + y
4.5 x + 10 Y > 100
51 (x + Y) < 1,000
SLB X – 60
SUB Y 40
FREE X,y
END
```

2.2 下面的 LINDO 模型有什么错误？应当如何改正？

```
MIN = X + y;
4.5 * x + 10 Y > 100
51 * x + 51 * Y < 1000
Gin 2
INT y
```

2.3 线性规划(opt 可以是 min 或 max)

$$\text{opt} \quad z = -3x_1 + 2x_2 - x_3;$$
$$\text{s.t.} \quad 2x_1 + x_2 - x_3 \leqslant 5,$$
$$4x_1 + 3x_2 + x_3 \geqslant 3,$$
$$-x_1 + x_2 + x_3 \geqslant 2,$$
$$x_1, x_2, x_3 \geqslant 0$$

的最小值和最大值是多少？相应的最小点和最大点分别是什么？指出积极约束(最优解中取等号的约束)，并指出敏感性分析的结果和含义。

2.4 用 LINDO 求解如下整数规划问题(这里 Z^+ 表示非负整数集合，Z 表示全体整数集合)，并画图进行验证：

(1)
$$\max \quad z = 40x_1 + 90x_2;$$
$$\text{s.t.} \quad 9x_1 + 7x_2 \leqslant 56,$$
$$7x_1 + 20x_2 \leqslant 70,$$
$$x_1, x_2 \in \mathbb{Z}^+.$$

(2)
$$\max \quad z = 40x_1 + 90x_2;$$
$$\text{s.t.} \quad 9x_1 + 7x_2 \leqslant 56,$$
$$7x_1 + 20x_2 \leqslant 70,$$
$$x_1, x_2 \in \mathbb{Z}.$$

2.5 用 LINDO 求解如下整数规划问题:

(1)
$$\max \quad z = 5x_1 + 10x_2 + 3x_3 + 6x_4;$$
$$\text{s.t.} \quad x_1 + 4x_2 + 5x_3 + 10x_4 \leqslant 20,$$
$$x_1, x_2, x_3, x_4 \in \mathbb{Z}^+.$$

(2)
$$\max \quad z = 5x_1 + 10x_2 + 3x_3 + 6x_4;$$
$$\text{s.t.} \quad x_1 + 4x_2 + 5x_3 + 10x_4 \leqslant 20,$$
$$x_1, x_2, x_3, x_4 \in \{0,1\}.$$

2.6 用 LINDO 求解如下整数规划问题:

(1)
$$\max \quad z = -x_1^2 - x_2^2 - x_3^2 - x_4^2 + x_1 + 2x_2 + 3x_3 + 4x_4;$$
$$\text{s.t.} \quad x_1 + x_2 + x_3 + x_4 \geqslant 10,$$
$$x_1, x_2, x_3, x_4 \in \mathbb{Z}^+.$$

(2)
$$\min \quad z = -x_1^2 - x_2^2 - x_3^2 - x_4^2 + x_1 + 2x_2 + 3x_3 + 4x_4;$$
$$\text{s.t.} \quad x_1 + x_2 + x_3 + x_4 \geqslant 2,$$
$$x_1, x_2, x_3, x_4 \in \{0,1\}.$$

2.7 对习题 2.3~2.6,每道题都包含多个模型需要求解.对于每道题,将其中一个模型作为初始模型,编写 LINDO 命令脚本文件,要求完成下列功能:

(1) 将初始模型在 LINDO 中输入后保存在文件中,并将计算结果保存在另一个文件中;

(2) 当初始模型中只有部分内容改变时,修改模型并将修改后的模型保存在文件中,最后将计算结果保存在另一个文件中.

2.8 习题 1.1 中的哪些问题是连续线性规划模型？对于其中的连续线性规划模型，用 LINDO 软件进行求解，并解释敏感性分析的结果.

2.9 习题 1.1 中的哪些问题是整数线性规划模型？对于其中的整数线性规划模型，用 LINDO 软件进行求解. 此时输出的敏感性分析的结果是什么含义？

2.10 习题 1.1 中的哪些问题是二次规划模型？对于其中的二次规划模型，用 LINDO 软件进行求解. 此时输出的敏感性分析的结果是什么含义？

第 3 章 LINGO 软件的基本使用方法

3.1 LINGO 入门

3.1.1 LINGO 软件的安装过程和主要特色

LINGO for Windows 软件的安装过程与 LINDO 6.1 for Windows 软件的安装过程类似. 软件安装程序的文件大小通常是 20M 多一点, 当你开始安装后, 仍然需要接受安装协议、选择安装目录(默认的目录通常是 C:\LINGO). 安装完成前, 会出现图 3-1 所示的对话框, 这个对话框询问你希望采纳的默认的建模(即编程)语言, 系统推荐的是采用 LINGO 语法, 即选项"LINGO(recommended)"; 你也可以选择"LINDO"将 LINDO 语法作为默认的设置. 在图 3-1 中按下"OK(确认)"按钮, 系统就会完成 LINGO 的安装过程. 安装后你也可以随时通过"LINGO|Options|File Format"命令来修改默认的建模(即编程)语言.

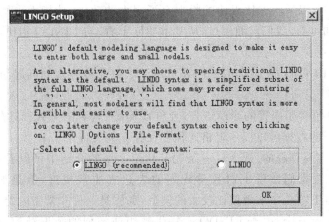

图 3-1 选择编程语法格式

我们下面假设 LINGO for Windows 软件已经成功安装. 第一次运行 LINGO 软件时, 系统需要你输入密码(图 3-2), 操作方法与 LINDO 完全类似, 这里不再重复了.

与 LINDO 类似, LINGO 也有两种命令模式: 一种是常用的 Windows 模式, 通过下拉式菜单命令驱动 LINGO 运行(多数的菜单命令通常有快捷键, 常用的菜单命令在工具

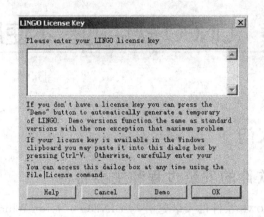

图 3-2 输入授权密码

栏中有图标表示的快捷按钮),界面是图形式的,使用起来也比较方便;另一种是命令行(Command-Line)模式,仅在命令窗口(Command Window)下操作,通过输入行命令驱动 LINGO 运行,其使用界面不是图形式的,而是字符式的,初学者往往不太容易掌握.与第 2 章一样,我们仍然主要在 Windows 菜单驱动模式下介绍 LINGO 的使用方法,最后再简单介绍一下命令行模式下的主要行命令.

LINGO 9.0 及以后版本比以前的版本有了很大的改进,功能大大增强,性能更加稳定,解答结果更加可靠.我们前面说过,从基本功能上看,与 LINDO 相比,LINGO 软件主要具有两大优点:

(1) 除具有 LINDO 的全部功能外,还可用于求解非线性规划问题,包括非线性整数规划问题.

(2) LINGO 包含了内置的建模语言,允许以简练、直观的方式描述较大规模的优化问题,模型中所需的数据可以以一定格式保存在独立的文件中.

前一条是很容易理解的.那么后一条呢? 从第 2 章的介绍中可以看到,虽然 LINDO 输入模型的格式与我们数学上对数学规划的表达式非常接近,但是如果我们希望在 LINDO 模型窗口下输入一个规模比较大的模型,那将是一件非常费时费力的事情.例如,如果决策变量有 1000 个,由于 LINDO 不提供数组或类似的数据结构,我们除了用 x_1,x_2,$\cdots$,x_{1000} 或类似方法表示决策变量外,完全没有其他办法.而对实际企业中的优化问题,决策变量达到几万、几十万个也是常有的事,显然用前面那种在 LINDO 模型窗口下输入模型的方法几乎是不可能的.而 LINGO 则在这方面通过引入建模语言(常称为"矩阵生成器")有了很大改进.也就是说,即使你只对解线性规划感兴趣,你也应该学习使用 LINGO.事实上,LINDO 公司目前已将 LINDO 软件从其产品目录中删除了,而将 LINDO 软件的所有功能(包括 LINDO 语法格式)都在 LINGO 中得到了支持,所以不久的将来总有一天人们会废弃 LINDO 软件不再使用的,但 LINGO 的生命力应该还是很强的.

3.1.2 在 LINGO 中使用 LINDO 模型

在 Windows 操作系统下双击 LINGO 图标或从 Windows 操作系统下选择 LINGO 软件运行,启动 LINGO 软件,屏幕上首先显示如图 3-3 所示的窗口.

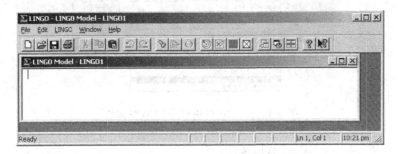

图 3-3 LINGO 初始界面

图 3-3 中最外层的窗口是 LINGO 软件的主窗口(LINGO 软件的用户界面),所有其他窗口都在这个窗口之内. 当前光标所在的窗口上标有"LINGO Model - LINGO1",这就是模型窗口(model window),也就是用于输入 LINGO 优化模型(即 LINGO 程序)的窗口. 初步观察可以看到,图 3-3 这个界面与 LINDO 软件的界面非常类似,只是在 LINGO 软件的主窗口中,最下面增加了一个状态行(仔细观察,可以发现菜单和工具栏也略有区别). 目前,状态行最左边显示的是"Ready",表示"准备就绪";右下角显示的是当前时间,时间前面是当前光标的位置"Ln 1, Col 1"(即 1 行 1 列). 将来,用户可以用选项命令(LINGO|Options 菜单命令)决定是否需要显示工具栏和状态行.

在 LINGO 中可以直接使用 LINDO 语法编写的优化模型(即优化程序). 作为一个最简单的例子,我们看看 2.1.2 节例 2.1 中输入的那个简单例子在 LINGO 下应当如何输入. 当时我们把它存入了一个名为 exam0201.ltx 的模型文件中,现在看看如何用 LINGO 把它打开.

例 3.1 在 LINGO 模型窗口中,选择菜单命令"File|Open(F3)",可以看到如图 3-4 所示的标准的"打开文件"对话框. 我们看到有各种不同的"文件类型":

• 后缀"lg4"表示 LINGO 格式的模型文件,是一种特殊的二进制格式文件,保存了我们在模型窗口中所能够看到的所有文本和其他对象及其格式信息,只有 LINGO 能读出它,用其他系统打开这种文件时会出现乱码;

• 后缀"lng"表示文本格式的模型文件,并且以这个格式保存模型时 LINGO 将给出警告,因为模型中的格式信息(如字体、颜色、嵌入对象等)将会丢失;

图 3-4 在 LINGO 中打开 LINDO 文件

- 后缀"ldt"表示 LINGO 数据文件；
- 后缀"ltf"表示 LINGO 命令脚本文件；
- 后缀"lgr"表示 LINGO 报告文件；
- 后缀"ltx"表示 LINDO 格式的模型文件；
- 后缀"mps"表示 MPS(数学规划系统)格式的模型文件；
- "*.*"表示所有文件.

除"lg4"文件外，这里的另外几种格式的文件其实都是普通的文本文件，可以用任何文本编辑器打开和编辑.

我们找到"exam0201.ltx"文件(需要将"文件类型"选为"*.ltx")，打开这个文件，看到模型窗口中的显示如图 3-5. 可以看出，这个模型和在 LINDO 下看到的是一样的. 这时我们可以选择"LINGO|Solve(Ctrl+S)"命令来运行这个程序，屏幕上显示的运行状态窗口如图 3-6 所示，运行结果显示在报告窗口中(如图 3-7 所示，请对照第 2 章中 LINDO 软件下的结果，看看是否一致). 但这里 LINGO 不询问是否进行敏感性分析，因为敏感性分析必须先修改系统选项(参见表 3-9)，再调用"Report|Range"菜单命令来实现. 现在同样可以把模型和结果报告保存在文件中(注意上面提到的"文件格式"问题).

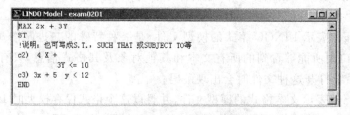

图 3-5 LINGO 模型窗口中显示的线性规划程序

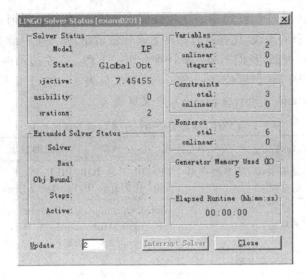

图 3-6 LINGO 状态窗口

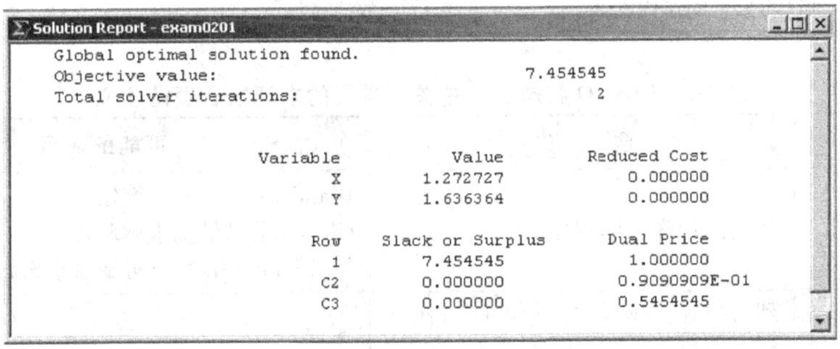

图 3-7 LINGO 报告窗口

图 3-6 所示的 LINGO 的运行状态窗口也和 LINDO 的运行状态窗口类似,但包含的内容更多些(注意:可能由于 LINDO 和 LINGO 对中文 Windows 系统的兼容性不太好,所以图 3-6 中有些显示字符和单词被截掉了)。下面我们给出相应的解释。

Variables(变量数量):其中包括变量总数(Total)、非线性变量数(Nonlinear)、整数变量数(Integer)。

Constraints(约束数量):包括约束总数(Total)、非线性约束个数(Nonlinear)。

Nonzeros(非零系数数量):包括总数(Total)、非线性项的系数个数(Nonlinear)。

Generator Memory Used(K)(内存使用量):单位为千字节(K)。

Elapsed Runtime(hh:mm:ss)(求解花费的时间):显示格式是"时:分:秒"。

需要注意的是,凡是可以从一个约束直接解出变量取值时,这个变量就不认为是决策变量而是固定变量,不列入统计中;只含有固定变量的约束也不列入约束统计中(参见 1.3 节的说明).总的来说,这些统计值的意义比较清楚,图 3-6 中最下面一行的含义也与 LINDO 状态窗口类似,我们下面主要详细介绍一下图 3-6 左边的两个框中内容.左上角是求解器(求解程序)状态框(Solver Status),含义见表 3-1;左下角是扩展的求解器(求解程序)状态框(Extended Solver Status),含义见表 3-2.

表 3-1　LINGO 状态窗口中关于求解器各项的含义

域　名	含　义	可能的显示
Model Class	当前模型的类型(请参阅本书第 1 章的介绍)	LP, QP, ILP, IQP, PILP, PIQP, NLP, INLP, PINLP(以 I 开头表示 IP,以 PI 开头表示 PIP)
State	当前解的状态	Global Optimum, Local Optimum, Feasible, Infeasible(不可行), Unbounded(无界), Interrupted(中断), Undetermined(未确定)
Objective	当前解的目标函数值	实数
Infeasibility	当前约束不满足的总量(不是不满足的约束的个数)	实数(即使该值=0,当前解也可能不可行,因为这个量中没有考虑用上下界命令形式给出的约束)
Iterations	到目前为止的迭代次数	非负整数

表 3-2　LINGO 状态窗口中关于扩展的求解器各项的含义

域　名	含　义	可能的显示
Solver Type	使用的特殊求解程序	B-and-B(分支定界算法) Global(全局最优求解程序) Multistart(用多个初始点求解的程序)
Best Obj	到目前为止找到的可行解的最佳目标函数值	实数
Obj Bound	目标函数值的界	实数
Steps	特殊求解程序当前运行步数: 分支数(对 B-and-B 程序); 子问题数(对 Global 程序); 初始点数(对 Multistart 程序)	非负整数
Active	有效步数	非负整数

备注　在 LINGO 9.0 以前的版本中(如 LINGO 8.0 中),一般不能直接用 File | Open 命令打开 LINDO 模型,但有一个 File | Import LINDO File (F12)命令可以直接把 LINDO 的模型文件转化成 LINGO 模型.这个菜单命令的意思是"导入 LINDO 文件"(LINGO 9.0 后已无必要,所以已经被取消了),运行后屏幕上会显示一个标准的"打开文件"的对话框,我们在目录下找到 exam0201.ltx,选定该文件后,屏幕显示如图 3-8.可以

看出,这个命令在 LINGO 主窗口中又打开了两个子窗口,一个是命令窗口(Command Window,根据版本不同,这个窗口也可能不显示出来),另一个是名为"exam0201"的模型窗口.还可以看出,当前光标位于命令窗口(从主窗口左上角的显示结果也可以知道当前的活动窗口是命令窗口),命令窗口显示的正是从 exam0201.ltx 读出的原始文件;而"exam0201"窗口才是由 exam0201.ltx 转化而来的等价的 LINGO 模型.请大家注意,在第 2 章的最后,我们曾经用行命令"SAVE"把同样的 LINDO 模型以压缩文件格式存入了一个名为 exam0201.lpk 的模型文件中.但是经过试验,笔者发现 LINGO 8.0 的菜单命令 File | Import LINDO File(F12)不能把 exam0201.lpk 正确地转化成 LINGO 模型.即使对于在 LINDO 中用菜单命令"File|Save"保存下来的模型,笔者也多次发现有时不能正确地转化(转化时出现严重错误).因此,本人的经验是:为了保证将来能将 LINDO 模型移植到 LINGO 中去,在 LINDO 模型输入时应尽量采用"规范化"的格式并以文本文件保存(例如,说明语句最好单独占据一行;行名(目标和约束的名字)不要以数字开头;尽量避免出现汉字和非标准的英文字符;二次规划(QP)模型不能被正确转化;等等).当然,由于 LINGO 9.0 以后的版本能直接接受 LINDO 格式的输入,所以不需要进行格式转化,这个问题也就不存在了.

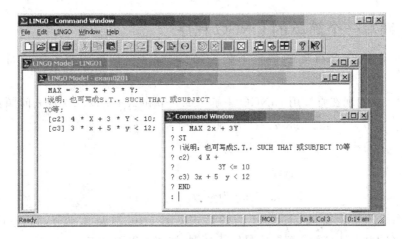

图 3-8   从 LINDO 模型转化成的 LINGO 模型(LINGO 8.0 下)

实际上,在 LINGO 9.0 以后的版本中,一样可以把 LINDO 格式的文件转化成 LINGO 格式的文件显示出来.例如,对图 3-5 的模型,运行"LINGO|Generate|Display Model(Ctrl+G)"命令,就会显示图 3-6 的LINGO 状态窗口和一个如图 3-9 的报告窗口.图 3-9 中报告显示的正是标准格式的 LINGO 模型,与图 3-8 中的模型类似,但增加了以"MODEL:"开头、"END"结束的语句,不过删去了注释语句,增加了目标行的行号.

比较图 3-8、图 3-9 和图 3-5 可以发现,从 LINDO 模型到 LINGO 模型的实质性转化

Generated Model Report - exam0201

```
MODEL:
  [_1] MAX= 2 * X + 3 * Y ;
  [C2] 4 * X + 3 * Y <= 10 ;
  [C3] 3 * X + 5 * Y <= 12 ;
END
```

图 3-9　与 LINDO 模型等价的 LINGO 模型(LINGO 9.0 下)

工作主要在于以下几个方面(这也是 LINGO 模型的最基本特征)：

(1) 将目标函数的表示方式从“MAX”变成了“MAX=”；

(2) “ST”(subject to)在 LINGO 模型中不再需要，所以删除了；

(3) 在每个系数与变量之间增加了运算符“*”(即乘号不能省略)；

(4) 每行(目标、约束和说明语句)后面均增加了一个分号“;”；

(5) 约束的名字被放到了一对方括号“[ ]”中，而不是放在右半括号“)”之前；

(6) LINGO 中模型以“MODEL:”开始，以“END”结束. 对简单的模型，这两个语句也可以省略.

3.1.3　编写一个简单的 LINGO 程序

如果直接在 LINGO 模型窗口中输入程序，应该如何做呢？下面通过一个例子说明.

例 3.2　我们现在直接用 LINGO 来解 1.2.3 节和 2.4 节的二次规划问题：

$$\max \quad 98x_1 + 277x_2 - x_1^2 - 0.3x_1x_2 - 2x_2^2; \qquad (1)$$

$$\text{s.t.} \quad x_1 + x_2 \leqslant 100, \qquad (2)$$

$$x_1 \leqslant 2x_2, \qquad (3)$$

$$x_1, x_2 \geqslant 0 \text{ 为整数}. \qquad (4)$$

该模型输入模型窗口 LINGO1 后的形式见图 3-10. 对照 2.4 节，我们可以看出用 LINGO 解 QP 比用 LINDO 解要容易输入模型. 请注意以下几点：

LINGO Model - LINGO1

```
x1+x2<100;
max=98*x1+277*x2-x1^2-0.3*x1*x2-2*x2^2;
x1<=2*x2;
@gin(x1);@gin(x2);
```

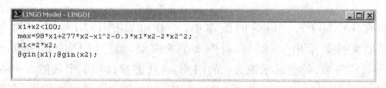

图　3-10

- 我们故意把目标函数没有放在程序的最前面,是为了表明 LINGO 中的语句的顺序是不重要的,因为 LINGO 总是根据"MAX ="或"MIN ="语句寻找目标函数,而其他语句都是约束条件(注释语句和 TITLE 语句除外),所以语句的顺序不重要.

- 原来 LINDO 模型中"END"语句后面的限定变量取整数值的语句"GIN X1"和"GIN X2",这里变成了"@GIN(X1)"和"@GIN(X2)";但是,在 LINDO 下也可以写成"GIN 2",这里却不可以写成"@GIN(2)",否则 LINGO 将把这个模型看成没有整数变量.

- 在 LINGO 中,以"@"开头的都是函数调用,其中整型变量函数(@BIN、@GIN)和上下界限定函数(@FREE、@BND,但没有@SUB、@SLB 函数)与 LINDO 中的命令非常类似. 只是 LINGO 中函数一律需要以"@"开头;而且 0-1 变量函数不是与 LINDO 中的 INT 命令对应的@INT 函数(LINGO 中没有@INT 函数),而是改成了@BIN 函数. 我们将在后面(3.3 节)详细介绍 LINGO 中能够使用的所有函数.

现在运行菜单命令"LINGO|Solve",则可以得到图 3-11 所示的解答报告,最优整数解 $x=(35,65)$,最大利润 $=11077.5$. 结果中最优整数解与 2.4 节相同,但最优值略有不同,估计是计算误差引起的. 你还可以选择运行菜单命令"WINDOW|Status Window"看到图 3-12 所示的状态窗口(这时我们已经把该规划模型保存到了文件 IQP0302b.lg4 中,所以这个名字现在也出现在了状态窗口中),从中可以看到目前为止找到的最佳目标值"Best Obj"与问题的上界"Obj Bound"已经是一样的. 实际上,如果采用全局最优求解程序(我们将在后面介绍"LINGO|Options"菜单命令时介绍如何激活全局最优求解程序),可以验证它就是全局最优解. 此外,LINGO 是将它作为 PINLP(纯整数非线性规划)来求解,因此只告诉我们找到的是局部最优解(LINGO 不将它看成 PIQP(纯整数二次规划),是因为 LINGO 缺省设置并不判断模型是否为二次规划,参见表 3-11).

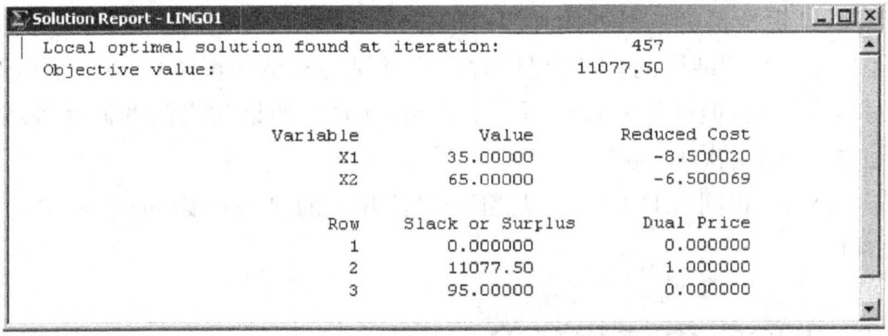

```
Solution Report - LINGO1
Local optimal solution found at iteration:        457
Objective value:                              11077.50

              Variable          Value        Reduced Cost
                    X1       35.00000          -8.500020
                    X2       65.00000          -6.500069

                   Row   Slack or Surplus      Dual Price
                     1       0.000000           0.000000
                     2      11077.50            1.000000
                     3       95.00000           0.000000
```

图 3-11

在本节的最后,我们对 LINGO 的基本用法指出几点注意事项:

(1) 和 LINDO 一样,LINGO 中不区分大小写字母;但 LINGO 中的变量和行名可以超过 8 个字符,只是不能超过 32 个字符,且仍然必须以字母开头.

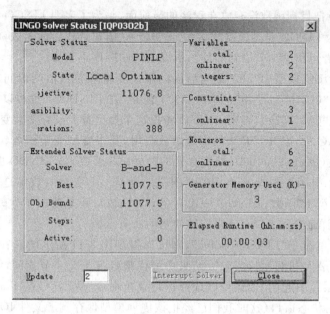

图 3-12

(2) 与 LINDO 相同,用 LINGO 解优化模型时已假定所有变量非负(除非用限定变量取值范围的函数@free 或@bnd 另行说明)。

(3) 与 LINDO 不同,变量可以放在约束条件的右端(同时数字也可放在约束条件的左端)。但为了提高 LINGO 求解时的效率,应尽可能采用线性表达式定义目标和约束(如果可能的话)。

(4) LINGO 模型是由一系列语句组成的,即语句是组成 LINGO 模型的基本单位。每个语句都是以分号";"结尾的,编写程序时应注意保持模型的可读性。例如:虽然 LINGO 允许每行写多个语句,但最好一行只写一个语句,并且按照语句之间的嵌套关系对语句安排适当的缩进,增强层次感。

(5) 与 LINDO 相同,LINGO 中以感叹号"!"开始的是说明语句(说明语句也需要以分号";"结束)。

3.2 在 LINGO 中使用集合

3.2.1 集合的基本用法和 LINGO 模型的基本要素

我们前面说过,LINGO 同时也是优化问题的一种建模语言。有了它,使用者可以只用输入一行文字就可以建立起含有大规模变量的目标函数和成千上万条约束。掌握这种最优化模型语言是非常重要的,与 LINDO 相比,这可使输入较大规模问题的过程得到简化.

理解 LINGO 建模语言最重要的是理解集合(set)及其属性(attribute)的概念.什么是集合呢?我们通过下面的一个简单例子开始来进行介绍.

例 3.3 SAILCO 公司需要决定下四个季度的帆船生产量.下四个季度的帆船需求量分别是 40 条,60 条,75 条,25 条,这些需求必须按时满足.每个季度正常的生产能力是 40 条帆船,每条船的生产费用为 400 美元.如果加班生产,每条船的生产费用为 450 美元.每个季度末,每条船的库存费用为 20 美元.假定生产提前期为 0,初始库存为 10 条船.如何安排生产可使总费用最小?

我们用 DEM,RP,OP,INV 分别表示需求量、正常生产的产量、加班生产的产量、库存量,则 DEM,RP,OP,INV 对每个季度都应该有一个对应的值,也就是说他们都应该是一个由 4 个元素组成的数组,其中 DEM 是已知的,而 RP,OP,INV 是未知数.现在我们可以写出这个问题的模型.首先,目标函数是所有费用的和:

$$\min \sum_{I=1,2,3,4} \{400 RP(I) + 450 OP(I) + 20 INV(I)\}. \tag{5}$$

约束条件主要有两个:

(1) 能力限制

$$RP(I) \leqslant 40, \quad I = 1,2,3,4; \tag{6}$$

(2) 产品数量的平衡方程

$$INV(I) = INV(I-1) + RP(I) + OP(I) - DEM(I),$$
$$I = 1,2,3,4; \tag{7}$$

$$INV(0) = 10; \tag{8}$$

当然,还要加上变量的非负约束,构成了这个问题的模型(可以看出是 LP 模型).

可以看出,如果利用数组的概念,这个模型是比较容易建立的.然而,由于 LINDO 中没有数组这样的数据结构,我们只能对每个季度分别定义变量,如正常产量就要有 4 个变量 RP1,RP2,RP3,RP4 等;对未知数 OP,INV 也是一样.这样,写起来就比较麻烦,尤其如果不是 4 个季度而是更多(如 1000 个季度)的时候.

记 4 个季度组成的集合 QUARTERS={1,2,3,4},它们就是上面数组的下标集合,而数组 DEM,RP,OP,INV 对集合 QUARTERS 中的每个元素 1,2,3,4 分别对应于一个值,如图 3-13 所示.LINGO 正是充分利用了这种数组及其下标的关系,引入了"集合"及其"属性"的概念,把 QUARTERS={1,2,3,4} 称为集合,把 DEM,RP,OP,INV 称为该集合的属性(即定义在该集合上的属性).表 3-3 更清楚地列出了集合元素及其属性所确定的所有变量.

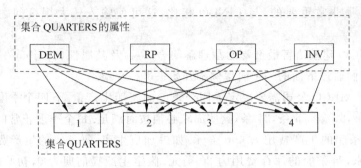

图 3-13 集合及其属性

表 3-3 集合元素及集合的属性确定的所有变量

集合 QUARTERS 的元素		1	2	3	4
定义在集合 QUARTERS 上的属性	DEM	DEM(1)	DEM(2)	DEM(3)	DEM(4)
	RP	RP(1)	RP(2)	RP(3)	RP(4)
	OP	OP(1)	OP(2)	OP(3)	OP(4)
	INV	INV(1)	INV(2)	INV(3)	INV(4)

下面我们看看在 LINGO 中具体如何定义集合及其属性. 例 3.3 的 LP 模型在 LINGO 中的一个典型输入方式见图 3-14. 我们可以看到这个输入以 "MODEL:" 开始,以 "END" 结束,它们之间由语句组成,可以分成三个部分:

(1) 集合定义部分 (从 "SETS:" 到 "ENDSETS"): 定义集合及其属性,语句 "QUARTERS/1,2,3,4/:DEM,RP,OP,INV;" 就是定义了上面所说的集合 QUARTERS=$\{1,2,3,4\}$,以及对应于该集合的属性 DEM,RP,OP,INV,其结果正是定义了表 3-3 所列出的 16 个变

```
MODEL:
  SETS:
    QUARTERS/1,2,3,4/:DEM,RP,OP,INV;
  ENDSETS
  MIN=@SUM(QUARTERS:400*RP+450*OP+20*INV);
  @FOR(QUARTERS(I):RP(I)<40);
  @FOR(QUARTERS(I)|I#GT#1:
      INV(I)=INV(I-1)+RP(I)+OP(I)-DEM(I););
  INV(1)=10+RP(1)+OP(1)-DEM(1);
  DATA:
    DEM=40,60,75,25;
  ENDDATA
END
```

图 3-14

量名(并不一定都是决策变量,如下面马上就看到 DEM 对应的 4 个变量是已知的).

(2) 数据输入部分(从"DATA:"到"ENDDATA"):"DEM = 40,60,75,25;"给出常量 DEM (给定的需求量)的值,即 DEM(1)=40,DEM(2)=60,DEM(3)=75,DEM(4)=25.

(3) 其他部分:给出优化目标和约束.

目标函数("MIN="后面所接的表达式)是用求和函数

"@SUM(集合(下标):关于集合的属性的表达式)"

的方式定义的,这个函数的功能是对语句中冒号":"后面的表达式,按照":"前面的集合指定的下标(元素)进行求和. 本例中目标函数也可以等价地写成"@SUM(QUARTERS(i): 400 * RP(i) + 450 * OP(i) + 20 * INV(i))",这里"@SUM"相当于求和符号"$\sum$",而 "QUARTERS(i)"相当于"$i \in$ QUARTERS"的含义(请与目标函数的数学表达式(5)比较一下,你会发现它们几乎是一样的!). 只是由于本例中目标函数对集合 QUARTERS 的所有元素(下标)都要求和,所以我们在图 3-14 的相应语句中可以将下标 i 省去.

约束是用循环函数"@FOR(集合(下标):关于集合的属性的约束关系式)"的方式定义的,意思是对冒号":"前面的集合的每个元素(下标),冒号":"后面的约束关系式都要成立. 我们先看能力限制(6),即每个季度正常的生产能力是 40 条帆船,这正是语句"@FOR(QUARTERS(I): RP(I)<40);"的含义. 由于对所有元素(下标 I),约束的形式是一样的,所以也可以像上面定义目标函数时一样,将下标 I 省去,即这个语句可以简化成"@FOR(QUARTERS: RP<40);",效果相同.

但是,对于产品数量的平衡方程(7)及(8)而言,由于下标 I=1 时的约束关系式与 I=2,3,4 时有所区别,所以我们这时不能省略下标"I". 实际上,I=1 时的约束关系式(7)要用到变量 INV(0),但我们定义的属性变量中 INV 是不包含 INV(0)的(不过,我们知道 INV(0)是一个已知的常数,即 INV(0)=10). 为了区别 I=1 和 I=2,3,4,我们在程序中把 I=1 时的约束关系式单独写出,即"INV(1) = 10 + RP(1) + OP(1) − DEM(1);"(这样一来,约束(8)实际上已经不再需要了);而对 I=2,3,4 对应的约束,我们对下标集合的元素(下标 I)增加了一个逻辑关系式"I#GT#1"(这个限制条件与集合之间有一个竖线"|"分开,称为过滤条件). 限制条件"I#GT#1"是一个逻辑表达式,意思就是 I>1;"#GT#"是逻辑运算符,意思是"大于(greater than 的字首字母缩写)"(其他逻辑运算符将在后面 3.3 节介绍).

现在运行菜单命令"LINGO|Solve",则可以得到图 3-15 所示的解答报告,全局最优解 RP=(40,40,40,25),OP=(0,10,35,0),最小成本=78450. 这就是我们模型的计算结果.

不过有一点值得注意:由于我们在图 3-14 的输入中没有给出行名,所以行名是系统自动生成的. 图 3-15 中约束的行名分别是行号 1~9,我们怎么知道那个约束对应那个行号? 可以这样来做:选择菜单命令"LINGO|Generate|Disply Model(Ctrl+G)"(你应该

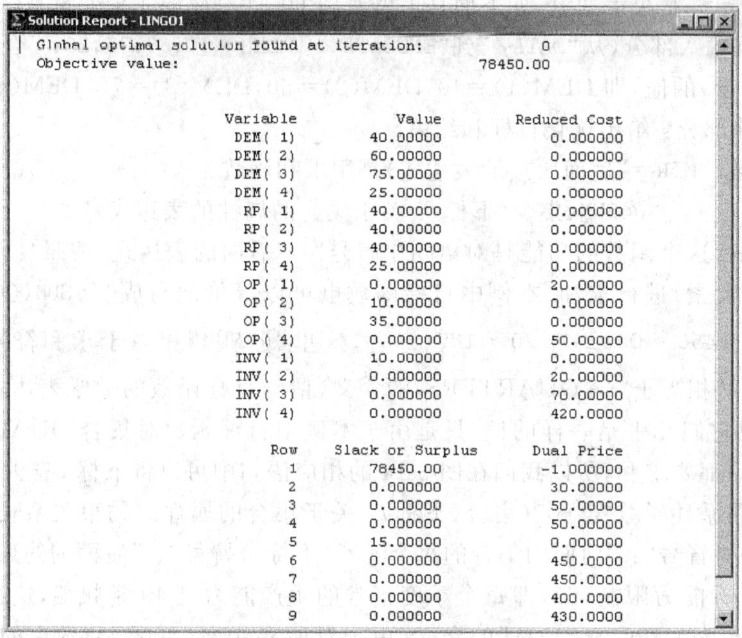

```
Solution Report - LINGO1
Global optimal solution found at iteration:           0
Objective value:                               78450.00

                    Variable           Value        Reduced Cost
                      DEM( 1)       40.00000           0.000000
                      DEM( 2)       60.00000           0.000000
                      DEM( 3)       75.00000           0.000000
                      DEM( 4)       25.00000           0.000000
                       RP( 1)       40.00000           0.000000
                       RP( 2)       40.00000           0.000000
                       RP( 3)       40.00000           0.000000
                       RP( 4)       25.00000           0.000000
                       OP( 1)        0.000000          20.00000
                       OP( 2)       10.00000           0.000000
                       OP( 3)       35.00000           0.000000
                       OP( 4)        0.000000          50.00000
                      INV( 1)       10.00000           0.000000
                      INV( 2)        0.000000          20.00000
                      INV( 3)        0.000000          70.00000
                      INV( 4)        0.000000          420.0000

                         Row    Slack or Surplus      Dual Price
                           1       78450.00           -1.000000
                           2        0.000000           30.00000
                           3        0.000000           50.00000
                           4        0.000000           50.00000
                           5       15.00000            0.000000
                           6        0.000000           450.0000
                           7        0.000000           450.0000
                           8        0.000000           400.0000
                           9        0.000000           430.0000
```

图 3-15 例 3.3 模型的求解结果

记得在上一节中,我们也使用过这个命令的),可以得到展开形式的模型如图 3-16 所示,这样就可以看到完整的模型了,也能确定行号了(行号放在方括号"[ ]"中,且数字前面带有下划线"_").不过,最好还是在输入模型时用户主动设定约束的行名(即约束名),这样使程序更清晰些.前面已经看到过单一约束的行名设置方法,就是将行名放在方括号"[ ]"中,置于约束之前.那么,在使用集合的情况下,如何设置行名? 后面将结合具体例子再进一步介绍.

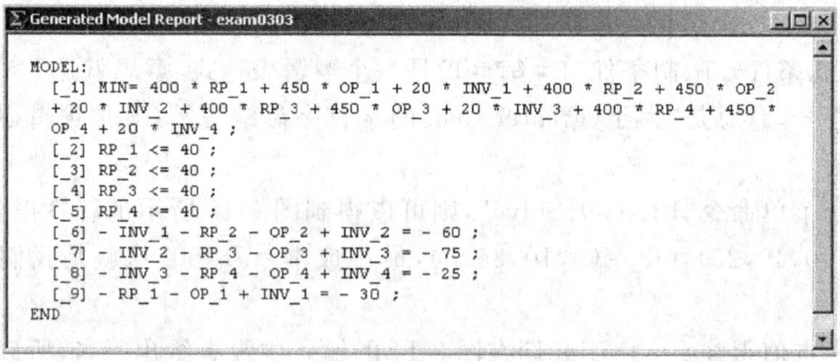

```
Generated Model Report - exam0303
MODEL:
 [_1] MIN= 400 * RP_1 + 450 * OP_1 + 20 * INV_1 + 400 * RP_2 + 450 * OP_2
 + 20 * INV_2 + 400 * RP_3 + 450 * OP_3 + 20 * INV_3 + 400 * RP_4 + 450 *
 OP_4 + 20 * INV_4 ;
 [_2] RP_1 <= 40 ;
 [_3] RP_2 <= 40 ;
 [_4] RP_3 <= 40 ;
 [_5] RP_4 <= 40 ;
 [_6] - INV_1 - RP_2 - OP_2 + INV_2 = - 60 ;
 [_7] - INV_2 - RP_3 - OP_3 + INV_3 = - 75 ;
 [_8] - INV_3 - RP_4 - OP_4 + INV_4 = - 25 ;
 [_9] - RP_1 - OP_1 + INV_1 = - 30 ;
END
```

图 3-16 例 3.3 模型的展开形式

下面小结一下 LINGO 模型最基本的组成要素. LINGO 中建立的优化模型除了上面例子中给出的三大部分语句外,还可以包括一个"初值设定(INIT)"部分;此外,从 LINGO 9.0 开始,还可以增加一个"计算(CALC)"部分. 因此,一般来说,LINGO 中建立的优化模型可以由 5 个部分组成,或称为 5 段(section):

(1) 集合段(SETS):这部分要以"SETS:"开始,以"ENDSETS"结束,作用在于定义必要的集合变量(SET)及其元素(member,含义类似于数组的下标)和属性(attribute,含义类似于数组). 如上例中定义了集合 QUARTERS(含义是季节),它包含四个元素即四个季节指标(1,2,3,4),每个季节都有需求(DEM)、正常生产量(RP)、加班生产量(OP)、库存量(INV)等属性(相当于数组,数组下标由 QUARTERS 元素决定). 一旦这样的定义建立起来,如果 QUARTERS 的数量不是 4 而是 1000,只需扩展其元素为 $1,2,\cdots,1000$,每个季节仍然都有 DEM,RP,OP,INV 这样的属性(这些量的具体数值如果是常量,则可在数据段输入;如果是未知数,则可在初始段输入初值). 自然,当 QUARTERS 的数量不是 4 而是 1000 时,我们也没有必要把 $1,2,\cdots,1000$ 全部一个一个列出来,而是可以如下定义 QUARTERS 集合:

```
QUARTERS/1..1000/: DEM,RP,OP,INV;
```

即"1..1000"的意思就是从 1 到 1000 的所有整数(前面的例子中只有 4 个元素,所以没有写成"1..4"而是全部列出来了).

(2) 目标与约束段:这部分实际上定义了目标函数、约束条件等,但这部分并没有段的开始和结束标记,因此实际上就是除其他 4 个段(都有明确的段标记)外的 LINGO 模型. 这里一般要用到 LINGO 的内部函数,尤其是与集合相关的求和函数@SUM 和循环函数@FOR 等,可在具体使用中体会其功能和用法(详见 3.3 节). 上例中定义的目标函数与 QUARTERS 的元素数目是 4 或 1000 并无具体的关系. 约束的表示也类似.

(3) 数据段(DATA):这部分要以"DATA:"开始,以"ENDDATA"结束,作用在于对集合的属性(数组)输入必要的常数数据. 格式为:

```
attribute(属性) = value_list(常数列表);
```

常数列表(value_list)中数据之间可以用逗号","分开,也可以用空格分开(回车的作用也等价于一个空格),如上面对 DEM 的赋值也可以写成"DEM = 40 60 75 25;".

在 LINGO 模型中,如果想在运行时才对参数赋值,可以在数据段使用输入语句. 但这仅用于对单个变量(包括属性变量)赋值,而不能用于属性变量(数组)的单个元素,输入语句格式为:"变量名=?;". 例如,上面的例子中如果需要在求解模型时才给出初始库存量(记为 A),则可以在模型中数据段写上语句:

```
A = ?;
```

在求解时 LINGO 系统给出提示界面,等待用户输入变量 A 的数值. 当然,此时的约束

语句

    INV(1) = 10 + RP(1) + OP(1) - DEM(1);

也应该改写成

    INV(1) = A + RP(1) + OP(1) - DEM(1);

这样,模型就可以计算任意初始库存量(而不仅仅只能计算初始库存量为 10)的情况了.

(4) 初始段(INIT):这部分要以"INIT:"开始,以"ENDINIT"结束,作用在于对集合的属性(数组)定义初值(因为求解算法一般是迭代算法,所以用户如果能给出一个比较好的迭代初值,对提高算法的计算效果是有益的). 如果有一个接近最优解的初值,对 LINGO 求解模型是有帮助的. 定义初值的格式为

    attribute(属性)＝value_list(常数列表);

这与数据段中的用法是类似的. 上例中没有初始化部分,我们将在下一个例子中举例说明.

(5) 计算段(CALC):这部分要以"CALC:"开始,以"ENDCALC"结束,作用在于对一些原始数据进行计算处理(这种处理是在数据段的数据输入完成以后、LINGO 开始正式求解模型之前进行的). 为什么要设计这个段?这是因为在实际问题中,输入的数据通常是原始数据,不一定能在模型中直接使用,我们就可以在这个段对这些原始数据进行一定的"预处理",得到我们模型中真正需要的数据. 例如,对上面的例子,如果我们希望得到全年的总需求和季度平均需求,则可以增加这个段(这里只是作为"计算段"的一个例子,其实总需求和季度平均需求在这个问题的模型中并没有实际应用价值):

    CALC:
    T_DEM = @SUM(QUARTERS: DEM);! 总需求;
    A_DEM = T_DEM/@size(QUARTERS);! 平均需求;
    ENDCALC

可以看出,在计算段中也可以使用集合函数(其中函数@size(QUARTERS)表示集合 QUARTERS 的元素个数,这里也就是 4). 这时,变量 T_DEM 的值就是总需求,A_DEM 的值就是平均需求(如果需要的话,这两个变量就可以在程序的其他地方作为常数使用了).

请大家注意,在计算段中语句是顺序执行的,所以上面的两个语句不能交换顺序,因为计算 A_DEM 必须要用到 T_DEM 的值. 此外,在计算段中只能直接使用赋值语句,而不能包含需要经过解方程或经过求解优化问题以后才能决定的变量.

3.2.2 基本集合与派生集合

下面再用 LINGO 来解在 1.2.3 节中介绍的料场选址问题.

例 3.4 建筑工地的位置(用平面坐标 a, b 表示,距离单位: km)及水泥日用量 d(单

位：t)由表 3-4 给出.目前有两个临时料场位于 $P(5,1), Q(2,7)$,日储量各有 20t.求从 A,B 两料场分别向各工地运送多少吨水泥,使总的吨公里数最小.两个新的料场应建在何处,节省的吨公里数有多大？

表 3-4　工地的位置 (a,b) 及水泥日用量 d

	1	2	3	4	5	6
a	1.25	8.75	0.5	5.75	3	7.25
b	1.25	0.75	4.75	5	6.5	7.75
d	3	5	4	7	6	11

1.2.3 节中已经建立了这个问题的优化模型.记工地的位置为 (a_i,b_i),水泥日用量为 $d_i, i=1,\cdots,6$；料场位置为 (x_j,y_j),日储量为 $e_j, j=1,2$；从料场 j 向工地 i 的运送量为 c_{ij}.这个优化问题的数学规划模型是

$$\min \quad f = \sum_{j=1}^{2}\sum_{i=1}^{6} c_{ij}\sqrt{(x_j-a_i)^2+(y_j-b_i)^2} \tag{9}$$

$$\text{s.t.} \quad \sum_{j=1}^{2} c_{ij} = d_i, \quad i=1,\cdots,6 \tag{10}$$

$$\sum_{i=1}^{6} c_{ij} \leqslant e_j, \quad j=1,2. \tag{11}$$

当使用现有临时料场时,决策变量只有 c_{ij}(非负),所以这是 LP 模型；当为新建料场选址时决策变量为 c_{ij} 和 x_j,y_j,由于目标函数 f 对 x_j,y_j 是非线性的,所以在新建料场时是 NLP 模型.我们现在先解 NLP 模型,而把现有临时料场的位置作为初始解告诉 LINGO.

尝试将这个模型输入 LINGO 时,利用上面介绍的集合的概念,显然可以定义需求点 demand 和供应点 supply 两个集合,分别有 6 个和 2 个元素(下标).但是,你可能会遇到一个困难：决策变量(运送量) c_{ij} 既不是只与集合 demand 相关的属性,也不是只与集合 supply 相关的属性,而是与这两个集合都有关系的.这样的属性应该如何定义呢？

我们前面说过,集合的属性相当于以集合的元素为下标的数组.那么,这里的 c_{ij} 不正是相当于二维数组吗？它的两个下标分别来自集合 demand 和 supply,这就启发我们可以利用集合 demand 和 supply,定义一个由二元对组成的新的集合,然后将 c_{ij} 定义成这个新集合的属性.

具体的输入程序如图 3-17 所示.我们在集合段定义了三个集合,其中 demand 和 supply 集合的属性的含义与上一个例子类似,而 link 则是在前两个集合的基础上定义的一个新集合.语句

```
link(demand,supply): c;
```

```
MODEL:
Title Location Problem;
sets:
    demand/1..6/:a,b,d;
    supply/1..2/:x,y,e;
    link(demand,supply):c;
endsets
data:
!locations for the demand(需求点的位置);
a=1.25,8.75,0.5,5.75,3,7.25;
b=1.25,0.75,4.75,5,6.5,7.75;
!quantities of the demand and supply(供需量);
d=3,5,4,7,6,11; e=20,20;
enddata
init:
!initial locations for the supply(初始点);
x,y=5,1,2,7;
endinit
!Objective function(目标);
[OBJ] min=@sum(link(i,j): c(i,j)*((x(j)-a(i))^2+(y(j)-b(i))^2)^(1/2) );
!demand constraints(需求约束);
@for(demand(i):[DEMAND_CON] @sum(supply(j):c(i,j)) =d(i););
!supply constraints(供应约束);
@for(supply(i):[SUPPLY_CON] @sum(demand(j):c(j,i)) <=e(i); );
@for(supply: @free(X); @free(Y); );
END
```

图 3-17 例 3.4 的模型窗口

表示集合 link 中的元素就是集合 demand 和 supply 的元素组合成的有序二元组,从数学上看 link 就是 demand 和 supply 的笛卡儿积,也就是说

$$link=\{(s,t)|s\in DEMAND, t\in supply\}$$

因此,其属性 c 也就是一个 6×2 的矩阵(或者说是含有 12 个元素的二维数组)。

正是由于这种表示方式与矩阵的表示非常类似,LINGO 建模语言也称为**矩阵生成器**(matrix generator)。类似于 demand 和 supply 这种直接把元素列举出来的集合,称为**基本集合**(primary set,也可译为"原始集合"),而把 link 这种基于其他集合而派生出来的二维或多维集合称为**派生集合**(derived set,也可译为"导出集合")。由于是 demand 和 supply 生成了派生集合 link,所以 demand 和 supply 称为 link 的父集合。

本模型中数据段的含义也是容易理解的。本模型中还包括了初始段,请特别注意其中"x,y = 5,1,2,7;"语句的实际赋值顺序是 x=(5,2),y=(1,7),而不是 x=(5,1),y=(2,7)。也就是说,LINGO 对数据是按列赋值的,而不是按行。当然,直接写成两个语句"x=5,2; y=1,7;"也是等价的。同样道理,数据段中对常数数组 a,b 的赋值语句也可以写成 a,b = 1.25,1.25,8.75,0.75,0.5,4.75,5.75,5,3,6.5,7.25,7.75;

请注意我们前面说过,这时分割数据的空格与逗号",",或"回车"的作用是等价的。

程序接下来定义目标和约束,与前面例 3.3 中介绍的方法是类似的(但这里包含了派生集合),请特别注意进一步体会集合函数@SUM 和@FOR 的用法。由于新建料场的位置理论上讲可以是任意的,所以我们在约束的最后(模型的"END"语句上面的一行)用@free 函

数取消了变量 x,y 的非负限制.此外,我们在程序开头用 Title 语句对这个模型取了一个标题"Location Problem"(见模型开始的"MODEL:"下面一行);并且对目标行([OBJ])和两类约束(DEMAND_CON、SUPPLY_CON)分别进行了命名(请特别注意这里约束命名的特点).

大家仔细阅读、理解了图 3-17 的程序后,现在就可以运行菜单命令"LINGO|Solve",很快得到解答报告(显示界面略,请特别注意结果中约束名称(行名)也是有下标的):局部最优解 $x(1)=7.249997, x(2)=5.695940, y(1)=7.749998, y(2)=4.928524, c(略)$,最小运量$=89.8835(t \cdot km)$.

现在我们来看看对于这个问题的 NLP 模型,最小运量 89.8835 是不是全局最优.我们考虑用全局最优求解器,求解图 3-17 中的模型(如果你使用的是试用版软件,则可能不能用全局求解器求解本例,因为问题规模已经太大了).激活全局最优求解程序的方法,是用"LINGO|Options"菜单命令打开选项对话框,在"Global Solver"选项卡上选择"Use Global Solver"(我们将在后面介绍"LINGO|Options"菜单命令的具体用法).全局最优求解程序花费的时间可能是很长的,所以为了减少计算工作量,我们对 x,y 的取值再做一些限制.虽然理论上新建料场的位置可以是任意的,但我们可以很直观地想到,最佳的料场位置不应该离工地太远,无论如何至少不应该超出现在 6 个工地所决定的坐标的最大、最小值决定的矩形之外,即:$0.5<=x<=8.75, 0.75<=y<=7.75$.可以用 @bnd 函数加上这个条件取代模型 END 上面的行,运行 NLP 模型,发现全局最优求解程序花费的时间仍然很长,图 3-18 是运行 27 分 35 秒时人为终止求解(按下"Interrupt Solver"按钮)时对应的求解状态窗口.

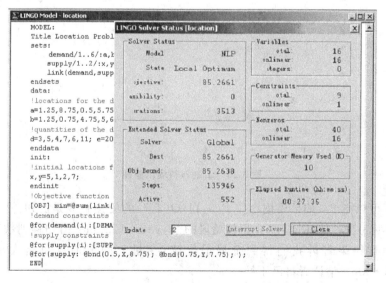

图 3-18 例 3.4 的模型窗口和全局求解器的状态窗口

从图3-18可以看出，此时目标函数值的下界(Obj Bound＝85.2638)与目前得到的最好的可行解的目标函数值(Best＝85.2661)相差已经非常小，可以认为已经得到了全局最优解. 部分结果见图3-19，这就可以认为是我们模型的最后结果. 在图3-20中，我们可以画出料场和工地的位置示意图，其中标有“＊”号的是料场，标有“＋”号的是工地.

```
location
 Local optimal solution found at iteration:          3513
 Objective value:                                 85.26606

  Model Title: Location Problem
                        X( 1)          3.254882       -0.2619607E-07
                        X( 2)          7.249998        0.000000
                        Y( 1)          5.652331       -0.1005663E-07
                        Y( 2)          7.750000       -2.400321
                     C( 1, 1)          3.000000       -4.008540
                     C( 1, 2)          0.000000        0.000000
                     C( 2, 1)          0.000000        0.2051350
                     C( 2, 2)          5.000000        0.000000
                     C( 3, 1)          4.000000       -4.487749
                     C( 3, 2)          0.000000        0.000000
                     C( 4, 1)          7.000000       -0.5535080
                     C( 4, 2)          0.000000        0.000000
                     C( 5, 1)          6.000000       -3.544850
                     C( 5, 2)          0.000000        0.000000
                     C( 6, 1)          0.000000        4.512335
                     C( 6, 2)          11.00000        0.000000
```

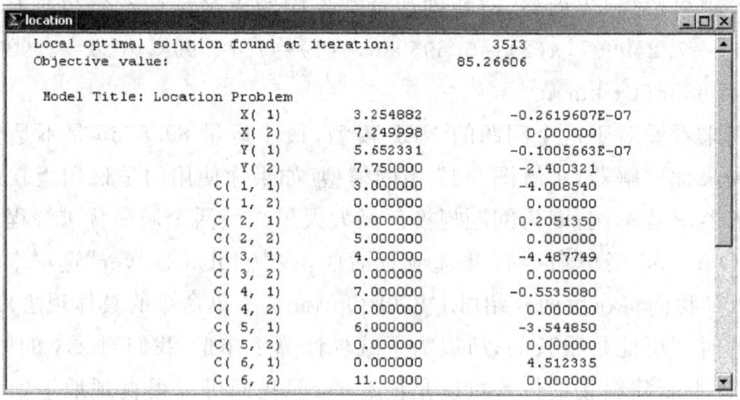

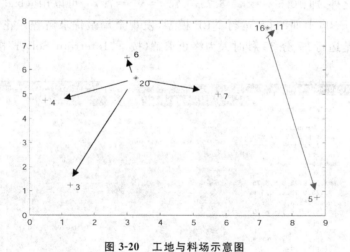

图3-19　例3.4计算结果

图3-20　工地与料场示意图

我们还可以指出：如果要把料厂$P(5,1)$，$Q(2,7)$的位置看成是已知并且固定的，这时是LP模型. 只需要在图3-17中把初始段的“x,y＝5,1,2,7；”语句移到数据段就可以了. 此时，运行结果告诉我们得到全局最优解(变量c的取值这里略去)，最小运量136.2275(t·km). 请读者自己不妨一试.

3.2.3 稠密集合与稀疏集合

在 3.2.3 节我们介绍了在 LINGO 中可以定义和使用两类集合:基本集合和派生集合.前面的例子中我们把派生集合 link 的元素定义为 demand 和 supply 的笛卡儿积,即包含了两个基本集合构成的所有二元有序对.这种派生集合称为**稠密集合**(简称稠集).有时候,在实际问题中,一些属性(数组)可能只在笛卡儿积的一个真子集上定义,而不是在整个稠集上定义,LINGO 能不能做到这一点呢?

答案是肯定的.其实,在 LINGO 中,派生集合的元素可以定义为只是这个笛卡儿积的一个真子集,这种派生集合称为**稀疏集合**(简称疏集).下面我们通过一个例子来说明.

例 3.5(最短路问题) 在纵横交错的公路网中,货车司机希望找到一条从一个城市到另一个城市的最短路.假设图 3-21 表示的是该公路网,节点表示货车可以停靠的城市,弧上的权表示两个城市之间的距离(百公里).那么,货车从城市 S 出发到达城市 T,如何选择行驶路线,使所经过的路程最短?

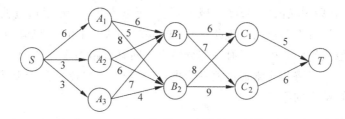

图 3-21 最短路问题的例子

假设从 S 到 T 的最优行驶路线 P 经过城市 C_1,则 P 中从 S 到 C_1 的子路也一定是从 S 到 C_1 的最优行驶路线;假设 P 经过城市 C_2,则 P 中从 S 到 C_2 的子路也一定是从 S 到 C_2 的最优行驶路线.因此,为了得到从 S 到 T 的最优行驶路线,我们只需要先求出从 S 到 $C_k(k=1,2)$ 的最优行驶路线,就可以方便地得到从 S 到 T 的最优行驶路线.同样,为了求出从 S 到 $C_k(k=1,2)$ 的最优行驶路线,只需要先求出从 S 到 $B_j(j=1,2)$ 的最优行驶路线;为了求出从 S 到 $B_j(j=1,2)$ 的最优行驶路线,只需要先求出从 S 到 $A_i(i=1,2,3)$ 的最优行驶路线.而 S 到 $A_i(i=1,2,3)$ 的最优行驶路线是很容易得到的(实际上,此例中 S 到 $A_i(i=1,2,3)$ 只有惟一的道路).

也就是说,此例中我们可以把从 S 到 T 的行驶过程分成 4 个阶段,即 $S \to A_i(i=1,2,3)$,$A_i \to B_j(j=1,2)$,$B_j \to C_k(k=1,2)$,$C_k \to T$.记 $d(Y,X)$ 为城市 Y 与城市 X 之间的直接距离(若这两个城市之间没有道路直接相连,则可以认为直接距离为无穷大),用 $L(X)$ 表示城市 S 到城市 X 的最优行驶路线的路长,则有

$$L(S) = 0; \tag{12}$$
$$L(X) = \min_{Y \neq X}\{L(Y) + d(Y, X)\}, \quad X \neq S \tag{13}$$

对本例的具体问题,可以直接计算如下:

$L(A_1) = 6, \quad L(A_2) = 3, \quad L(A_3) = 3;$

$L(B_1) = \min\{L(A_1) + 6, \quad L(A_2) + 8, L(A_3) + 7\} = 10 = L(A_3) + 7,$

$L(B_2) = \min\{L(A_1) + 5, \quad L(A_2) + 6, L(A_3) + 4\} = 7 = L(A_3) + 4;$

$L(C_1) = \min\{L(B_1) + 6, \quad L(B_2) + 8\} = 15 = L(B_2) + 8,$

$L(C_2) = \min\{L(B_1) + 7, \quad L(B_2) + 9\} = 16 = L(B_2) + 9;$

$L(T) = \min\{L(C_1) + 5, \quad L(C_2) + 6\} = 20 = L(C_1) + 5.$

所以,从 S 到 T 的最优行驶路线的路长为 20. 进一步分析以上求解过程,可以得到从 S 到 T 的最优行驶路线为 $S \to A_3 \to B_2 \to C_1 \to T$.

上面这种计算方法在数学上称为动态规划(dynamic programming),是最优化的一个分支.

作为一个例子,我们用 LINGO 来解这个最短路问题. 我们可以编写如图 3-22 的 LINGO 程序. 集合段定义的"CITIES"(城市)是一个基本集合(元素通过枚举给出),L 是其对应的属性变量(我们要求的最短路长);"ROADS"(道路)是由 CITIES 导出的一个派生集合(请特别注意其用法),由于只有一部分城市之间有道路相连,所以不应该把它定义成稠密集合,我们进一步将其元素通过枚举给出,这就是一个稀疏集合. D 是稀疏集合 ROADS 对应的属性变量(给定的距离).

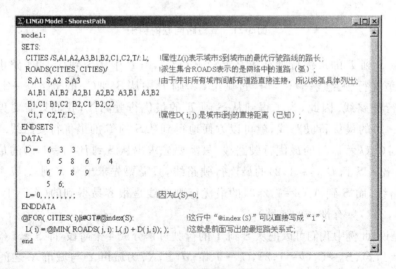

图 3-22 最短路问题的模型

从模型中还可以看出：这个 LINGO 程序可以没有目标函数，这在 LINGO 中是允许的，可以用来找可行解（解方程组和不等式组）．此外，在数据段我们对 L 进行了赋值，但只有 $L(S)=0$ 是已知的，所以后面的值为空（但位置必须留出来，即逗号“，”一个也不能少，否则会出错）．如果这个语句直接写成“L = 0；”，语法上看也是对的，但其含义是 L 所有元素的取值全部为 0，所以也会与题意不符．

从这个例子还可以看出，虽然集合 CITIES 中的元素不是数字，但当它以 CITIES(i)的形式出现在循环中时，引用下标 i 却实际上仍是正整数，也就是说 i 指的正是元素在集合中的位置（顺序），一般称为元素的索引（index）．我们在@FOR 循环中的过滤条件里故意用了一个函数“@index”，其作用是返回一个元素在集合中的索引值，这里@index(S)＝1（即元素 S 在集合中的索引值为 1），所以逻辑关系式“i # GT # @index(S)”可以直接等价地写成“i # GT # 1”也是可以的．这里@index(S)实际上还是@index(CITIES，S)的简写，即返回 S 在集合 CITIES 中的索引值．

运行以上程序后得到结果（图 3-23）．可以看出，从 S 到 T 的最优行驶路线的路长为 20（进一步分析，可以得到从 S 到 T 的最优行驶路线为 $S\to A_3\to B_2\to C_1\to T$）．

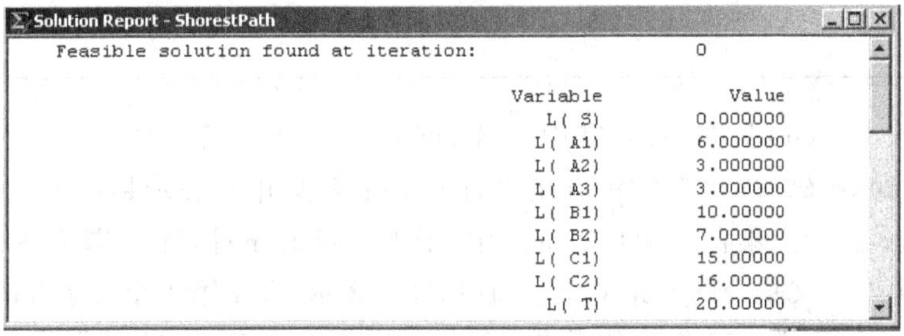

```
Solution Report - ShorestPath
   Feasible solution found at iteration:          0

                          Variable        Value
                             L( S)     0.000000
                            L( A1)     6.000000
                            L( A2)     3.000000
                            L( A3)     3.000000
                            L( B1)     10.00000
                            L( B2)     7.000000
                            L( C1)     15.00000
                            L( C2)     16.00000
                             L( T)     20.00000
```

图 3-23　最短路问题的结果

上面这个例子中定义稀疏集合 ROADS 的方法是将其元素通过枚举给出，有时如果元素比较多，这还是太麻烦了，用起来不方便．LINGO 提供了另一种定义稀疏集合的方法，这就是“元素过滤”法，能够从构成派生集合的父集合的笛卡儿积中系统地过滤下来一些真正需要的元素．请看下面的例子．

例 3.6　某班 8 名同学准备分成 4 个调查队（每队两人）前往 4 个地区进行社会调查．假设这 8 名同学两两之间组队的效率如表 3-5 所示（由于对称性，只列出了严格上三角部分），问如何组队可以使总效率最高？

这是一个典型的匹配（matching）问题．把表 3-5 的效率矩阵记为 BENEFIT（由于对称性，这个矩阵只有严格上三角部分共 28 个数取非零值）．用 MATCH(Si，Sj)＝1 表示同学 Si，Sj 组成一队，而 MATCH(Si，Sj)＝0 表示 Si，Sj 不组队．由于对称性，只需考虑 i<j 共 28 个 0-1 变量（而不是全部 32 个变量）．显然，目标函数正好是 BENEFIT(Si，Sj)×

MATCH(Si,Sj)对 i,j 求和；约束条件是每个同学只能（而且必须在）某一组，即对于任意 i 有：只要属性 MATCH 的某个下标为 i 就加起来，此和应该等于 1。因此，完整的数学模型如下（显然，这是一个 0-1 线性规划）：

$$\max \sum_{I<J} \{\text{BENEFIT}(I,J) \times \text{MATCH}(I,J)\}; \quad (14)$$

$$\text{s.t.} \sum_{J=I \text{ 或 } K=I} \{\text{MATCH}(J,K)\} = 1, \quad I=1,2,\cdots,8, \quad (15)$$

$$\text{MATCH}(J,K) \in \{0,1\}. \quad (16)$$

表 3-5 同学两两之间组队的效率

学生	S1	S2	S3	S4	S5	S6	S7	S8
S1	—	9	3	4	2	1	5	6
S2	—	—	1	7	3	5	2	1
S3	—	—	—	4	4	2	9	2
S4	—	—	—	—	1	5	2	2
S5	—	—	—	—	—	8	7	6
S6	—	—	—	—	—	—	2	3
S7	—	—	—	—	—	—	—	4

模型输入 LINGO 见图 3-24，其中 STUDENTS 集合的元素列表"S1..S8"等价于写成"S1 S2 S3 S4 S5 S6 S7 S8"，它没有相关的属性列表，只用于表示是一个下标集合。我们应该特别注意，在派生集合 PAIRS 的定义中，增加了过滤条件，即逻辑关系式"&2 #GT# &1"，意思是第 2 个父集合的元素的索引值（用"&2"表示）大于第 1 个父集合的元素的索引值（用"&1"表示）。这样，PAIRS 中的元素就正好对应于上面表 3-5 中的严格上三角部分的二维下标（共 28 个元素）。BENEFIT 和 MATCH 都是这个集合 PAIRS 的属性。

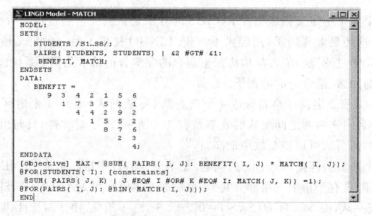

图 3-24 稀疏集合的例子

读者还应该注意数据段对 BENEFIT 的赋值方式,体会我们前面提到过的“LINGO 是按照列的顺序对属性变量的元素进行赋值的”.在约束部分,过滤条件“J #EQ# I #OR# K #EQ# I”是由逻辑运算符“#OR#(或者)”连接的一个复合的逻辑关系式,连接由“#EQ#(等于)”表示的两个逻辑关系.由于“#OR#”的运算级别低于“#EQ#”,所以这个逻辑式中没有必要使用括号指定运算次序. LINGO 中的运算符及其优先级关系可以参见 3.3.1 节.

选择菜单命令“LINGO|Solve”运行这个程序,可以得到全局最优值为 30. 由于 MATCH 变量中多数为 0,我们这里练习一下如何更清晰地浏览最优解.选择菜单命令“LINGO|Solution”,可以看到图 3-25 所示的对话框.在对话框中的“Attribute or Row Name (属性或行名)”里选择属性 MATCH(变量),在“Type of Output(输出类型)”里选择“Text(文本格式)”,并选择“Nonzeros Only(只显示非零值)”选项,然后单击“OK”按钮,得到的正是我们想看的关于最优解的非零分量的报告(如图 3-26 所示).学生最佳的组队方式是:(1,8),(2,4),(3,7),(5,6).

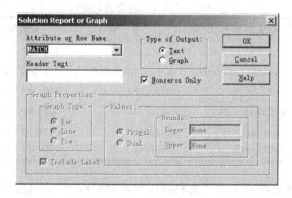

图 3-25 解答报告对话框

Solution Report - MATCH

Variable	Value	Reduced Cost
MATCH(S1, S8)	1.000000	-6.000000
MATCH(S2, S4)	1.000000	-7.000000
MATCH(S3, S7)	1.000000	-9.000000
MATCH(S5, S6)	1.000000	-8.000000

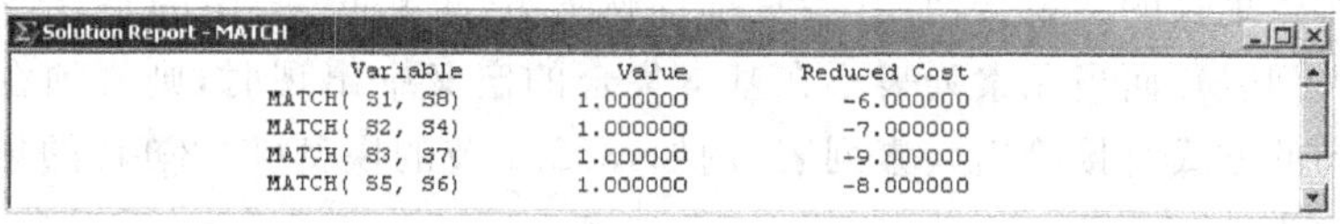

图 3-26 例 3.6 的解答结果

3.2.4 集合的使用小结

下面把前面介绍的关于集合的不同类型及其关系小结一下,表示在图 3-27 中.

现在,我们归纳一下基本集合和派生集合的定义语法.基本集合的定义格式为(以下语法中凡是在方括号“[ ]”中的内容,表示是可选的项,即该项可以有也可以没有):

图 3-27 集合的不同类型及其关系

```
setname [/member_list/] [:attribute_list];
```

其中 setname 为定义的集合名,member_list 为元素列表,attribute_list 为属性列表.元素列表可以采用显式列举法(即直接将所有元素全部列出,元素之间用逗号或空格分开),也可以采用隐式列举法.隐式列举法可以有几种不同格式,见表 3-6.

表 3-6 基本集合的隐式列举法

类　　型	隐式列举格式	示　　例	示例集合表示的元素
数字型	1..n	1..5	1,2,3,4,5
字符-数字型	stringM..stringN	Car101..car208	Car101,car102,...,car208
日期(星期)型	dayM..dayN	MON..FRI	MON,TUE,WED,THU,FRI
月份型	monthM..monthN	OCT..JAN	OCT,NOV,DEC,JAN
年份-月份型	monthYearM..monthYearN	OCT2001..JAN2002	OCT2001,NOV2001,DEC2001,JAN2002

上面的语法还告诉我们元素列表和属性列表都是可选的.当属性列表不在集合定义中出现时,这样的集合往往只是为了将来在程序中作为一个循环变量来使用,或者作为构造更复杂的派生集合的父集合使用(参见前面例 3.6(匹配问题)中的集合 STUDENTS,它就没有属性列表).而当元素列表不在基本集合的定义中出现时,则必须在程序的数据段以赋值语句的方式直接给出元素列表.例如,3.2.1 节的模型(图 3-14)的集合段和数据段可以分别改为

```
SETS:
    QUARTERS: DEM,RP,OP,INV;
        ! 注意没有给出集合的元素列表;
ENDSETS
DATA:
    QUARTERS DEM = 1 40 2 60 3 75 4 25;
        ! 注意 LINGO 按列赋值的特点;
```

ENDDATA

派生集合的一般定义格式为：

setname(parent_set_list) [/member_list/] [: attribute_list];

其中与基本集合的定义相比较只是多了一个 parent_set_list(父集合列表).父集合列表中的集合(如 set1,set2,…)称为派生集合 setname 的父集合,它们本身也可以是派生集合.当元素列表(member_list)不在集合定义中出现时,还可以在程序的数据段以赋值语句的方式给出元素列表；若在程序的数据段也不以赋值语句的方式给出元素列表,则认为定义的是稠密集合,即父集合中所有元素的有序组合(笛卡儿积)都是 setname 的元素.当元素列表在集合定义中出现时,又有"元素列表法"(直接列出元素)和"元素过滤法"(利用过滤条件)两种不同方式,请参看本节前面的介绍.

3.3 运算符和函数

3.3.1 运算符及其优先级

在前面的很多例子里,我们陆续用到了一些运算符,现在归纳一下 LINGO 中的三类运算符：算术运算符、逻辑运算符和关系运算符.

算术运算实际上就是加、减、乘、除、乘方等数学运算(即数与数之间的运算,运算结果也是数).LINGO 中的算术运算符有以下 5 种：

+(加法)， -(减法或负号)， *(乘法)， /(除法)， ^(求幂).

逻辑运算就是运算结果只有"真"(TRUE)和"假"(FALSE)两个值(称为"逻辑值")的运算.LINGO 中用数字 1 代表 TRUE,其他值(典型的值是 0)都是 FALSE.在 LINGO 中,逻辑运算(表达式)通常作为过滤条件使用(回顾一下,在例 3.3 中定义约束时、例 3.6 中定义稀疏集合和约束时,都多次用到了逻辑表达式作为过滤条件使用).LINGO 中的逻辑运算符有 9 种,可以分成两类：

(1) #AND#(与),#OR#(或),#NOT#(非)：这 3 个运算是逻辑值之间的运算,也就是它们操作的对象本身必须已经是逻辑值或逻辑表达式,计算结果也是逻辑值.

(2) #EQ#(等于),#NE#(不等于),#GT#(大于),#GE#(大于等于),#LT#(小于),#LE#(小于等于)：这 6 个操作实际上是"数与数之间"的比较,也就是它们操作的对象本身必须是两个数(或相应的表达式),而逻辑表达式计算得到的结果是逻辑值.

关系运算符表示的是"数与数之间"的大小关系,因此在 LINGO 中用来表示优化模型的约束条件,所以可以认为不是真正的运算操作符.LINGO 中关系运算符有三种：

<(即<=,小于等于)， =(等于)， >(即>=,大于等于).

请注意在优化模型中约束一般没有严格小于、严格大于关系.此外,请注意区分关系运算

符与"数与数之间"进行比较的 6 个逻辑运算符的不同之处。

这些运算符的优先级如表 3-7 所示(同一优先级按从左到右的顺序执行;如果有括号"()",则括号内的表达式优先进行计算)。

表 3-7 运算符的优先级

优先级	运 算 符
最高	♯NOT♯ -(负号)
	∧
	* /
	+ -(减法)
	♯EQ♯ ♯NE♯ ♯GT♯ ♯GE♯ ♯LT♯ ♯LE♯
	♯AND♯ ♯OR♯
最低	< = >

3.3.2 基本的数学函数

在 LINGO 中建立优化模型时可以引用大量的内部函数,这些函数以"@"符号打头。LINGO 中包括相当丰富的数学函数,它们的用法非常简单,我们直接在下面一一列出。

@ABS(X):绝对值函数,返回 X 的绝对值。

@COS(X):余弦函数,返回 X 的余弦值(X 的单位是弧度)。

@EXP(X):指数函数,返回 e^X 的值(其中 e 为自然对数的底,即 2.718281…)。

@FLOOR(X):取整函数,返回 X 的整数部分(向最靠近 0 的方向取整)。

@LGM(X):返回 X 的伽马(Gamma)函数的自然对数值(当 X 为整数时 LGM(X)=LOG(X-1)!;当 X 不为整数时,采用线性插值得到结果)。

@LOG(X):自然对数函数,返回 X 的自然对数值。

@MOD(X,Y):模函数,返回 X 对 Y 取模的结果,即 X 除以 Y 的余数,这里 X 和 Y 应该是整数。

@POW(X,Y):指数函数,返回 X^Y 的值。

@SIGN(X):符号函数,返回 X 的符号值(X<0 时返回-1,X=0 时返回 0,X>0 时返回+1)。

@SIN(X):正弦函数,返回 X 的正弦值(X 的单位是弧度)。

@SMAX(list):最大值函数,返回一列数(list)的最大值。

@SMIN(list):最小值函数,返回一列数(list)的最小值。

@SQR(X):平方函数,返回 X 的平方(即 X*X)的值。

@SQRT(X):平方根函数,返回 X 的正的平方根的值。

@TAN(X):正切函数,返回 X 的正切值(X 的单位是弧度).

3.3.3 集合循环函数

集合循环函数是指对集合上的元素(下标)进行循环操作的函数,如前面我们用过的@FOR 和@SUM 等.一般用法如下:

@function(setname [(set_index_list)[| condition]] : expression_list);

其中:

function 是集合函数名,是 FOR,MAX,MIN,PROD,SUM 五种之一;

setname 是集合名;

set_index_list 是集合索引列表(不需使用索引时可以省略);

condition 是用逻辑表达式描述的过滤条件(通常含有索引,无条件时可以省略);

expression_list 是一个表达式(对@FOR 函数,可以是一组表达式).

五个集合函数名的含义如下:

@FOR(集合元素的循环函数):对集合 setname 的每个元素独立地生成表达式,表达式由 expression_list 描述(通常是优化问题的约束).

@MAX(集合属性的最大值函数):返回集合 setname 上的表达式的最大值.

@MIN(集合属性的最小值函数):返回集合 setname 上的表达式的最小值.

@PROD(集合属性的乘积函数):返回集合 setname 上的表达式的积.

@SUM(集合属性的求和函数):返回集合 setname 上的表达式的和.

3.3.4 集合操作函数

集合操作函数是指对集合进行操作的函数,主要有@IN,@INDEX,@WRAP,@SIZE 四种,下面分别简要介绍其一般用法.

- @INDEX([set_name,] primitive_set_element)

这个函数给出元素 primitive_set_element 在集合 set_name 中的索引值(即按定义集合时元素出现顺序的位置编号).如果省略集合名 set_name,LINGO 按模型中定义的集合顺序找到第一个含有元素 primitive_set_element 的集合,并返回索引值.如果在所有集合中均没有找到该元素,会给出出错信息.

请注意,按照上面所说的索引值的含义,集合 set_name 的一个索引值是一个正整数(即对集合中一个对应元素的顺序编号),且只能位于 1 和集合的元素个数(即@SIZE(set_name),该函数的含义见后面)之间,超出这个范围就没有意义了.

例如,假设定义了一个女孩姓名的集合(GIRLS)和一个男孩姓名的集合(BOYS)如下:

SETS:
    GIRLS /DEBBIE, SUE, ALICE/;

```
        BOYS /BOB, JOE, SUE, FRED/;
ENDSETS
```

可以看到女孩和男孩中都有名为 SUE 的小孩. 这时, 调用函数@INDEX(SUE)将返回索引值 2, 这相当于@INDEX(GIRLS,SUE), 因为集合 GIRLS 的定义出现在集合 BOYS 之前. 如果真的要找男孩中名为 SUE 的小孩的索引, 应该使用@INDEX(BOYS, SUE), 这时将返回索引值 3.

- @IN(set_name, primitive_index_1 [, primitive_index_2 ...])

这个函数用于判断一个集合中是否含有某个索引值. 如果集合 set_name 中包含由索引 primitive_index_1 [, primitive_index_2 ...]所表示的对应元素, 则返回 1(逻辑值"真"), 否则返回 0(逻辑值"假"). 索引用 "&1"、"&2" 或@INDEX 函数等形式给出, 这里 "&1" 表示对应于第 1 个父集合的元素的索引值, "&2" 表示对应于第 2 个父集合的元素的索引值.

例如, 如果我们想定义一个学生集合 STUDENTS(基本集合), 然后由它派生一个及格学生的集合 PASSED 和一个不及格学生的集合 FAILED, 可以如下定义:

```
SETS:
    STUDENTS/ZHAO, QIAN, SUN, LI/;;
    PASSED(STUDENTS) /QIAN,SUN/;;
    FAILED(STUDENTS) | #NOT# @IN(PASSED, &1);;
ENDSETS
```

又如, 如果集合 C 是由集合 A,B 派生的, 例如:

```
SETS:
    A/1..3/;;
    B/X Y Z/;;
    C(A, B)/1,X 1,Z 2,Y 3,X/;;
ENDSETS
```

现在假设我们想判断 C 中是否包含元素(2,Y), 则可以利用以下语句:
X = @IN(C, @INDEX(A, 2), @INDEX(B, Y));

对本例, C 中确实包含元素(2,Y), 所以上面语句的结果是 X = 1(真). 你可能已经注意到, 这里 X 既是集合 B 的元素, 后来又对 X 赋值 1, 这样不会混淆吗? 这两个 X 表示的是一个东西吗(后者会冲掉前者吗)? 在 LINGO 中这种表达是允许的, 因为前者的 X 是集合的元素, 后者 X 是变量, 二者逻辑上没有任何关系(除了同名外), 所以不会出现混淆, 更谈不上后者会冲掉前者的问题.

- @WRAP(I,N)

当 I 位于区间[1, N]内时直接返回 I; 一般地, 返回 J = I - K*N, 其中 J 位于区间[1,

N],K 为整数.可见这个函数类似于数学上用 I 对 N 取模,即当@MOD(I,N)>1 时@WRAP(I,N) = @MOD(I,N),但当@MOD(I,N) = 0 时@WRAP(I,N)=N.此函数对 N<1 无定义.

可以想到,此函数的目的之一是可以用来防止集合的索引值越界.这是因为前面说过:任何一个集合 S 的索引值只能位于 1 和@SIZE(S)之间,超出这个范围就没有意义了,所以用户在编写 LINGO 程序时,应注意避免 LINGO 模型求解时出现集合的索引值越界的错误.

- @SIZE (set_name)

返回数据集 set_name 中包含元素的个数.

3.3.5 变量定界函数

变量定界函数对变量的取值范围附加限制,共有以下四种函数:

@BND(L, X, U):限制 L <= X <= U.注意 LINGO 中没有与 LINDO 命令 SLB,SUB 类似的函数@SLB 和@SUB.

@BIN(X):限制 X 为 0 或 1.注意 LINDO 中的命令是 INT,但 LINGO 中这个函数的名字却不是@INT(X).

@FREE(X):取消对 X 的符号限制(即可取负数、0 或正数).

@GIN(X):限制 X 为整数.

3.3.6 财务会计函数

财务会计函数主要用于计算净现值,包括以下两个函数:

- @FPA(I,N)

返回如下情形下总的净现值:单位时段利率为 I,从下个时段开始连续 N 个时段支付,每个时段支付单位费用.根据复利的计算公式,很容易知道

$$@\text{FPA}(I,N) = \sum_{n=1}^{N} 1/(1+I)^n = \left(1 - \left(\frac{1}{1+I}\right)^N\right)/I.$$

- @FPL(I,N)

返回如下情形下的净现值:单位时段利率为 I,从下个时段开始的第 N 个时段支付单位费用.根据复利的计算公式,很容易知道

$$@\text{FPL}(I,N) = \left(\frac{1}{1+I}\right)^N.$$

3.3.7 概率论中的相关函数

这里我们只是列出这些函数的简要功能,由于牵涉较多概率论和随机过程的概念,请大家参阅有关概率论和随机过程的书籍.

@PSN(X)：标准正态分布函数，即返回标准正态分布的分布函数在 X 点的取值.

@PSL(X)：标准正态线性损失函数，即返回 MAX(0, Z−X)的期望值，其中 Z 为标准正态随机变量.

@PPS(A,X)：Poisson 分布函数，即返回均值为 A 的 Poisson 分布的分布函数在 X 点的取值(当 X 不是整数时，采用线性插值进行计算).

@PPL(A,X)：Poisson 分布的线性损失函数，即返回 MAX(0, Z−X)的期望值，其中 Z 为均值为 A 的 Poisson 随机变量.

@PBN(P,N,X)：二项分布函数，即返回参数为(N,P)的二项分布的分布函数在 X 点的取值(当 N 和(或)X 不是整数时，采用线性插值进行计算).

@PHG(POP,G,N,X)：超几何(hypergeometric)分布的分布函数. 也就是说，返回如下概率：当总共有 POP 个球，其中 G 个是白球时，那么随机地从中取出 N 个球，白球不超过 X 个的概率. 当 POP,G,N 和(或)X 不是整数时，采用线性插值进行计算.

@PEL(A,X)：当到达负荷(强度)为 A，服务系统有 X 个服务器且不允许排队时的 Erlang 损失概率.

@PEB(A,X)：当到达负荷(强度)为 A，服务系统有 X 个服务器且允许无穷排队时的 Erlang 繁忙概率.

@PFS(A,X,C)：当负荷上限为 A，顾客数为 C，并行服务器数量为 X 时，有限源的 Poisson 服务系统的等待或返修顾客数的期望值.（A 是顾客数乘以平均服务时间，再除以平均返修时间. 当 C 和(或)X 不是整数时，采用线性插值进行计算).

@PFD(N,D,X)：自由度为 N 和 D 的 F 分布的分布函数在 X 点的取值.

@PCX(N,X)：自由度为 N 的 χ^2 分布的分布函数在 X 点的取值.

@PTD(N,X)：自由度为 N 的 t 分布的分布函数在 X 点的取值.

@QRAND(SEED)：返回 0 与 1 之间的多个拟均匀随机数(SEED 为种子，默认时取当前计算机时间为种子). 该函数只能用在数据段，拟均匀随机数可以认为是"超均匀"的随机数，需要详细了解"拟均匀随机数(quasi-random uniform numbers)"的读者请进一步参阅 LINGO 的使用手册.

@RAND(SEED)：返回 0 与 1 之间的一个伪均匀随机数(SEED 为种子).

3.3.8 文件输入输出函数

这些函数用于控制通过文件输入数据和输出结果，包括以下五个函数.

- @FILE(filename)

当前模型引用其他 ASCII 码文件中的数据或文本时可以采用该语句(但不允许嵌套使用)，其中 filename 为存放数据的文件名(可以带有文件路径，没有指定路径时表示在当前目录)，该文件中记录之间用"~"分开. 我们将在第 4 章详细介绍.

- @ODBC

这个函数提供 LINGO 与 ODBC(open data base connection,开放式数据库连接)的接口,需要详细了解的读者请进一步阅读 LINGO 的使用手册,或参考@OLE 函数的用法.

- @OLE

这个函数提供 LINGO 与 OLE(object linking and embeding,对象链接与嵌入)的接口,我们将在第 4 章详细介绍.

- @POINTER(N)

在 Windows 下使用 LINGO 的动态连接库(dynamic link library,DLL),直接从共享的内存中传送数据.需要详细了解的读者请进一步参阅 LINGO 的使用手册.

- @TEXT(['filename'])

用于数据段中将解答结果送到文本文件 filename 中,当省略 filename 时,结果送到标准的输出设备(通常就是屏幕).filename 中可以带有文件路径,没有指定路径时表示在当前目录下生成这个文件(如果这个文件已经存在,将会被覆盖).具体用法我们将在第 4 章详细介绍.

3.3.9 结果报告函数

这些函数用于输出计算结果和与之相关的一些其他结果,以及控制输出格式等.

- @ITERS()

这个函数只能在程序的数据段使用,调用时不需要任何参数,总是返回 LINGO 求解器计算所使用的总迭代次数.例如:

@TEXT() = @ITERS();

将迭代次数显示在屏幕上.

- @NEWLINE(n)

这个函数在输出设备上输出 n 个新行(n 为一个正整数).

- @STRLEN(string)

这个函数返回字符串"string"的长度,如 @STRLEN(123)返回值为 3.

- @NAME(var_or_row_reference)

这个函数返回变量名或行名.请看下面的例子:

```
SETS:
    WH/WH1..WH3/;! WH 表示仓库的集合;
    C/C1..C4/;! C 表示顾客的集合;
    ROAD(WH,C): X;! ROAD 表示仓库到顾客的道路集合;
                 ! X 是表示某个仓库对某个顾客的供货数量;
ENDSETS
DATA:
    @TEXT() = @WRITEFOR(ROAD(I, J) |
```

```
        X(I, J) #GT# 0: @NAME(X),'', X, @NEWLINE(1));
ENDDATA
```

输出结果示意如下(之所以说只是"示意",是因为我们这里没有详细交代属性 X 当前的取值):

```
X(WH1,C1)    2
X(WH1,C2)   17
X(WH1,C3)    1
X(WH2,C1)   13
X(WH2,C4)   12
X(WH3,C3)   21
```

注意 从上面的例子还可以看出,"变量"是指"数组元素"X(WH1,C1)、X(WH2,C4)等,即属性加上相应的下标(集合元素).同理,可以想像,约束名也是指模型展开后的约束名(用 LINGO|Generate 命令可以清楚地看到约束展开后的情况),即也应该是带有相应的下标(集合元素)的.

- @WRITE(obj1[,...,objn])

这个函数只能在数据段中使用,用于输出一系列结果(obj1,...,objn),其中 obj1,...,objn 等可以是变量(但不能只是属性),也可以是字符串(放在单引号中的为字符串)或换行(@NEWLINE)等.结果可以输出到一个文件,或电子表格(如 Excel),或数据库,这取决于@WRITE 所在的输出语句中左边的定位函数.例如:

```
DATA:
    @TEXT() = @WRITE('A is ', A, ', B is ', B, ', A/B is ', A/B);
ENDDATA
```

其中 A,B 是该模型中的变量,则上面语句的作用是在屏幕上输出 A,B 以及 A/B 的值(注意上面语句中还增加了一些字符串,使结果读起来更方便).假设计算结束时 A=10,B=5,则输出为

```
A is 10,  B is 5, A/B is 2
```

- @WRITEFOR(setname[(set_index_list)
    [| condition]]: obj1[,..., objn])

这个函数可以看作是函数@WRITE 在循环情况下的推广,它输出集合上定义的属性对应的多个变量的取值(因此它实际上也是一个集合循环函数).例如(这里 WH,C,X 含义同上):

```
DATA:
    @TEXT() = @WRITEFOR(ROAD(I, J) | X(I, J) #GT# 0:
```

```
    '从仓库', WH(I),
        '到顾客', C(J),'供货', X(I, J),'件',@NEWLINE(1));
ENDDATA
```

对应的输出效果示意如下:

```
从仓库 WH1 到顾客 C1 供货 2 件
从仓库 WH1 到顾客 C2 供货 17 件
从仓库 WH1 到顾客 C3 供货 1 件
从仓库 WH2 到顾客 C4 供货 13 件
从仓库 WH2 到顾客 C4 供货 12 件
从仓库 WH3 到顾客 C3 供货 21 件
```

- 符号"*"

在@WRITE 和@WRITEFOR 函数中,可以使用符号"*"表示将一个字符串重复多次,用法是将"*"放在一个正整数 n 和这个字符串之间,表示将这个字符串重复 n 次.例如:

```
DATA:
    LEAD = 3;
    @TEXT() = '上班人数图示';
    @TEXT() = @WRITEFOR (DAY(D): LEAD * '',
                      DAY(D),'', ON_DUTY(D),'', ON_DUTY(D) * ' + ',
                      @NEWLINE(1) );
ENDDATA
```

程序执行的效果示意如下(上面的集合 DAY 表示一个星期 7 天的集合,对应的属性 ON_DUTY 表示每天的上班人数,正如前面介绍的员工聘用的例子中一样):

```
上班人数图示
MON 20 ++++++++++++++++++++
TUE 16 ++++++++++++++++
WED 12 ++++++++++++
THU 16 ++++++++++++++++
FRI 19 +++++++++++++++++++
SAT 14 ++++++++++++++
SUN 13 +++++++++++++
```

- @FORMAT(value, format_descriptor)

在@WRITE 和@WRITEFOR 函数中,可以使用@FORMAT 函数对数值设定输出格式.其中 value 表示要输出的数值,而 format_descriptor(格式描述符)表示输出格式.格式描述符的含义与 C 语言中的格式描述是类似的,如"12.2f"表示输出一个十进制数,总共占

12位,其中有2位小数.

注意 使用@FORMAT函数将把数值转换成字符串,所以输出的实际上是字符串,这对于向数据库、电子表中输出不一定合适.

- @DUAL(variable_or_row_name)

@DUAL(variable)将返回解答中变量variable的判别数(reduced cost);

@DUAL(row)将返回约束行row的对偶(影子)价格(dual prices).

例如,一个程序的数据段中可以有如下语句:

```
DATA:
    @TEXT() = @WRITEFOR(SET1(I): X(I), @DUAL(X(I)), @NEWLINE(1));
ENDDATA
```

- @RANGED(variable_or_row_name)

为了保持最优基不变,目标函数中变量的系数或约束行的右端项允许减少的量(参见2.2节敏感性分析中的allowable decrease).

- @RANGEU(variable_or_row_name)

为了保持最优基不变,目标函数中变量的系数或约束行的右端项允许增加的量(参见2.2节敏感性分析中的allowable increase).

- @STATUS()

返回LINGO求解模型结束后的最后状态:

0　Global Optimum（全局最优）

1　Infeasible（不可行）

2　Unbounded（无界）

3　Undetermined（不确定）

4　Interrupted（用户人为终止了程序的运行）

5　Infeasible or Unbounded（通常需要关闭"预处理"选项后重新求解模型,以确定究竟是不可行还是无界）

6　Local Optimum（局部最优）

7　Locally Infeasible（局部不可行）

8　Cutoff（目标函数达到了指定的误差水平）

9　Numeric Error（约束中遇到了无定义的数学操作）

3.3.10　其他函数

- @IF(logical_condition, true_result, false_result)

当逻辑表达式logical_condition的结果为真时,返回true_result,否则返回false_result.例如@IF(X #LT# 100, 20, 15)语句,当X<100时,返回20,否则返回15.

- @WARN('text', logical_condition)

如果逻辑表达式"logical_condition"的结果为真,显示'text'信息.
- @USER(user_determined_arguments)

该函数是允许用户自己编写的函数(dll 或 obj 文件),该用户函数可能应当用 C 或 FORTRAN 等其他语言编写并编译,返回值为用户函数计算的结果.从编程角度来看,@USER 函数包含两个参数:第一个用于指定参数个数,第二个用于指定参数向量;而在 LINGO 中调用 @USER 时则直接指定对应的参数"user_determined_arguments"(类似于 C 语言中的 main(argc, argv) 的编程和运行方式).更多细节请参考 LINGO 使用手册.

3.4 LINGO 的主要菜单命令

从前面的各个图形窗口中我们已经看到,LINGO 有 5 个主菜单:
- File(文件)
- Edit(编辑)
- LINGO(LINGO 系统)
- Window(窗口)
- Help(帮助)

与第 2 章介绍的 LINDO 主菜单比较,LINGO 软件中的"LINGO"菜单相当于合并了 LINDO 中的 Solve(求解)菜单和 REPORTS(报告)菜单.这些菜单的用法都是和 Windows 下其他应用程序的标准用法类似的,下面只对前 3 个主菜单中与 LINDO 不同而有一定 LINGO 特色的主要命令进行简要介绍.图 3-28 给出了工具栏的简要功能说明.

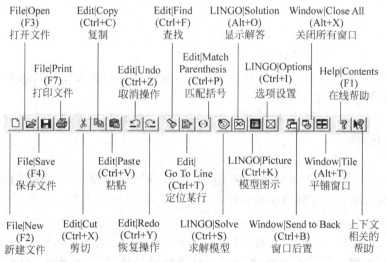

图 3-28 LINDO 工具栏及其对应的菜单命令和快捷键

3.4.1 文件主菜单

- File|Export File...

该命令将优化模型输出到文件,它有两个子菜单,分别表示两种输出格式(都是文本文件).

MPS Format(MPS 格式):是 IBM 公司制定的一种数学规划文件格式(参见第 2 章的附录).

MPI Format(MPI 格式):是 LINDO 公司制定的一种数学规划文件格式.

- File|User Database Info

该命令弹出一个对话框,请求用户输入用户使用数据库时需要验证的用户名(User ID)和密码(Password),这些信息在使用@ODBC()函数访问数据库时是要用到的.

3.4.2 编辑主菜单

- Edit|Paste 和 Edit|Paste Special...

这两个命令都是将 Windows 剪贴板中的内容粘贴到当前光标处. 不同之处在于:

(1) 前者是通常的 "Edit|Paste(粘贴命令)",它仅用于剪贴板中的内容是文本的情形.

(2) "Edit|Paste Special...(特殊粘贴命令)"可以用于剪贴板中的内容不是文本的情形,如可以插入其他应用程序中生成的对象(object)或对象的链接(link). 例如,编程时将代码与数据分离是一种很好的习惯,所以 LINGO 模型中可能会在数据段用到从其他应用程序中生成的数据对象(如 Excel 电子表格数据),这时用 "Edit|Paste Special..." 是很方便的.

- Edit|Match Parenthesis

该命令用于匹配模型中的括号:

(1) 如果当前没有选定括号,则执行这个命令的结果是把光标移动到离当前光标最近的一个括号并选中这个括号.

(2) 当选定一个括号后,执行这个命令的结果是把光标移动到与这个括号相匹配的括号并选中这个括号.

- Edit|Paste Function

该命令还有下一级子菜单和下下一级子菜单,用于按函数类型选择 LINGO 的某个函数(参见 3.3 节),粘贴到当前光标处.

- Edit|Select Font

先用鼠标选择一段文本,然后选择 "Edit|Select Font(选择字体)"菜单命令,则出现一个对话框(如图 3-29),你可以通过这个对话框控制显示字体、字形、大小、颜色、效果

等.注意,这些显示特性只有当文件保存为 LINGO 格式(*.lg4)的文件时才能保存下来,否则下次打开文件时将不会还原这次你修改的显示特性.此外,如果"按语法显示色彩"选项是有效的(参见菜单命令"LINGO|Options"),在模型窗口中将不能通过"Edit|Select Font"菜单命令控制文本的颜色.

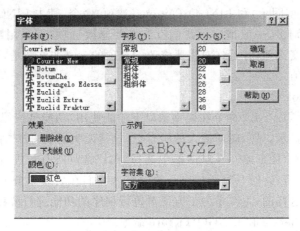

图 3-29 字体选择对话框

- Edit|Insert New Object

该命令插入其他应用程序中生成的整个对象或对象的链接.前面介绍过的"Edit|Paste Special..."与此类似,但"Paste Special"命令一般用于粘贴某个外部对象的一部分,而这里的命令是插入整个对象或对象的链接,所以二者有所不同.

- Edit|Links

在模型窗口中选择一个外部对象的链接,然后选择"Edit|Links(链接)"命令,则弹出一个对话框,可以修改这个外部对象的链接属性.

- Edit|Object Properties

在模型窗口中选择一个链接或嵌入对象(OLE),然后选择"Edit|Object Properties(对象属性)"命令,则弹出一个对话框,可以修改这个对象的属性.主要包括以下属性.

display of the object:对象的显示;

the object's source:对象的源;

type of update (automatic or manual):修改方式(自动或人工修改);

opening a link to the object:打开对象的一个链接;

updating the object:修改对象;

breaking the link to the object:断开对象的链接.

3.4.3 LINGO 系统(LINGO)主菜单

该主菜单下的多数命令与 LINDO 下相同,或者我们已经在前面结合例子具体地介绍过了. 我们这里只介绍 LINGO|Look(模型显示)、LINGO|Generate(模型生成)、LINGO|Picture(模型图示)和 LINGO|Options(选项)命令. 其中 LINGO|Options(选项)命令包括的内容特别多,一般情况下我们没有必要修改选项(即采用默认值就可以了);除非你确实需要改变选项,并且你对将要修改的选项的含义非常清楚,否则建议你尽量不要轻易改变选项的值.

- LINGO|Look 命令

LINGO|Look(Ctrl+L)命令在模型窗口下才能使用,功能是按照 LINGO 模型的输入形式以文本方式显示,显示时对输入的所有行(包括说明语句)按顺序编号. 这个命令将导致弹出一个对话框(图形略),在对话框中选择"All"将对所有行进行显示,也可以选择"Selected"输入起始行,这时只显示相应行的内容.(我们在后续章节的例子中,有时显示给大家的程序就是这样的,主要是为了方便对每行程序的功能进行解释和说明.)

- LINGO|Generate 和 LINGO|Picture 命令

LINGO|Generate 和 LINGO|Picture(Ctrl+K)命令都是在模型窗口下才能使用,它们的功能是按照 LINGO 模型的完整形式(例如将属性按下标(集合的每个元素)展开)显示目标函数和约束(只有非零项会显示出来).

LINGO|Generate 命令的结果是以代数表达式的形式给出的,按照是否在屏幕上显示结果的要求,你可以选择"Display Model(Ctrl+G)"和"Don't Display Model(Ctrl+Q)"两个子菜单之一. 在屏幕上不显示时,运行该命令的目的可能仅仅是为了以后选择适当的求解程序使用. 例如,对于 3.2.2 节的选址问题(参见图 3-18),LINGO|Generate 命令显示的结果如图 3-30 所示. 注意:在 LINGO 8.0 以及更早以前的版本中,如果有非线性变量项,对应的非线性变量前的系数将以问号("?")显示.

LINGO|Picture 命令的结果是按照矩阵形式以图形方式给出的. 例如,对于 3.2.2 节的选址问题(参见图 3-18),该命令的结果如图 3-31. 该显示中非线性项的系数以黑色显示为"?",线性项的系数为正时显示为蓝色,为负则为红色(本例没有红色). 在这个图形上单击鼠标右键,可以出现一个相关联的显示控制菜单(如图中写有"Zoom In"的菜单所示),这个菜单可以控制图形显示的内容的放大(Zoom In)、缩小(Zoom Out)、显示全部内容(View All),也可以控制该窗口是否显示行名(Row Names)、变量名(Var Names)、滚动条(Scroll Bars).

- LINGO|Options 命令

LINGO|Options(Ctrl+I)命令将打开一个含有 7 个选项卡的窗口(如图 3-32),你可以通过它修改 LINGO 系统的各种控制参数和选项. 修改完以后,你如果单击"应用(A)"

```
Σ Generated Model Report - location
MODEL:
TITLE Location Problem;
 [OBJ] MIN= C_1_1 * ( ( X_1 - 1.25 ) ^ 2 + ( Y_1 - 1.25 ) ^
 2 ) ^ ( 1 / 2 ) + C_1_2 * ( ( X_2 - 1.25 ) ^ 2 + ( Y_2 -
 1.25 ) ^ 2 ) ^ ( 1 / 2 ) + C_2_1 * ( ( X_1 - 8.75 ) ^ 2 +
 ( Y_1 - 0.75 ) ^ 2 ) ^ ( 1 / 2 ) + C_2_2 * ( ( X_2 - 8.75
 ) ^ 2 + ( Y_2 - 0.75 ) ^ 2 ) ^ ( 1 / 2 ) + C_3_1 * ( (
 X_1 - 0.5 ) ^ 2 + ( Y_1 - 4.75 ) ^ 2 ) ^ ( 1 / 2 ) +
 C_3_2 * ( ( X_2 - 0.5 ) ^ 2 + ( Y_2 - 4.75 ) ^ 2 ) ^ ( 1
 / 2 ) + C_4_1 * ( ( X_1 - 5.75 ) ^ 2 + ( Y_1 - 5 ) ^ 2 )
 ^ ( 1 / 2 ) + C_4_2 * ( ( X_2 - 5.75 ) ^ 2 + ( Y_2 - 5 )
 ^ 2 ) ^ ( 1 / 2 ) + C_5_1 * ( ( X_1 - 3 ) ^ 2 + ( Y_1 -
 6.5 ) ^ 2 ) ^ ( 1 / 2 ) + C_5_2 * ( ( X_2 - 3 ) ^ 2 + (
 Y_2 - 6.5 ) ^ 2 ) ^ ( 1 / 2 ) + C_6_1 * ( ( X_1 - 7.25 )
 ^ 2 + ( Y_1 - 7.75 ) ^ 2 ) ^ ( 1 / 2 ) + C_6_2 * ( ( X_2
 - 7.25 ) ^ 2 + ( Y_2 - 7.75 ) ^ 2 ) ^ ( 1 / 2 ) ) ;
 [DEMAND_CON_1] C_1_1 + C_1_2 = 3 ;
 [DEMAND_CON_2] C_2_1 + C_2_2 = 5 ;
 [DEMAND_CON_3] C_3_1 + C_3_2 = 4 ;
 [DEMAND_CON_4] C_4_1 + C_4_2 = 7 ;
 [DEMAND_CON_5] C_5_1 + C_5_2 = 6 ;
 [DEMAND_CON_6] C_6_1 + C_6_2 = 11 ;
 [SUPPLY_CON_1] C_1_1 + C_2_1 + C_3_1 + C_4_1 + C_5_1 + C_6_1 <= 20 ;
 [SUPPLY_CON_2] C_1_2 + C_2_2 + C_3_2 + C_4_2 + C_5_2 + C_6_2 <= 20 ;
 @BND( 0.5, X_1, 8.75 ) ; @BND( 0.75, Y_1, 7.75 ) ; @BND( 0.5,
 X_2, 8.75 ) ; @BND( 0.75, Y_2, 7.75 ) ;
END
```

图 3-30 完整的 LINGO 模型

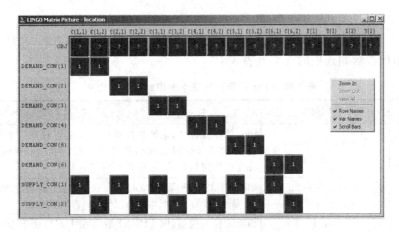

图 3-31 完整 LINGO 模型的图示

按钮,则新的设置马上生效;如果单击"OK(确定)"按钮,则新的设置马上生效,并且同时关闭该窗口.如果单击"Save(保存)"按钮,则将当前设置变为默认设置,下次启动 LINGO 时这些设置仍然有效.单击"Default(默认值)"按钮,则恢复 LINGO 系统定义的原始默认设置.单击"Cancel(取消)"按钮将废弃本次操作,退出对话框;单击"Help(帮助)"按钮将显示本对话框的帮助信息.

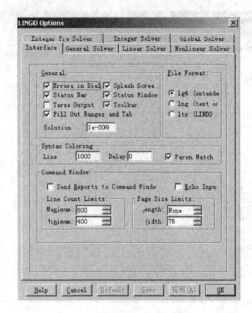

图 3-32 LINGO 选项卡

- LINGO|Options|Interface(界面)选项卡

图 3-32 显示的就是界面选项卡,主要控制 LINGO 的界面、输出方式、文件格式等. 具体可以控制的参数和选项的含义见表 3-8.

表 3-8 LINGO 界面选项卡的控制参数和含义

选项组	选 项	含 义
General (一般选项)	Errors In Dialogs (错误信息对话框)	如果选择该选项,求解程序遇到错误时将打开一个对话框显示错误,你关闭该对话框后程序才会继续执行;否则,错误信息将在报告窗口显示,程序仍会继续执行
	Splash Screen (弹出屏幕)	如果选择该选项,则 LINGO 每次启动时会在屏幕上弹出一个对话框,显示 LINGO 的版本和版权信息;否则不弹出
	Status Bar (状态栏)	如果选择该选项,则 LINGO 系统在主窗口最下面一行显示状态栏;否则不显示
	Status Window (状态窗口)	如果选择该选项,则 LINGO 系统每次运行 LINGO|Solve 命令时会在屏幕上弹出状态窗口;否则不弹出
	Terse Output (简洁输出)	如果选择该选项,则 LINGO 系统对求解结果报告等将以简洁形式输出;否则以详细形式输出
	Toolbar(工具栏)	如果选择该选项,则显示工具栏;否则不显示

续表

选项组	选 项	含 义
General （一般选项）	Fill Out Ranges and Tables （填充数据库表）	当 LINGO 向电子表（如 Excel 文件）或数据库中输出数据时,如果电子表或数据库中用来接收收据的空间大于实际输出的数据占用的空间,是否对多余的表空间进行数据填充?（默认值为不进行填充）
	Solution Cutoff （解的截断）	小于等于这个值的解将报告为"0"（默认值是 10^{-9}）
File Format （文件格式）	lg4（extended） （LINGO 扩展格式）	模型文件的默认保存格式是 lg4 格式（这是一种二进制文件,只有 LINGO 能读出）
	lng（text only） （LINGO 纯文本格式）	如果选择此项,模型文件的默认保存格式将变为 lng 格式（纯文本）
	ltx（LINDO） （LINDO 纯文本格式）	如果选择此项,模型文件的默认保存格式将变为 LINDO 格式（纯文本）
Syntax Coloring （语法配色）	Line limit （行数限制）	语法配色的行数限制（默认为 1000）。LINGO 模型窗口中将 LINGO 关键词显示为蓝色,注释为绿色,其他为黑色,超过该行数限制后则不再区分颜色。特别地,设置行数限制为 0 时,整个文件不再区分颜色
	Delay（延迟）	设置语法配色的延迟时间（秒,默认为 0,从最后一次击键算起）
	Paren Match （括号匹配）	如果选择该选项,则模型中当前光标所在处的括号及其相匹配的括号将以红色显示；否则不使用该功能
Command Window （命令窗口）	Send Reports to Command Window （报告发送到命令窗口）	如果选择该选项,则输出信息会发送到命令窗口；否则不使用该功能
	Echo Input （输入信息反馈）	如果选择该选项,则用 File|Take Command 命令执行命令脚本文件时,处理信息会发送到命令窗口；否则不使用该功能
	Line Count Limits （行数限制）	命令窗口能显示的行数的最大值为 Maximum（默认为 800）；如果要显示的内容超过这个值,每次从命令窗口滚动删除的最小行数为 Minimum（默认为 400）
	Page Size Limit （页面大小限制）	命令窗口每次显示的行数的最大值为 Length（默认为没有限制）,显示这么多行后会暂停,等待用户响应；每行最大字符数为 Width（默认为 74,可以设定为 64~200 之间）,多余的字符将被截断

- LINGO\|Options\|General Solver（通用求解程序）选项卡

该界面见图 3-33,主要控制 LINGO 求解程序的一些通用参数,具体参数和含义见表 3-9。

图 3-33 LINGO 通用求解程序的参数选项卡

表 3-9 LINGO 通用求解程序的选项卡的控制参数和含义

选项组	选项	含义
Generator Memory Limit（MB）矩阵生成器的内存限制（兆）		默认值为 32M，矩阵生成器使用的内存超过该限制，LINGO 将报告 "The model generator ran out of memory"
Runtime Limits 运行限制	Iterations 迭代次数	求解一个模型时，允许的最大迭代次数（默认值为无限）
	Time（sec）运行时间（秒）	求解一个模型时，允许的最大运行时间（默认值为无限）
Dual Computations （对偶计算）		求解时控制对偶计算的级别，有三种可能的设置： • None：不计算任何对偶信息； • Prices：计算对偶价格（默认设置）； • Prices and Ranges：计算对偶价格并分析敏感性； • Prices, Opt Only：只计算最优行的对偶价格
Fixed Var Reduction （固定变量的归结、简化）		求解前对固定变量的归结程度（相当于预处理程度）： • None：不归结； • Always：总是归结； • Not with global and multistart：在全局优化和多初值优化程序中不归结

续表

选项组	选项	含义
Model Regeneration（模型的重新生成）		控制重新生成模型的频率，有三种可能的设置： • Only when text changes：只有当模型的文本修改后才再生成模型； • When text changes or with external references：当模型的文本修改或模型含有外部引用时（默认设置）； • Always：每当有需要时
Linearization（线性化）	Degree（线性化程度）	决定求解模型时线性化的程度，有四种可能的设置： • Solver Decides：若变量数小于等于12个，则尽可能全部线性化；否则不做任何线性化（默认设置）； • None：不做任何线性化； • Low：对函数@ABS()，@MAX()，@MIN()，@SMAX()，@SMIN()，以及二进制变量与连续变量的乘积项做线性化； • High：同上，此外对逻辑运算符 #LE#，#EQ#，#GE#，#NE# 做线性化
	Big M（线性化的大M系数）	设置线性化的大M系数（默认值为 10^6）
	Delta（线性化的误差限）	设置线性化的误差限（默认值为 10^{-6}）
Allow Unrestricted Use of Primitive Set Member Names（允许无限制地使用基本集合的成员名）		选择该选项可以保持与LINGO 4.0以前的版本兼容：即允许使用基本集合的成员名称直接作为该成员在该集合的索引值（LINGO 4.0以后的版本要求使用@INDEX函数）
Check for Duplicate Names in Data and Model（检查数据和模型中的名称是否重复使用）		选择该选项，LINGO将检查数据和模型中的名称是否重复使用，如基本集合的成员名是否与决策变量名重复
Use R/C format names for MPS I/O（在MPS文件格式的输入输出中使用R/C格式的名称）		在MPS文件格式的输入输出中，将变量和行名转换为R/C格式
Minimize Memory Usuage（最小化内存使用量）		是否最小化内存使用量.默认设置为"是".使用这个功能的一个缺点是可能引起计算速度下降

• LINGO|OPTIONS|Linear Solver（线性求解程序）选项卡

界面见图3-34，用于控制线性求解程序的相关参数.可以控制的参数和选项的含义见表3-10.

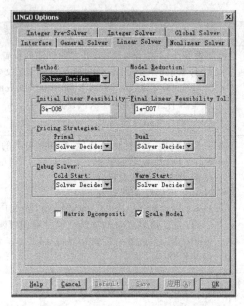

图 3-34　LINGO 线性求解程序的选项卡

表 3-10　LINGO 线性求解程序的选项卡的控制参数和含义

选项组	选 项	含 义
Method 求解方法		求解时的算法，有四种可能的设置： • Solver Decides：LINGO 自动选择算法（默认设置） • Primal Simplex：原始单纯形法 • Dual Simplex：对偶单纯形法 • Barrier：障碍法（即内点法）
Model Reduction 模型降维		控制是否检查模型中的无关变量，从而降低模型的规模： • Off：不检查 • On：检查 • Solver Decides：LINGO 自动决定（默认设置）
Initial Linear Feasibility Tol. 初始线性可行性误差限		控制线性模型中约束满足的初始误差限（默认值为 $3*10^{-6}$）
Final Linear Feasibility Tol. 最后线性可行性误差限		控制线性模型中约束满足的最后误差限（默认值为 10^{-7}）
Pricing Strategies 价格策略（决定出基变量的策略）	Primal Solver 原始单纯形法	有三种可能的设置： • Solver Decides：LINGO 自动决定（默认设置） • Partial：LINGO 对一部分可能的出基变量进行尝试 • Devex：用 Steepest-Edge（最陡边）近似算法对所有可能的变量进行尝试，找到使目标值下降最多的出基变量

续表

选项组	选 项	含 义
Pricing Strategies 价格策略（决定出基变量的策略）	Dual Solver 对偶单纯形法	有三种可能的设置： • Solver Decides：LINGO 自动决定（默认设置） • Dantzig：按最大下降比例法确定出基变量 • Steepest-Edge：最陡边策略，对所有可能的变量进行尝试，找到使目标值下降最多的出基变量
Debug Solver 调试时采用的求解程序	Cold Start 冷启动时	设置 LINGO|Debug 命令调试所使用的程序（冷启动的含义是不从当前基开始，而是从头开始运行）。有四种可能的设置： • Solver Decides：LINGO 自动选择算法（默认设置） • Primal Simplex：原始单纯形法 • Dual Simplex：对偶单纯形法 • Barrier：障碍法（即内点法）
	Warm Start 热启动时	同上（热启动的含义是从当前基开始运行）
Matrix Decomposition 矩阵分解		选择该选项，LINGO 将尝试将一个大模型分解为几个小模型求解；否则不尝试
Scale Model 检查模型的数据平衡性		选择该选项，LINGO 检查模型中的数据是否平衡（数量级是否相差太大）并尝试改变尺度使模型平衡；否则不尝试

• LINGO|OPTIONS|Nonlinear Solver(非线性求解程序)选项卡

界面见图 3-35.可以控制的参数和选项的含义见表 3-11.

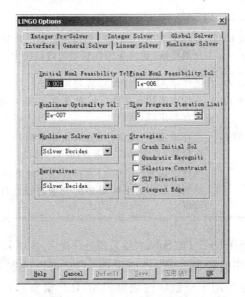

图 3-35　LINGO 非线性求解程序的选项卡

表 3-11 LINGO 非线性求解程序的选项卡的控制参数和含义

选项组	选项	含义
	Initial Nonlinear Feasibility Tol. 初始非线性可行性误差限	控制模型中约束满足的初始误差限（默认值为 10^{-3}）
	Final Nonlinear Feasibility Tol. 最后非线性可行性误差限	控制模型中约束满足的最后误差限（默认值为 10^{-6}）
	Nonlinear Optimality Tol. 非线性规划的最优性误差限	当目标函数在当前解的梯度小于等于这个值以后，停止迭代（默认值为 $2*10^{-7}$）
	Slow Progress Iteration Limit 缓慢改进的迭代次数的上限	当目标函数在连续这么多次迭代没有显著改进以后，停止迭代（默认值为 5）
	Nonlinear Solver Version（非线性求解程序的版本）	在个别情况下，可能老版本会更有效些。可能的选择有： • Solver Decides：LINGO 自动选择（默认设置，目前就是 2.0 版）； • Ver 1.0：选择 1.0 版本； • Ver 2.0：选择 2.0 版本
	Derivatives 导数计算方式	设置导数计算方式，有五种选择： • Solver Decides：LINGO 自动选择（默认设置）； • Backward analytical：后向解析法计算导数； • Forward analytical：前向解析法计算导数； • Central differences：中心差分法计算数值导数； • Forward differences：前向差分法计算数值导数
Strategies 策略	Crash Initial Solution 生成初始解	选择该选项，LINGO 将用启发式方法生成初始解；否则不生成（默认值）
	Quadratic Recognition 识别二次规划	选择该选项，LINGO 将判别模型是否为二次规划，若是则采用二次规划算法（包含在线性规划的内点法中）；否则不判别（默认值）
	Selective Constraint Eval 有选择地检查约束	选择该选项，LINGO 在每次迭代时只检查必须检查的约束（如果有些约束函数在某些区域没有定义，这样做会出现错误）；否则，检查所有约束（默认值）
	SLP Directions SLP 方向	选择该选项，LINGO 在每次迭代时用 SLP（Successive LP，逐次线性规划）方法寻找搜索方向（默认值）
	Steepest Edge 最陡边策略	选择该选项，LINGO 在每次迭代时将对所有可能的变量进行尝试，找到使目标值下降最多的变量进行迭代；默认值为不使用最陡边策略

- LINGO|OPTIONS|Integer Pre-Solver（整数预处理程序）选项卡

设置整数预处理程序的控制参数，界面见图 3-36。可以控制的参数和选项的含义见表 3-12。整数预处理程序只用于整数线性规划模型（ILP 模型），对连续规划和非线性模型无效。

3.4 LINGO 的主要菜单命令

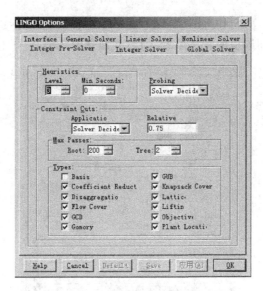

图 3-36 LINGO 整数预处理程序的选项卡

表 3-12 LINGO 整数预处理程序的选项卡的控制参数和含义

选项组	选 项	含 义
Heuristics 启发式方法	Level 水平	控制采用启发式搜索的次数(默认值为 3,可能的值为 0～100)。启发式方法的目的是从分支节点的连续解出发,搜索一个好的整数解
	min Seconds 最小时间	每个分支节点使用启发式搜索的最小时间(秒)
Probing Level 探测水平(级别)		控制采用探测(Probing)技术的级别(探测能够用于混合整数线性规划模型,收紧变量的上下界和约束的右端项的值)。可能的取值为: • Solver Decides:LINGO 自动决定(默认设置) • 1～7:探测级别逐步升高
Constraint Cuts 约束的割(平面)	Application 应用节点	控制在分支定界树中,哪些节点需要增加割(平面),可能的取值为: • Root Only:仅根节点增加割(平面) • All Nodes:所有节点均增加割(平面) • Solver Decides:LINGO 自动决定(默认设置)
	Relative Limit 相对上限	控制生成的割(平面)的个数相对于原问题的约束个数的上限(比值),默认值为 0.75
	Max Passes 最大迭代检查的次数	为了寻找合适的割,最大迭代检查的次数.有两个参数: • Root:对根节点的次数(默认值为 200) • Tree:对其他节点的次数(默认值为 2)
	Types 类型	控制生成的割(平面)的策略,共有 12 种策略可供选择.(如想了解细节,请参阅整数规划方面的专著)

- LINGO|OPTIONS|Integer Solver(整数求解程序)选项卡

可以控制的参数和选项的含义见表 3-13,界面见图 3-37。

图 3-37 LINGO 整数求解程序的选项卡

表 3-13 LINGO 整数求解程序的选项卡的控制参数和含义

选项组	选 项	含 义
Branching 分支	Direction 方向	控制分支策略中优先对变量取整的方向,有三种选择: • Both:LINGO 自动决定(默认设置) • Up:向上取整优先 • Down:向下取整优先
	Priority 优先级	控制分支策略中优先对哪些变量进行分支,有两种选择: • LINGO Decides:LINGO 自动决定(默认设置) • Binary:二进制(0-1)变量优先
Integrality 整性	Absolute 绝对误差限	当变量与整数的绝对误差小于这个值时,该变量被认为是整数.默认值为 10^{-6}
	Relative 相对误差限	当变量与整数的相对误差小于这个值时,该变量被认为是整数.默认值为 $8*10^{-6}$
LP Solver LP 求解程序	Warm Start 热启动	当以前面的求解结果为基础,热启动求解程序时采用的算法,有四种可能的设置: • LINGO Decides:LINGO 自动选择算法(默认设置) • Primal Simplex:原始单纯形法 • Dual Simplex:对偶单纯形法 • Barrier:障碍法(即内点法)

续表

选项组	选 项	含 义
LP Solver LP 求解程序	Cold Start 冷启动	当不以前面的求解结果为基础,冷启动求解程序时采用的算法,有四种可能的设置;(同上,略)
Optimality 最优性	Absolute 目标函数的绝对误差限	当前目标函数值与最优值的绝对误差小于这个值时,当前解被认为是最优解(也就是说:只需要搜索比当前解至少改进这么多个单位的解).默认值为 8×10^{-8}
	Relative 目标函数的相对误差限	当前目标函数值与最优值的相对误差小于这个值时,当前解被认为是最优解(也就是说:只需要搜索比当前解至少改进这么多百分比的解).默认值为 5×10^{-8}
	Time To Relative 开始采用相对误差限的时间(秒)	在程序开始运行后这么多秒内,不采用相对误差限策略;此后才使用相对误差限策略.默认值为 100 秒
Tolerances 误差限	Hurdle 篱笆值	同第 2 章 LINDO 部分的介绍
	Node Selection 节点选择	控制如何选择节点的分支求解,有以下选项: • LINGO Decides:LINGO 自动选择(默认设置) • Depth First:按深度优先 • Worst Bound:选择具有最坏界的节点 • Best Bound:选择具有最好的界的节点
	Strong Branch 强分支的层数	控制采用强分支的层数.也就是说,对前这么多层的分支,采用强分支策略.所谓强分支,就是在一个节点对多个变量分别尝试进行预分支,找出其中最好的解(变量)进行实际分支

- LINGO|OPTIONS|Global Solver(全局最优求解程序)选项卡

控制全局优化程序的参数.可以控制的参数和选项的含义见表 3-14,界面见图 3-38.

图 3-38 LINGO 全局优化程序的选项卡

表 3-14 LINGO 全局优化程序的选项卡的控制参数和含义

选项组	选 项	含 义
Global Solver 全局最优求解程序	Use Global Solver 使用全局最优求解程序	选择该选项，LINGO 将用全局最优求解程序求解模型，尽可能得到全局最优解（求解花费的时间可能很长）；否则不使用全局最优求解程序，通常只得到局部最优解
	Variable Upper Bound 变量上界	有两个域可以控制变量上界（按绝对值）： 1. Value：设定变量的上界，默认值为 10^{10}； 2. Application 列表框设置这个界的三种应用范围： • None：所有变量都不使用这个上界； • All：所有变量都使用这个上界； • Selected：先找到第 1 个局部最优解，然后对满足这个上界的变量使用这个上界（默认设置）
	Tolerances 误差限	有两个域可以控制两类误差限（按绝对值）： 1. Optimality：只搜索比当前解至少改进这么多个单位的解（默认值为 10^{-6}）； 2. Delta：全局最优求解程序在凸化过程中增加的约束的误差限（默认值为 10^{-7}）
	Strategies 策略	可以控制全局最优求解程序的三类策略： 1. Branching：第 1 次对变量分支时使用的分支策略： • Absolute Width(绝对宽度) • Local Width(局部宽度) • Global Width(全局宽度) • Global Distance(全局距离) • Abs (Absolute) Violation(绝对冲突) • Rel (Relative) Violation(相对冲突,默认设置) 2. Box Selection：选择活跃分支节点的方法： • Depth First(深度优先) • Worst Bound(具有最坏界的分支优先,默认设置) 3. Reformulation：模型重整的级别： • None(不进行重整) • Low(低) • Medium(中) • High(高,默认设置)
Multistart Solver 多初始点求解程序	Attempts 尝试次数	设定用多少个初始点尝试求解，有以下几种可能的设置： • Solver Decides：由 LINGO 决定（默认设置,对小规模 NLP 问题为 5 次,对大规模问题不使用多点求解程序） • Off：不使用多点求解程序 • N(>1 的正整数)：N 点求解

3.5 LINGO 命令窗口

与 LINDO 类似,LINGO 也有两种命令模式:一种是常用的 Windows 模式,另一种是命令行(Command-Line)模式.由于在 Windows 模式下使用 LINGO 非常方便,所以这里仅仅是简单介绍一下命令行模式下的主要行命令,供有兴趣的读者作为入门参考.

与 LINDO 类似,你随时可以通过菜单命令"Window|Command Window(Ctrl+1)"打开命令窗口,在命令窗口下操作.LINGO 行命令大多数与 LINDO 类似,如在命令窗口下的提示符":"后面输入 COMMANDS(COM)可以看到 LINGO 的所有行命令(图 3-39).

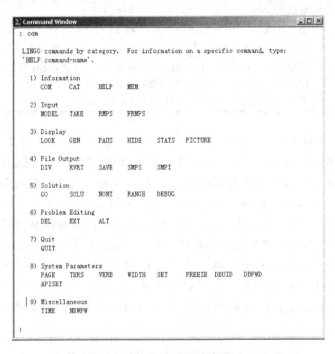

图 3-39 LINGO 的所有行命令

可以看出,LINDO 的不少行命令在 LINGO 中不再支持,如 DATE,TABL,SDBC,FBS,FPUN,SMPN 等.LINGO 也增加了一些与 LINDO 不同的命令,如 MEM,MODEL,FRMPS,GEN,HIDE,SMPI,FREEZE,DBUID,DBPWD 等,表 3-15 简要列出了这些新增命令的基本功能.

表 3-15 部分 LINGO 行命令的基本功能

LINGO 行命令	功 能 简 介
MEM	显示矩阵生成器（建模语言）的内存使用情况（不包括求解程序使用的内存）
MODEL	开始输入 LINGO 模型
FRMPS	读出自由格式的 MPS 文件（而 RMPS 命令读出固定格式的 MPS 文件）
GEN	编译并以代数形式生成展开的模型，参见"LINGO|Generate"菜单命令
HIDE	用户对模型设定密码，隐藏模型文本的内容（如：为了保护你的知识产权时）
SMPI	以 MPI 文件格式保存模型（该文件主要供 LINDO API 软件阅读，提供接口）
FREEZE	冻结（即保存）系统参数（包括 SET 命令可以设定的所有参数），下次启动 LINGO 这些参数仍然有效；实际上，这些参数保存在 LINGO 目录下的 LINGO.CNF 文件中；用户随时可以运行"SET DEFAUT"和"FREEZE"两条命令恢复默认设置
DBUID	设定数据库的用户名，该用户名在 @ODBC() 函数存取数据库时使用
DBPWD	设定数据库的使用密码，该密码在 @ODBC() 函数存取数据库时使用
APISET	该命令用于设定 LINDO API 所需要的参数（当然，只有当某个参数不能通过 LINGO 的前端命令"SET"来修改时才需要使用 APISET 命令）。因此，这是比较专业的参数选项，具体请参见 LINDO API 的使用手册

即使双方都有的命令，也可能在 LINGO 中的功能与在 LINDO 中不完全相同，如 LINGO 中的 SET 命令能设定的参数数量要比 LINDO 中多出很多。凡是用户能够控制的 LINGO 系统参数，SET 命令都能够对它进行设置。SET 命令的使用格式为：

SET parameter_name | parameter_index [parameter_value]

这里 parameter_name 是参数名，parameter_index 是参数索引（编号），parameter_value 是参数值。当不写出参数值时，则 SET 命令的功能是显示该参数当前的值。此外，SET DEFAULT 命令用于将所有参数恢复为系统的默认值（默认值）。这些设置如果不用 FREEZE 命令保存到配置文件 LINGO.CNF 中，则退出 LINGO 后这些设置就失效了。

可供设置的参数及其简要说明如表 3-16 所示（参见 LINGO 菜单命令 LINGO\|Options 的功能）。

表 3-16 SET 命令可设置的参数及其简要功能

索引	参数名	默认值	简 要 说 明
1	ILFTOL	0.3e-5	初始线性可行误差限
2	FLFTOL	0.1e-6	最终线性可行误差限
3	INFTOL	0.1e-2	初始非线性可行误差限
4	FNFTOL	0.1e-5	最终非线性可行误差限
5	RELINT	0.8e-5	相对整性误差限
6	NOPTOL	0.2e-6	非线性规划（NLP）的最优性误差限

续表

索引	参数名	默认值	简 要 说 明
7	ITRSLW	5	缓慢改进的迭代次数的上限
8	DERCMP	0	导数（0：数值导数，1：解析导数）
9	ITRLIM	0	迭代次数上限（0：无限制）
10	TIMLIM	0	求解时间的上限（秒）（0：无限制）
11	OBJCTS	1	是否采用目标割平面法（1：是，0：否）
12	MXMEMB	32	模型生成器的内存上限（兆字节）（对某些机器,可能无意义）
13	CUTAPP	2	割平面法的应用范围（0：根节点，1：所有节点，2：LINGO 自动决定）
14	ABSINT	0.000001	整性绝对误差限
15	HEURIS	3	整数规划(IP)启发式求解次数（0：无，可设定为 0～100）
16	HURDLE	none	整数规划(IP)的"篱笆"值(none：无，可设定为任意实数值)
17	IPTOLA	0.8e-7	整数规划(IP)的绝对最优性误差限
18	IPTOLR	0.5e-7	整数规划(IP)的相对最优性误差限
19	TIM2RL	100	采用 IPTOLR 作为判断标准之前，程序必须求解的时间（秒）
20	NODESL	0	分支节点的选择策略（0：LINGO 自动选择；1：深度优先；2：最坏界的节点优先；3：最好界的节点优先）
21	LENPAG	0	终端的页长限制（0：没有限制；可设定任意非负整数）
22	LINLEN	76	终端的行宽限制（0：没有限制；可设定为 64～200）
23	TERSEO	0	输出级别（0：详细型，1：简洁型）
24	STAWIN	1	是否显示状态窗口（1：是，0：否，Windows 系统才能使用）
25	SPLASH	1	弹出版本和版权信息（1：是，0：否，Windows 系统才能使用）
26	OROUTE	0	将输出定向到命令窗口（1：是，0：否，Windows 系统才能使用）
27	WNLINE	800	命令窗口的最大显示行数（Windows 系统才能使用）
28	WNTRIM	400	每次从命令窗口滚动删除的最小行数（Windows 系统才能使用）
29	STABAR	1	显示状态栏（1：是，0：否，Windows 系统才能使用）
30	FILFMT	1	文件格式（0：LNG 格式，1：LG4 格式，Windows 系统才能使用）
31	TOOLBR	1	显示工具栏（1：是，0：否，Windows 系统才能使用）
32	CHKDUP	0	检查数据与模型中变量是否重名（1：是，0：否）
33	ECHOIN	0	脚本命令反馈到命令窗口（1：是，0：否）
34	ERRDLG	1	错误信息以对话框显示（1：是，0：否，Windows 系统才能使用）
35	USEPNM	0	允许无限制地使用基本集合的成员名（1：是，0：否）
36	NSTEEP	0	在非线性求解程序中使用最陡边策略选择变量（1：是，0：否）
37	NCRASH	0	在非线性求解程序中使用启发式方法生成初始解（1：是，0：否）
38	NSLPDR	1	在非线性求解程序中用 SLP 法寻找搜索方向（1：是，0：否）
39	SELCON	0	在非线性求解程序中有选择地检查约束（1：是，0：否）
40	PRBLVL	0	对混合整数线性规划（MILP）模型，采用探测（Probing）技术的级别（0：LINGO 自动决定；1：无；2～7：探测级别逐步升高）

续表

索引	参数名	默认值	简　要　说　明
41	SOLVEL	0	线性求解程序(0：LINGO 自动选择，1：原始单纯形法，2：对偶单纯形法，3：障碍法(即内点法))
42	REDUCE	2	模型降维(2：LINGO 决定,1：是，0：否)
43	SCALEM	1	变换模型中的数据的尺度(1：是，0：否)
44	PRIMPR	0	原始单纯形法决定出基变量的策略(0：LINGO 自动决定，1：对部分出基变量尝试，2：用最陡边法对所有变量进行尝试)
45	DUALPR	0	对偶单纯形法决定出基变量的策略(0：LINGO 自动决定，1：按最大下降比例法确定，2：用最陡边法对所有变量进行尝试)
46	DUALCO	1	指定对偶计算的级别(0：不计算任何对偶信息，1：计算对偶价格，2：计算对偶价格并分析敏感性)
47	RCMPSN	0	是否在 MPS 格式的模型中使用 R/C 格式的名称(1：是，0：否)
48	MREGEN	1	重新生成模型的频率(0：当模型的文本修改后，1：当模型的文本修改或模型含有外部引用时，3：每当有需要时)
49	BRANDR	0	分支时对变量取整的优先方向(0：LINGO 自动决定，1：向上取整优先，2：向下取整优先)
50	BRANPR	0	分支时变量的优先级 (0：LINGO 自动决定，1：二进制(0-1)变量)
51	CUTOFF	0.1e-8	解的截断误差限
52	STRONG	10	指定强分支的层次级别
53	REOPTB	0	IP 热启动时的 LP 算法(0：LINGO 自动选择，1：障碍法(即内点法)，2：原始单纯形法，3：对偶单纯形法
54	REOPTX	0	IP 冷启动时的 LP 算法(选项同上)
55	MAXCTP	200	分支中根节点增加割平面时,最大迭代检查的次数
56	RCTLIM	0.75	割(平面)的个数相对于原问题的约束个数的上限(比值)
57	GUBCTS	1	是否使用广义上界(GUB)割(1：是，0：否)
58	FLWCTS	1	是否使用流(Flow)割(1：是，0：否)
59	LFTCTS	1	是否使用 Lift 割(1：是，0：否)
60	PLOCTS	1	是否使用选址问题的割(1：是，0：否)
61	DISCTS	1	是否使用分解割(1：是，0：否)
62	KNPCTS	1	是否使用背包覆盖割(1：是，0：否)
63	LATCTS	1	是否使用格(Lattice)割(1：是，0：否)
64	GOMCTS	1	是否使用 Gomory 割(1：是，0：否)
65	COFCTS	1	是否使用系数归约割 (1：是，0：否)
66	GCDCTS	1	是否使用最大公因子割 (1：是，0：否)
67	SCLRLM	1000	语法配色的最大行数（仅 Windows 系统使用）
68	SCLRDL	0	语法配色的延时（秒）（仅 Windows 系统使用）

续表

索引	参数名	默认值	简 要 说 明
69	PRNCLR	1	括号匹配配色（1：是，0：否，仅 Windows 系统使用）
70	MULTIS	0	NLP 多点求解的次数（0：无，可设为任意非负整数）
71	USEQPR	0	是否识别二次规划（1：是，0：否）
72	GLOBAL	0	是否对 NLP 采用全局最优求解程序（1：是，0：否）
73	LNRISE	0	线性化级别（0：LINGO 自动决定，1：无，2：低，3：高）
74	LNBIGM	100,000	线性化的大 M 系数
75	LNDLTA	0.1e-5	线性化的 Delta 误差系数
76	BASCTS	0	是否使用基本（Basis）割（1：是，0：否）
77	MAXCTR	2	分支中非根节点增加割平面时,最大迭代检查的次数
78	HUMNTM	0	分支中每个节点使用启发式搜索的最小时间(秒)
79	DECOMP	0	是否使用矩阵分解技术（1：是，0：否）
80	GLBOPT	0.1e-5	全局最优求解程序的最优性误差限
81	GLBDLT	0.1e-6	全局最优求解程序在凸化过程中增加的约束的误差限
82	GLBVBD	0.1e+11	全局最优求解程序中变量的上界
83	GLBUBD	2	全局最优求解程序中变量的上界的应用范围(0：所有变量都不使用上界，1：所有变量都使用上界，2：部分使用)
84	GLBBRN	5	全局最优求解程序中第 1 次对变量分支时使用的分支策略(0：绝对宽度，1：局部宽度，2：全局宽度，3：全局距离，4：绝对冲突，5：相对冲突)
85	GLBBXS	1	全局最优求解程序选择活跃分支节点的方法(0：深度优先，1：具有最坏界的分支优先)
86	GLBREF	3	全局最优求解程序中模型重整的级别(0：不进行重整，1：低，2：中，3：高)
87	SUBOUT	2	求解前对固定变量的归结、简化程度，相当于预处理程度(0：不归结，1：总是归结，2：在全局优化和多初值优化程序中不归结)
88	NLPVER	0	非线性求解器的版本(0：系统自动选择，1：1.0 版本，2：2.0 版本)
89	DBGCLD	0	设置 Debug 调试命令冷启动时所使用的程序,有四种可能的设置：0：自动选择算法，1：原始单纯形法，2：对偶单纯形法，3：障碍法（即内点法）
90	DBGWRM	0	设置 Debug 调试命令热启动时所使用的程序,设置同上
91	LCRASH	1	对非线性规划,使用启发式 crashing 技术（一种寻找初始解的技术）的程度：(0：不使用，1：低，2：高）
92	BCROSS	1	使用内点法解线性规划时,是否将最后的最优解转化成基解（顶点解）的形式：(0：不转化，1：转化）
93	LOWMEM	0	是否采用节省内存方式运行求解器：(0：不使用，1：使用）
94	FILOUT	0	当 LINGO 向电子表或数据库中输出数据时,如果电子表或数据库中用来接收收据的空间大于实际输出的数据占用的空间,是否对多余的表空间进行数据填充？(0：不填充，1：填充）

习 题 3

3.1 方程 $\sin x - x^2/2 = 0$ 有几个根？取不同的初值计算，用 LINGO 软件求方程 $\sin x - x^2/2 = 0$ 的所有根的近似解.

3.2 对 $k = 2, 3, 4, 5, 6$，用 LINGO 软件分别求一个 3 阶实方阵 A，使得 $A^k = [1, 2, 3; 4, 5, 6; 7, 8, 9]$. 这样的 3 阶实方阵 A 一定存在吗（分别在精确解和近似解的含义下回答这个问题）？

3.3 先用解析方法求出方程组 $\begin{cases} x_1^2 + x_2^2 = 4 \\ x_1^2 - x_2^2 = 1 \end{cases}$ 的精确解，再用 LINGO 软件解这个方程组，并与精确解进行比较. 如何才能用 LINGO 求出这个方程组的所有解？

3.4 用 LINGO 软件求解：
$$\max \quad z = \boldsymbol{c}^T \boldsymbol{x} + \frac{1}{2} \boldsymbol{x}^T \boldsymbol{Q} \boldsymbol{x};$$
$$\text{s.t.} \quad -1 \leqslant x_1 x_2 + x_3 x_4 \leqslant 1,$$
$$-3 \leqslant x_1 + x_2 + x_3 + x_4 \leqslant 2,$$
$$x_1, x_2, x_3, x_4 \in \{-1, 1\}.$$

其中 $\boldsymbol{c} = (6, 8, 4, -2)^T$，$\boldsymbol{Q}$ 是三对角线矩阵，主对角线上元素全为 -1，两条次对角线上元素全为 2.

3.5 取不同的初值用 LINGO 软件计算下列平方和形式的非线性规划，尽可能求出所有局部极小点，进而找出全局极小点，并对结果进行分析、比较.

(1) $\min (x_1^2 + x_2 - 11)^2 + (x_1 + x_2^2 - 7)^2$；

(2) $\min (x_1^2 + 12x_2 - 1)^2 + (49x_1^2 + 49x_2^2 + 84x_1 + 2324x_2 - 681)^2$；

(3) $\min (x_1 + 10x_2)^2 + 5(x_3 - x_4)^2 + (x_2 - 2x_3)^4 + 10(x_1 - x_4)^4$；

(4) $\min 100\{[x_3 - 10\theta(x_1, x_2)]^2 + [(x_1^2 + x_2^2)^{1/2} - 1]^2\} + x_3^2$，

其中 $\theta(x_1, x_2) = \begin{cases} \dfrac{1}{2\pi} \arctan(x_2/x_1), & x_1 > 0, \\ \dfrac{1}{2\pi} \arctan(x_2/x_1) + \dfrac{1}{2}, & x_1 < 0. \end{cases}$

3.6 取不同的初值用 LINGO 软件计算下列非线性规划，尽可能求出所有局部极小点，进而找出全局极小点，并对结果进行分析、比较.

(1) $\min z = (x_1 x_2)^2 (1 - x_1)^2 [1 - x_1 - x_2(1 - x_1)^5]^2$；

(2) $\min z = e^{-x_1 - x_2}(2x_1^2 + 3x_2^2)$；

(3) $\min z = (x_1-2)^2 + (x_2-1)^2 + \dfrac{0.04}{-0.25x_1^2 - x_2^2 + 1} + 5(x_1 - 2x_2 + 1)^2$;

(4) $\min z = -\dfrac{1}{(\boldsymbol{x}-\boldsymbol{a}_1)^{\mathrm{T}}(\boldsymbol{x}-\boldsymbol{a}_1) + c_1} - \dfrac{1}{(\boldsymbol{x}-\boldsymbol{a}_2)^{\mathrm{T}}(\boldsymbol{x}-\boldsymbol{a}_2) + c_2}, \boldsymbol{x} \in \mathbb{R}^2$, 其中 $\boldsymbol{c} = (0.7, 0.73)$, $\boldsymbol{a}_1 = (4,4)^{\mathrm{T}}, \boldsymbol{a}_2 = (2.5, 3.8)^{\mathrm{T}}$.

3.7 对于如下线性规划问题(有 $3n$ 个决策变量 $(\boldsymbol{x}, \boldsymbol{r}, \boldsymbol{s})$ 和 $2n$ 个约束):

$$\min \ (-x_n);$$
$$\text{s. t.} \quad 4x_1 - 4r_1 = 1,$$
$$x_1 + s_1 = 1,$$
$$4x_j - x_{j-1} - 4r_j = 0, \quad j = 2, 3, \cdots, n,$$
$$4x_j + x_{j-1} + 4s_j = 4, \quad j = 2, 3, \cdots, n,$$
$$s_j, r_j, s_j \geqslant 0, \quad j = 1, 2, \cdots, n.$$

(1) 选用单纯形法,分别对 n 的不同取值(如 $n = 2, 10, 50, 500$ 等)求解上述规划.
(2) 选用内点法,分别对 n 的不同取值(如 $n = 2, 10, 50, 500$ 等)求解上述规划.
(3) 观察这两种不同算法的计算效果是否有所不同.

3.8 对于如下二次规划问题(只有 x 为决策变量):

$$\min \ z = -0.5 \sum_{i=1}^{20} \lambda_i (x_i - 2)^2;$$

$$\text{s. t.} \quad \boldsymbol{A}\boldsymbol{x} \leqslant \boldsymbol{b}, \quad \boldsymbol{x} \geqslant \boldsymbol{0}.$$

已知 $\boldsymbol{b} = (-5, 2, -1, -3, 5, 4, -1, 0, 9, 40)^{\mathrm{T}}$, $\boldsymbol{A}$ 为 10×20 的矩阵, $\boldsymbol{A}^{\mathrm{T}} = (a_{ij})_{20 \times 10}$, 且 $a_{i,10} = 1(1 \leqslant i \leqslant 20)$; $a_{i,10-i} = -1(1 \leqslant i \leqslant 9)$; $a_{i,11-i} = -1(2 \leqslant i \leqslant 10)$; $a_{i,12-i} = -9(3 \leqslant i \leqslant 11)$; $a_{i,13-i} = 3(4 \leqslant i \leqslant 12)$; $a_{i,14-i} = 5(5 \leqslant i \leqslant 13)$; $a_{i,17-i} = 1(8 \leqslant i \leqslant 16)$; $a_{i,18-i} = 7(9 \leqslant i \leqslant 17)$; $a_{i,19-i} = -7(10 \leqslant i \leqslant 18)$; $a_{i,20-i} = -4(11 \leqslant i \leqslant 19)$; $a_{i,21-i} = -6(12 \leqslant i \leqslant 20)$; $a_{i,22-i} = -3(13 \leqslant i \leqslant 21)$; $a_{i,23-i} = 7(14 \leqslant i \leqslant 22)$; $a_{i,25-i} = -5(16 \leqslant i \leqslant 24)$; $a_{i,26-i} = 1(17 \leqslant i \leqslant 25)$; $a_{i,27-i} = 1(18 \leqslant i \leqslant 26)$; $a_{i,29-i} = 2(20 \leqslant i \leqslant 28)$; 其他 $a_{i,j} = 0$.

注意: 在上面的表达中, 当 a_{ij} 中的下标 i 超过 20 时, 应理解为将该下标减去 20 (即对 20 取模), 如 $a_{21,1} = -3$ 的含义是 $a_{1,1} = -3$, $a_{22,1} = 7$ 的含义是 $a_{2,1} = 7$, 依此类推.

假设还已知 $\lambda_i (i = 1, 2, \cdots, 20)$ 的取值, 请分别对它的不同取值 (如以下两种取值) 求解上述规划.

(1) $\lambda_i = 1 \quad (i = 1, 2, \cdots, 20)$;   (2) $\lambda_i = i \quad (i = 1, 2, \cdots, 20)$.

3.9 取不同的初值计算下列非线性规划, 尽可能用 LINGO 软件求出所有局部极小点, 进而找出全局极小点:

(1)
min $z = 0.000089248x - 0.0218343x^2 + 0.998266x^3 - 1.6995x^4 + 0.2x^5$;
s.t. $0 \leqslant x \leqslant 10$.

(2)
$$\min \quad z = \cos x_1 \sin x_2 - \frac{x_1}{x_2^2 + 1};$$
s.t. $-1 \leqslant x_1 \leqslant 2, \quad -1 \leqslant x_2 \leqslant 1$.

(3)
$$\min \quad z = -x_1 - x_2;$$
s.t. $x_2 \leqslant 2x_1^4 - 8x_1^3 + 8x_1^2 + 2$,
$x_2 \leqslant 4x_1^4 - 32x_1^3 + 88x_1^2 - 96x_1 + 36$,
$0 \leqslant x_1 \leqslant 3, \quad 0 \leqslant x_2 \leqslant 4$.

(4)
$$\min \quad z = (x_1 - 1)^2 + (x_1 - x_2)^2 + (x_2 - x_3)^3$$
$$+ (x_3 - x_4)^4 + (x_4 - x_5)^5;$$
s.t. $x_1 + x_2^2 + x_3^3 = 3\sqrt{2} + 2$,
$x_2 - x_3^2 + x_4 = 2\sqrt{2} - 2$,
$-5 \leqslant x_i \leqslant 5, \quad i = 1, 2, 3, 4, 5$.

(5)
$$\min \quad z = -25(x_1 - 2)^2 - (x_2 - 2)^2 - (x_3 - 1)^2$$
$$- (x_4 - 4)^2 - (x_5 - 1)^2 - (x_6 - 4)^2;$$
s.t. $(x_3 - 3)^2 + x_4 \geqslant 4$,
$(x_5 - 3)^2 + x_6 \geqslant 4$,
$x_1 - 3x_2 \leqslant 2$,
$-x_1 + x_2 \leqslant 2$,
$2 \leqslant x_1 + x_2 \leqslant 6$,
$0 \leqslant x_1, x_2$,
$1 \leqslant x_3, x_5 \leqslant 5$,
$0 \leqslant x_4 \leqslant 6$,
$0 \leqslant x_6 \leqslant 10$.

3.10 对问题
$$\min \{100(x_2 - x_1^2)^2 + (1 - x_1)^2 + 90(x_4 - x_3^2)^2 + (1 - x_3)^2$$
$$+ 10.1[(1 - x_2)^2 + (1 - x_4)^2] + 19.8(x_2 - 1)(x_4 - 1)\}$$

增加以下条件,并分别取初值$(-3,-1,-3,-1)$和$(3,1,3,1)$,求解非线性规划:

(1) $-10 \leqslant x_i \leqslant 10$;

(2) $-10 \leqslant x_i \leqslant 10, x_1 x_2 - x_1 - x_2 + 1.5 \leqslant 0, x_1 x_2 + 10 \geqslant 0, -100 \leqslant x_1 x_2 x_3 x_4 \leqslant 100$;

(3) $-10 \leqslant x_i \leqslant 10, x_1 x_2 - x_1 - x_2 + 1.5 \leqslant 0, x_1 x_2 + 10 \geqslant 0, x_1 + x_2 = 0, x_1 x_2 x_3 x_4 = 16$;

再试取不同的初值计算,比较计算结果.你能从中得到什么启示?

*第 4 章 LINGO 软件与外部文件的接口

在第 3 章中,我们已经介绍了 LINGO 软件的基本用法,学会了编写简单的 LINGO 程序建立 LINGO 优化模型,并进行求解和观察计算结果. 我们也知道,LINGO 建模语言允许以简洁、直观的方式描述较大规模的优化问题,模型中所需的数据可以以一定格式保存在独立的文件中,计算得到的结果也能够输入到文件中保存下来. 通过文件输入输出数据对编写好的程序来说是非常重要的,至少有两个好处:

(1) 通过文件输入输出数据可以将 LINGO 程序和程序处理的数据分离开来. "程序和数据的分离"是结构化程序设计、面向对象编程的基本要求.

(2) 实际问题中的 LINGO 程序通常需要处理大规模的实际数据,而这些数据通常都是在其他应用系统中生成的,或者已经存放在其他应用系统中的某个文件或数据库中,也希望 LINGO 计算的结果以文件方式提供给其他应用系统使用. 因此,通过文件输入输出数据是编写实用 LINGO 程序的基本要求.

由于通过文件输入输出数据如此之重要,所以本章在第 3 章的基础上,主要对 LINGO 软件与外部文件的接口进行更进一步的介绍,通过一些简单的例子说明 LINGO 如何通过外部文件输入输出数据.

4.1 通过 Windows 剪贴板传递数据

通过 Windows 剪贴板传递数据是 Windows 应用程序之间传递数据的一种最简捷的方式,不过这种方式传递数据实际上是通过人工干预进行的,严格来说算不上通过文件传递数据.

第 3 章介绍过 LINGO 软件的两个菜单命令"Edit|Paste(Ctrl+V)"和"Edit|Paste Special ...",这两个命令都是将 Windows 剪贴板中的内容粘贴到 LINGO 模型的当前光标处. 不同之处在于:

• 前者是通常的"Edit|Paste(粘贴命令)",它一般仅用于剪贴板中的内容是文本(包括多信息文本,即 RTF 格式的文本)情形.

• "Edit|Paste Special ...(特殊粘贴命令)"可以用于剪贴板中的内容不是文本的情形,如可以嵌入(插入)其他应用程序中生成的对象(object)或对象的链接(link).

下面我们通过例子来说明.

4.1.1 粘贴命令的用法

例 4.1 假想一个最简单的采购问题：有多个城市都需要采购一定的物品，但每个城市只允许在自身所在的城市采购，城市 I 的最低需求量为 NEED(I)，最大供应量是 SUPPLY(I)，单件采购成本是 COST(I)。如何采购总成本最小？

设采购量用 ORDERED 表示，这个问题的优化模型是一目了然的：

$$\min \sum \text{COST}(I) \times \text{ORDERED}(I)$$
$$\text{s.t.} \quad \text{NEED}(I) \leqslant \text{ORDERED}(I) \leqslant \text{SUPPLY}(I)$$

显然，只要所给的数据都是有限的非负数，这个问题的最优解也是一目了然的：最优的采购量 ORDERED 就应该是等于最低需求量 NEED（除非问题本身就没有可行解，即某个城市的最低需求量严格大于其最大供应量）。即使如此，我们还是用这个问题作为一个例子，说明如何通过剪贴板传递数据。

编写 LINGO 模型（不妨存放在文件 exam0401.lg4 中），如图 4-1。这个模型目前还不完整，因为集合段定义的城市集合 MYSET 中没有给出元素列表，数据段的 COST，NEED，SUPPLY 也没有给出数据。我们假设这些数据放在一个 Word 文件的一个表格中（图 4-2)，则可以直接利用剪贴板功能从 Word 中把相应的数据复制过来。

```
MODEL:
SETS:
MYSET
/ /:
COST, NEED, SUPPLY, ORDERED;
ENDSETS
MIN = @SUM( MYSET( I ):
            ORDERED( I ) * COST( I ));
@FOR( MYSET( I ):
      ORDERED( I ) > NEED( I );
      ORDERED( I ) < SUPPLY( I ));
DATA:
COST NEED SUPPLY =
;
ENDDATA
END
```

图 4-1 例 4.1 的不完整的模型

我们先在 Word 中将四个城市名所在的单元格复制（Ctrl+C）到剪贴板，然后回到 LINGO 模型窗口，利用菜单命令"Edit|Paste"或快捷键"Ctrl+V"，将剪贴板的内容粘贴到集合 MYSET 的元素列表位置。重复一遍上述过程，将 Word 中 COST，NEED，SUPPLY 的三行数据也粘贴到 LINGO 模型的数据段，此时图 4-1 的模型变成如图 4-3 所示的模型。

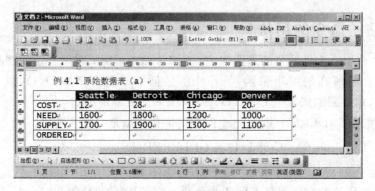

图 4-2 例 4.1 的一种 Word 数据格式

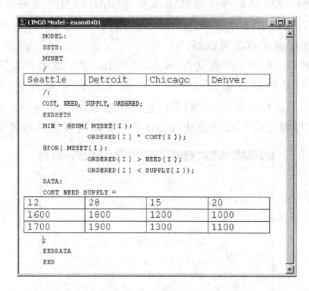

图 4-3 例 4.1 的数据输入错误的模型

在图 4-3 中,我们惊讶地发现粘贴过来的数据仍然保持了 Word 表格的风格,你可以用 LINGO 的菜单命令"Edit|Select Font"重新设定它们的字体,甚至可以在 LINGO 中直接编辑、修改表格中的数据.这些数据能被 LINGO 软件识别,这个模型能正常运行吗?那就用"LINGO|Solve"命令试试!试验的结果告诉我们,这个模型确实能被 LINGO 软件识别和运行,不过 LINGO 运行的时候却报告出错,并告诉我们这个模型没有可行解(具体显示这里略去).为什么会这样呢?你能发现问题所在吗?

检查一下此时 LINGO 运行后的报告窗口,仔细核对一下报告中显示的数据是否正好是我们希望输入的数据.你会发现集合 MYSET 中给出的元素列表确实是对的,但数据段的 COST,NEED,SUPPLY 给出的数据却不对.这正是问题所在!因为我们在第 3 章中已经说过,LINGO 对集合的属性是按列赋值的,所以 LINGO 处理数据段时,将 12 赋给 COST(1),将 28 赋给 NEED(1),15 赋给 SUPPLY(1),20 赋给 COST(2),1600 赋给 NEED(2),1800 赋给 SUPPLY(2),依此类推.显然,这并不是我们赋值的原意,赋值时将表格的行和列的关系颠倒了!

有两种方法都可以解决这个问题:一是在模型的数据段中对 COST,NEED,SUPPLY 分别赋值(三个语句),这时从 Word 中分三次一行一行地拷贝数据,就不会有错误了.我们这里采用另一种方法,即把 Word 原始数据文件中的数据的行和列换过来,也就是说我们开始建立 Word 数据表时,应该就建成如图 4-4 所示的形式.仍然同前面一样,采用剪贴板复制 Word 表格中的数据到 LINGO 模型的数据段,这时的模型看起来如图 4-5 所示.这时使用"LINGO|Solve"命令求解模型,一切都正常了,求到的最优值是 107600.

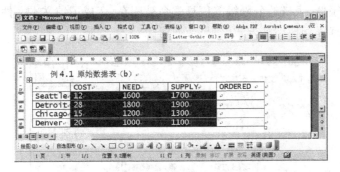

图 4-4 例 4.1 的另一种 Word 数据格式

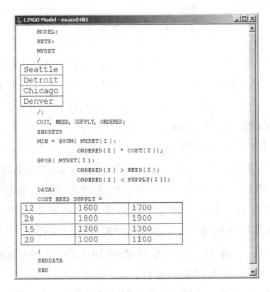

图 4-5 例 4.1 的正确模型

模型解完后,如果你希望把 LINGO 报告窗口中的答案复制到其他文件(如 Word 文件)中保存下来,同样可以使用剪贴板来完成,只不过是先在 LINGO 报告窗口中使用复制命令,再在 Word 中选择粘贴命令罢了. 这里就不再赘述了.

4.1.2 特殊粘贴命令的用法

你可能会想到,由于 Word 文件本身并不是文本文件,使用特殊粘贴命令"Edit|Paste Special ..."应该更合适. 如果选择特殊粘贴命令,则会出现图 4-6 所示的"选择性粘贴"对话框,请你选择粘贴格式. 对于本例,你应该选择"多信息文本(RTF)"或"未格式化文本",实际上,选择"多信息文本(RTF)"时的效果与直接使用"Ctrl+V"的效果是一样的,粘贴的是格式化的文本(会保留字体、对齐方式、表格线等);选择"未格式化文本"则会丢失格式信息,如字体、表格的分隔线等信息就会被废弃,变成了纯文本文件.

那么,如果选择其他粘贴方式,效果会如何呢?

图 4-6 特殊粘贴命令对话框

如果在图 4-6 中选择"Microsoft Office Word 文档",则粘贴的是一个 Word 对象 (object),将来如果用鼠标双击这个对象就会自动用 Word 打开它进行编辑;如果选择"图片",则将剪贴板中的内容以图形格式插入到 LINGO 模型中,相当于粘贴的是一个图形对象,就无法用 Word 编辑它了. 如果在图 4-6 中选择 Word 对象的同时又选择了"显示为图标"选项,则 LINGO 模型中只会显示一个"文档"图标而不显示剪贴板中的具体内容;如果不选择"显示为图标",虽然 LINGO 中显示的对象的效果看起来与原来 Word 文件中的效果一样,但 LINGO 在运行时完全将它们忽略掉,所以模型无法通过这种方式正确输入数据(如同说明语句一样,只能用作辅助提示信息). 粘贴图形对象的效果也是这样. 从专业一点的程序设计角度来看,这也就是"对象嵌入(object embed)"在 LINGO 模型中的含义. 此外,插入一种对象后,可以随时用 LINGO 的菜单命令"Edit|Object Properties(对象属性)"修改这个对象的属性.

如果在图 4-6 中选择"粘贴链接",效果又如何呢?这时的效果与上面选择"Microsoft

Office Word 文档"时是类似的,同样是插入的 Word 对象,不同之处在于这时还会同时建立起 LINGO 中插入的文档与原始的数据文件(如原始的 Word 数据文件)的链接(Link). 也就是说,当原始的 Word 数据文件改变时,则 LINGO 中这部分的内容也会随之改变. 或者简单地说:"粘贴链接"就是指粘贴了原始文件("正本")的一个"副本",副本会随正本的改变而改变. 此外,在 LINGO 模型窗口直接用鼠标双击这个"副本",也会激活 Word 开始编辑原来的"正本"文件. 虽然 LINGO 中不能通过这种方式来输入数据,但这种功能有助于保持所见到的数据与实际数据的一致性,而且阅读起来非常直观,有时在实际应用中是非常值得提倡的. 从专业一点的程序设计角度来看,这就是"对象链接(object link)"在 LINGO 模型中的含义. 另外,建立这种链接关系后,可以随时用"Edit|Links..."命令修改这个链接的属性.

实际上,如果希望直接将某个文件的内容全部完整地作为一个对象"嵌入"或"链接"到 LINGO 模型中,可以不通过 Windows 剪贴板,而是直接使用 LINGO 软件的"Edit|Insert New Objects..."命令. 这个命令将弹出一个如图 4-7 所示的对话框,你输入(或通过"浏览"选择)希望插入的文件名,按后按下"确定"按钮就可以了,效果同上所述. 注意,图 4-7 中如果选择"链接(L)"选项,将建立起 LINGO 中插入的文档与原始的数据文件(这里就是 exam0401.doc)的链接,否则只是插入一个 Word 对象.

图 4-7 插入对象命令对话框

最后我们说明一下:如果数据不是放在 Word 文件,而是 Excel 电子表格文件或者其他应用程序的文件(实际中数据放在 Excel 文件中的情形可能是更常见的),操作和结果与上面介绍的过程完全类似,这里也不再赘述了.

4.2 通过文本文件传递数据

第 3 章曾简单介绍过,在 LINGO 软件中,通过文本文件输入数据使用的是@FILE 函数,输出结果采用的是@TEXT. 下面介绍这两个函数的详细用法.

4.2.1 通过文本文件输入数据

@FILE 函数通常可以在集合段和数据段使用,但不允许嵌套使用.这个函数的一般用法是:

@FILE(filename)

当前模型引用其他 ASCII 码文件中的数据或文本时可以采用该语句,其中 filename 为存放数据的文件名(可以包含完整的路径名,没有指定路径时表示在当前目录下寻找这个文件),该文件中记录之间必须用"~"分开.下面通过一个简单的例子来说明.

例 4.2 我们还是用例 4.1 中的问题,说明 @FILE 函数的用法.

假设存放数据的文本文件 myfile.ldt(后缀 ldt 标示 LINGO 数据文件)的内容如下:

```
Seattle,Detroit,Chicago,Denver~
COST,NEED,SUPPLY,ORDERED~
12,28,15,20~
1600,1800,1200,1000~
1700,1900,1300,1100
```

现在,在 LINGO 模型窗口中建立如下 LINGO 模型(存放在文件 exam0402.lg4 中):

```
MODEL:
SETS:
    MYSET/@FILE(myfile.ldt)/: @FILE(myfile.ldt);
ENDSETS
MIN = @SUM(MYSET(I):
        ORDERED(I) * COST(I));
@FOR(MYSET(I):
        ORDERED(I) > NEED(I);
        ORDERED(I) < SUPPLY(I));
DATA:
    COST = @FILE(myfile.ldt);
    NEED = @FILE(myfile.ldt);
    SUPPLY = @FILE(myfile.ldt);
ENDDATA
END
```

这时,模型的集合段中对集合 MYSET 的定义要两次用到 @FILE 函数(每次从文件中读取一个记录,记录之间用"~"分开).第一次遇到 @FILE(myfile.ldt)时正好是请求从 myfile.ldt 中读入集合 MYSET 的元素(因为这个函数放在集合 MYSET 的元素应该占有的语句的位置上),即 MYSET 的元素是"Seattle,Detroit,Chicago,Denver"(美国的四个城市名).第二次遇到@FILE(myfile.ldt)时,这个函数放在集合 MYSET 的属性应该占有的语句的位置上,所以是请求从 myfile.ldt 中读入集合 MYSET 的属性,即 MYSET 的属性是"COST,NEED,SUPPLY,ORDERED"(含义是成本、需求量、供应量、运输量).

在程序的数据段还有三个@FILE 函数:

COST = @FILE(myfile.ldt);

其作用是从 myfile.ldt 中读出数据赋值给属性变量 COST,即 COST=12,28,15,20;

NEED = @FILE(myfile.ldt);

其作用是从 myfile.ldt 中读出数据赋值给属性变量 NEED,即 NEED = 1600,1800,1200,1000;

SUPPLY = @FILE(myfile.ldt);

其作用是从 myfile.ldt 中读出数据赋值给属性变量 SUPPLY,即 SUPPLY = 1700,1900,1300,1100.

所以,LINGO 系统现在就知道了这个模型中只有 ORDERED 是决策变量.这时使用"LINGO|Solve"命令求解模型,一切正确,求到的最优值是 107600.

显然,当仅仅是输入数据改变时(包括城市的个数及其具体名称、供需量、成本等),只需要改变输入文件 myfile.ldt,而程序无需改变,这是非常有利的,因为这样就做到了程序与数据的分离.

4.2.2 通过文本文件输出数据

@TEXT 函数用于文本文件输出数据,通常只在数据段使用这个函数.这个函数的一般用法是:

@TEXT(['filename'])

它用于数据段中将解答结果送到文本文件 filename 中,当省略 filename 时,结果送到标准的输出设备(通常就是屏幕).filename 中可以包含完整的路径名,没有指定路径时表示在当前目录下生成这个文件(如果这个文件已经存在,将会被覆盖).

例 4.3 在上面例 4.2 的例子中(模型 exam0402.lg4),如果在数据段增加一些@text 语句,则可以输出更多的结果.我们把上面的程序修改为(模型 exam0403.lg4):

```
MODEL:
SETS:
    MYSET/@FILE(myfile.ldt)/: @FILE(myfile.ldt);
ENDSETS
MIN = @SUM(MYSET(I): ORDERED(I) * COST(I));
@FOR(MYSET(I):
```

```
        [con1] ORDERED(I) > NEED(I);
        [con2] ORDERED(I) < SUPPLY(I));
   DATA:
       COST = @FILE(myfile.ldt);
       NEED = @FILE(myfile.ldt);
   SUPPLY = @FILE(myfile.ldt);
       @TEXT('exam0403.txt') = @write(4*'','Value',12*'','Dual',13*'',
              'Decrease',8*'','Increase',@newline(2));
       @TEXT('exam0403.txt') = @write('Variables:',@newline(2));
       @TEXT('exam0403.txt') = Ordered,@DUAL(Ordered),@RANGED(ordered),@RANGEU
         (ordered);
       @TEXT('exam0403.txt') = @write(@newline(1),'NEED Constraints:',@newline(2));
       @TEXT('exam0403.txt') = CON1,@DUAL(CON1),@RANGED(CON1),@RANGEU(CON1);
       @TEXT('exam0403.txt') = @write(@newline(1),'SUPPLY Constraints:',@newline
         (2));
       @TEXT('exam0403.txt') = CON2,@DUAL(CON2),@RANGED(CON2),@RANGEU(CON2);
       @TEXT('exam0403.txt') = @write(@newline(1),'Final status for exam0403:',@
         status(),
              @if(@status(),'(Maybe Not Global Optimal)',
                   '(Global Optimal)'),@newline(1));
   ENDDATA
   END
```

在数据段,我们总共加了 8 个含有 @TEXT 函数的语句:

第 1 个语句的作用只是输出一个表头;

第 2 个语句的作用只是输出一个提示行(Variables:)并换行;

第 3 个语句的作用是输出最优解、对偶价格、敏感性分析(费用系数的允许范围);

第 4 个语句的作用只是输出一个提示行(NEED Constraints:)并换行;

第 5 个语句的作用是需求约束松弛量、对偶价格、敏感性分析(右端项的允许范围);

第 6 个语句的作用只是输出一个提示行(SUPPY Constraints:)并换行;

第 7 个语句的作用是供应约束松弛量、对偶价格、敏感性分析(右端项的允许范围);

第 8 个语句的作用是输出求解程序最后的状态及说明(0 达到全局最优,否则不一定).

需要注意,这里我们使用了函数 @RANGED,@RANGEU,这就要求输出敏感性分析信息(即参数的范围分析),所以在使用这些函数前必须进行过敏感性分析.但 LINGO 的默认设置是不进行敏感性分析的,因此要想以上程序能正常运行,必须先修改选项.这个选项位于 LINGO | Options | General Solver 选项卡上,将其中 "Dual Computations(对偶计算)" 选项的默认设置 "Prices(价格)" 改为 "Prices and Ranges(价格及范围)" 即可.

现在就可以求解模型了.当模型求解结束后,LINGO 会将我们用 @TEXT 函数请求的

值存入文件 exam0403.txt 中(当前目录下将生成这个文件).用文本编辑器打开这个文件,发现其中显示的结果是:

```
                  Value          Dual           Decrease       Increase

   Variables:

                  1600.0000      0.0000000      12.000000      0.10000000E+31
                  1800.0000      0.0000000      28.000000      0.10000000E+31
                  1200.0000      0.0000000      15.000000      0.10000000E+31
                  1000.0000      0.0000000      20.000000      0.10000000E+31

   NEED Constraints:

                  0.0000000     -12.000000      1600.0000      100.00000
                  0.0000000     -28.000000      1800.0000      100.00000
                  0.0000000     -15.000000      1200.0000      100.00000
                  0.0000000     -20.000000      1000.0000      100.00000

   SUPPLY Constraints:

                  100.00000      0.0000000      100.00000      0.10000000E+31
                  100.00000      0.0000000      100.00000      0.10000000E+31
                  100.00000      0.0000000      100.00000      0.10000000E+31
                  100.00000      0.0000000      100.00000      0.10000000E+31

   Final status for exam0403: 0 (Global Optimal)
```

值得指出的是,在输出时,可以使用一系列控制输出格式的语句,具体可以参见3.3.9节介绍的各种结果报告函数.使用这些函数,将能够输出丰富多彩的结果报告.我们也将在4.4节中再介绍一个简单的例子.

4.3 通过电子表格文件传递数据

4.3.1 在 LINGO 中使用电子表格文件的数据

实际应用中,可能有大量数据是存放在各种电子表格中的(最常用的大概就是 Excel 软件了,所以我们这里只讨论 Excel 电子表的情况).通过 Excel 文件与 LINGO 系统传递数据的函数的一般用法是通过@OLE 函数,与@FILE 函数一样,该函数只能在

LINGO模型的集合段、数据段和初始段使用.无论用于输入或输出数据,这个函数的使用格式都是:

@OLE(spreadsheet_file [, range_name_list])

其中 spreadsheet_file 是电子表格文件的名称,应当包括扩展名(如 *.xls 等),还可以包含完整的路径名,只要字符数不超过 64 均可; range_name_list 是指文件中包含数据的单元范围(单元范围的格式与 Excel 中工作表的单元范围格式一致).

具体来说,当从 Excel 中向 LINGO 模型中输入数据时,在集合段可以直接采用"@OLE(...)"的形式,但在数据段和初始段应当采用"属性(或变量) = @OLE(...)"的赋值形式;当从 LINGO 向 Excel 中输出数据时,应当采用"@OLE(...) = 属性(或变量)"的赋值形式(自然,输出语句只能出现在数据段中).请看下面的例子.

例 4.4 继续考虑上面例 4.2 的例子中(模型 exam0402.lg4),但通过@OLE 语句输入输出数据.

首先,我们用 Excel 建立一个名为 mydata.xls 的 Excel 数据文件,参见图 4-8.为了能够通过@OLE 函数与 LINGO 传递数据,我们需要对这个文件中的数据进行命名.具体做法是:我们用鼠标选中这个表格的 B4:B7 单元,然后选择 Excel 的菜单命令"插入|名称|定义",这时将会弹出一个对话框,请您输入名称,例如可以将它命名为 cities(这正是图 4-8 所显示的情形,即 B4:B7 所在的 4 个单元被命名为 cities).同理,我们将 C4:C7 单元命名为 COST,将 D4:D7 单元命名为 NEED,将 E4:E7 单元命名为 SUPPLY,将 F4:F7 单元命名为 SOLUTION.一般来说,这些单元取什么名字都无所谓,但最好还是取有一定提示作用的名字;另外,这里取什么名字,LINGO 中调用时就必须用什么名字,只要二者一致就可以了.

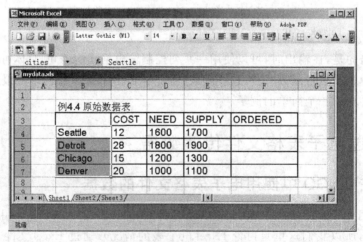

图 4-8 Excel 文件存放的数据

下面,我们把例 4.2 中的程序修改为(存入文件 exam0404.lg4):

```
MODEL:
SETS:
    MYSET/@OLE('mydata.xls','CITIES')/:
        COST,NEED,SUPPLY,ORDERED;
ENDSETS
MIN = @SUM(MYSET(I): ORDERED(I) * COST(I));
@FOR(MYSET(I):
    [CON1] ORDERED(I) > NEED(I);
    [CON2] ORDERED(I) < SUPPLY(I));
DATA:
    COST,NEED,SUPPLY = @OLE('mydata.xls');
    @OLE('mydata.xls','SOLUTION') = ORDERED;
ENDDATA
END
```

这个程序中有三个 @OLE 函数调用,其作用分别说明如下:

• @OLE('mydata.xls','CITIES'):从文件'mydata.xls'的 cities 所指示的单元中取出数据,作为集合 MYSET 的元素。

• COST,NEED,SUPPLY = @OLE('mydata.xls'):这个 @OLE 函数调用中没有指明从 mydata.xls 的哪些单元给 COST,NEED,SUPPLY 赋值,这时表示应该采用默认方式(与接收变量的名称相同),即从 mydata.xls 的 COST 指定的单元给 COST 赋值(NEED,SUPPLY 类似)。

• @OLE('mydata.xls','SOLUTION') = ORDERED:将 ORDERED 的值输出赋给 mydata.xls 文件中由 SOLUTION 指定的单元格。

现在运行这个程序,报告窗口将首先显示以下输出总结报告(Export Summary Report):

```
Export Summary Report
---------------------
Transfer Method:      OLE BASED
Workbook:             mydata.xls
Ranges Specified:     1
    SOLUTION
Ranges Found:         1
Range Size Mismatches: 0
Values Transferred:   4
```

这些信息的意思依次是：采用 OLE 方式传输数据；Excel 文件为 mydata.xls；指定的接收单元范围为 SOLUTION；在 mydata.xls 正好找到一个名为 SOLUTION 的域名；不匹配的单元数为 0；传输了 4 个数值.

如果这时再打开 mydata.xls 查看，你会发现 ORDERED 对应的一列也被自动写上了解答的结果（这正是上面的总结报告的含义所在）.

备注 实际应用中，可能有大量数据是存放在各种数据库中的.不同的数据库可能是由不同的数据库管理系统（DBMS：database management system）进行管理的，所以在使用函数@ODBC 之前，需要在 LINGO 和 DBMS 之间提供接口.Windows 环境下的 ODBC（open database connectivity）接口就是一种绝大多数 DBMS 都支持的标准接口，所以只要你熟悉 ODBC 接口的设置和使用方法（一般应该在 Windows 控制面板中设置），就不难建立起 LINGO 和具体的某个数据库之间的连接.建立起这种连接后，就能够和使用@OLE 函数完全类似地使用@ODBC 函数了.其一般用法是：

@ODBC(['data_source '[, 'table_name '[, 'col_1 '[, 'col_2 '...]]]])

其中 data_source 是数据库名，table_name 是数据表名，col_1，col_2，... 是数据列名（数据域名）.具体用法这里就不详细介绍了，有兴趣的读者请参阅 LINGO 的使用手册或在线帮助文档.

4.3.2　将 LINGO 模型嵌入、链接到电子表格文件中

如果在求解模型 exam0404.lg4 之前，再采用我们在 4.1.2 节中介绍的方法，将数据文件 mydata.xls 作为对象链接到模型 exam0404.lg4 中，则求解模型后，模型中的对象（就是文件 mydata.xls）显示的内容应该自动修改，所以 ORDERED 所在列也就应该自动填上了解答.可以看出，这是非常直观、方便的.

那么，反过来行不行呢？也就是说，能否在电子表格文件中嵌入一个 LINGO 模型？如果能，那么用户就可以不用每次都打开和运行 LINGO，而是可以直接在 Excel 中进行数据维护，同时进行模型优化等多项操作了，这将是非常受实用人员欢迎的.

确实可以做到这一点.下面仍然以 Excel 为例，说明如何在 Excel 中嵌入一个 LINGO 模型.

例 4.5 继续考虑上面例 4.4 的例子.用 Excel 打开 mydate.xls（我们将它另存为了 exam0405.xls），执行菜单命令"插入|对象"，看到图 4-9 所示的对话框，我们选择"新建|LINDO Document"，然后按"确定"按钮，则会在 Excel 文件中插入一个空的 LINGO 对象.在这个空的对象框中输入 LINGO 模型（或从 exam0404.lg4 中把文本直接粘贴过来，但把程序中的 mydate.xls 改为 exam0405.xls）.激活这个对象（鼠标双击这个对象），你会看到 Excel 的菜单和工具栏变成了 LINGO 的菜单和工具栏，此时 Excel 中的显示如

图4-10. 这时,如果你想运行这个模型,直接执行"LINGO|Solve"命令就可以了. 执行命令的结果与前一个例子相同(ORDERED 所在的列被填上了解答 1600,1800,1200,1000).

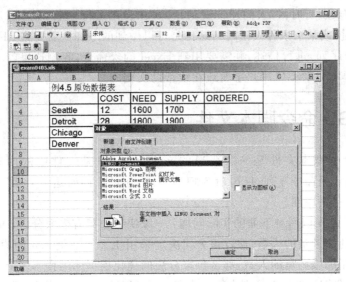

图 4-9 　插入 LINDO 对象对话框

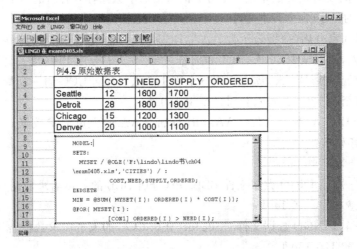

图 4-10 　Excel 文件中的 LINGO 模型

你可能已经注意到,在图 4-9 的对话框中除了选项卡"新建"外,还有另一个选项卡"由文件创建". 当你要插入的对象(LINGO 模型)是已有的文件时,你就可以直接用这个选项卡插入 LINGO 模型对象,如果愿意的话也可以建立同这个对象的链接. 这种用法的含义和我们在 4.1.2 节中介绍的是类似的（只不过当时是把其他对象插入或链接到 LINGO，而这里是把 LINGO 对象插入或链接到 EXCEL），这里就不再多作解释了。

备注 这个例子中的方法虽然在 Excel 文件中嵌入了 LINGO 对象，但需要人工干预才能运行这个对象。有时候，人们还希望在 Excel 中自动运行一个 LINGO 程序（如每次打开 Excel 文件时，或某个事件发生时），这也是可以做到的。这时，需要将 LINGO 程序用命令脚本（行命令序列）进行描述，并需要用到 Excel 的宏命令，我们这里就不再介绍了，有兴趣的读者请参考 LINGO 用户手册或在线帮助文档。

4.4 LINGO 命令脚本文件

LINGO 命令脚本文件是一个普通的文本文件，但是文件中的内容是由一系列 LINGO 命令构成的命令序列。使用命令脚本文件，你可以同时运行一系列的 LINGO 批处理命令。下面举例说明。

例 4.6 假设我们面对下面的实际问题：一家快餐公司有多家分店，每家分店都要确定每天所雇用的服务员的人数。假设该公司决定采用 1.2.4 节例 1.4 的模型来确定每家分店每天所雇用的服务员的人数，那么每家分店的优化模型的结构本质上是一样的，只是具体数据不同。我们当然可以分别为每家分店分别进行数据输入和优化，分别求解模型得到决策结果。但一种更好的方法是把每个分店的人员需求数据存入各自的一个数据文件中，并建立一个统一的程序（命令脚本文件）逐个调用这些数据进行求解，输出结果。

下面只以 3 家分店（分别表示为 AAA，BBB，CCC）为例。分店 AAA 周一到周四每天至少需要 50 人，周五至少 80 人，周六和周日至少 90 人；分店 BBB 周一到周四每天至少需要 80 人，周五至少 120 人，周六和周日至少 140 人；分店 CCC 周一到周四每天至少需要 90 人，周五至少 120 人，周六和周日至少 150 人。

建立一个 LINGO 数据文件 AAA.ldt（分店 AAA 的人员需求数据），实际上是一个文本文件，内容如下：

50 50 50 50 80 90 90

同理建立一个 LINGO 数据文件 BBB.ldt（分店 BBB 的人员需求数据）：

80 80 80 80 120 140 140

再建立一个 LINGO 数据文件 CCC.ldt（分店 CCC 的人员需求数据）：

90 90 90 90 120 150 150

这时，用命令脚本文件实现上面功能是方便的。首先，可用任何文本编辑器生成命令脚本文件。实际上，LINGO 本身就带有一个很好的编辑器。使用"File|New（新建文件）"菜单命令，系统将会弹出图 4-11 所示的对话框，请求用户选择新建的文件类型。如果将选择项移到"4：LINGO Command Script（*.ltf）"，然后按"OK"按钮，则表示要新建一个

LINGO 命令脚本文件.

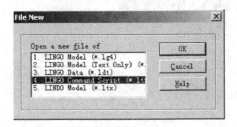

图 4-11 新建文件对话框

假设建立的文件命名为 BAT02.ltf(把它保存在当前目录下；注意其中有不少说明语句可使运行结果更有可读性)，文件内容为：

! 开始输入关于员工聘用的优化模型
MODEL:
SETS:
    DAYS/MON TUE WED THU FRI SAT SUN/:
     REQUIRED, START;
ENDSETS
DATA:
    ! 读入需求数据 REQUIRED;
    REQUIRED = @FILE(' AAA.LDT ');
    ! 将结果 START 写入文件(这里还特意设计了表头和表尾);
    @TEXT(' F:\lindo\lindo 书\ch04\result/AAA.TXT ') =
@WRITE(' 员 工 聘 用 计 划 表 ', @NEWLINE(1));
    @TEXT(' F:\lindo\lindo 书\ch04\result/AAA.TXT ') =
@WRITE(' ------------------ ', @NEWLINE(1));
    @TEXT(' F:\lindo\lindo 书\ch04\result/AAA.TXT ') =
@WRITEFOR(DAYS(I):
        DAYS(I),'(星期 ',I,'):',4*'',@FORMAT(START(I),'3.0f'),
        @NEWLINE(1));
    @TEXT(' F:\lindo\lindo 书\ch04\result/AAA.TXT ') =
@WRITE(' ------------------ ', @NEWLINE(1));
    @TEXT(' F:\lindo\lindo 书\ch04\result/AAA.TXT ') =
@WRITE(6*'','合计:',6*'', @SUM(DAYS: START),
        @NEWLINE(1));
ENDDATA
! 目标函数是聘用员工的人数之和;
MIN = @SUM(DAYS(I): START(I));

```
    @FOR(DAYS(J);
    !约束条件是满足每天对服务人员的数量要求;
    @SUM(DAYS(I) | I #LE# 5;
       START(@WRAP(J - I + 1, 7)))
         >= REQUIRED(J)
    );
    @FOR(DAYS; @GIN(START));
END
!下面求解分店 AAA 的决策问题
GO
!下面转向求解分店 BBB 的决策问题
ALTER ALL ' AAA ' BBB '
GO
!下面转向求解分店 CCC 的决策问题
ALTER ALL ' BBB ' CCC '
GO
!恢复参数(恢复以正常方式显示解答结果)
SET TERSEO 0
```

提请注意,命令之间的说明语句不需要以";"结束;但在程序段中(即位于"MODEL:"和"END"之间)的说明语句必须以";"结束,否则会因为读入的程序不符合 LINGO 语法而出错.

另外,我们在上面的命令脚本程序中还特意安排了对文件输入输出的处理.

建立好上面的文件后,用"File|Take Commands"命令打开这个脚本文件,运行时命令窗口将显示一些脚本文件输入和求解模型相关的信息,输出结果在三个文件"AAA.txt"、"BBB.txt"、"CCC.txt"中(按照程序中的要求,LINGO 生成的这三个文件位于目录 F:\lindo\lindo 书\ch04\result 下,读者应将此路径改为自己计算机上的相应路径),分别是三个分店的解答报告,这正是我们所希望的效果.例如,AAA.txt 中的内容是:

```
员 工 聘 用 计 划 表
--------------------
MON(星期 1):       0
TUE(星期 2):       4
WED(星期 3):      40
THU(星期 4):       3
FRI(星期 5):      40
SAT(星期 6):       3
SUN(星期 7):       4
--------------------
     合计:        94
```

也就是说，上面这个命令脚本文件就能实现我们前面所提的问题所希望解决的功能．请你亲自试试．当然，这个问题还是过于简单，命令脚本文件的优越性可能还是没有体现出来，但体会这种编程的思想，对编写更复杂的程序是有益的．尤其是在实际应用问题中，寄希望于实际人员了解 LINGO 编程的技巧，一般来说是不现实的；对第 3 章和本章的内容深入理解后，综合利用 LINGO 软件的各种功能，编写一些使用方便的命令脚本文件，提供给实际人员使用，有可能确实解决一些实际的定量决策问题．

附录　LINGO 出错信息

在 LINGO 模型求解时，系统首先会对模型进行编译（compile）．在 LINGO 对模型进行编译、求解，或执行其他与模型相关的命令时，都可能会出现一些语法或运行错误．出现错误时，系统会弹出一个出错报告窗口，显示错误代码，并大致指出错误所在，这些错误报告信息能够提示用户发现原来模型中的错误，从而才有可能尽快改正错误，得到正确的模型．

然而，由于错误报告信息完全是英文的，对不具备很多优化方面知识的读者来说，可能阅读起来不太方便．所以，我们下面按照错误代码的顺序，列表对出错信息进行简要说明（表 4-1）．LINGO 公司会不断增加（有时偶尔也会减少）出错信息的内容，所以这里提供的对照表仅供参考．

表 4-1　LINGO 错误编号及含义对照表

错误代码	含　义
0	LINGO 模型生成器的内存已经用尽（可用"LINGO|Options"命令对 General Solver 选项卡中的"Generator Memory Limit"选项进行内存大小的修改）
1	模型中的行数太多（对于有实际意义的模型，这个错误很少出现）
2	模型中的字符数太多（对于有实际意义的模型，这个错误很少出现）
3	模型中某行的字符数太多（每行不应该超过 200 个字符，否则应换行）
4	指定的行号超出了模型中实际具有的最大行号（这个错误通常在 LOOK 命令中指定了非法的行号时出现）
5	当前内存中没有模型
6	脚本文件中 TAKE 命令的嵌套重数太多（LINGO 中限定 TAKE 命令最多嵌套 10 次）
7	无法打开指定的文件（通常是指定的文件名拼写错误）
8	脚本文件中的错误太多，因此直接返回到命令模式（不再继续处理这个脚本文件）
9	（该错误编号目前没有使用）
10	（该错误编号目前没有使用）
11	模型中的语句出现了语法错误（不符合 LINGO 语法）
12	模型中的括号不匹配

续表

错误代码	含义
13	在电子表格文件中找不到指定的单元范围名称
14	运算所需的临时堆栈空间不够(这通常意味着模型中的表达式太长了)
15	找不到关系运算符(通常是丢了"<","="或">")
16	输入输出时不同对象的大小不一样(使用集合循环方式输入输出时,集合大小应相同)
17	集合元素的索引的内存堆栈空间不够
18	集合的内存堆栈空间不够
19	索引函数@INDEX使用不当
20	集合名使用不当
21	属性名使用不当
22	不等式或等式关系太多(例如,约束 $2<x<4$ 是不允许出现在同一个语句中的)
23	参数个数不符
24	集合名不合法
25	函数@WKX()的参数非法(注:在LINGO9.0中已经没有函数@WKX())
26	集合的索引变量的个数不符
27	在电子表格文件中指定的单元范围不连续
28	行名不合法
29	数据段或初始段的数据个数不符
30	链接到Excel时出现错误
31	使用@TEXT函数时参数不合法
32	使用了空的集合成员名
33	使用@OLE函数时参数不合法
34	用电子表格文件中指定的多个单元范围生成派生集合时,单元范围的大小应该一致
35	输出时用到了不可识别的变量名
36	基本集合的元素名不合法
37	集合名已经被使用过
38	ODBC服务返回了错误信息
39	派生集合的分量元素(下标)不再原来的父集合中
40	派生集合的索引元素的个数不符
41	定义派生集合时所使用的基本集合的个数太多(一般不会出现这个错误)
42	集合过滤条件的表达式中出现了取值不固定的变量
43	集合过滤条件的表达式运算出错
44	过滤条件的表达式没有结束(即没有":"标志)
45	@ODBC函数的参数列表错误
46	文件名不合法
47	打开的文件太多
48	不能打开文件

续表

错误代码	含 义
49	读文件时发生错误
50	@FOR 函数使用不合法
51	编译时 LINGO 模型生成器的内存不足
52	@IN 函数使用不当
53	在电子表格文件中找不到指定的单元范围名称(似乎与出错代码"13"含义类似)
54	读取电子表格文件时出现错误
55	@TEXT 函数不能打开文件
56	@TEXT 函数读文件时发生错误
57	@TEXT 函数读文件时出现了非法输入数据
58	@TEXT 函数读文件时出现发现输入数据比实际所需要的少
59	@TEXT 函数读文件时出现发现输入数据比实际所需要的多
60	用@TEXT 函数输入数据时,没有指定文件名
61	行命令拼写错误
62	LINGO 生成模型时工作内存不足
63	模型的定义不正确
64	@FOR 函数嵌套太多
65	@WARN 函数使用不当
66	警告:固定变量取值不惟一(例如:任意正数都是约束@SIGN(X)=1 的解)
67	模型中非零系数过多导致内存耗尽
68	对字符串进行非法的算术运算
69	约束中的运算符非法
70	属性的下标越界
71	变量定界函数(@GIN, @BIN, @FREE, @BND)使用错误
72	不能从固定约束(只含有固定变量的约束)中求出固定变量的值(相当于方程无解,或者 LINGO 的算法解不出来,如迭代求解算法不收敛)
73	在 LINGO 生成模型(对模型进行结构分析)时,用户中断了模型生成过程
74	变量越界,超出了 10^{32}
75	对变量的定界相互冲突(例如:一个模型中同时指定@BND(-6, X, 6)和 @BND(-5, X, 5)是允许的,但同时指定@BND(-6, X, 6)和 @BND(7, X, 9)则是冲突的.)
76	LINGO 生成模型时出现错误,不能将模型转交给优化求解程序
77	无定义的算术运算(例如除数为 0)
78	(该错误编号目前没有使用)
79	(该错误编号目前没有使用)
80	生成 LINGO 模型时系统内存已经用尽
81	找不到可行解
82	最优值无界

续表

错误代码	含 义
83	(该错误编号目前没有使用)
84	模型中非零系数过多
85	表达式过于复杂导致堆栈溢出
86	算术运算错误(如 1/0 或@LOG(-1)等)
87	@IN 函数使用不当(似乎与错误代码"52"相同)
88	当前内存中没有存放任何解
89	LINGO 运行时出现了意想不到的错误(请与 LINGO 公司联系解决问题)
90	在 LINGO 生成模型时,用户中断了模型生成过程
91	当在数据段有"变量=?"语句时,LINGO 运行中将要求用户输入这个变量的值.如果这个值输入错误,将显示这个错误代码
92	警告:当前解可能不是可行的/最优的
93	命令行中的转换修饰词错误
94	(该错误编号目前没有使用)
95	模型求解完成前,用户中断了求解过程
96	(该错误编号目前没有使用)
97	用 TAKE 命令输入模型时,出现了不可识别的语法
98	用 TAKE 命令输入模型时,出现了语法错误
99	语法错误,缺少变量
100	语法错误,缺少常量
101	(该错误编号目前没有使用)
102	指定的输出变量名不存在
103	(该错误编号目前没有使用)
104	模型还没有被求解,或者模型是空的
105	(该错误编号目前没有使用)
106	行宽的最小最大值分别为 68 和 200
107	函数@POINTER 指定的索引值无效
108	模型的规模超出了当前 LINGO 版本的限制
109	达到了迭代上限,所以 LINGO 停止继续求解模型(迭代上限可以通过"LINGO|Options"命令对 General Solver 选项卡中的"Iteration"选项进行修改)
110	HIDE(隐藏)命令指定的密码超出了 8 个字符的限制
111	模型是隐藏的,所以当前命令不能使用
112	恢复隐藏模型时输入的密码错误
113	因为一行内容太长,导致 LOOK 或 SAVE 命令失败
114	HIDE(隐藏)命令指定的两次密码不一致,命令失败
115	参数列表过长
116	文件名(包括路径名)太长

续表

错误代码	含 义
117	无效的命令
118	命令不明确(例如,可能输入的是命令的缩写名,而这一缩写可有多个命令与之对应)
119	命令脚本文件中的错误太多,LINGO放弃对它继续处理
120	LINGO无法将配置文件(LINGO.CNF)写入启动目录或工作目录(可能是权限问题)
121	整数规划没有敏感性分析
122	敏感性分析选项没有激活,敏感性分析不能进行(可通过"LINGO|Options"命令对General Solver选项卡中的"Dual Computation"选项进行修改)
123	调试(Debug)命令只对线性模型、且模型不可行或无界时才能使用
124	对一个空集合的属性进行初始化
125	集合中没有元素
126	使用ODBC连接输出时,发现制定的输出变量名不存在
127	使用ODBC连接输出时,同时输出的变量的维数必须相同
128	使用SET命令时指定的参数索引无效
129	使用SET命令时指定的参数的取值无效
130	使用SET命令时指定的参数名无效
131	FREEZE命令无法保存配置文件LINGO.CNF(可能是权限问题)
132	LINGO读配置文件(LINGO.CNF)时发生错误
133	LINGO无法通过OLE连接电子表格文件(如:当其他人正在编辑这个文件时)
134	输出时出现错误,不能完成所有输出操作
135	求解时间超出了限制(可通过"LINGO|Options"命令对General Solver选项卡中的"Time"选项进行修改)
136	使用@TEXT函数输出时出现错误操作
137	(该错误编号目前没有使用)
138	DIVERT(输出重新定向)命令的嵌套次数太多(最多不能超过10次嵌套)
139	DIVERT(输出重新定向)命令不能打开指定文件
140	只求原始最优解时无法给出敏感性分析信息(可通过"LINGO|Options"命令对General Solver选项卡中的"Dual Computation"选项进行修改)
141	对某行约束的敏感性分析无法进行,因为这一行已经是固定约束(即该约束中所有变量都已经在直接求解程序进行预处理时被固定下来了)
142	出现了意想不到的错误(请与LINDO公司联系解决这个问题)
143	使用接口函数输出时,同时输出的对象的维数必须相同
144	@POINTER函数的参数列表无效
145	@POINTER函数出错:2-输出变量无效;3-内存耗尽;4-只求原始最优解时无法给出敏感性分析信息;5-对固定行无法给出敏感性分析信息;6-意想不到的错误。
146	基本集合的元素名与模型中的变量名重名(当前版本的LINGO中这本来是允许的,但如果通过"LINGO|Options"命令在"General Solver"选项卡选择"Check for duplicates names in data and model",则会检查重名,这主要是为了与以前的LINGO版本兼容)

续表

错误代码	含 义
147	@WARN 函数中的条件表达式中只能包含固定变量
148	@OLE 函数在当前操作系统下不能使用（只在 Windows 操作系统下可以使用）
149	（该错误编号目前没有使用）
150	@ODBC 函数在当前操作系统下不能使用（只在 Windows 操作系统下可以使用）
151	@POINTER 函数在当前系统下不能使用（只在 Windows 操作系统下可以使用）
152	输入的命令在当前操作系统下不能使用
153	集合的初始化（定义元素）不能在初始段中进行，只能在集合段或数据段进行
154	集合名只能被定义一次
155	在数据段对集合进行初始化（定义元素）时，必须显示地列出所有元素，不能省略元素
156	在数据段对集合和（或）变量进行初始化时，给出的参数个数不符
157	@INDEX 函数引用的集合名不存在
158	当前函数需要集合的成员名作为参数
159	派生集合中的一个成员（分量）不是对应的父集合的成员
160	数据段中的一个语句不能对两个（或更多）的集合进行初始化（定义元素）
161	（该错误编号目前没有使用）
162	电子表格文件中指定的单元范围内存在不同类型的数据（即有字符，又有数值），LINGO 无法通过这些单元同时输入（或输出）不同类型的数据
163	在初始段对变量进行初始化时，给出的参数个数不符
164	模型中输入的符号名不符合 LINGO 的命名规则
165	当前的输出函数不能按集合进行输出
166	不同长度的输出对象无法同时输出到表格型的文件（如数据库和文本文件）
167	在通过 Excel 进行输入输出时，一次指定了多个单元范围
168	@DUAL，@RANGEU，@RANGED 函数不能对文本数据（如集合的成员名）使用，而只能对变量和约束行使用
169	运行模型时才输入集合成员是不允许的
170	LINGO 系统的密码输入错误，请重新输入
171	LINGO 系统的密码输入错误，系统将以演示版方式运行
172	LINGO 的内部求解程序发生了意想不到的错误（请与 LINDO 公司联系解决这个问题）
173	内部求解程序发生了数值计算方面的错误
174	LINGO 预处理阶段（preprocessing）内存不足
175	系统的虚拟内存不足
176	LINGO 后处理阶段（postprocessing）内存不足
177	为集合分配内存时出错（如内存不足等）
178	为集合分配内存时堆栈溢出
179	将 MPS 格式的模型文件转化成 LINGO 模型文件时出现错误（如变量名冲突等）
180	将 MPS 格式的模型文件转化成 LINGO 模型文件时，不能分配内存（通常是内存不足）

续表

错误代码	含义
181	将 MPS 格式的模型文件转化成 LINGO 模型文件时,不能生成模型(通常是内存不足)
182	将 MPS 格式的模型文件转化成 LINGO 模型文件时出现错误(会给出错的行号)
183	LINGO 目前不支持 MPS 格式的二次规划模型文件
184	敏感性分析选项没有激活,敏感性分析不能进行(可通过"LINGO|Options"命令对 General Solver 选项卡中的"Dual Computation"选项进行修改)
185	没有使用内点法的权限(LINGO 中的内点法是选件,需要额外购买)
186	不能用@QRAND 函数对集合进行初始化(定义元素)
187	用@QRAND 函数对属性进行初始化时,一次只能对一个属性进行处理
188	用@QRAND 函数对属性进行初始化时,只能对稠密集合对应的属性进行处理
189	随机函数中指定的种子(SEED)无效
190	用隐式方法定义集合时,定义方式不正确
191	LINDO API 返回了错误(请与 LINDO 公司联系解决这个问题)
192	LINGO 不再支持@WKX 函数,请改用@OLE 函数
193	内存中没有当前模型的解(模型可能还没有求解,或者求解错误)
194	无法生成 LINGO 的内部环境变量(通常是因为内存不足)
195	写文件时出现错误(如磁盘空间不足)
196	无法为当前模型计算对偶解(这个错误非同寻常,欢迎你将这个模型提供给 LINDO 公司进行进一步分析)
197	调试程序目前不能处理整数规划模型
198	当前二次规划模型不是凸的,不能使用内点法,请通过"LINGO|Options"命令取消对二次规划的判别
199	求解二次规划需要使用内点法,但您使用的 LINGO 版本没有这个权限(请通过"LINGO|Options"命令取消对二次规划的判别)
200	无法为当前模型计算对偶解,请通过"LINGO|Options"命令取消对对偶计算的要求
201	模型是局部不可行的
202	全局优化时,模型中非线性变量的个数超出了全局优化求解程序的上限
203	无权使用全局优化求解程序
204	无权使用多初始点求解程序
205	模型中的数据不平衡(数量级差异太大)
206	"线性化"和"全局优化"两个选项不能同时存在
207	缺少左括号
208	@WRITEFOR 函数只能在数据段出现
209	@WRITEFOR 函数中不允许出现关系运算符
210	@WRITEFOR 函数使用不当
211	输出操作中出现了算术运算错误
212	集合的下标越界

续表

错误代码	含　义
213	当前操作参数不应该是文本,但模型中指定的是文本
214	多次对同一个变量初始化
215	@DUAL,@RANGEU,@RANGED 函数不能在此使用(参阅错误代码"168")
216	这个函数应该需要输入文本作为参数
217	这个函数应该需要输入数值作为参数
218	这个函数应该需要输入行名或变量名作为参数
219	无法找到指定的行
220	没有定义的文本操作
221	@WRITE 或 @WRITEFOR 函数的参数溢出
222	需要指定行名或变量名
223	向 Excel 文件中写数据时,动态接收单元超出了限制
224	向 Excel 文件中写数据时,需要写的数据的个数多于指定的接收单元的个数
225	计算段(CALC)的表达式不正确
226	不存在默认的电子表格文件,请为@OLE 函数指定一个电子表格文件
227	为 APISET 命令指定的参数索引不正确
228	通过 Excel 输入输出数据时,如果 LINGO 中的多个对象对应于 Excel 中的一个单元范围名,则列数应该一致
229	为 APISET 命令指定的参数类型不正确
230	为 APISET 命令指定的参数值不正确
231	APISET 命令无法完成
232~	(该错误编号目前没有使用)
1000	(错误编号为 1000 以上的信息,只对 Windows 系统有效)
1001	LINGO 找不到与指定括号匹配的括号
1002	当前内存中没有模型,不能求解
1003	LINGO 现在正忙,不能马上响应您的请求
1004	LINGO 不能写 LOG(日志)文件,也许磁盘已满
1005	LINGO 不能打开指定的 LOG(日志)文件
1006	不能打开文件
1007	没有足够内存完成命令
1008	不能打开新窗口(可能内存不够)
1009	没有足够内存空间生成解答报告
1010	不能打开 Excel 文件的链接(通常是由于系统资源不足)
1011	LINGO 不能完成对图形的请求
1012	LINGO 与 ODBC 连接时出现错误
1013	通过 OBDC 传递数据时不能完成初始化
1014	向 Excel 文件传递数据时,指定的参数不够

错误代码	含义
1015	不能保存文件
1016	Windows 环境下不支持 Edit(编辑)命令，请使用 File|Open 菜单命令
9999	由于出现严重错误，优化求解程序运行失败（最可能的原因可能是数学函数出错，如函数 @LOG(X-1)当 X <= 1 时就会出现这类错误）

习 题 4

4.1 对习题 1.4～1.10，分别将数据保存在 Word 文件中，然后在 LINGO 中编写优化程序，将 Word 文件中的数据直接粘贴到 LINGO 程序的数据(DATA)段中，从而实现已知参数的输入。求解优化模型，将计算结果以以下几种方式保存：

(1) 直接用 LINGO 的文件保存命令(File\|Save)，将结果直接保存到 LINGO 报告文件中。然后直接用文本编辑器(如 Windows 的记事本)打开这个文件对结果进行观察。

(2) 将结果粘贴到文本文件或 Word 文件中保存下来。

4.2 对习题 1.4～1.10，分别将数据保存在文本文件和 Excel 文件中，然后在 LINGO 中编写优化程序，调用这些数据文件读取数据进行优化计算，实现程序与数据的分离。最后，将计算结果分别以一定格式保存到文本文件和 Excel 文件中。同时，使用 @DUAL，@RANGEU，@RANGED 等函数将敏感性分析结果也输出到同一个结果文件中。

4.3 对习题 1.4～1.10，分别将数据保存在 Excel 文件中。在 Excel 文件中直接嵌入和连接 LINGO 优化程序进行求解，将计算结果也直接保存在相应的 Excel 文件中。

4.4 对习题 2.3～2.6，每道题都包含多个类似的模型需要求解。对于每道题，将其中一个模型作为初始模型，编写 LINGO 命令脚本文件，要求完成下列功能：

(1) 将初始模型在 LINGO 中输入后保存到 LINGO 模型文件中，并将计算结果保存在到一个文本文件或 Excel 文件中；

(2) 当初始模型中只有部分内容改变时，修改模型并将修改后的模型保存在到 LINGO 模型文件中，最后将计算结果保存到一个文本文件或 Excel 文件中。

第5章 生产与服务运作管理中的优化问题

在前面4章中,主要介绍了优化模型的基本概念,以及优化软件 LINDO 和 LINGO 的基本使用方法.从本章开始,我们将介绍更多优化建模的案例,并通过 LINDO 或 LINGO 软件对这些案例进行求解.由于优化模型的应用领域是非常广泛的,实际上很难按照一个统一的标准对这类应用问题进行分类.于是我们选择了一些比较典型的专题,然后大致按照这些专题来组织章节进行介绍.

本章主要介绍生产和服务运作管理方面的一些优化问题.实际上,生产和服务运作管理的内容也是非常丰富的,几乎包含了企业管理的所有方面,前面几章介绍过的实例几乎都是这方面的例子,本书后面将要介绍的问题中很大一部分实际上也是这方面的例子.因此,这种章节安排并不表示只有本章介绍的内容才是生产和服务运作管理的典型问题,我们只是在本章中再介绍这方面的几个其他实例而已.

5.1 生产与销售计划问题

5.1.1 问题实例

例 5.1 某公司用两种原油(A 和 B)混合加工成两种汽油(甲和乙).甲、乙两种汽油含原油 A 的最低比例分别为 50% 和 60%,每吨售价分别为 4800 元和 5600 元.该公司现有原油 A 和 B 的库存量分别为 500t 和 1000t,还可以从市场上买到不超过 1500t 的原油 A.原油 A 的市场价为:购买量不超过 500t 时的单价为 10000 元/t;购买量超过 500t 但不超过 1000t 时,超过 500t 的部分 8000 元/t;购买量超过 1000t 时,超过 1000t 的部分 6000 元/t.该公司应如何安排原油的采购和加工.

5.1.2 建立模型

问题分析

安排原油采购、加工的目标是利润最大,题目中给出的是两种汽油的售价和原油 A 的采购价,利润为销售汽油的收入与购买原油 A 的支出之差.这里的难点在于原油 A 的采购价与购买量的关系比较复杂,是分段函数关系,能否及如何用线性规划、整数规划模型加以处理是关键所在.

模型建立

设原油 A 的购买量为 x(单位:t),根据题目所给数据,采购的支出 $c(x)$ 可表示为如下的分段线性函数(以下价格以千元/t为单位):

$$c(x) = \begin{cases} 10x, & 0 \leqslant x \leqslant 500, \\ 1000 + 8x, & 500 \leqslant x \leqslant 1000, \\ 3000 + 6x, & 1000 \leqslant x \leqslant 1500. \end{cases} \quad (1)$$

设原油 A 用于生产甲、乙两种汽油的数量分别为 x_{11} 和 x_{12}，原油 B 用于生产甲、乙两种汽油的数量分别为 x_{21} 和 x_{22}，则总的收入为 $4.8(x_{11} + x_{21}) + 5.6(x_{12} + x_{22})$（千元）. 于是本例的目标函数（利润）为

$$\max z = 4.8(x_{11} + x_{21}) + 5.6(x_{12} + x_{22}) - c(x). \quad (2)$$

约束条件包括加工两种汽油用的原油 A、原油 B 库存量的限制，原油 A 购买量的限制，以及两种汽油含原油 A 的比例限制，它们表示为

$$x_{11} + x_{12} \leqslant 500 + x, \quad (3)$$

$$x_{21} + x_{22} \leqslant 1000, \quad (4)$$

$$x \leqslant 1500, \quad (5)$$

$$\frac{x_{11}}{x_{11} + x_{21}} \geqslant 0.5, \quad (6)$$

$$\frac{x_{12}}{x_{12} + x_{22}} \geqslant 0.6, \quad (7)$$

$$x_{11}, x_{12}, x_{21}, x_{22}, x \geqslant 0. \quad (8)$$

由于(1)式中的 $c(x)$ 不是线性函数，(1)~(8)给出的是一个非线性规划. 而且，对于这样用分段函数定义的 $c(x)$，一般的非线性规划软件也难以输入和求解. 能不能想办法将该模型化简，从而用现成的软件求解呢？

5.1.3 求解模型

下面介绍 3 种解法.

第 1 种解法 一个自然的想法是将原油 A 的采购量 x 分解为三个量，即用 x_1, x_2, x_3 分别表示以价格 10 千元/t、8 千元/t、6 千元/t 采购的原油 A 的吨数，总支出为 $c(x) = 10x_1 + 8x_2 + 6x_3$，且

$$x = x_1 + x_2 + x_3. \quad (9)$$

这时目标函数(2)变为线性函数：

$$\max z = 4.8(x_{11} + x_{21}) + 5.6(x_{12} + x_{22}) \\ - (10x_1 + 8x_2 + 6x_3). \quad (10)$$

应该注意到，只有当以 10 千元/t 的价格购买 $x_1 = 500$(t)时，才能以 8 千元/t 的价格购买 $x_2(>0)$，这个条件可以表示为

$$(x_1 - 500)x_2 = 0. \quad (11)$$

同理，只有当以 8 千元/t 的价格购买 $x_2 = 500$(t)时，才能以 6 千元/t 的价格购买 $x_3(>0)$，

于是
$$(x_2 - 500)x_3 = 0. \tag{12}$$
此外，x_1, x_2, x_3 的取值范围是
$$0 \leqslant x_1, x_2, x_3 \leqslant 500. \tag{13}$$

由于有非线性约束(11)、(12)，(3)~(13)构成非线性规划模型. 将该模型输入LINGO 软件如下：

```
Model:
max = 4.8 * x11 + 4.8 * x21 + 5.6 * x12 + 5.6 * x22 - 10 * x1 - 8 * x2 - 6 * x3;
x11 + x12 < x + 500;
x21 + x22 < 1000;
0.5 * x11 - 0.5 * x21 > 0;
0.4 * x12 - 0.6 * x22 > 0;
x = x1 + x2 + x3;
(x1 - 500) * x2 = 0;
(x2 - 500) * x3 = 0;
@bnd(0,x1,500);
@bnd(0,x2,500);
@bnd(0,x3,500);
end
```

将文件存储并命名为 exam0501a.lg4，执行菜单命令"LINGO|Solve"，运行该程序得到

```
Local optimal solution found.
Objective value:            4800.000
Total solver iterations:          26

        Variable        Value          Reduced Cost
            X11       500.0000            0.000000
            X21       500.0000            0.000000
            X12         0.000000          0.000000
            X22         0.000000          0.000000
            X1          0.000000          0.000000
            X2          0.000000          0.000000
            X3          0.000000          0.000000
            X           0.000000          0.000000
```

最优解是用库存的 500t 原油 A、500t 原油 B 生产 1000t 汽油甲，不购买新的原油 A，利润为 4800（千元）.

但是此时 LINGO 得到的结果只是一个局部最优解（local optimal solution），还能得

到更好的解吗？

可以用菜单命令"LINGO|Options"在"Global Solver"选项卡上启动全局优化（use global solver）选项，然后重新执行菜单命令"LINGO|Solve"，运行该程序得到

```
Global optimal solution found.
Objective value:                5000.002
Extended solver steps:                 3
Total solver iterations:             187

      Variable       Value         Reduced Cost
         X11       0.000000          0.000000
         X21       0.000000          0.000000
         X12       1500.000          0.000000
         X22       1000.000          0.000000
         X1        500.0000          0.000000
         X2        499.9990          0.000000
         X3        0.9536707E-03     0.000000
         X         1000.000          0.000000
```

此时 LINGO 得到的结果是一个全局最优解（global optimal solution）：购买 1000t 原油 A，与库存的 500t 原油 A 和 1000t 原油 B 一起，共生产 2500t 汽油乙，利润为 5000（千元），高于刚刚得到的局部最优解对应的利润 4800（千元）。

第 2 种解法 引入 0-1 变量将(11)和(12)转化为线性约束。

令 $y_1=1, y_2=1, y_3=1$ 分别表示以 10 千元/t、8 千元/t、6 千元/t 的价格采购原油 A，则约束(11)和(12)可以替换为

$$500y_2 \leqslant x_1 \leqslant 500y_1, \tag{14}$$

$$500y_3 \leqslant x_2 \leqslant 500y_2, \tag{15}$$

$$x_3 \leqslant 500y_3, \tag{16}$$

$$y_1, y_2, y_3 = 0 \text{ 或 } 1. \tag{17}$$

式(3)~(10)，式(13)~(17)构成混合整数线性规划模型，将它输入 LINDO 软件（输入 LINGO 也可以，只要选择与 LINDO 兼容的程序格式就行）如下：

```
max 4.8x11 + 4.8x21 + 5.6x12 + 5.6x22 - 10x1 - 8x2 - 6x3
s.t.
x - x1 - x2 - x3 = 0
x11 + x12 - x<500
x21 + x22<1000
0.5x11 - 0.5x21>0
0.4x12 - 0.6x22>0
```

```
x1 - 500y1<0
x2 - 500y2<0
x3 - 500y3<0
x1 - 500y2>0
x2 - 500y3>0
end
int y1
int y2
int y3
```

运行该程序得到

```
OBJECTIVE FUNCTION VALUE
 1)          5000.000
    VARIABLE         VALUE          REDUCED COST
          Y1       1.000000             0.000000
          Y2       1.000000          2200.000000
          Y3       1.000000          1200.000000
         X11       0.000000             0.800000
         X21       0.000000             0.800000
         X12    1500.000000             0.000000
         X22    1000.000000             0.000000
          X1     500.000000             0.000000
          X2     500.000000             0.000000
          X3       0.000000             0.400000
           X    1000.000000             0.000000
```

这个结果与前面非线性规划模型用全局优化得到的结果相同.

第 3 种解法 直接处理分段线性函数 $c(x)$. 式(1)表示的函数 $c(x)$ 如图 5-1 所示.

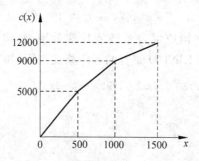

图 5-1　分段线性函数 $c(x)$ 图形

记 x 轴上的分点为 $b_1=0, b_2=500, b_3=1000, b_4=1500$. 当 x 属于第 1 个小区间 $[b_1, b_2]$ 时，记 $x=z_1 b_1+z_2 b_2, z_1+z_2=1, z_1, z_2 \geqslant 0$，因为 $c(x)$ 在 $[b_1, b_2]$ 上是线性的，所以 $c(x)=z_1 c(b_1)+z_2 c(b_2)$. 同样，当 x 属于第 2 个小区间 $[b_2, b_3]$ 时，$x=z_2 b_2+z_3 b_3, z_2+z_3=1$，$z_2, z_3 \geqslant 0, c(x)=z_2 c(b_2)+z_3 c(b_3)$. 当 x 属于第 3 个小区间 $[b_3, b_4]$ 时，$x=z_3 b_3+z_4 b_4$，$z_3+z_4=1, z_3, z_4 \geqslant 0, c(x)=z_3 c(b_3)+z_4 c(b_4)$. 为了表示 x 在哪个小区间，引入 0-1 变量 $y_k (k=1,2,3)$，当 x 在第 k 个小区间时，$y_k=1$，否则，$y_k=0$. 这样，$z_1, z_2, z_3, z_4, y_1, y_2, y_3$ 应满足

$$z_1 \leqslant y_1, \quad z_2 \leqslant y_1+y_2, \quad z_3 \leqslant y_2+y_3, \quad z_4 \leqslant y_3, \tag{18}$$

$$z_1+z_2+z_3+z_4=1, \quad z_k \geqslant 0 \ (k=1,2,3,4), \tag{19}$$

$$y_1+y_2+y_3=1, \quad y_1, y_2, y_3=0 \ \text{或}\ 1, \tag{20}$$

此时 x 和 $c(x)$ 可以统一地表示为

$$x = z_1 b_1+z_2 b_2+z_3 b_3+z_4 b_4 = 500 z_2+1000 z_3+1500 z_4, \tag{21}$$

$$\begin{aligned} c(x) &= z_1 c(b_1)+z_2 c(b_2)+z_3 c(b_3)+z_4 c(b_4) \\ &= 5000 z_2+9000 z_3+12000 z_4. \end{aligned} \tag{22}$$

式(2)~(9)，式(18)~(22)也构成一个混合整数线性规划模型，可以用 LINDO 求解. 不过，我们还是将它输入 LINGO 软件，因为其扩展性更好（即当分段函数的分段数更多时，只需要对下面程序作很小的改动）. 输入的 LINGO 模型如下：

```
Model:
SETS:
Points/1..4/: b,c,y,z;! 端点数为 4,即分段数为 3;
ENDSETS
DATA:
b = 0 500 1000 1500;
c = 0 5000 9000 12000;
y = , , ,0;! 增加的虚拟变量 y(4) = 0;
ENDDATA
max = 4.8 * x11 + 4.8 * x21 + 5.6 * x12 + 5.6 * x22 - @sum(Points: c * z);
x11 + x12 < x + 500;
x21 + x22 < 1000;
0.5 * x11 - 0.5 * x21 > 0;
0.4 * x12 - 0.6 * x22 > 0;
@sum(Points: b * z) = x;
@for(Points(i)|i#eq#1: z(i) < = y(i));
@for(Points(i)|i#ne#1: z(i) < = y(i-1) + y(i));
@sum(Points: y) = 1;
@sum(Points: z) = 1;
```

```
@for(Points: @bin(y));
end
```

求解,得到的结果如下(略去已知参数 b 和 c 的显示结果):

```
Global optimal solution found.
Objective value:              5000.000
Extended solver steps:               0
Total solver iterations:            28
```

Variable	Value	Reduced Cost
X11	0.000000	0.000000
X21	0.000000	1.600000
X12	1500.000	0.000000
X22	1000.000	0.000000
X	1000.000	0.000000
Y(1)	0.000000	−4600.000
Y(2)	0.000000	−1200.000
Y(3)	1.000000	0.000000
Y(4)	0.000000	0.000000
Z(1)	0.000000	0.000000
Z(2)	0.000000	0.000000
Z(3)	1.000000	0.000000
Z(4)	0.000000	200.0000

可见,得到的最优解和最优值与第 2 种解法相同.

备注 这个问题的关键是处理分段线性函数,我们推荐化为整数线性规划模型的第 2 和第 3 种解法,第 3 种解法更具一般性,其做法如下.

设一个 n 段线性函数 $f(x)$ 的分点为 $b_1 \leqslant \cdots \leqslant b_n \leqslant b_{n+1}$,引入 z_k 将 x 和 $f(x)$ 表示为

$$x = \sum_{k=1}^{n+1} z_k b_k, \tag{23}$$

$$f(x) = \sum_{k=1}^{n+1} z_k f(b_k). \tag{24}$$

z_k 和 0-1 变量 y_k 满足

$$z_1 \leqslant y_1, \quad z_2 \leqslant y_1 + y_2, \quad \cdots, \quad z_n \leqslant y_{n-1} + y_n, \quad z_{n+1} \leqslant y_n, \tag{25}$$

$$y_1 + y_2 + \cdots + y_n = 1, \quad y_k = 0 \text{ 或 } 1, \tag{26}$$

$$z_1 + z_2 + \cdots + z_{n+1} = 1, \quad z_k \geqslant 0 \ (k=1,2,\cdots,n+1). \tag{27}$$

5.2 有瓶颈设备的多级生产计划问题

5.2.1 问题实例

在制造企业的中期或短期生产计划管理中,常常要考虑如下的生产计划优化问题:在给定的外部需求和生产能力等限制条件下,按照一定的生产目标(通常是生产总费用最小)编制未来若干个生产周期的最优生产计划,这种问题在文献上一般称为批量问题(lotsizing problems). 所谓某一产品的生产批量(lotsize),就是每通过一次生产准备(订货或换产)生产该产品时的生产数量,它同时决定了库存水平. 由于实际生产环境的复杂性,如需求的动态性,生产费用的非线性,生产工艺过程和产品网络结构的复杂性,生产能力的限制,以及车间层生产排序的复杂性等,批量问题是一个非常复杂、非常困难的问题.

我们通过下面的具体实例来说明这种多级生产计划问题的优化模型. 这里"多级"的意思是需要考虑产品是通过多个生产阶段(工艺过程)生产出来的.

例 5.2 某工厂的主要任务是通过组装生产产品 A,用于满足外部市场需求. 产品 A 的构成与组装过程见图 5-2,即 D,E,F,G 是从外部采购的零件,先将零件 D,E 组装成部件 B,零件 F,G 组装成部件 C,然后将部件 B,C 组装成产品 A 出售. 图中弧上的数字表示的是组装时部件(或产品)中包含的零件(或部件)的数量(可以称为消耗系数),例如 DB 线段上的数字"9"表示组装 1 个部件 B 需要用到 9 个零件 D;BA 线段上的数字"5"表示组装 1 件产品 A 需要用到 5 个部件 B;依此类推.

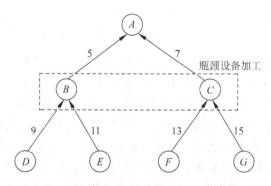

图 5-2 产品构成与组装过程图

假设该工厂每次生产计划的计划期为 6 周(即每次制定未来 6 周的生产计划),只有最终产品 A 有外部需求,目前收到的订单的需求件数按周的分布如表 5-1 第 2 行所示. 部件 B,C 是在该工厂最关键的设备(可以称为瓶颈设备)上组装出来的,瓶颈设备的生产能力非常紧张,具体可供能力如表 5-1 第 3 行所示(第 2 周设备检修,不能使用). B,C 的能力消耗系数分别为 5 和 8, 即生产 1 件 B 需要占用 5 个单位的能力, 生产 1 件 C 需要占用 8 个单位的能力.

表 5-1 生产计划的原始数据

周次	1	2	3	4	5	6	
A 的外部需求	40	0	100	0	90	10	
瓶颈能力	10000	0	5000	5000	1000	1000	
零部件编号	A	B	C	D	E	F	G
生产准备费用	400	500	1000	300	200	400	100
单件库存费用	12	0.6	1.0	0.04	0.03	0.04	0.04

对于每种零部件或产品, 如果工厂在某一周订购或者生产该零部件或产品, 工厂需要付出一个与订购或生产数量无关的固定成本(称为生产准备费用); 如果某一周结束时该零部件或产品有库存存在, 则工厂必须付出一定的库存费用(与库存数量成正比). 这些数据在表 5-1 第 5、6 行给出.

按照工厂的信誉要求, 目前接收的所有订单到期必须全部交货, 不能有缺货发生; 此外, 不妨简单地假设目前该企业没有任何零部件或产品库存, 也不希望第 6 周结束后留下任何零部件或产品库存. 最后, 假设不考虑生产提前期, 即假设当周采购的零件马上就可用于组装, 组装出来的部件也可以马上用于当周组装成品 A.

在上述假设和所给数据下, 如何制定未来 6 周的生产计划?

5.2.2 建立模型

问题分析

这个实例考虑的是在有限的计划期内, 给定产品结构、生产能力和相关费用及零部件或成品(以下统称为生产项目)在离散的时间段上(这里是周, 也可以是天、月等)的外部需求之后, 确定每一生产项目在每一时间段上的生产量(即批量), 使总费用最小. 由于每一生产项目在每一时间段上生产时必须经过生产准备(setup), 所以通常的讨论中总费用至少应考虑生产准备费用和库存费用. 其实, 细心的读者一定会问: 是否需要考虑生产的直接成本(如原材料成本、人力成本、电力成本等)? 这是因为本例中假设了不能有缺货发生, 且计划初期和末期的库存都是 0, 因此在这个 6 周的计划期内 A 的总产量一定正好等于 A 的总需求, 所以可以认为相应的直接生产成本是一个常数, 因此就不予考虑了. 只要理解了我们下面建立优化模型的过程和思想, 对于放松这些假定条件以后的情形, 也是很容易类似地建立优化模型的.

符号说明

为了建立这类问题的一般模型, 我们定义如下数学符号:

N——生产项目总数(本例中 $N=7$);

T——计划期长度(本例中 $T=6$);

K——瓶颈资源种类数(本例中 $K=1$);

M——一个充分大的正数,在模型中起到使模型线性化的作用;

$d_{i,t}$——项目 i 在 t 时段的外部需求(本例中只有产品 A 有外部需求);

$X_{i,t}$——项目 i 在 t 时段的生产批量;

$I_{i,t}$——项目 i 在 t 时段的库存量;

$Y_{i,t}$——项目 i 在 t 时段是否生产的标志(0:不生产,1:生产);

$S(i)$——产品结构中项目 i 的直接后继项目集合;

$r_{i,j}$——产品结构中项目 j 对项目 i 的消耗系数;

$s_{i,t}$——项目 i 在 t 时段生产时的生产准备费用;

$h_{i,t}$——项目 i 在 t 时段的单件库存费用;

$C_{k,t}$——资源 k 在 t 时段的能力上限;

$a_{k,i,t}$——项目 i 在 t 时段生产时,生产单个项目占用资源 k 的能力;

$\delta(x)$——此函数当且仅当 $x>0$ 时取值 1,否则取值 0.

在上述数学符号中,只有 $X_{i,t}, I_{i,t}, Y_{i,t}$ 为决策变量,其余均为已知的计划参数.其实,真正的生产计划只是要求确定 $X_{i,t}$ 就可以了,因为知道 $X_{i,t}$ 以后 $I_{i,t}, Y_{i,t}$ 也就自然确定了.另外,在我们的具体例子中参数 $s_{i,t}, h_{i,t}, a_{k,i,t}$ 其实只与项目 i 有关,而不随时段 t 变化,我们这里加上下标 t 只是为了使模型能够更一般化.

目标函数

这个问题的目标是使生产准备费用和库存费用的总和最小.因此,目标函数应该是每个项目在每个时段上的生产准备费用和库存费用的总和,即

$$\sum_{i=1}^{N}\sum_{t=1}^{T}(s_{i,t}Y_{i,t}+h_{i,t}I_{i,t}). \tag{28}$$

约束条件

这个问题中的约束有如下几类:每个项目的物流应该守恒、资源能力限制应该满足、每时段生产某项目前必须经过生产准备和非负约束(对 $Y_{i,t}$ 是 0-1 约束).

所谓物流守恒,是指对每个时段、每个项目(图中一个节点)而言,该项目在上一个时段的库存量加上当前时段的生产量,减去该项目当前时段用于满足外部需求的量和用于组装其他项目(直接后继项目)的量,应当等于当前时段的库存量.具体可以写成如下表达式(假设 $I_{i,0}=0$):

$$I_{i,t-1}+X_{i,t}-I_{i,t}=d_{i,t}+\sum_{j\in S(i)}r_{i,j}X_{j,t},$$
$$i=1,2,\cdots,N, \quad t=1,2,\cdots,T. \tag{29}$$

资源能力限制比较容易理解,即

$$\sum_{i=1}^{N} a_{k,i,t} X_{i,t} \leqslant C_{k,t}, \quad k=1,2,\cdots,K, \quad t=1,2,\cdots,T. \tag{30}$$

每时段生产某项目前必须经过生产准备,也就是说当 $X_{i,t}=0$ 时 $Y_{i,t}=0$;$X_{i,t}>0$ 时 $Y_{i,t}=1$.这本来是一个非线性约束,但是通过引入参数 M(很大的正数,表示每个项目每个时段的最大产量)可以化成线性约束,即

$$0 \leqslant X_{i,t} \leqslant MY_{i,t}, \quad Y_{i,t} \in \{0,1\}, I_{i,t} \geqslant 0,$$
$$i=1,2,\cdots,N, \quad t=1,2,\cdots,T. \tag{31}$$

总结上面的讨论,这个问题的优化模型就是在约束(29)、(30)、(31)下使目标函数(28)达到最小.这可以认为是一个混合整数规划模型(因为产量一般较大,可以把 $X_{i,t}$ 和 $I_{i,t}$ 看成连续变量(实数)求解,而只有 $Y_{i,t}$ 为 0-1 变量).

5.2.3 求解模型

本例中生产项目总数 $N=7$(分别用 1~7 表示项目 A,B,C,D,E,F,G),计划期长度 $T=6$(周),瓶颈资源种类数 $K=1$.只有 A 有外部需求,所以 $d_{i,t}$ 中只有 $d_{1,t}$ 可以取非零需求,即表 5-1 中的第 2 行的数据,其他 $d_{i,t}$ 全部为零.参数 $s_{i,t},h_{i,t}$ 只与项目 i 有关,而不随时段 t 变化,所以可以略去下标 t,其数值就是表 5-1 中的最后两行数据.由于只有一种资源,参数 $C_{k,t}$ 可以略去下标 k,其数值就是表 5-1 中的第 3 行的数据;而 $a_{k,i,t}$ 只与项目 i 有关,而不随时段 t 变化,所以可以同时略去下标 k 和 t,即 $a_2=5, a_3=8$(其他 a_i 为 0).从图 6-2 中容易得到项目 i 的直接后继项目集合 $S(i)$ 和消耗系数 $r_{i,j}$.

为了进一步将数据与模型分离,我们先准备以下的数据文件(文本文件 exam0502.LDT,可以看到其中也可以含有注释语句):

```
!项目集合;
A B C D E F G~
!计划期集合;
1 2 3 4 5 6~
!需求;
40   0   100   0    90    10
0    0   0     0    0     0
0    0   0     0    0     0
0    0   0     0    0     0
0    0   0     0    0     0
0    0   0     0    0     0
0    0   0     0    0     0~
!能力;
10000 0 5000 5000 1000 1000~
!生产准备费;
```

400 500 1000 300 200 400 100~
!库存费;
12 0.6 1.0 0.04 0.03 0.04 0.04~
!对能力的消耗系数;
0 5 8 0 0 0 0~
!项目间的消耗系数:req(i,j)表示 j 用到多少 i;
0 0 0 0 0 0 0
5 0 0 0 0 0 0
7 0 0 0 0 0 0
0 9 0 0 0 0 0
0 11 0 0 0 0 0
0 0 13 0 0 0 0
0 0 15 0 0 0 0
!数据结束;

对本例,A 的外部总需求为 240,所以任何项目的产量不会超过 $240 \times 7 \times 15 < 26000$(从图 6-2 可以知道,这里 7×15 已经是每件产品 A 对任意一个项目的最大的消耗系数了),所以取 $M = 26000$ 就已经足够了.

于是,本例中的具体模型可以如下输入 LINGO 软件:

```
MODEL:
TITLE 瓶颈设备的多级生产计划;
!从文本文件 exam0502.LDT 中读取数据;
SETS:
! PART = 项目集合,Setup = 生产准备费,Hold = 单件库存成本,
   A = 对瓶颈资源的消耗系数;
PART/ @FILE('exam0502.LDT')/ : Setup,Hold,A;
! TIME = 计划期集合,Capacity = 瓶颈设备的能力;
TIME / @FILE('exam0502.LDT')/ : Capacity;
! USES = 项目结构关系,Req = 项目之间的消耗系数;
USES(PART,PART): Req;
! PXT = 项目与时间的派生集合,Demand = 外部需求,
   X = 产量(批量),Y = 0/1 变量,INV = 库存;
PXT(PART,TIME): Demand,X,Y,Inv;
ENDSETS
!目标函数;
[OBJ] Min = @sum(PXT(i,t):
    setup(i) * Y(i,t) + hold(i) * Inv(i,t));
!物流平衡方程;
@FOR(PXT(i,t)| t #NE# 1 :[Bal]
```

```
       Inv(i,t-1) + X(i,t) - Inv(i,t) = Demand(i,t) +
           @SUM(USES(i,j): Req(i,j) * X(j,t)));
@FOR(PXT(i,t)| t #eq# 1 : [Ba0]
       X(i,t) - Inv(i,t) = Demand(i,t) +
           @SUM(USES(i,j): Req(i,j) * X(j,t)));
! 能力约束;
@FOR(TIME(t):
       [Cap] @SUM(PART(i): A(i) * X(i,t))<Capacity(t));
! 其他约束;
M = 26000;
@FOR(PXT(i,t): X(i,t) <= M * Y(i,t));
@FOR(PXT: @BIN(Y));
DATA:
Demand = @FILE( 'exam0502.LDT');
Capacity = @FILE( 'exam0502.LDT');
Setup = @FILE( 'exam0502.LDT');
Hold = @FILE( 'exam0502.LDT');
A = @FILE( 'exam0502.LDT');
Req = @FILE( 'exam0502.LDT');
ENDDATA
END
```

注意：由于本例有 42 个 0-1 变量，LINGO 演示版是无法求解的（如果您只有演示版软件，建议将本例规模缩小再求解，例如只求解前 4 周的生产计划）。由于这是一个线性规划，我们可以使用"LINGO|Generate|Display Model"菜单命令，可以看到此时相应的 LINDO 模型应当是

```
min    400 Y_A_1 + 12 INV_A_1 + 400 Y_A_2 + 12 INV_A_2
     + 400 Y_A_3 + 12 INV_A_3 + 400 Y_A_4 + 12 INV_A_4
     + 400 Y_A_5 + 12 INV_A_5 + 400 Y_A_6 + 12 INV_A_6
     + 500 Y_B_1 + .6 INV_B_1 + 500 Y_B_2 + .6 INV_B_2
     + 500 Y_B_3 + .6 INV_B_3 + 500 Y_B_4 + .6 INV_B_4
     + 500 Y_B_5 + .6 INV_B_5 + 500 Y_B_6 + .6 INV_B_6
     + 1000 Y_C_1 + INV_C_1 + 1000 Y_C_2 + INV_C_2
     + 1000 Y_C_3 + INV_C_3 + 1000 Y_C_4 + INV_C_4
     + 1000 Y_C_5 + INV_C_5 + 1000 Y_C_6 + INV_C_6
     + 300 Y_D_1 + .04 INV_D_1 + 300 Y_D_2 + .04 INV_D_2
     + 300 Y_D_3 + .04 INV_D_3 + 300 Y_D_4 + .04 INV_D_4
     + 300 Y_D_5 + .04 INV_D_5 + 300 Y_D_6 + .04 INV_D_6
     + 200 Y_E_1 + .03 INV_E_1 + 200 Y_E_2 + .03 INV_E_2
```

5.2 有瓶颈设备的多级生产计划问题

```
          + 200 Y_E_3 + .03 INV_E_3 + 200 Y_E_4 + .03 INV_E_4
          + 200 Y_E_5 + .03 INV_E_5 + 200 Y_E_6 + .03 INV_E_6
          + 400 Y_F_1 + .04 INV_F_1 + 400 Y_F_2 + .04 INV_F_2
          + 400 Y_F_3 + .04 INV_F_3 + 400 Y_F_4 + .04 INV_F_4
          + 400 Y_F_5 + .04 INV_F_5 + 400 Y_F_6 + .04 INV_F_6
          + 100 Y_G_1 + .04 INV_G_1 + 100 Y_G_2 + .04 INV_G_2
          + 100 Y_G_3 + .04 INV_G_3 + 100 Y_G_4 + .04 INV_G_4
          + 100 Y_G_5 + .04 INV_G_5 + 100 Y_G_6 + .04 INV_G_6
SUBJECT TO
  BAL_A_2) INV_A_1 + X_A_2 - INV_A_2 =        0
  BAL_A_3) INV_A_2 + X_A_3 - INV_A_3 =      100
  BAL_A_4) INV_A_3 + X_A_4 - INV_A_4 =        0
  BAL_A_5) INV_A_4 + X_A_5 - INV_A_5 =       90
  BAL_A_6) INV_A_5 + X_A_6 - INV_A_6 =       10
  BAL_B_2) - 5 X_A_2 + INV_B_1 + X_B_2 - INV_B_2 =    0
  BAL_B_3) - 5 X_A_3 + INV_B_2 + X_B_3 - INV_B_3 =    0
  BAL_B_4) - 5 X_A_4 + INV_B_3 + X_B_4 - INV_B_4 =    0
  BAL_B_5) - 5 X_A_5 + INV_B_4 + X_B_5 - INV_B_5 =    0
  BAL_B_6) - 5 X_A_6 + INV_B_5 + X_B_6 - INV_B_6 =    0
  BAL_C_2) - 7 X_A_2 + INV_C_1 + X_C_2 - INV_C_2 =    0
  BAL_C_3) - 7 X_A_3 + INV_C_2 + X_C_3 - INV_C_3 =    0
  BAL_C_4) - 7 X_A_4 + INV_C_3 + X_C_4 - INV_C_4 =    0
  BAL_C_5) - 7 X_A_5 + INV_C_4 + X_C_5 - INV_C_5 =    0
  BAL_C_6) - 7 X_A_6 + INV_C_5 + X_C_6 - INV_C_6 =    0
  BAL_D_2) - 9 X_B_2 + INV_D_1 + X_D_2 - INV_D_2 =    0
  BAL_D_3) - 9 X_B_3 + INV_D_2 + X_D_3 - INV_D_3 =    0
  BAL_D_4) - 9 X_B_4 + INV_D_3 + X_D_4 - INV_D_4 =    0
  BAL_D_5) - 9 X_B_5 + INV_D_4 + X_D_5 - INV_D_5 =    0
  BAL_D_6) - 9 X_B_6 + INV_D_5 + X_D_6 - INV_D_6 =    0
  BAL_E_2) - 11 X_B_2 + INV_E_1 + X_E_2 - INV_E_2 =   0
  BAL_E_3) - 11 X_B_3 + INV_E_2 + X_E_3 - INV_E_3 =   0
  BAL_E_4) - 11 X_B_4 + INV_E_3 + X_E_4 - INV_E_4 =   0
  BAL_E_5) - 11 X_B_5 + INV_E_4 + X_E_5 - INV_E_5 =   0
  BAL_E_6) - 11 X_B_6 + INV_E_5 + X_E_6 - INV_E_6 =   0
  BAL_F_2) - 13 X_C_2 + INV_F_1 + X_F_2 - INV_F_2 =   0
  BAL_F_3) - 13 X_C_3 + INV_F_2 + X_F_3 - INV_F_3 =   0
  BAL_F_4) - 13 X_C_4 + INV_F_3 + X_F_4 - INV_F_4 =   0
  BAL_F_5) - 13 X_C_5 + INV_F_4 + X_F_5 - INV_F_5 =   0
  BAL_F_6) - 13 X_C_6 + INV_F_5 + X_F_6 - INV_F_6 =   0
  BAL_G_2) - 15 X_C_2 + INV_G_1 + X_G_2 - INV_G_2 =   0
  BAL_G_3) - 15 X_C_3 + INV_G_2 + X_G_3 - INV_G_3 =   0
```

BAL_G_4) − 15 X_C_4 + INV_G_3 + X_G_4 − INV_G_4 = 0
BAL_G_5) − 15 X_C_5 + INV_G_4 + X_G_5 − INV_G_5 = 0
BAL_G_6) − 15 X_C_6 + INV_G_5 + X_G_6 − INV_G_6 = 0
BA0_A_1) X_A_1 − INV_A_1 = 40
BA0_B_1) − 5 X_A_1 + X_B_1 − INV_B_1 = 0
BA0_C_1) − 7 X_A_1 + X_C_1 − INV_C_1 = 0
BA0_D_1) − 9 X_B_1 + X_D_1 − INV_D_1 = 0
BA0_E_1) − 11 X_B_1 + X_E_1 − INV_E_1 = 0
BA0_F_1) − 13 X_C_1 + X_F_1 − INV_F_1 = 0
BA0_G_1) − 15 X_C_1 + X_G_1 − INV_G_1 = 0
CAP_1) 5 X_B_1 + 8 X_C_1 <= 10000
CAP_2) 5 X_B_2 + 8 X_C_2 <= 0
CAP_3) 5 X_B_3 + 8 X_C_3 <= 5000
CAP_4) 5 X_B_4 + 8 X_C_4 <= 5000
CAP_5) 5 X_B_5 + 8 X_C_5 <= 1000
CAP_6) 5 X_B_6 + 8 X_C_6 <= 1000
51) X_A_1 − 26000 Y_A_1 <= 0
52) X_A_2 − 26000 Y_A_2 <= 0
53) X_A_3 − 26000 Y_A_3 <= 0
54) X_A_4 − 26000 Y_A_4 <= 0
55) X_A_5 − 26000 Y_A_5 <= 0
56) X_A_6 − 26000 Y_A_6 <= 0
57) X_B_1 − 26000 Y_B_1 <= 0
58) X_B_2 − 26000 Y_B_2 <= 0
59) X_B_3 − 26000 Y_B_3 <= 0
60) X_B_4 − 26000 Y_B_4 <= 0
61) X_B_5 − 26000 Y_B_5 <= 0
62) X_B_6 − 26000 Y_B_6 <= 0
63) X_C_1 − 26000 Y_C_1 <= 0
64) X_C_2 − 26000 Y_C_2 <= 0
65) X_C_3 − 26000 Y_C_3 <= 0
66) X_C_4 − 26000 Y_C_4 <= 0
67) X_C_5 − 26000 Y_C_5 <= 0
68) X_C_6 − 26000 Y_C_6 <= 0
69) X_D_1 − 26000 Y_D_1 <= 0
70) X_D_2 − 26000 Y_D_2 <= 0
71) X_D_3 − 26000 Y_D_3 <= 0
72) X_D_4 − 26000 Y_D_4 <= 0
73) X_D_5 − 26000 Y_D_5 <= 0
74) X_D_6 − 26000 Y_D_6 <= 0
75) X_E_1 − 26000 Y_E_1 <= 0

76) X_E_2 - 26000 Y_E_2 <=   0
77) X_E_3 - 26000 Y_E_3 <=   0
78) X_E_4 - 26000 Y_E_4 <=   0
79) X_E_5 - 26000 Y_E_5 <=   0
80) X_E_6 - 26000 Y_E_6 <=   0
81) X_F_1 - 26000 Y_F_1 <=   0
82) X_F_2 - 26000 Y_F_2 <=   0
83) X_F_3 - 26000 Y_F_3 <=   0
84) X_F_4 - 26000 Y_F_4 <=   0
85) X_F_5 - 26000 Y_F_5 <=   0
86) X_F_6 - 26000 Y_F_6 <=   0
87) X_G_1 - 26000 Y_G_1 <=   0
88) X_G_2 - 26000 Y_G_2 <=   0
89) X_G_3 - 26000 Y_G_3 <=   0
90) X_G_4 - 26000 Y_G_4 <=   0
91) X_G_5 - 26000 Y_G_5 <=   0
92) X_G_6 - 26000 Y_G_6 <=   0
END
INT Y_A_1
INT Y_A_2
INT Y_A_3
INT Y_A_4
INT Y_A_5
INT Y_A_6
INT Y_B_1
INT Y_B_2
INT Y_B_3
INT Y_B_4
INT Y_B_5
INT Y_B_6
INT Y_C_1
INT Y_C_2
INT Y_C_3
INT Y_C_4
INT Y_C_5
INT Y_C_6
INT Y_D_1
INT Y_D_2
INT Y_D_3
INT Y_D_4
INT Y_D_5

```
INT Y_D_6
INT Y_E_1
INT Y_E_2
INT Y_E_3
INT Y_E_4
INT Y_E_5
INT Y_E_6
INT Y_F_1
INT Y_F_2
INT Y_F_3
INT Y_F_4
INT Y_F_5
INT Y_F_6
INT Y_G_1
INT Y_G_2
INT Y_G_3
INT Y_G_4
INT Y_G_5
INT Y_G_6
```

此时可用 LINDO 求解这个模型,得到最优目标函数值为 9245. 利用 LINDO 的菜单命令 REPORT|SOLUTIONS,并选择只显示非零变量的值(nonzeros),最优解的结果显示如下:

```
OBJECTIVE FUNCTION VALUE
    1)        9245.000
        VARIABLE         VALUE          REDUCED COST
          Y_A_1         1.000000          400.000000
          Y_A_3         1.000000          400.000000
          Y_A_5         1.000000          400.000000
          Y_B_1         1.000000          500.000000
          Y_B_3         1.000000          500.000000
          Y_C_1         1.000000         1000.000000
          Y_C_4         1.000000         1000.000000
          Y_D_1         1.000000          300.000000
          Y_D_3         1.000000          300.000000
          Y_E_1         1.000000          200.000000
          Y_E_3         1.000000          200.000000
          Y_F_1         1.000000          400.000000
          Y_F_4         1.000000          400.000000
```

5.2 有瓶颈设备的多级生产计划问题

Y_G_1	1.000000	100.000000
Y_G_4	1.000000	100.000000
INV_A_5	10.000000	0.000000
INV_B_3	500.000000	0.000000
INV_B_4	500.000000	0.000000
INV_C_1	775.000000	0.000000
INV_C_2	775.000000	0.000000
INV_C_3	75.000000	0.000000
INV_C_4	700.000000	0.000000
X_A_3	100.000000	0.000000
X_A_5	100.000000	0.000000
X_B_3	1000.000000	0.000000
X_C_4	625.000000	0.000000
X_D_3	9000.000000	0.000000
X_E_3	11000.000000	0.000000
X_F_4	8125.000000	0.000000
X_G_4	9375.000000	0.000000
X_A_1	40.000000	0.000000
X_B_1	200.000000	0.000000
X_C_1	1055.000000	0.000000
X_D_1	1800.000000	0.000000
X_E_1	2200.000000	0.000000
X_F_1	13715.000000	0.000000
X_G_1	15825.000000	0.000000

这就是本例问题的计算结果(见表 5-2，只列出生产产量 X，空格表示不生产，即产量为 0).

表 5-2 生产计划的最后结果

周次	1	2	3	4	5	6
A 的产量	40		100	100		
B 的产量	200		1000			
C 的产量	1055			625		
D 的产量	1800		9000			
E 的产量	2200		11000			
F 的产量	13715			8125		
G 的产量	15825			9375		

5.3 下料问题

生产中常会遇到通过切割、剪裁、冲压等手段,将原材料加工成所需大小.按照工艺要求,确定下料方案,使用料最省或利润最大,是典型的优化问题,一般称为原料下料(cutting stock)问题.本节通过两个实例讨论用数学规划模型解决这类问题的方法.

5.3.1 钢管下料问题

例 5.3 某钢管零售商从钢管厂进货,将钢管按照顾客的要求切割后售出.从钢管厂进货时得到的原料钢管都是 19m 长.

(1) 现有一客户需要 50 根 4m 长、20 根 6m 长和 15 根 8m 长的钢管.应如何下料最节省?

(2) 零售商如果采用的不同切割模式太多,将会导致生产过程的复杂化,从而增加生产和管理成本,所以该零售商规定采用的不同切割模式不能超过 3 种.此外,该客户除需要(1)中的三种钢管外,还需要 10 根 5m 长的钢管.应如何下料最节省?

问题(1)的求解

问题分析

首先,应当确定哪些切割模式是可行的.所谓一个切割模式,是指按照客户需要在原料钢管上安排切割的一种组合.例如,我们可以将 19m 长钢管切割成 3 根 4m 长的钢管,余料为 7m;或者将 19m 长的钢管切割成 4m、6m 和 8m 长的钢管各 1 根,余料为 1m.显然,可行的切割模式是很多的.

其次,应当确定哪些切割模式是合理的.通常假设一个合理的切割模式的余料不应该大于或等于客户需要的钢管的最小尺寸.例如,将 19m 长的钢管切割成 3 根 4m 的钢管是可行的,但余料为 7m,可以进一步将 7m 的余料切割成 4m 钢管(余料为 3m),或者将 7m 的余料切割成 6m 钢管(余料为 1m).在这种合理性假设下,切割模式一共有 7 种,如表 5-3 所示.

表 5-3 钢管下料的合理切割模式

	4m 钢管根数	6m 钢管根数	8m 钢管根数	余料/m
模式 1	4	0	0	3
模式 2	3	1	0	1
模式 3	2	0	1	3
模式 4	1	2	0	3
模式 5	1	1	1	1
模式 6	0	3	0	1
模式 7	0	0	2	3

问题化为在满足客户需要的条件下,按照哪些种合理的模式,切割多少根原料钢管,最为节省.而所谓节省,可以有两种标准,一是切割后剩余的总余料量最小,二是切割原料钢管的总根数最少.下面将对这两个目标分别讨论.

模型建立

决策变量:用 x_i 表示按照第 i 种模式 ($i=1,2,\cdots,7$) 切割的原料钢管的根数,显然它们应当是非负整数.

决策目标:以切割后剩余的总余料量最小为目标,则由表 5-3 可得

$$\min Z_1 = 3x_1 + x_2 + 3x_3 + 3x_4 + x_5 + x_6 + 3x_7. \tag{32}$$

以切割原料钢管的总根数最少为目标,则有

$$\min Z_2 = x_1 + x_2 + x_3 + x_4 + x_5 + x_6 + x_7. \tag{33}$$

下面分别在这两种目标下求解.

约束条件:为满足客户的需求,按照表 5-3 应有

$$4x_1 + 3x_2 + 2x_3 + x_4 + x_5 \geqslant 50, \tag{34}$$

$$x_2 + 2x_4 + x_5 + 3x_6 \geqslant 20, \tag{35}$$

$$x_3 + x_5 + 2x_7 \geqslant 15. \tag{36}$$

模型求解

(1) 将式(32)、(34)~(36)构成的整数线性规划模型(加上整数约束)输入 LINDO 如下:

```
Title 钢管下料 - 最小化余量
min 3x1 + x2 + 3x3 + 3x4 + x5 + x6 + 3x7
s.t.
    4x1 + 3x2 + 2x3 + x4 + x5           >= 50
          x2 +      2x4 + x5 + 3x6      >= 20
                x3      + x5      + 2x7 >= 15
end
gin 7
```

求解可以得到最优解如下:

OBJECTIVE FUNCTION VALUE

1)   27.00000

VARIABLE	VALUE	REDUCED COST
X1	0.000000	3.000000
X2	12.000000	1.000000
X3	0.000000	3.000000
X4	0.000000	3.000000

X5	15.000000	1.000000
X6	0.000000	1.000000
X7	0.000000	3.000000

即按照模式 2 切割 12 根原料钢管,按照模式 5 切割 15 根原料钢管,共 27 根,总余料量为 27m. 显然,在总余料量最小的目标下,最优解将是使用余料尽可能小的切割模式(模式 2 和模式 5 的余料为 1m),这会导致切割原料钢管的总根数较多.

2. 将式 (33)~(36) 构成的整数线性规划模型(加上整数约束)输入 LINDO:

```
Title 钢管下料 - 最小化钢管根数
min   x1 + x2 + x3 + x4 + x5 + x6 + x7
s.t.
  4x1 + 3x2 + 2x3 + x4 + x5           >= 50
        x2 +       2x4 + x5 + 3x6     >= 20
              x3       + x5    + 2x7  >= 15
end
gin 7
```

求解,可以得到最优解如下:

```
OBJECTIVE FUNCTION VALUE
  1)        25.00000
     VARIABLE       VALUE         REDUCED COST
         X1        0.000000         1.000000
         X2       15.000000         1.000000
         X3        0.000000         1.000000
         X4        0.000000         1.000000
         X5        5.000000         1.000000
         X6        0.000000         1.000000
         X7        5.000000         1.000000
```

即按照模式 2 切割 15 根原料钢管,按模式 5 切割 5 根,按模式 7 切割 5 根,共 25 根,可算出总余料量为 35m. 与上面得到的结果相比,总余料量增加了 8m,但是所用的原料钢管的总根数减少了 2 根. 在余料没有什么用途的情况下,通常选择总根数最少为目标.

问题(2)的求解

问题分析

按照解问题(1)的思路,可以通过枚举法首先确定哪些切割模式是可行的. 但由于需求的钢管规格增加到 4 种,所以枚举法的工作量较大. 下面介绍的整数非线性规划模型,可以同时确定切割模式和切割计划,是带有普遍性的方法.

同问题(1)类似,一个合理的切割模式的余料不应该大于或等于客户需要的钢管的最小尺寸(本题中为 4m),切割计划中只使用合理的切割模式,而由于本题中参数都是整数,所以合理的切割模式的余量不能大于 3m. 此外,这里我们仅选择总根数最少为目标进行求解.

模型建立

决策变量:由于不同切割模式不能超过 3 种,可以用 x_i 表示按照第 i 种模式($i=1,2,3$)切割的原料钢管的根数,显然它们应当是非负整数. 设所使用的第 i 种切割模式下每根原料钢管生产 4m 长、5m 长、6m 长和 8m 长的钢管数量分别为 $r_{1i}, r_{2i}, r_{3i}, r_{4i}$(非负整数).

决策目标:以切割原料钢管的总根数最少为目标,即目标为

$$\min x_1 + x_2 + x_3. \tag{37}$$

约束条件:为满足客户的需求,应有

$$r_{11}x_1 + r_{12}x_2 + r_{13}x_3 \geqslant 50, \tag{38}$$

$$r_{21}x_1 + r_{22}x_2 + r_{23}x_3 \geqslant 10, \tag{39}$$

$$r_{31}x_1 + r_{32}x_2 + r_{33}x_3 \geqslant 20, \tag{40}$$

$$r_{41}x_1 + r_{42}x_2 + r_{43}x_3 \geqslant 15. \tag{41}$$

每一种切割模式必须可行、合理,所以每根原料钢管的成品量不能超过 19m,也不能少于 16m(余量不能大于 3m),于是

$$16 \leqslant 4r_{11} + 5r_{21} + 6r_{31} + 8r_{41} \leqslant 19, \tag{42}$$

$$16 \leqslant 4r_{12} + 5r_{22} + 6r_{32} + 8r_{42} \leqslant 19, \tag{43}$$

$$16 \leqslant 4r_{13} + 5r_{23} + 6r_{33} + 8r_{43} \leqslant 19. \tag{44}$$

模型求解

式(37)~(44)构成这个问题的优化模型. 由于在式(38)~(41)中出现了决策变量的乘积,所以这是一个整数非线性规划模型,虽然用 LINGO 软件可以直接求解,但我们发现在较低版本的 LINGO 软件中需要运行很长时间也难以得到最优解. 为了减少运行时间,可以增加一些显然的约束条件,从而缩小可行解的搜索范围.

例如,由于 3 种切割模式的排列顺序是无关紧要的,所以不妨增加以下约束:

$$x_1 \geqslant x_2 \geqslant x_3. \tag{45}$$

又如,我们注意到所需原料钢管的总根数有着明显的上界和下界. 首先,无论如何,原料钢管的总根数不可能少于 $\left\lceil \dfrac{4 \times 50 + 5 \times 10 + 6 \times 20 + 8 \times 15}{19} \right\rceil = 26$(根). 其次,考虑一种非常特殊的生产计划:第一种切割模式下只生产 4m 钢管,1 根原料钢管切割成 4 根 4m 钢管,为满足 50 根 4m 钢管的需求,需要 13 根原料钢管;第二种切割模式下只生产 5m、6m 钢管,1 根原料钢管切割成 1 根 5m 钢管和 2 根 6m 钢管,为满足 10 根 5m 和 20 根 6m 钢管的需求,需要 10 根原料钢管;第三种切割模式下只生产 8m 钢管,1 根原料钢管切割成 2 根 8m 钢管,为满足 15 根 8m 钢管的需求,需要 8 根原料钢管. 于是满足要求的这种生产计划共需 $13+10+8=31$ 根原料钢管,这就得到了最优解的一个上界. 所以可增加以下

约束：
$$26 \leqslant x_1 + x_2 + x_3 \leqslant 31. \tag{46}$$

将式(37)~(46)构成的模型输入 LINGO 如下：

```
model:
Title 钢管下料 - 最小化钢管根数的 LINGO 模型；
min = x1 + x2 + x3；
x1 * r11 + x2 * r12 + x3 * r13 > = 50；
x1 * r21 + x2 * r22 + x3 * r23 > = 10；
x1 * r31 + x2 * r32 + x3 * r33 > = 20；
x1 * r41 + x2 * r42 + x3 * r43 > = 15；
4 * r11 + 5 * r21 + 6 * r31 + 8 * r41 < = 19；
4 * r12 + 5 * r22 + 6 * r32 + 8 * r42 < = 19；
4 * r13 + 5 * r23 + 6 * r33 + 8 * r43 < = 19；
4 * r11 + 5 * r21 + 6 * r31 + 8 * r41 > = 16；
4 * r12 + 5 * r22 + 6 * r32 + 8 * r42 > = 16；
4 * r13 + 5 * r23 + 6 * r33 + 8 * r43 > = 16；
x1 + x2 + x3 > = 26；
x1 + x2 + x3 < = 31；
x1 > = x2；
x2 > = x3；
@gin(x1); @gin(x2); @gin(x3);
@gin(r11);@gin(r12);@gin(r13);
@gin(r21);@gin(r22);@gin(r23);
@gin(r31);@gin(r32);@gin(r33);
@gin(r41);@gin(r42);@gin(r43);
end
```

经过 LINGO 求解，得到输出如下：

```
Local optimal solution found.
Objective value:           28.00000
Extended solver steps:         72
Total solver iterations:     3404
Model Title: 钢管下料 - 最小化钢管根数的 LINGO 模型
```

Variable	Value	Reduced Cost
X1	10.00000	1.000000
X2	10.00000	1.000000
X3	8.000000	1.000000
R11	2.000000	0.000000

R12	3.000000	0.000000
R13	0.000000	0.000000
R21	1.000000	0.000000
R22	0.000000	0.000000
R23	0.000000	0.000000
R31	1.000000	0.000000
R32	1.000000	0.000000
R33	0.000000	0.000000
R41	0.000000	0.000000
R42	0.000000	0.000000
R43	2.000000	0.000000

即按照模式 1、2、3 分别切割 10、10、8 根原料钢管, 使用原料钢管总根数为 28 根. 第一种切割模式下 1 根原料钢管切割成 2 根 4m 钢管、1 根 5m 钢管和 1 根 6m 钢管; 第二种切割模式下 1 根原料钢管切割成 3 根 4m 钢管和 1 根 6m 钢管; 第三种切割模式下 1 根原料钢管切割成 2 根 8m 钢管.

如果充分利用 LINGO 建模语言的能力, 使用集合和属性的概念, 可以编写以下 LINGO 程序, 这种方法更具有一般的通用性, 并有利于输入更大规模的下料问题的优化模型:

```
model:
Title 钢管下料 - 最小化钢管根数的 LINGO 模型;
SETS:
    NEEDS/1..4/: LENGTH,NUM;
    ! 定义基本集合 NEEDS 及其属性 LENGTH,NUM;
    CUTS/1..3/: X;
    ! 定义基本集合 CUTS 及其属性 X;
    PATTERNS(NEEDS,CUTS): R;
    ! 定义派生集合 PATTERNS(这是一个稠密集合)及其属性 R;
ENDSETS
DATA:
    LENGTH = 4 5 6 8;
    NUM = 50 10 20 15;
    CAPACITY = 19;
ENDDATA
min = @SUM(CUTS(I): X(I));
! 目标函数;
@FOR(NEEDS(I): @SUM(CUTS(J): X(J) * R(I,J))>NUM(I));
! 满足需求约束;
```

```
@FOR(CUTS(J): @SUM(NEEDS(I): LENGTH(I) * R(I,J))<CAPACITY );
! 合理切割模式约束;
@FOR(CUTS(J): @SUM(NEEDS(I): LENGTH(I) * R(I,J))>CAPACITY
    - @MIN(NEEDS(I): LENGTH(I)) + 1);
! 合理切割模式约束;
@SUM(CUTS(I): X(I))>26; @SUM(CUTS(I): X(I))<31;
! 人为增加约束;
@FOR(CUTS(I)|I#LT#@SIZE(CUTS): X(I)>X(I+1));
! 人为增加约束;
@FOR(CUTS(J): @GIN(X(J)));
@FOR(PATTERNS(I,J): @GIN(R(I,J)));
end
```

求解这个模型,得到的结果与前面的结果完全相同。

5.3.2 易拉罐下料问题

例 5.4 某公司采用一套冲压设备生产一种罐装饮料的易拉罐,这种易拉罐是用镀锡板冲压制成的(参见图 5-3).易拉罐为圆柱形,包括罐身、上盖和下底,罐身高 10cm,上盖和下底的直径均为 5cm.该公司使用两种不同规格的镀锡板原料,规格 1 的镀锡板为正方形,边长 24cm;规格 2 的镀锡板为长方形,长、宽分别为 32cm 和 28cm.由于生产设备和生产工艺的限制,对于规格 1 的镀锡板原料,只可以按照图 5-3 中的模式 1、2 或 3 进行冲压;对于规格 2 的镀锡板原料只能按照模式 4 进行冲压.使用模式 1、2、3、4 进行每次冲压所需要的时间分别为 1.5s、2s、1s、3s.

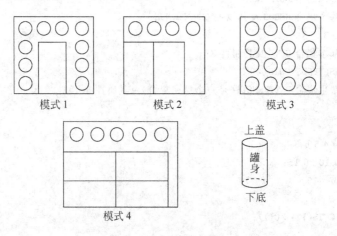

图 5-3 易拉罐下料模式

5.3 下料问题

该工厂每周工作 40h,每周可供使用的规格 1、2 的镀锡板原料分别为 5 万张和 2 万张。目前每只易拉罐的利润为 0.10 元,原料余料损失为 0.001 元/cm^2（如果周末有罐身、上盖或下底不能配套组装成易拉罐出售,也看做是原料余料损失）。工厂应如何安排每周的生产?

问题分析

与钢管下料问题不同的是,这里的切割模式已经确定,只需计算各种模式下的余料损失。已知上盖和下底的直径 $d=5$cm,可得其面积为 $S_1=\pi d^2/4 \approx 19.6$ cm^2,周长为 $L=\pi d \approx 15.7$cm;已知罐身高 $h=10$cm,可得其面积为 $S_2=hL\approx 157.1$ cm^2。于是模式 1 下的余料损失为 $24^2-10S_1-S_2\approx 222.6$ cm^2。同理计算其他模式下的余料损失,并可将 4 种冲压模式的特征归纳如表 5-4。

表 5-4 4 种冲压模式的特征

	罐身个数	底、盖个数	余料损失/cm^2	冲压时间/s
模式 1	1	10	222.6	1.5
模式 2	2	4	183.3	2
模式 3	0	16	261.8	1
模式 4	4	5	169.5	3

问题的目标显然应是易拉罐的利润扣除原料余料损失后的净利润最大,约束条件除每周工作时间和原料数量外,还要考虑罐身和底、盖的配套组装。

模型建立

决策变量:用 x_i 表示按照第 i 种模式的冲压次数 ($i=1,2,3,4$),y_1 表示一周生产的易拉罐个数。为计算不能配套组装的罐身和底、盖造成的原料损失,用 y_2 表示不配套的罐身个数,y_3 表示不配套的底、盖个数。虽然实际上 x_i 和 y_1,y_2,y_3 应该是整数。但是由于生产量相当大,可以把它们看成是实数,从而用线性规划模型处理。

决策目标:假设每周生产的易拉罐能够全部售出,公司每周的销售利润是 $0.1y_1$。原料余料损失包括两部分:4 种冲压模式下的余料损失,和不配套的罐身和底、盖造成的原料损失。按照前面的计算及表 5-4 的结果,总损失为 $0.001(222.6x_1+183.3x_2+261.8x_3+169.5x_4+157.1y_2+19.6y_3)$。

于是,决策目标为

$$\max \quad 0.1y_1-0.001(222.6x_1+183.3x_2+261.8x_3 \\ +169.5x_4+157.1y_2+19.6y_3). \tag{47}$$

约束条件:

(1) 时间约束。每周工作时间不超过 40h=144000s,由表 5-4 最后一列得

$$1.5x_1+2x_2+x_3+3x_4 \leqslant 144000. \tag{48}$$

(2) 原料约束. 每周可供使用的规格 1、2 的镀锡板原料分别为 50000 张和 20000 张，即

$$x_1 + x_2 + x_3 \leqslant 50000, \tag{49}$$

$$x_4 \leqslant 20000. \tag{50}$$

(3) 配套约束. 由表 5-4 知，一周生产的罐身个数为 $x_1 + 2x_2 + 4x_4$，一周生产的底、盖个数为 $10x_1 + 4x_2 + 16x_3 + 5x_4$，因为应尽可能将它们配套组装成易拉罐销售. 所以 y_1 满足

$$y_1 = \min\{x_1 + 2x_2 + 4x_4, (10x_1 + 4x_2 + 16x_3 + 5x_4)/2\}, \tag{51}$$

这时不配套的罐身个数 y_2 和不配套的底、盖个数 y_3 应为

$$y_2 = x_1 + 2x_2 + 4x_4 - y_1, \tag{52}$$

$$y_3 = 10x_1 + 4x_2 + 16x_3 + 5x_4 - 2y_1. \tag{53}$$

式(47)~(53)就是我们得到的模型，其中式(51)是一个非线性关系，不易直接处理，但是它可以等价为以下两个线性不等式：

$$y_1 \leqslant x_1 + 2x_2 + 4x_4, \tag{54}$$

$$y_1 \leqslant (10x_1 + 4x_2 + 16x_3 + 5x_4)/2. \tag{55}$$

模型求解

将模型(47)~(50)和(52)~(55)直接输入 LINDO(输入 LINGO 也可以)，求解时 LINDO 发出警告信息(程序和警告信息参见图 5-4). 图中错误编号"66"的含义(参见第 4 章的错误代码表)是：模型中数据不平衡，所以发出警告信息(注意，只是警告信息，所以仍然可以继续求解). 求解结果是：

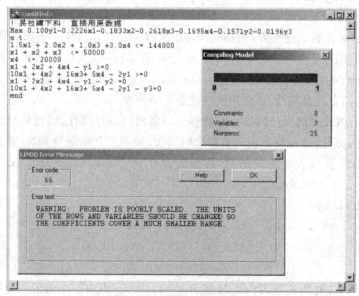

图 5-4 模型中数据不平衡的警告信息

```
     OBJECTIVE FUNCTION VALUE
   1)          4298.337
    VARIABLE          VALUE           REDUCED COST
        Y1        160250.000000         0.000000
        X1             0.000000         0.000050
        X2         40125.000000         0.000000
        X3          3750.000000         0.000000
        X4         20000.000000         0.000000
        Y2             0.000000         0.223331
        Y3             0.000000         0.036484
```

这个结果可靠吗？由于 LINDO 警告模型中数据之间的数量级差别太大，所以我们可以进行预处理，缩小数据之间的差别。实际上，约束(48)～(50)中右端项的数值过大(与左端的系数相比较)，LINDO 在计算中容易产生比较大的误差，所以出现此警告信息。

为了解决这一问题，可以将所有决策变量扩大 10000 倍(相当于 x_i 以万次为单位，y_i 以万件为单位)。此时，目标(47)可以保持不变(记住得到的结果单位为万元就可以了)，而约束(48)～(50)改为

$$1.5x_1 + 2x_2 + x_3 + 3x_4 \leqslant 14.4, \tag{56}$$

$$x_1 + x_2 + x_3 \leqslant 5, \tag{57}$$

$$x_4 \leqslant 2. \tag{58}$$

将模型(47)和(52)～(58)输入 LINDO：

```
！易拉罐下料：均衡数据
max 0.100y1 - 0.2226x1 - 0.1833x2 - 0.2618x3 - 0.1695 x4 - 0.1571y2 - 0.0196y3
s.t.
1.5x1 + 2.0x2 + 1.0x3 + 3.0x4 <= 14.4
x1 + x2 + x3 <= 5
x4 <= 2
x1 + 2x2 + 4x4 - y1 >= 0
10x1 + 4x2 + 16x3 + 5x4 - 2y1 >= 0
x1 + 2x2 + 4x4 - y1 - y2 = 0
10x1 + 4x2 + 16x3 + 5x4 - 2y1 - y3 = 0
end
```

求解得到：

```
     OBJECTIVE FUNCTION VALUE
   1)          0.4298337
        VARIABLE          VALUE           REDUCED COST
            Y1         16.025000            0.000000
```

X1	0.000000	0.000050
X2	4.012500	0.000000
X3	0.375000	0.000000
X4	2.000000	0.000000
Y2	0.000000	0.223331
Y3	0.000000	0.036484

即模式 1 不使用,模式 2 使用 40125 次,模式 3 使用 3750 次,模式 4 使用 20000 次,可生产易拉罐 160250 个,罐身和底、盖均无剩余,净利润为 4298 元.

与前一个结果比较,发现结果基本上是一样(除了采用的数量单位相差 10000 倍以外).可见,虽然 LINDO 在前一个模型中给出了警告信息,计算的结果仍然是相当准确的.

评注 下料问题的建模主要有两部分组成,一是确定下料模式,二是构造优化模型.确定下料模式尚无通用的方法,对于钢管下料这样的一维问题,当需要下料的规格不太多时,可以枚举出下料模式,建立整数线性规划模型;否则就要构造整数非线性规划模型,而这种模型求解比较困难.本节介绍的增加约束条件的方法是将原来的可行域"割去"一部分,但要保证剩下的可行域中仍存在原问题的最优解.而像易拉罐下料这样的二维问题,就要复杂多了,读者不妨试一下,看看还有没有比图 5-3 给出的更好的模式.至于构造优化模型,则要根据问题的要求和限制具体处理,其中应特别注意配套组装的情况.

5.4 面试顺序与消防车调度问题

5.4.1 面试顺序问题

例 5.5 有 4 名同学到一家公司参加三个阶段的面试:公司要求每个同学都必须首先找公司秘书初试,然后到部门主管处复试,最后到经理处参加面试,并且不允许插队(即在任何一个阶段 4 名同学的顺序是一样的).由于 4 名同学的专业背景不同,所以每人在三个阶段的面试时间也不同,如表 5-5 所示.这 4 名同学约定他们全部面试完以后一起离开公司.假定现在时间是早晨 8:00,请问他们最早何时能离开公司?

表 5-5 面试时间要求 单位:min

	秘书初试	主管复试	经理面试
同学甲	13	15	20
同学乙	10	20	18
同学丙	20	16	10
同学丁	8	10	15

建立模型

实际上,这个问题就是要安排 4 名同学的面试顺序,使完成全部面试所花费的时间最少.

记 t_{ij} 为第 i 名同学参加第 j 阶段面试需要的时间(已知),令 x_{ij} 表示第 i 名同学参加第 j 阶段面试的开始时刻(不妨记早上8:00面试开始为 0 时刻)($i=1,2,3,4; j=1,2,3$),T 为完成全部面试所花费的最少时间.

优化目标为
$$\min T = \{\max_i \{x_{i3} + t_{i3}\}\}. \tag{59}$$

约束条件:

(1) 时间先后次序约束(每人只有参加完前一个阶段的面试后才能进入下一个阶段):
$$x_{ij} + t_{ij} \leqslant x_{i,j+1}, \quad i = 1,2,3,4, \quad j = 1,2. \tag{60}$$

(2) 每个阶段 j 同一时间只能面试 1 名同学:用 0-1 变量 y_{ik} 表示第 k 名同学是否排在第 i 名同学前面(1 表示"是",0 表示"否"),则
$$x_{ij} + t_{ij} - x_{kj} \leqslant T y_{ik}, \quad i,k = 1,2,3,4;$$
$$j = 1,2,3; i < k. \tag{61}$$
$$x_{kj} + t_{kj} - x_{ij} \leqslant T(1 - y_{ik}), \quad i,k = 1,2,3,4;$$
$$j = 1,2,3; i < k. \tag{62}$$

可以将非线性的优化目标(59)改写为如下线性优化目标:
$$\min T \tag{63}$$
$$\text{s.t.} \quad T \geqslant x_{13} + t_{13}, \tag{64}$$
$$T \geqslant x_{23} + t_{23}, \tag{65}$$
$$T \geqslant x_{33} + t_{33}, \tag{66}$$
$$T \geqslant x_{43} + t_{43}. \tag{67}$$

式(60)~(67)就是这个问题的 0-1 非线性规划模型(当然所有变量还有非负约束,变量 y_{ik} 还有 0-1 约束).

求解模型

这个模型可以如下输入 LINGO:

```
Model;
min = T;
    T > = x13 + t13;
    T > = x23 + t23;
    T > = x33 + t33;
    T > = x43 + t43;
    x11 + t11 < = x12;
```

$x12 + t12 <= x13;$
$x21 + t21 <= x22;$
$x22 + t22 <= x23;$
$x31 + t31 <= x32;$
$x32 + t32 <= x33;$
$x41 + t41 <= x42;$
$x42 + t42 <= x43;$
$x11 + t11 - x21 <= T*y12;$
$x21 + t21 - x11 <= T*(1-y12);$
$x12 + t12 - x22 <= T*y12;$
$x22 + t22 - x12 <= T*(1-y12);$
$x13 + t13 - x23 <= T*y12;$
$x23 + t23 - x13 <= T*(1-y12);$
$x11 + t11 - x31 <= T*y13;$
$x31 + t31 - x11 <= T*(1-y13);$
$x12 + t12 - x32 <= T*y12;$
$x32 + t32 - x12 <= T*(1-y13);$
$x13 + t13 - x33 <= T*y13;$
$x33 + t33 - x13 <= T*(1-y13);$
$x11 + t11 - x41 <= T*y14;$
$x41 + t41 - x11 <= T*(1-y14);$
$x12 + t12 - x42 <= T*y14;$
$x42 + t42 - x12 <= T*(1-y14);$
$x13 + t13 - x43 <= T*y14;$
$x43 + t43 - x13 <= T*(1-y14);$
$x21 + t21 - x31 <= T*y23;$
$x31 + t31 - x21 <= T*(1-y23);$
$x22 + t22 - x32 <= T*y23;$
$x32 + t32 - x32 <= T*(1-y23);$
$x23 + t23 - x33 <= T*y23;$
$x33 + t33 - x23 <= T*(1-y23);$
$x21 + t21 - x41 <= T*y24;$
$x41 + t41 - x21 <= T*(1-y24);$
$x22 + t22 - x42 <= T*y24;$
$x42 + t42 - x22 <= T*(1-y24);$
$x23 + t23 - x43 <= T*y24;$
$x43 + t43 - x23 <= T*(1-y24);$
$x31 + t31 - x41 <= T*y34;$
$x41 + t41 - x31 <= T*(1-y34);$

```
x32 + t32 - x42 <= T * y34;
x42 + t42 - x32 <= T * (1 - y34);
x33 + t33 - x43 <= T * y34;
x43 + t43 - x33 <= T * (1 - y34);
t11 = 13;
t12 = 15;
t13 = 20;
t21 = 10;
t22 = 20;
t23 = 18;
t31 = 20;
t32 = 16;
t33 = 10;
t41 = 8;
t42 = 10;
t43 = 15;
@bin(y12);
@bin(y13);
@bin(y14);
@bin(y23);
@bin(y24);
@bin(y34);
End
```

用 LINGO 求解得到：

```
Local optimal solution found at iteration:        4357
Objective value:                              84.00000

        Variable           Value        Reduced Cost
               T        84.00000            0.000000
             X13        36.00000            0.000000
             T13        20.00000            0.000000
             X23        56.00000            0.000000
             T23        18.00000            0.000000
             X33        74.00000            0.000000
             T33        10.00000            0.000000
             X43        21.00000            0.000000
             T43        15.00000            0.000000
             X11        8.000000            0.000000
```

T11	13.00000	0.000000
X12	21.00000	0.000000
T12	15.00000	0.000000
X21	21.00000	0.000000
T21	10.00000	0.000000
X22	36.00000	0.000000
T22	20.00000	0.000000
X31	37.50000	0.000000
T31	20.00000	0.000000
X32	57.75000	0.000000
T32	16.00000	0.000000
X41	0.000000	0.9999970
T41	8.000000	0.000000
X42	11.00000	0.000000
T42	10.00000	0.000000
Y12	0.000000	−83.99950
Y13	0.000000	0.000000
Y14	1.000000	83.99950
Y23	0.000000	−83.99950
Y24	1.000000	0.000000
Y34	1.000000	0.000000

即所有面试完成至少需要 84min，面试顺序为 4−1−2−3（丁−甲−乙−丙）．早上 8:00 面试开始，最早 9:24 面试可以全部结束．

同样，如果利用 LINGO 的建模语言，可以编写一个更一般的 LINGO 模型．先准备一个数据文件（文本文件 exam0505.txt），其中的内容如下：

!被面试者集合；
1 2 3 4~
!面试阶段的集合；
1 2 3~
!已知的面试所需要的时间；
13 15 20
10 20 18
20 16 10
8   10 15
!数据结束；

LINGO 模型如下：

```
Model:
Title 面试问题;
SETS:
! Person = 被面试者集合, Stage = 面试阶段的集合;
Person/@FILE(exam0505.txt)/;
Stage/@FILE(exam0505.txt)/;
! T = 已知的面试所需要的时间, X = 面试开始时间;
PXS(Person,Stage): T,X;
! Y(i,k) = 1: k 排在 i 前, 0: 否则;
PXP(Person,Person)|&1 #LT# &2: Y;
ENDSETS
DATA:
T = @FILE(exam0505.txt);
ENDDATA
[obj] min = MAXT;
! MAXT 是面试的最后结束时间;
MAXT > = @max(PXS(i,j)|j#EQ#@size(stage): x(i,j) + t(i,j));
! 只有参加完前一个阶段的面试后才能进入下一个阶段;
@for(PXS(i,j)|j #LT# @size(stage): [ORDER] x(i,j) + t(i,j)<x(i,j+1));
! 同一时间只能面试 1 名同学;
@for(Stage(j):
@for(PXP(i,k): [SORT1] x(i,j) + t(i,j) - x(k,j)<MAXT * Y(i,k));
@for(PXP(i,k): [SORT2] x(k,j) + t(k,j) - x(i,j)<MAXT * (1 - Y(i,k)));
);
@for(PXP: @bin(y));
End
```

求解这个模型,得到的结果与前面的完全相同.

可以很清楚地看到,使用 LINGO 建模语言的集合和属性概念,得到的模型具有非常好的结构性,反映了相应的优化模型的本质,目标、决策变量、约束一清二楚,容易阅读和理解,而且还可以让数据与程序完全分离,这种优越性是 LINDO 软件无法与之相比的.

5.4.2 消防车调度问题

例 5.6 某市消防中心同时接到了三处火警报告. 根据当前的火势,三处火警地点分别需要 2 辆、2 辆和 3 辆消防车前往灭火. 三处火警地点的损失将依赖于消防车到达的及时程度:记 t_{ij} 为第 j 辆消防车到达火警地点 i 的时间,则三处火警地点的损失分别为 $6t_{11} + 4t_{12}, 7t_{21} + 3t_{22}, 9t_{31} + 8t_{32} + 5t_{33}$. 目前可供消防中心调度的消防车正好有 7 辆,分别属于三个消防站(可用消防车数量分别为 3 辆、2 辆、2 辆). 消防车从三个消防站到三个火警地点所需要的时间如表 5-6 所示. 该公司应如何调度消防车,才能使总损失最小?

表 5-6 消防站到三个火警地点所需要的时间　　　　　　　单位：min

时　间	火警地点 1	火警地点 2	火警地点 3
消防站 1	6	7	9
消防站 2	5	8	11
消防站 3	6	9	10

如果三处火警地点的损失分别为 $4t_{11}+6t_{12}$，$3t_{21}+7t_{22}$，$5t_{31}+8t_{32}+9t_{33}$，调度方案是否需要改变？

问题分析

本题考虑的是为每个火警地点分配消防车的问题，初步看来与线性规划中经典的运输问题有些类似。本题的问题可以看成是指派问题和运输问题的一种变形，我们下面首先把它变成一个运输问题建模求解。

决策变量

为了用运输问题建模求解，我们很自然地把 3 个消防站看成供应点。如果直接把 3 个火警地点看成需求点，我们却不能很方便地描述消防车到达的先后次序，因此难以确定损失的大小。下面我们把 7 辆车的需求分别看成 7 个需求点（分别对应于到达时间 $t_{11}, t_{12}, t_{21}, t_{22}, t_{31}, t_{32}, t_{33}$）。用 x_{ij} 表示消防站 i 是否向第 j 个需求点派车（1 表示派车，0 表示不派车），则共有 21 个 0-1 变量。

决策目标

题目中给出的损失函数都是消防车到达时间的线性函数，所以由所给数据进行简单的计算可知，如果消防站 1 向第 6 个需求点派车（即消防站 1 向火警地点 3 派车但该消防车是到达火警地点 3 的第二辆车），则由此引起的损失为 $8\times 9=72$。同理计算，可以得到损失矩阵如表 5-7 所示（元素分别记为 c_{ij}）。

表 5-7 损失矩阵

c_{ij}	火警地点 1		火警地点 2		火警地点 3		
	$j=1$	$j=2$	$j=3$	$j=4$	$j=5$	$j=6$	$j=7$
消防站 $i=1$	36	24	49	21	81	72	45
消防站 $i=2$	30	20	56	24	99	88	55
消防站 $i=3$	36	24	63	27	90	80	50

于是，使总损失最小的决策目标为

$$\min Z=\sum_{j=1}^{7}\sum_{i=1}^{3}c_{ij}x_{ij}. \tag{68}$$

约束条件：约束条件有两类，一类是消防站拥有的消防车的数量限制，另一类是各需求点对消防车的需求量限制。

5.4 面试顺序与消防车调度问题

消防站拥有的消防车的数量限制可以表示为

$$x_{11} + x_{12} + x_{13} + x_{14} + x_{15} + x_{16} + x_{17} = 3, \quad (69)$$
$$x_{21} + x_{22} + x_{23} + x_{24} + x_{25} + x_{26} + x_{27} = 2, \quad (70)$$
$$x_{31} + x_{32} + x_{33} + x_{34} + x_{35} + x_{36} + x_{37} = 2. \quad (71)$$

各需求点对消防车的需求量限制可以表示为

$$\sum_{i=1}^{3} x_{ij} = 1, \quad j = 1,2,3,4,5,6,7. \quad (72)$$

模型求解

将式(68)~(72)构成的线性规划模型输入 LINDO：

```
! 消防车问题
min   36x11 + 24x12 + 49x13 + 21x14 + 81x15 + 72x16 + 45x17
    + 30x21 + 20x22 + 56x23 + 24x24 + 99x25 + 88x26 + 55x27
    + 36x31 + 24x32 + 63x33 + 27x34 + 90x35 + 80x36 + 50x37
SUBJECT TO
x11 + x12 + x13 + x14 + x15 + x16 + x17 = 3
x21 + x22 + x23 + x24 + x25 + x26 + x27 = 2
x31 + x32 + x33 + x34 + x35 + x36 + x37 = 2
x11 + x21 + x31 = 1
x12 + x22 + x32 = 1
x13 + x23 + x33 = 1
x14 + x24 + x34 = 1
x15 + x25 + x35 = 1
x16 + x26 + x36 = 1
x17 + x27 + x37 = 1
END
```

求解得到如下结果：

```
OBJECTIVE FUNCTION VALUE

 1)      329.0000

    VARIABLE         VALUE          REDUCED COST
        X11          0.000000         10.000000
        X12          0.000000          8.000000
        X13          1.000000          0.000000
        X14          0.000000          2.000000
        X15          1.000000          0.000000
        X16          1.000000          0.000000
        X17          0.000000          3.000000
        X21          1.000000          0.000000
```

X22	1.000000	0.000000
X23	0.000000	3.000000
X24	0.000000	1.000000
X25	0.000000	14.000000
X26	0.000000	12.000000
X27	0.000000	9.000000
X31	0.000000	2.000000
X32	0.000000	0.000000
X33	0.000000	6.000000
X34	1.000000	0.000000
X35	0.000000	1.000000
X36	0.000000	0.000000
X37	1.000000	0.000000

也就是说,消防站 1 应向火警地点 2 派 1 辆车,向火警地点 3 派 2 辆车;消防站 2 应向火警地点 1 派 2 辆车;消防站 3 应向火警地点 2、3 各派 1 辆车.最小总损失为 329.

讨论

(1) 这个问题本质上仍然和经典的运输问题类似,可以把每辆车到达火场看做需求点,消防站看做供应点. 在上面模型中,我们虽然假设 x_{ij} 为 0-1 变量,但求解时是采用线性规划求解的,也就是说没有加上 x_{ij} 为 0-1 变量或整数变量的限制条件,但求解得到的结果中 x_{ij} 正好是 0-1 变量. 这一结果不是偶然的,而是运输问题特有的一种性质.

(2) 在上面模型中,没有考虑消防车到达各火警地点的先后次序约束,但得到的结果正好满足所有的先后次序约束. 这一结果不是必然的,而只是巧合. 如对例题后半部分的情形,结果就不是这样了. 显然,此时只需要修改损失矩阵如表 5-8 所示(元素仍然分别记为 c_{ij}).

表 5-8 新的损失矩阵

c_{ij}	火警地点 1		火警地点 2		火警地点 3		
	$j=1$	$j=2$	$j=3$	$j=4$	$j=5$	$j=6$	$j=7$
消防站 $i=1$	24	36	21	49	45	72	81
消防站 $i=2$	20	30	24	56	55	88	99
消防站 $i=3$	24	36	27	63	50	80	90

此时重新将式(68)~(72)构成的线性规划模型输入 LINDO 求解,可以得到新的最优解: $x_{14}=x_{16}=x_{17}=x_{21}=x_{22}=x_{33}=x_{35}=1$,其他变量为 0(最小总损失仍为 329). 实际上,损失矩阵中只是 1、2 列交换了位置,3、4 列交换了位置,5、7 列交换了位置,因此不用重新求解就可以直接看出以上新的最优解.

但是,以上新的最优解却是不符合实际情况的.例如,$x_{14}=x_{33}=1$ 表明火警地点 2 的第一辆消防车来自消防站 3,第二辆消防车来自消防站 1,但这是不合理的,因为火警地点 2 与消防站 3 有 9min 的距离,大于与消防站 1 的 7min 的距离.分配给火警地点 3 的消防车也有类似的不合理问题.为了解决这一问题,我们必须考虑消防车到达各火警地点的先后次序约束,也就是说必须在简单的运输问题模型中增加一些新的约束,以保证以上的不合理问题不再出现.

首先考虑火警地点 2.由于消防站 1 的消防车到达所需时间(7min)小于消防站 2 的消防车到达所需时间(8min),并都小于消防站 3 的消防车到达所需时间(9min),因此火警地点 2 的第 2 辆消防车如果来自消防站 1,则火警地点 2 的第 1 辆消防车也一定来自消防站 1;火警地点 2 的第 2 辆消防车如果来自消防站 2,则火警地点 2 的第 1 辆消防车一定来自消防站 1 或 2.因此,必须增加以下约束:

$$x_{14} \leqslant x_{13}, \tag{73}$$

$$x_{24} \leqslant x_{13} + x_{23}. \tag{74}$$

同理,对火警地点 1,必须增加以下约束:

$$x_{22} \leqslant x_{21}. \tag{75}$$

对火警地点 3,必须增加以下约束:

$$x_{16} \leqslant x_{15}, \tag{76}$$

$$x_{17} \leqslant x_{16}, \tag{77}$$

$$x_{36} \leqslant x_{15} + x_{35}, \tag{78}$$

$$2x_{37} \leqslant x_{15} + x_{16} + x_{35} + x_{36}. \tag{79}$$

此时重新将式(68)~(79)构成的线性规划模型输入 LINDO 软件如下:

```
! 消防车调度
min    36x12 + 24x11 + 49x14 + 21x13 + 81x17 + 72x16 + 45x15
     + 30x22 + 20x21 + 56x24 + 24x23 + 99x27 + 88x26 + 55x25
     + 36x32 + 24x31 + 63x34 + 27x33 + 90x37 + 80x36 + 50x35
SUBJECT TO
x11 + x12 + x13 + x14 + x15 + x16 + x17 = 3
x21 + x22 + x23 + x24 + x25 + x26 + x27 = 2
x31 + x32 + x33 + x34 + x35 + x36 + x37 = 2
x11 + x21 + x31 = 1
x12 + x22 + x32 = 1
x13 + x23 + x33 = 1
x14 + x24 + x34 = 1
x15 + x25 + x35 = 1
x16 + x26 + x36 = 1
```

```
x17 + x27 + x37 = 1
X22 - X21 <= 0
X14 - X13 <= 0
X24 - X23 - X13 <= 0
X16 - X15 <= 0
X17 - X16 <= 0
X36 - X15 - X35 <= 0
2X37 - X15 - X16 - X35 - X36 <= 0
END
! INT 21
```

求解，可以得到新的解为：

```
OBJECTIVE FUNCTION VALUE
1)      332.6667
    VARIABLE        VALUE           REDUCED COST
      X12          0.000000           9.333333
      X11          0.000000           7.333333
      X14          1.000000           0.000000
      X13          1.000000           0.000000
      X17          0.333333           0.000000
      X16          0.333333           0.000000
      X15          0.333333           0.000000
      X22          1.000000           0.000000
      X21          1.000000           0.000000
      X24          0.000000           2.333333
      X23          0.000000           1.000000
      X27          0.000000          13.000000
      X26          0.000000          12.000000
      X25          0.000000           9.000000
      X32          0.000000           2.000000
      X31          0.000000           0.000000
      X34          0.000000           5.333333
      X33          0.000000           0.000000
      X37          0.666667           0.000000
      X36          0.666667           0.000000
      X35          0.666667           0.000000
```

但是我们发现此时的解中 x_{ij} 并不都是 0-1 变量或整数变量，因此还是不符合题意. 这是因为此时的模型已经不再是"标准"的运输模型，所以得到的解不一定自然地为整数解的缘故. 所以我们还必须显式地加上 x_{ij} 为 0-1 变量的约束.

加上 x_{ij} 为 0-1 变量的约束后求解可以得到：$x_{13}=x_{14}=x_{15}=x_{21}=x_{22}=x_{36}=x_{37}=1$，其他变量为 0(最小总损失仍为 335). 也就是说，消防站 1 应向火警地点 2 派 2 辆车，向火警地点 3 派 1 辆车；消防站 2 应向火警地点 1 派 2 辆车；消防站 3 应向火警地点 3 派 2 辆车. 经过检验可以发现，此时的派车方案是合理的.

5.5 飞机定位和飞行计划问题

5.5.1 飞机的精确定位问题

例 5.7 飞机在飞行过程中，能够收到地面上各个监控台发来的关于飞机当前位置的信息，根据这些信息可以比较精确地确定飞机的位置. 如图 5-5 所示，VOR 是高频多向导航设备的英文缩写，它能够得到飞机与该设备连线的角度信息；DME 是距离测量装置的英文缩写，它能够得到飞机与该设备的距离信息. 图中飞机接收到来自 3 个 VOR 给出的角度和 1 个 DME 给出的距离(括号内是测量误差限)，并已知这 4 种设备的 x,y 坐标(假设飞机和这些设备在同一平面上). 如何根据这些信息精确地确定当前飞机的位置？

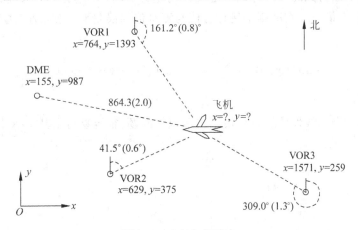

图 5-5 飞机与监控台

问题分析

记 4 种设备 VOR1、VOR2、VOR3、DME 的坐标为 (x_i,y_i)(以 km 为单位)，$i=1,2,3,4$；VOR1、VOR2、VOR3 测量得到的角度为 θ_i(从图中可以看出，按照航空飞行管理的惯例，该角度是从北开始，沿顺时针方向的角度，取值在 $0°\sim360°$ 之间)，角度的误差限为 σ_i，$i=1,2,3$；DME 测量得到的距离为 d_4(单位:km)，距离的误差限为 σ_4. 设飞机当前位置的坐标为 (x,y)，则问题就是在表 5-9 的已知数据下计算 (x,y).

表 5-9　飞机定位问题的数据

	x_i	y_i	原始的 θ_i (或 d_4)	σ_i
VOR1	746	1393	161.2°(2.81347rad)	0.8°(0.0140rad)
VOR2	629	375	45.1°(0.78714rad)	0.6°(0.0105rad)
VOR3	1571	259	309.0°(5.39307rad)	1.3°(0.0227rad)
DME	155	987	$d_4 = 864.3$km	2.0km

模型 1 及求解

图中角度 θ_i 是点 (x_i, y_i) 和点 (x, y) 的连线与 y 轴的夹角(以 y 轴正向为基准,顺时针方向夹角为正,而不考虑逆时针方向的夹角),于是角度 θ_i 的正切

$$\tan\theta_i = \frac{x - x_i}{y - y_i}, \quad i = 1, 2, 3. \tag{80}$$

对 DME 测量得到的距离,显然有

$$d_4 = \sqrt{(x - x_4)^2 + (y - y_4)^2}. \tag{81}$$

直接利用上面得到的 4 个等式确定飞机的坐标 x, y,这时是一个求解超定(非线性)方程组的问题,在最小二乘准则下使计算值与测量值的误差平方和最小(越接近 0 越好),则需要求解

$$\min J(x, y) = \sum_{i=1}^{3} [(x - x_i)/(y - y_i) - \tan\theta_i]^2 + [d_4 - \sqrt{(x + x_4)^2 + (y - y_4)^2}]^2. \tag{82}$$

式(82)是一个非线性(无约束)最小二乘拟合问题.很容易写出其 LINGO 程序如下:

```
MODEL:
SETS:
VOR/1..3/: x,y,cita,sigma;
ENDSETS
DATA:
x,y,cita,sigma =
746   1393   2.81347   0.0140
629   375    0.78714   0.0105
1571  259    5.39307   0.0227;
x4 y4 d4 sigma4 = 155   987   864.3   2.0;
ENDDATA
! XX,YY 表示飞机坐标;
min = @sum(VOR: @sqr((xx - x)/(yy - y) - @tan(cita)))
    + @sqr(d4 - @sqrt(@sqr(xx - x4) + @sqr(yy - y4)));
END
```

求解该模型得到的解为(只列出部分结果):

```
Local optimal solution found.
Objective value:              128.0226
    Variable        Value        Reduced Cost
       XX          243.4204      0.1315903E-08
       YY          126.3734      0.000000
```

显然,这个解的目标函数值很大(128.0226),因此我们怀疑是一个局部最小点.用"LINGO|OPTIONS"菜单命令启动"Global Solver"选项卡上的"Use Global Solver"选项,然后求解,可以得到全局最优解如下:

```
Global optimal solution found.
Objective value:              0.7050440E-03
    Variable        Value        Reduced Cost
       XX          980.6926      0.000000
       YY          731.5666      0.000000
```

这个解的目标函数值很小(0.000705),飞机坐标为(980.6926,731.5666).

模型 2 及求解

注意到这个问题中角度和距离的单位是不一致的(角度为弧度,距离为公里),因此将这 4 个误差平方和同等对待(相加)不是很合适.并且,4 种设备测量的精度(误差限)不同,而上面的方法根本没有考虑测量误差问题.如何利用测量设备的精度信息?这就需要看对例中给出的设备精度如何理解.

一种可能的理解是:设备的测量误差是均匀分布的.以 VOR1 为例,目前测得的角度为 $161.2°$,测量精度为 $0.8°$,所以实际的角度应该位于区间 $[161.2°-0.8°,161.2°+0.8°]$ 内.对其他设备也可以类似理解.由于 σ_i 很小,即测量精度很高,所以在相应区间内正切函数 tan 的单调性成立.于是可以得到一组不等式:

$$\tan(\theta_i - \sigma_i) \leqslant \frac{x-x_i}{y-y_i} \leqslant \tan(\theta_i + \sigma_i), \quad i = 1,2,3, \tag{83}$$

$$d_4 - \sigma_4 \leqslant \sqrt{(x-x_4)^2 + (y-y_4)^2} \leqslant d_4 - \sigma_4. \tag{84}$$

也就是说,飞机坐标应该位于上述不等式组成的区域内.例如,模型 1 中得到的目标函数值很小,显然满足测量精度要求,因此坐标 (980.6926,731.5666) 肯定位于这个可行区域内.

由于这里假设设备的测量误差是均匀分布的,所以飞机坐标在这个区域内的每个点上的可能性应该也是一样的,我们最好应该给出这个区域的 x 和 y 坐标的最大值和最小值.于是我们可以分别以 $\min x, \max x, \min y, \max y$ 为目标,以上面的区域限制条件为约束,求出 x 和 y 坐标的最大值和最小值.

以 min x 为例,相应的 LINGO 程序为:

```
MODEL:
Title 飞机定位模型 2;
SETS:
VOR/1..3/: x,y,cita,sigma;
ENDSETS
DATA:
x,y,cita,sigma =
746    1393    2.81347    0.0140
629     375    0.78714    0.0105
1571    259    5.39307    0.0227;
x4   y4   d4   sigma4 = 155   987   864.3   2.0;
ENDDATA
! XX,YY 表示飞机坐标;
min = xx;
@for(VOR: (xx-x)/(yy-y)>@tan(cita-sigma));
@for(VOR: (xx-x)/(yy-y)<@tan(cita+sigma));
d4 - sigma4<@sqrt(@sqr(xx-x4) + @sqr(yy-y4));
d4 + sigma4>@sqrt(@sqr(xx-x4) + @sqr(yy-y4));
END
```

用 LINGO 求解上述模型,LINGO 系统返回的信息是这个模型没有可行解.其实这显然是一个不正确的信息,可能只是由于求解空间太大,LINGO 没有找到可行解.其实,我们可以想像这个问题的可行解大致就该在模型 1 中得到的最优解附近,因此可以把这个解作为初始值告诉 LINGO.例如,在上面程序中增加以下三行:

```
INIT:
xx,yy = 980.6926,731.5666;
ENDINIT
```

此时求解,马上就得到 XX 的最小值为 974.8424.类似地(只需要换换目标函数就可以了),可得到 XX 的最大值为 982.2129,YY 的最小值为 717.1587,YY 的最大值为 733.1944.

因此,最后得到的解是一个比较大的矩形区域,大致为 [975,982]×[717,733].

模型 3 及求解

模型 2 得到的只是一个很大的矩形区域,仍不能令人满意.实际上,模型 2 中假设设备的测量误差是均匀分布的,这是很不合理的.一般来说,在多次测量中,应该假设设备的测量误差是正态分布的,而且均值为 0.本例中给出的精度 σ_i 可以认为是测量误差的标准差(也可以是与标准差成比例的一个量,如标准差的 3 倍或 6 倍等).

在这种理解下,用各自的误差限 σ_i 对测量误差进行无量纲化(也可以看成是一种加权法)处理是合理的,即求解如下的无约束优化问题更合理:

$$\min E(x,y) = \sum_{i=1}^{3}\left(\frac{\alpha_i - \theta_i}{\sigma_i}\right)^2 + \left(\frac{d_4 - \sqrt{(x-x_4)^2 + (y-y_4)^2}}{\sigma_4}\right)^2, \tag{85}$$

其中

$$\tan\alpha_i = \frac{(x-x_i)}{(y-y_i)}, \quad i=1,2,3. \tag{86}$$

由于目标函数是平方和的形式,因此这是一个非线性最小二乘拟合问题.相应的 LINGO 程序为(仍然将迭代初值告诉 LINGO):

```
MODEL:
TITLE 飞机定位模型 3;
SETS:
VOR/1..3/: x,y,cita,sigma,alpha;
ENDSETS
DATA:
x,y,cita,sigma =
746    1393   2.81347   0.0140
629    375    0.78714   0.0105
1571   259    5.39307   0.0227;
x4 y4 d4 sigma4 = 155   987   864.3   2.0;
ENDDATA
INIT:
xx,yy = 980.6926,731.5666;
ENDINIT
! XX,YY 表示飞机坐标;
@for (vor: @tan(alpha) = (xx - x)/(yy - y));
min = @sum(VOR: ((alpha - cita)/sigma)^2)
     + ((d4 - ((xx - x4)^2 + (yy - y4)^2)^.5)/sigma4)^2;
END
```

启动 LINGO 的全局最优求解程序求解,得到如下全局最优解(只列出 XX,YY 的值):

```
Global optimal solution found at iteration:   13
Objective value:                        0.6669647
Model Title: 飞机定位模型 3
      Variable        Value         Reduced Cost
         XX         978.3123          0.000000
         YY         723.9974          0.000000
```

即飞机坐标为(978.3123,723.9974),这个解对应的目标函数值大约为 0.67.

这个误差为什么比模型 1 的大很多?这是因为模型 1 中使用的是绝对误差,而这里使用的是相对于精度 σ_i 的误差. 对角度而言, 分母 σ_i 很小, 所以相对误差比绝对误差大, 这是可以理解的.

5.5.2 飞行计划问题

例 5.8 这个问题是以第二次世界大战中的一个实际问题为背景, 经过简化而提出来的. 在甲、乙双方的一场战争中, 一部分甲方部队被乙方部队包围长达 4 个月. 由于乙方封锁了所有水陆交通通道, 被包围的甲方部队只能依靠空中交通维持供给. 运送 4 个月的供给分别需要 2, 3, 3, 4 次飞行, 每次飞行编队由 50 架飞机组成 (每架飞机需要 3 名飞行员), 可以运送 10 万 t 物资. 每架飞机每个月只能飞行一次, 每名飞行员每个月也只能飞行一次. 在执行完运输任务后的返回途中有 20% 的飞机会被乙方部队击落, 相应的飞行员也因此牺牲或失踪. 在第 1 个月开始时, 甲方拥有 110 架飞机和 330 名熟练的飞行员. 在每个月开始时, 甲方可以招聘新飞行员和购买新飞机. 新飞机必须经过一个月的检查后才可以投入使用, 新飞行员必须在熟练飞行员的指导下经过一个月的训练才能投入飞行. 每名熟练飞行员可以作为教练每个月指导 20 名飞行员 (包括他自己在内) 进行训练. 每名飞行员在完成一个月的飞行任务后, 必须有一个月的带薪假期, 假期结束后才能再投入飞行. 已知各项费用 (单位略去) 如表 5-10 所示, 请为甲方安排一个飞行计划.

表 5-10 飞行计划的原始数据

	第 1 个月	第 2 个月	第 3 个月	第 4 个月
新飞机价格	200.0	195.0	190.0	185.0
闲置的熟练飞行员报酬	7.0	6.9	6.8	6.7
教练和新飞行员报酬 (包括培训费用)	10.0	9.9	9.8	9.7
执行飞行任务的熟练飞行员报酬	9.0	8.9	9.8	9.7
休假期间的熟练飞行员报酬	5.0	4.9	4.8	4.7

如果每名熟练飞行员可以作为教练每个月指导不超过 20 名飞行员 (包括他自己在内) 进行训练, 模型和结果有哪些改变?

问题分析

这个问题看起来很复杂, 但只要理解了这个例子中所描述的事实, 其实建立优化模型并不困难. 首先可以看出, 执行飞行任务以及执行飞行任务后休假的熟练飞行员数量是常数, 所以这部分费用 (报酬) 是固定的, 在优化目标中可以不考虑.

决策变量

设 4 个月开始时甲方新购买的飞机数量分别为 x_1, x_2, x_3, x_4 架, 闲置的飞机数量分别为 y_1, y_2, y_3, y_4 架. 4 个月中, 飞行员中教练和新飞行员数量分别为 u_1, u_2, u_3, u_4 人, 闲置的熟练飞行员数量分别为 v_1, v_2, v_3, v_4 人.

目标函数

优化目标是

$$\min 200x_1 + 195x_2 + 190x_3 + 185x_4 + 10u_1 + 9.9u_2 + 9.8u_3$$
$$+ 9.7u_4 + 7v_1 + 6.9v_2 + 6.8v_3 + 6.7v_4. \qquad (87)$$

约束条件

需要考虑的约束包括：

(1) 飞机数量限制. 4 个月中执行飞行任务的飞机分别为 $100, 150, 150, 200$(架)，但只有 $80, 120, 120, 160$(架)能够返回供下个月使用.

第 1 个月　　$100 + y_1 = 110$；　　　　　　　　　　　　　　　　(88)

第 2 个月　　$150 + y_2 = 80 + y_1 + x_1$；　　　　　　　　　　　　(89)

第 3 个月　　$150 + y_3 = 120 + y_2 + x_2$；　　　　　　　　　　　(90)

第 4 个月　　$200 + y_4 = 120 + y_3 + x_3$.　　　　　　　　　　　(91)

(2) 飞行员数量限制. 4 个月中执行飞行任务的熟练飞行员分别为 $300, 450, 450, 600$(人)，但只有 $240, 360, 360, 480$(人)能够返回(下个月一定休假).

第 1 个月　　$300 + 0.05u_1 + v_1 = 330$；　　　　　　　　　　　(92)

第 2 个月　　$450 + 0.05u_2 + v_2 = u_1 + v_1$；　　　　　　　　　(93)

第 3 个月　　$450 + 0.05u_3 + v_3 = u_2 + v_2 + 240$；　　　　　　(94)

第 4 个月　　$600 + 0.05u_4 + v_4 = u_3 + v_3 + 360$.　　　　　　(95)

最后，自然要求 $x_1, x_2, x_3, x_4, y_1, y_2, y_3, y_4, u_1, u_2, u_3, u_4, v_1, v_2, v_3, v_4 \geq 0$ 且为整数.

于是，这个优化模型 (87)～(95) 很容易输入 LINDO：

```
min   200x1 + 195x2 + 190x3 + 185x4 + 10u1 + 9.9u2 + 9.8u3 + 9.7u4
      + 7v1 + 6.9v2 + 6.8v3 + 6.7v4
s.t.
      y1 = 10
      y1 +  x1 - y2 = 70
      y2 +  x2 - y3 = 30
      y3 +  x3 - y4 = 80
      0.05 u1 +  v1 = 30
      u1 + v1 - 0.05 u2 - v2 = 450
      u2 + v2 - 0.05 u3 - v3 = 210
      u3 + v3 - 0.05 u4 - v4 = 240
end
GIN 16
```

用 LINDO 求解得到：

OBJECTIVE FUNCTION VALUE

1)   42324.40

VARIABLE	VALUE	REDUCED COST
X1	60.000000	200.000000
X2	30.000000	195.000000
X3	80.000000	190.000000
X4	0.000000	185.000000
U1	460.000000	10.000000
U2	220.000000	9.900000
U3	240.000000	9.800000
U4	0.000000	9.700000
V1	7.000000	7.000000
V2	6.000000	6.900000
V3	4.000000	6.800000
V4	4.000000	6.700000
Y1	10.000000	0.000000
Y2	0.000000	0.000000
Y3	0.000000	0.000000
Y4	0.000000	0.000000

即最优解为 $x_1=60, x_2=30, x_3=80, x_4=0, y_1=10, y_2=y_3=y_4=0, u_1=460, u_2=220, u_3=240, u_4=0, v_1=7, v_2=6, v_3=4, v_4=4$；目标函数值为 42324.40.

问题讨论

如果每名熟练飞行员可以作为教练每个月指导不超过 20 名飞行员（包括他自己在内）进行训练，则应将教练与新飞行员分开. 设 4 个月飞行员中教练为 u_1, u_2, u_3, u_4（人），新飞行员数量分别为 w_1, w_2, w_3, w_4（人）. 其他符号不变. 飞行员的数量限制约束为

第 1 个月 $300 + u_1 + v_1 = 330$;

第 2 个月 $450 + u_2 + v_2 = u_1 + v_1 + w_1, w_1 \leqslant 20 u_1$;

第 3 个月 $450 + u_3 + v_3 = u_2 + v_2 + 240 + w_2, w_2 \leqslant 20 u_2$;

第 4 个月 $600 + u_4 + v_4 = u_3 + v_3 + 360 + w_3, w_3 \leqslant 20 u_3$.

优化模型作相应修改，输入 LINDO 如下：

```
min 200x1 + 195x2 + 190x3 + 185x4 + 10u1 + 9.9u2 + 9.8u3 + 9.7u4
    + 7v1 + 6.9v2 + 6.8v3 + 6.7v4 + 10w1 + 9.9w2 + 9.8w3 + 9.7w4
s.t.
    y1 = 10
    y1 + x1 - y2 = 70
    y2 + x2 - y3 = 30
    y3 + x3 - y4 = 80
    u1 + v1 = 30
```

```
    u1 + v1 + w1 - u2 - v2 = 450
    u2 + v2 + w2 - u3 - v3 = 210
    u3 + v3 + w3 - u4 - v4 = 240
    w1 - 20u1 < = 0
    w2 - 20u2 < = 0
    w3 - 20u3 < = 0
end
gin 20
```

用 LINDO 求解得到：

```
OBJECTIVE FUNCTION VALUE
  1)      42185.80
        VARIABLE          VALUE          REDUCED COST
           X1           60.000000         200.000000
           X2           30.000000         195.000000
           X3           80.000000         190.000000
           X4            0.000000         185.000000
           U1           22.000000          10.000000
           U2           11.000000           9.900000
           U3           12.000000           9.800000
           U4            0.000000           9.700000
           V1            8.000000           7.000000
           V2            0.000000           6.900000
           V3            0.000000           6.800000
           V4            0.000000           6.700000
           W1          431.000000          10.000000
           W2          211.000000           9.900000
           W3          228.000000           9.800000
           W4            0.000000           9.700000
           Y1           10.000000           0.000000
           Y2            0.000000           0.000000
           Y3            0.000000           0.000000
           Y4            0.000000           0.000000
```

即最优解为 $u_1=22, u_2=11, u_3=12, u_4=0, v_1=8, v_2=v_3=v_4=0, w_1=431, w_2=211, w_3=228, w_4=0$ ($x_1 \sim x_4, y_1 \sim y_4$ 不变)；目标函数值为 42185.80。

习 题 5

5.1 考虑航天飞机上固定在飞机墙上供宇航员使用的水箱.水箱的形状为在直圆锥顶上装一个球体(像冰激凌的形状,见图 5-6).如果球体的半径限定正好为 0.6m,设计的水箱表面积为 $4.5m^2$,x_1 为直圆锥的高,x_2 为球冠的高,请确定 x_1,x_2 的尺寸,使水箱容积最大.

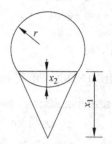

图 5-6 航天飞机上的水箱

5.2 某卡车公司拨款 8000000 元用于购买新的运输工具,可供选择的运输工具有三种.运输工具 A 载重量为 10t,平均时速为 45km/h,价格为 260000 元;运输工具 B 载重量为 20t,平均时速为 40km/h,价格为 360000 元;运输工具 C 是 B 的变种,增加了可供一个司机使用的卧铺,这一改变使载重量降为 18t,平均运行速度仍然是 40km/h,但价格为 420000 元.

运输工具 A 需要一名司机,如果每天三班工作,每天平均可以运行 18h.当地法律规定,运输工具 B 和 C 均需要两名司机,三班工作时 B 每天平均可以运行 18h,而 C 可以运行 21h.该公司目前每天有 150 名司机可供使用,而且在短期内无法招募到其他训练有素的司机.当地的工会禁止任何一名司机每天工作超过一个班次.此外,维修设备有限,所以购买的运输工具的数量不能超过 30 辆.建立数学模型,帮助公司确定购买每种运输工具的数量,使工厂每天的总运力(t·km)最大.

5.3 某农户拥有 100 亩土地和 25000 元可供投资.每年冬季(9 月中旬至来年 5 月中旬),该家庭的成员可以贡献 3500h 的劳动时间,而夏季为 4000h.如果这些劳动时间有富裕,该家庭中的年轻成员将去附近的农场打工,冬季每小时 6.8 元,夏季每小时 7.0 元.

现金收入来源于三种农作物(大豆、玉米和燕麦)以及两种家禽(奶牛和母鸡).农作物不需要付出投资,但每头奶牛需要 400 元的初始投资,每只母鸡需要 3 元的初始投资.每头奶牛需要使用 1.5 亩土地,并且冬季需要付出 100h 劳动时间,夏季付出 50h 劳动时间,该家庭每年产生的净现金收入为 450 元;每只母鸡的对应数字为:不占用土地,冬季 0.6h,夏季 0.3h,年净现金收入 3.5 元.养鸡厂房最多只能容纳 3000 只母鸡,栅栏的大小限制了最多能饲养 32 头奶牛.

根据估计,三种农作物每种植一亩所需要的劳动时间和收入如表 5-11 所示.建立数学模型,帮助确定每种农作物应该种植多少亩,以及奶牛和母鸡应该各蓄养多少,使年净现金收入最大.

表 5-11 种植一亩农作物所需要的劳动时间和收入

农作物	冬季劳动时间/h	夏季劳动时间/h	年净现金收入/(元/亩)
大豆	20	30	175.0
玉米	35	75	300.0
燕麦	10	40	120.0

5.4 某电子厂生产三种产品供应给政府部门：晶体管、微型模块、电路集成器.该工厂从物理上分为四个加工区域：晶体管生产线、电路印刷与组装、晶体管与模块质量控制、电路集成器测试与包装.

生产中的要求如下：生产一件晶体管需要占用晶体管生产线 0.1h 的时间，晶体管质量控制区域 0.5h 的时间，另加 0.70 元的直接成本；生产一件微型模块需要占用质量控制区域 0.4h 的时间，消耗 3 个晶体管，另加 0.50 元的直接成本；生产一件电路集成器需要占用电路印刷区域 0.1h 的时间，测试与包装区域 0.5h 的时间，消耗 3 个晶体管、3 个微型模块，另加 2.00 元的直接成本.

假设三种产品（晶体管、微型模块、电路集成器）的销售量是没有限制的，销售价格分别为 2 元，8 元，25 元.在未来的一个月里，每个加工区域均有 200h 的生产时间可用，请建立数学模型，帮助确定生产计划，使工厂的收益最大.

5.5 假设你刚刚成为一家生产塑料制品的工厂的经理.虽然工厂在生产运作中牵涉到很多产品和供应件，但你只关心其中的三种产品：①乙烯基石棉楼面料，产品以箱计量，每箱覆盖一定面积；②纯乙烯基楼顶料，以平方米计量；③乙烯基石棉墙面砖，以块计量，每块砖覆盖 $1m^2$.

在生产这些塑料制品所需要的多种资源中，你已经决定考虑以下四种资源：乙烯基、石棉、劳动力、在剪削机上的时间.最近的库存状态显示，每天有 1500kg 乙烯基、200kg 石棉可供使用.此外，经过与车间管理人员和不同部门的人力资源负责人的谈话，你已经知道每天有 3 人·日的劳动力和 1 机器·日的剪削机可供使用.表 5-12 中列出了每生产三种产品一个计量单位时所消耗的四种资源的数量，其中一个计量单位分别为 1 箱楼面料、$1m^2$ 楼顶料和 1 块墙面砖.可供使用的资源的数量也列在表中.建立数学模型，帮助确定如何分配资源，使利润最大.

表 5-12 单位产品的利润以及所消耗的四种资源的数量

	乙烯基/kg	石棉/kg	劳动力/人·日	剪削机/机器·日	利润/元
楼面料(每箱)	30	3	0.02	0.01	0.8
楼顶料(每平方米)	20	0	0.1	0.05	5
墙面砖(每块)	50	5	0.2	0.05	5.5
可供应量(每天)	1500	200	3	1	—

5.6 生产裸铜线和塑包线的工艺如图 5-7 所示. 某厂现有 I 型拉丝机和塑包机各一台,生产两种规格的裸铜线和相应达到两种规格的塑包线,没有拉丝塑包联合机(简称联合机). 由于市场需求扩大和现有塑包机设备陈旧,计划新增 II 型拉丝机或联合机(由于场地限制,每种设备最多 1 台),或改造塑包机,每种设备选用方案及相关数据如表 5-13 所示. 已知市场对两种规格裸铜线的需求分别为 3000km 和 2000km,对两种规格塑包线的需求分别为 10000km 和 8000km. 按照规定,新购及改进设备按每年 5% 提取折旧费,老设备不提;每台机器每年最多只能工作 8000h. 为了满足需求,确定使总费用最小的设备选用方案和生产计划.

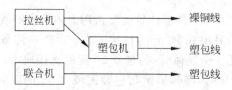

图 5-7 生产裸铜线和塑包线的工艺

表 5-13 设备选用方案及相关数据

	拉 丝 机		塑 包 机		联合机
	原有 I 型	新购 II 型	原有	改造	新购
方案代号	1	2	3	4	5
所需投资/万元	0	20	0	10	50
运行费用/(元/h)	5	7	8	8	12
固定费用/(万元/a)	3	5	8	10	14
规格 1 生产效率/(m/h)	1000	1500	1200	1600	1600
规格 2 生产效率/(m/h)	800	1400	1000	1300	1200
废品率/%	2	2	3	3	3
每千米废品损失/元	30	30	50	50	50

5.7 某储蓄所每天的营业时间是上午 9 时到下午 5 时. 根据经验,每天不同时间段所需要的服务员数量如表 5-14 所示. 储蓄所可以雇用全时和半时两类服务员. 全时服务员每天报酬 100 元,从上午 9 时到下午 5 时工作,但中午 12 时到下午 2 时之间必须安排 1h 的午餐时间. 储蓄所每天可以雇用不超过 3 名的半时服务员,每个半时服务员必须连续工作 4h,报酬 40 元. 问该储蓄所应如何雇用全时和半时两类服务员. 如果不能雇用半时服务员,每天至少增加多少费用. 如果雇用半时服务员的数量没有限制,每天可以减少多少费用?

表 5-14 每天不同时间段所需要的服务员数量

时间段/时	9~10	10~11	11~12	12~1	1~2	2~3	3~4	4~5
服务员数量/人	4	3	4	6	5	6	8	8

5.8 在一条 20m 宽的道路两侧,分别安装了一只 2kW 和一只 3kW 的路灯,它们离地面的高度分别为 5m 和 6m. 在漆黑的夜晚,当两只路灯开启时,两只路灯连线的路面上最暗的点和最亮的点在哪里? 如果 3kW 的路灯的高度可以在 3m 到 9m 之间变化,如何使路面上最暗点的亮度最大? 如果两只路灯的高度均可以在 3m 到 9m 之间变化,结果又如何?

5.9 由汽缸控制关闭的门,关闭状态的示意图如图 5-8. 门宽 a,门枢在 H 处,与 H 相距为 b 处有一门销,通过活塞与圆柱形的汽缸相连,活塞半径 r,汽缸长 l_0,汽缸内气体的压强为 p_0. 当用力 F 推门,使门打开一个角度 α 时(示意图如图 5-9),活塞下降的距离为 c,门销与 H 的水平距离 b 保持不变,于是汽缸内的气体被压缩,对活塞的压强增加. 已知在绝热条件下,气体的压强 p 和体积 V 满足 $pV^\gamma = c$,其中 γ 是绝热系数,c 是常数. 试利用开门力矩和作用在活塞上的力矩相平衡的关系(对门枢而言),求在一定的力 F 作用下,门打开的角度 α. 设 $a = 0.8$m,$b = 0.25$m,$r = 0.04$m,$l_0 = 0.5$m,$p_0 = 10^4$Pa,$\gamma = 1.4$,$F = 25$N.

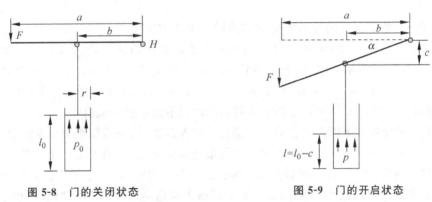

图 5-8 门的关闭状态   图 5-9 门的开启状态

5.10 某海岛上有 12 个主要的居民点,每个居民点的位置(用平面坐标 x, y 表示,距离单位:km)和居住的人数(R)如表 5-15 所示. 现在准备在岛上建一个服务中心为居民提供各种服务,那么服务中心应该建在何处?

表 5-15 居民点的位置和居住的人数

	1	2	3	4	5	6	7	8	9	10	11	12
x	0	8.20	0.50	5.70	0.77	2.87	4.43	2.58	0.72	9.76	3.19	5.55
y	0	0.50	4.90	5.00	6.49	8.76	3.26	9.32	9.96	3.16	7.20	7.88
R	600	1000	800	1400	1200	700	600	800	1000	1200	1000	1100

5.11 如图 5-10，有若干工厂的排污口流入某江，各口有污水处理站，处理站对面是居民点. 工厂 1 上游江水流量和污水浓度，国家标准规定的水的污染浓度，以及各个工厂的污水流量和污水浓度均已知道. 设污水处理费用与污水处理前后的浓度差和污水流量成正比，使每单位流量的污水下降一个浓度单位需要的处理费用（称处理系数）为已知. 处理后的污水与江水混合，流到下一个排污口之前，自然状态下的江水也会使污水浓度降低一个比例系数（称自净系数），该系数可以估计. 试确定各污水处理站出口的污水浓度，使在符合国家标准规定的条件下总的处理费用最小.

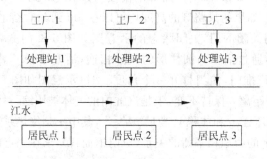

图 5-10 污水处理问题

先建立一般情况下的数学模型，再求解以下的具体问题：

设上游江水流量为 $1000(10^{12}L/min)$，污水浓度为 $0.8 mg/L$，3 个工厂的污水流量均为 $5(10^{12}L/min)$，污水浓度（从上游到下游排列）分别为 $100, 60, 50(mg/L)$，处理系数均为 1 万元$/((10^{12}L/min) \times (mg/L))$，3 个工厂之间的两段江面的自净系数（从上游到下游）分别为 0.9 和 0.6. 国家标准规定水的污染浓度不能超过 $1 mg/L$.

(1) 为了使江面上所有地段的水污染达到国家标准，最少需要花费多少费用？

(2) 如果只要求三个居民点上游的水污染达到国家标准，最少需要花费多少费用？

5.12 向灾区空投救灾物资共 2000kg，需选购一些降落伞. 已知空投高度为 500m，要求降落伞落地时的速度不能超过 20m/s. 降落伞面是半径为 r 的半球面，用每根长 l 共 16 根绳索连接的载重 m 位于球心正下方球面处，如图 5-11 所示.

每个降落伞的价格由三部分组成. 伞面费用 C_1 由伞的半径 r 决定，见表 5-17；绳索费用 C_2 由绳索总长度及单价 4 元/m 决定；固定费用 C_3 为 200 元.

降落伞在降落过程中受到的空气阻力，可以认为与降落速度和伞面积的乘积成正比. 为了确定阻力系数，用半径 $r=3m$、载重 $m=300kg$ 的降落伞从 500m 高度做降落试验，测得各时刻 t 的高度 x，见表 5-16.

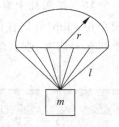

图 5-11 降落伞问题

表 5-16　时刻 t 的高度 x

t/s	0	3	6	9	12	15	18	21	24	27	30
x/m	500	470	425	372	317	264	215	160	108	55	1

试确定降落伞的选购方案,即共需多少个,每个伞的半径多大(在表 5-17 中选择),在满足空投要求的条件下,使费用最低.

表 5-17　降落伞的选购方案

r/m	2	2.5	3	3.5	4
C_1/元	65	170	350	660	1000

第6章 经济与金融中的优化问题

本章主要介绍用 LINDO/LINGO 软件求解经济、金融和市场营销方面的几个优化问题的案例.

6.1 经济均衡问题及其应用

在市场经济活动中,当市场上某种产品的价格越高时,生产商越是愿意扩大生产能力(供应能力),提供更多的产品满足市场需求;但市场价格太高时,消费者的消费欲望(需求能力)会下降.反之,当市场上某种产品的价格越低时,消费者的消费欲望(需求能力)会上升,但生产商的供应能力会下降.如果生产商的供应能力和消费者的需求能力长期不匹配,就会导致经济不稳定.在完全市场竞争的环境中,我们总是认为经济活动应当达到均衡(equilibrium),即生产和消费(供应能力和需求能力)达到平衡,不再发生变化,这时该产品的价格就是市场的清算价格.

下面考虑两个简单的单一市场及双边市场的具体实例,并介绍经济均衡思想在拍卖与投标问题、交通流分配问题中的应用案例.

6.1.1 单一生产商、单一消费者的情形

例 6.1 假设市场上只有一个生产商(记为甲)和一个消费者(记为乙).对某种产品,他们在不同价格下的供应能力和需求能力如表 6-1 所示.举例来说,表中数据的含义是:当单价低于 2 万元但大于或等于 1 万元时,甲愿意生产 2t 产品,乙愿意购买 8t 产品;当单价低于 9 万元但大于或等于 4.5 万元时,乙愿意购买 4t 产品,甲愿意生产 8t 产品;依此类推.那么,市场的清算价格应该是多少?

表 6-1 不同价格下的供应能力和需求能力

生产商(甲)		消费者(乙)	
单价/(万元/t)	供应能力/t	单价/(元/t)	需求能力/t
1	2	9	2
2	4	4.5	4
3	6	3	6
4	8	2.25	8

问题分析

仔细观察一下表 6-1 就可以看出来,这个具体问题的解是一目了然的:清算价格显然应该是 3 万元/t,因为此时供需平衡(都是 6t). 为了能够处理一般情况,下面通过建立优化模型来解这个问题.

这个问题给人的第一印象似乎没有明确的目标函数,不太像是一个优化问题. 不过,我们可以换一个角度来想问题:假设市场上还有一个虚拟的经销商,他是甲乙进行交易的中介. 那么,为了使自己获得的利润最大,他将总是以可能的最低价格从甲购买产品,再以可能的最高价格卖给乙,直到进一步的交易无利可图为止. 例如,最开始的 2t 产品他将会以 1 万元的单价从甲购买,以 9 万元的单价卖给乙;接下来的 2t 产品他会以 2 万元的单价从甲购买,再以 4.5 万元的单价卖给乙;再接下来的 2t 产品他只能以 3 万元的单价从甲购买,再以 3 万元的单价卖给乙(其实这次交易他已经只是保本,但我们仍然假设这笔交易会发生,例如他为了使自己的营业额尽量大);最后,如果他继续购买甲的产品卖给乙,他一定会亏本,所以他肯定不会交易. 因此,市场清算价格就是 3 万元. 根据这个想法,我们就可以建立这个问题的线性规划模型.

模型建立

决策变量:设甲以 1 万元,2 万元,3 万元,4 万元的单价售出的产品数量(单位:t)分别是 A_1, A_2, A_3, A_4,乙以 9 万元,4.5 万元,3 万元,2.25 万元的单价购买的产品数量(单位:t)分别是 x_1, x_2, x_3, x_4.

目标函数:就是虚拟经销商的总利润,即

$$9x_1 + 4.5x_2 + 3x_3 + 2.25x_4 - A_1 - 2A_2 - 3A_3 - 4A_4. \tag{1}$$

约束条件:约束有

供需平衡 $A_1 + A_2 + A_3 + A_4 = x_1 + x_2 + x_3 + x_4;$ \hfill (2)

供应限制 $A_1, A_2, A_3, A_4 \leqslant 2;$ \hfill (3)

消费限制 $x_1, x_2, x_3, x_4 \leqslant 2;$ \hfill (4)

非负限制 $A_1, A_2, A_3, A_4, x_1, x_2, x_3, x_4 \geqslant 0.$ \hfill (5)

模型求解

式(1)~(5)是一个线性规划模型,可以用 LINDO 求解,对应的 LINDO 程序如下:

```
max 9X1 + 4.5X2 + 3X3 + 2.25X4 - A1 - 2A2 - 3A3 - 4A4
s.t.
    A1 + A2 + A3 + A4 - X1 - X2 - X3 - X4 = 0
    A1 <= 2    A2 <= 2    A3 <= 2    A4 <= 2
    X1 <= 2    X2 <= 2    X3 <= 2    X4 <= 2
END
```

求解这个模型,得到如下解答:

```
OBJECTIVE FUNCTION VALUE
 1)     21.00000
    VARIABLE         VALUE          REDUCED COST
       X1          2.000000          0.000000
       X2          2.000000          0.000000
       X3          0.000000          0.000000
       X4          0.000000          0.750000
       A1          2.000000          0.000000
       A2          2.000000          0.000000
       A3          0.000000          0.000000
       A4          0.000000          1.000000

       ROW       SLACK OR SURPLUS   DUAL PRICES
        2)         0.000000         -3.000000
        3)         0.000000          2.000000
        4)         0.000000          1.000000
        5)         2.000000          0.000000
        6)         2.000000          0.000000
        7)         0.000000          6.000000
        8)         0.000000          1.500000
        9)         2.000000          0.000000
       10)         2.000000          0.000000
```

结果解释

可以看到,最优解为 $A_1=A_2=x_1=x_2=2, A_3=A_4=x_3=x_4=0$。但你肯定觉得这还是没有解决问题(甚至认为这个模型错了),因为这个解没有包括 3 万元单价的 2t 交易量。虽然容易验证 $A_1=A_2=A_3=x_1=x_2=x_3=2, A_4=x_4=0$ 也是最优解,但在一般情况下是难以保证一定求出这个解的。

那么如何才能确定清算价格呢?请仔细思考一下供需平衡约束"2)"的对偶价格(DUAL PRICES)的含义。我们在第 1 章中讲过,对偶价格又称为影子价格,表示的是对应约束的右端项的价值。供需平衡约束目前的右端项为 0,影子价格为 -3,意思就是说如果右端项增加一个很小的量(即甲的供应量增加一个很小的量),引起的经销商的损失就是这个小量的 3 倍。可见,此时的销售单价就是 3 万元,这就是清算价格。

模型扩展

一般地,可以假设甲的供应能力随价格的变化情况分为 K 段,即价格位于区间 $[p_k, p_{k+1})$ 时,供应量最多为 $c_k (k=1,2,\cdots,K)$; $0 < p_1 < p_2 < \cdots < p_{K+1} = \infty$; $0 = c_0 < c_1 <$

$c_2<\cdots<c_K$),我们把这个函数关系称为供应函数(这里它是一个阶梯函数). 同理,假设乙的消费能力随价格的变化情况分为 L 段,即价格位于区间$(q_{k+1}, q_k]$时,消费量最多为 d_k ($k=1,2,\cdots,L; q_1>\cdots>q_L>q_{L+1}=0; 0=d_0<d_1<d_2<\cdots<d_L$),我们把这个函数关系称为需求函数(这里它也是一个阶梯函数).

设甲以 p_k 的价格售出的产品数量为 $A_k(k=1,2,\cdots,K)$,乙以 q_k 的价格购入的产品数量为 $X_k(k=1,2,\cdots,L)$. 记 $c_0=d_0=0$,则可以建立如下所示的线性规划模型:

$$\max \quad \sum_{k=1}^{L} q_k X_k - \sum_{k=1}^{K} p_k A_k; \tag{6}$$

$$\text{s.t.} \quad \sum_{k=1}^{K} A_k - \sum_{k=1}^{L} X_k = 0, \tag{7}$$

$$0 \leqslant A_k \leqslant c_k - c_{k-1}, \quad k=1,2,\cdots,K, \tag{8}$$

$$0 \leqslant X_k \leqslant d_k - d_{k-1}, \quad k=1,2,\cdots,L. \tag{9}$$

6.1.2 两个生产商、两个消费者的情形

例 6.2 假设市场上除了例 6.1 中的甲和乙外,还有另一个生产商(记为丙)和另一个消费者(记为丁),他们在不同价格下的供应能力和需求能力如表 6-2 所示. 此外,从甲销售到丁的每吨产品的运输成本是 1.5 万元,从丙销售到乙的每吨产品的运输成本是 2 万元,而甲、乙之间没有运输成本,丙、丁之间没有运输成本. 这时,市场的清算价格应该是多少?甲和丙分别生产多少?乙和丁分别购买多少?

表 6-2 不同价格下的供应能力和消费能力

生产商(丙)		消费者(丁)	
价格/万元	供应能力/t	价格/元	需求能力/t
2	1	15	1
4	4	8	3
6	8	5	6
8	12	3	10

问题分析

首先,我们看看为什么要考虑从甲销售到丁的产品的运输成本和从丙销售到乙的产品的运输成本. 如果不考虑这些运输成本,我们就可以认为甲乙丙丁处于同一个市场上,因此可以将两个生产商(甲和丙)的供应函数合并成一个供应函数,合并后就可以认为市场上仍然只有一个供应商. 类似地,乙和丁的需求函数也可以合并成一个需求函数,合并后就可以认为市场上仍然只有一个消费者. 这样,就回到了例 6.1 的情形.

也就是说,考虑运输成本在经济学上的含义,应当是认为甲乙是一个市场(地区或国

家),而丙丁是另一个市场(地区或国家). 运输成本也可能还包括关税等成本,由于这个成本的存在,两个市场的清算价可能是不同的.

仍然按照例 6.1 的思路,可以建立这个问题的线性规划模型.

模型建立和求解

设甲以 $1,2,3,4$(万元)的单价售出的产品数量(单位:t)分别是 A_1, A_2, A_3, A_4,乙以 $9, 4.5, 3, 2.25$(万元)的单价购买的产品数量(单位:t)分别是 X_1, X_2, X_3, X_4;丙以 $2, 4, 6, 8$(万元)的单价售出的产品数量(单位:t)分别是 B_1, B_2, B_3, B_4,丁以 $15, 8, 5, 3$(万元)的单价购买的产品数量(单位:t)分别是 Y_1, Y_2, Y_3, Y_4. 此外,假设 AX 和 AY 分别是甲向乙和丁的供货量,BX 和 BY 分别是丙向乙和丁的供货量. 这些决策变量之间的关系参见示意图 6-1.

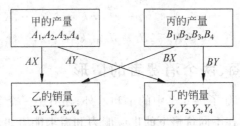

图 6-1 决策变量之间的关系

目标函数仍然是虚拟经销商的总利润,约束条件仍然是四类(供需平衡、供应限制、需求限制和非负限制),不过这时应注意供需平衡约束应该是包括图 6-1 所示的决策变量之间的关系:

$$AX + AY = A_1 + A_2 + A_3 + A_4, \tag{10}$$

$$BX + BY = B_1 + B_2 + B_3 + B_4, \tag{11}$$

$$AX + BX = x_1 + x_2 + x_3 + x_4, \tag{12}$$

$$AY + BY = Y_1 + Y_2 + Y_3 + Y_4. \tag{13}$$

此外的其他约束实际上只是一个简单的变量上界约束,可以用"SUB"命令表示.

下面直接给出其 LINDO 模型:

```
max    9X1 + 4.5X2 + 3X3 + 2.25X4 + 15Y1 + 8Y2 + 5Y3 + 3Y4
      - 2BX - 1.5AY - A1 - 2A2 - 3A3 - 4A4 - 2B1 - 4B2 - 6B3 - 8B4
s.t.
2)  - AY + A1 + A2 + A3 + A4 - AX = 0
3)  - BX + B1 + B2 + B3 + B4 - BY = 0
4)  - X1 - X2 - X3 - X4 + BX + AX = 0
5)  - Y1 - Y2 - Y3 - Y4 + AY + BY = 0
END
SUB A1   2
```

```
SUB A2    2
SUB A3    2
SUB A4    2
SUB X1    2
SUB X2    2
SUB X3    2
SUB X4    2
SUB B1    1
SUB B2    3
SUB B3    4
SUB B4    4
SUB Y1    1
SUB Y2    2
SUB Y3    3
SUB Y4    4
```

可以看到,这里上界约束用"SUB"命令表示,从建模角度来看,这是应当提倡的方式,因为这种方式直接给出了变量的上界.不过,这时也有一个小缺点,就是在 LINDO 模型的输入中,这种命令位于标准模型之外(即"END"语句之后),所以此时书写格式不如"END"之前的语句灵活和自由,每行只能写一个 SUB 命令(如果一行写多个,也只有第一个起作用).这样,模型窗口看起来就比较浪费空间.这种每行只能有一个命令的格式规范,对于"SLB"、"INT"、"GIN"、"FREE"命令也是适用的.

求解这个模型,得到如下解答:

```
OBJECTIVE FUNCTION VALUE
   1)      44.00000

        VARIABLE         VALUE          REDUCED COST
           X1          2.000000         -5.500000
           X2          2.000000         -1.000000
           X3          0.000000          0.500000
           X4          0.000000          1.250000
           Y1          1.000000        -10.000000
           Y2          2.000000         -3.000000
           Y3          3.000000          0.000000
           Y4          0.000000          2.000000
           BX          0.000000          3.500000
           AY          2.000000          0.000000
           A1          2.000000         -2.500000
           A2          2.000000         -1.500000
           A3          2.000000         -0.500000
```

A4	0.000000	0.500000
B1	1.000000	-3.000000
B2	3.000000	-1.000000
B3	0.000000	1.000000
B4	0.000000	3.000000
AX	4.000000	0.000000
BY	4.000000	0.000000

ROW	SLACK OR SURPLUS	DUAL PRICES
2)	0.000000	-3.500000
3)	0.000000	-5.000000
4)	0.000000	-3.500000
5)	0.000000	-5.000000

结果解释

可以看到，最优解为 $A_1=A_2=A_3=x_1=x_2=2, B_1=1, B_2=3, Y_1=1, Y_2=3, Y_3=3, AX=BY=4, AY=2, A_4=B_3=B_4=x_3=x_4=Y_4=BY=0$. 也就是说，甲将向丁销售 2t 产品，丙不会向乙销售.

那么如何才能确定清算价格呢？与例 6.1 类似，约束"2)"是针对生产商甲的供需平衡条件，目前的右端项为 0，影子价格为 -3.5，意思就是说如果右端项增加一个很小的量（即甲的供应量增加一个很小的量），引起的经销商的损失就是这个小量的 3.5 倍. 可见，此时甲的销售单价就是 3.5 万元，这就是甲面对的清算价格.

完全类似地，可以知道生产商丙面对的清算价格为 5. 自然地，乙面对的清算价格也是 3.5，丁面对的清算价格也是 5，因为甲乙位于同一个市场，而丙丁也位于同一个市场. 这两个市场的清算价之差正好等于从甲、乙到丙、丁的运输成本(1.5)，这是非常合理的.

读者可能还注意到，这时的清算价格实际上并不一定是表 6-1 和表 6-2 中列出的某个价格区间的端点，这一现象是有一些令人惊讶的.

模型扩展

可以和 6.1.1 节一样，将上面的具体模型一般化，即考虑供应函数和需求函数的分段数不是固定为 4，而是任意有限正整数的情形. 请读者自己尝试完成.

很自然地，上面的方法很容易推广到不仅仅是 2 个市场，而是任意有限个市场的情形. 理论上看这当然没有什么难度，只是这时变量会更多，数学表达式变得更复杂一些罢了，有兴趣的读者也可以试一试.

6.1.3 拍卖与投标问题

例 6.3 假设一家拍卖行对委托的 5 类艺术品对外拍卖，采用在规定日期前投标人提交投标书的方式进行，最后收到了来自 4 个投标人的投标书. 每类项目的数量、投标人对每个项目的投标价格如表 6-3 中所示. 例如, 有 3 件第 4 类艺术品; 对每件第 4 类艺术品, 投标人 1,2,3,4 愿意出的最高价分别为 6,1,3,2(货币单位, 如万元). 此外, 假设每个投标人对每类艺术品最多只能购买 1 件, 并且每个投标人购买的艺术品的总数不能超过 3 件. 那么, 哪些艺术品能够卖出去? 卖给谁? 这个拍卖和投标问题中每类物品的清算价应该是多少?

表 6-3 拍卖与投标信息

招标项目类型		1	2	3	4	5
招标项目的数量		1	2	3	3	4
投标价格	投标人 1	9	2	8	6	3
	投标人 2	6	7	9	1	5
	投标人 3	7	8	6	3	4
	投标人 4	5	4	3	2	1

问题分析

这个具体问题在实际中可能可以通过对所有投标的报价进行排序来解决, 例如可以总是将艺术品优先卖给出价最高的投标人. 但这种方法不太好确定每类艺术品的清算价, 所以我们这里还是借用前面两个例子中的方法, 即假设有一个中间商希望最大化自己的利润, 从而建立这个问题的线性规划模型.

问题的一般提法和假设

先建立一般的模型, 然后求解本例的具体问题. 设有 N 类物品需要拍卖, 第 j 类物品的数量为 $S_j(j=1,2,\cdots,N)$; 有 M 个投标者, 投标者 $i(i=1,2,\cdots,M)$ 对第 j 类物品的投标价格为 b_{ij} (假设非负). 投标者 i 对每类物品最多购买一件, 且总件数不能超过 c_i. 我们的目标之一是要确定第 j 类物品的清算价格 p_j, 它应当满足下列假设条件:

(1) 成交的第 j 类物品的数量不超过 $S_j(j=1,2,\cdots,N)$;

(2) 对第 j 类物品的报价低于 p_j 的投标人将不能获得第 j 类物品;

(3) 如果成交的第 j 类物品的数量少于 $S_j(j=1,2,\cdots,N)$, 可以认为 $p_j=0$ (除非拍卖方另外指定一个最低的保护价);

(4) 对第 j 类物品的报价高于 p_j 的投标人有权获得第 j 类物品, 但如果他有权获得的物品超过 3 件, 那么我们假设他总是希望使自己的满意度最大(满意度可以用他的报价与市场清算价之差来衡量).

优化模型

用 0-1 变量 x_{ij} 表示是否分配一件第 j 类物品给投标者 i, 即 $x_{ij}=1$ 表示分配, 而 $x_{ij}=0$ 表示不分配. 目标函数仍然是虚拟的中间商的总利润(认为这些利润全部是拍卖行的利润也可以), 即

$$\sum_{i=1}^{M}\sum_{j=1}^{N}b_{ij}x_{ij}. \tag{14}$$

除变量取值为 0 或 1 的约束外,问题的约束条件主要是两类:每类物品的数量限制和每个投标人所能分到的物品的数量限制,即

$$\sum_{i=1}^{M}x_{ij} \leqslant S_j, \quad j=1,2,\cdots,N; \tag{15}$$

$$\sum_{j=1}^{N}x_{ij} \leqslant c_i, \quad i=1,2,\cdots,M. \tag{16}$$

模型就是在约束(15)、(16)下最大化目标函数(14).

模型求解

可以用 LINDO 软件求解,不过这里用 LINGO 软件更方便些. 一般的 LINGO 模型如下:

```
MODEL:
TITLE 拍卖与投标;
SETS:! S,C,B,X 的含义就是上面建模时给出的定义;
AUCTION: S;
BIDDER : C;
LINK(BIDDER,AUCTION): B,X;
ENDSETS
DATA:! 通过文本文件输入数据;
AUCTION = @FILE(AUCTION.TXT);
BIDDER = @FILE(AUCTION.TXT);
S = @FILE(AUCTION.TXT);
C = @FILE(AUCTION.TXT);
B = @FILE(AUCTION.TXT);
ENDDATA
MAX = @SUM(LINK: B * X);! 目标函数;
@FOR(AUCTION(J):        ! 拍卖数量限制;
    [AUC_LIM] @SUM(BIDDER(I): X(I,J))<S(J));
@FOR(BIDDER(I):         ! 投标数量限制;
    [BID_LIM] @SUM(AUCTION(J): X(I,J))<C(I));
@FOR(LINK: @BIN(X)); ! 0-1 变量限制;
END
```

使用本题中的具体数据,需要建立如下的数据文件 AUCTION.TXT(可以看到其中也可以含有注释语句,即由感叹号"!"开始的语句,且仍然要用分号";"(必须是英文分号)结束):

6.1 经济均衡问题及其应用

```
1 2 3 4 5~         ! 拍卖项目类型编号;
1 2 3 4~           ! 投标人编号;
1 2 3 3 4~         ! 拍卖项目数量;
3 3 3 3~           ! 投标人购买艺术品总数的上限;
                   ! 投标价格;
9 2 8 6 3
6 7 9 1 5
7 8 6 3 4
5 4 3 2 1
```

求解这个模型,得到如下解答(其中略去了 S,C,B 等已知参数的显示结果):

Global optimal solution found.
Objective value: 65.00000
Total solver iterations: 7
Model Title: 拍卖与投标

Variable	Value	Reduced Cost
X(1,1)	1.000000	−1.000000
X(1,2)	0.000000	5.000000
X(1,3)	1.000000	−2.000000
X(1,4)	1.000000	−3.000000
X(1,5)	0.000000	0.000000
X(2,1)	0.000000	0.000000
X(2,2)	1.000000	−2.000000
X(2,3)	1.000000	−5.000000
X(2,4)	0.000000	0.000000
X(2,5)	1.000000	−4.000000
X(3,1)	0.000000	1.000000
X(3,2)	1.000000	−1.000000
X(3,3)	1.000000	0.000000
X(3,4)	0.000000	0.000000
X(3,5)	1.000000	−1.000000
X(4,1)	0.000000	0.000000
X(4,2)	0.000000	0.000000
X(4,3)	0.000000	0.000000
X(4,4)	1.000000	−2.000000
X(4,5)	1.000000	−1.000000

Row	Slack or Surplus	Dual Price
1	65.00000	1.000000
AUC_LIM(1)	0.000000	5.000000

AUC_LIM(2)	0.000000	4.000000
AUC_LIM(3)	0.000000	3.000000
AUC_LIM(4)	1.000000	0.000000
AUC_LIM(5)	1.000000	0.000000
BID_LIM(1)	0.000000	3.000000
BID_LIM(2)	0.000000	1.000000
BID_LIM(3)	0.000000	3.000000
BID_LIM(4)	1.000000	0.000000

结果解释

可以看到,最优解为:投标人1得到艺术品1,3,4,投标人2,3都得到艺术品2,3,5,投标人4得到艺术品4,5.结果,第4,5类艺术品各剩下1件没有成交.

那么如何才能确定清算价格呢?与例6.1和例6.2类似,约束"AUC_LIM"是针对每类艺术品的数量限制的,对应的影子价格就是其清算价格:即5类艺术品的清算价格分别是5,4,3,0,0.第4,5类艺术品有剩余,所以清算价格为0,这是符合前面的假设的.

可以指出的是:即使上面模型中不要求 x_{ij} 为0-1变量(即只要求取 $0\sim 1$ 之间的实数),由于这个问题的特殊性,最优解中 x_{ij} 也会要么取0,要么取1,不可能取 $0\sim 1$ 之间的其他数,所以可以将LINGO模型中"@BIN(X)"改为"@BND(0,X,1)",这个连续线性规划的结果将与0-1整数线性规划得到的结果相同.读者自己不妨一试.

最后,大学生的选课问题与此是类似的,即把课程看成招标(拍卖)项目,而把学生愿意付出的选课费看成投标.据说国外有些大学的选课系统就是使用这个模型确定每门课程的清算价格(选课费)的,而且取得了成功.

6.1.4 交通流均衡问题

例 6.4 某地有如图6-2所示的一个公路网,每天上班时间有6千辆小汽车要从居民区 A 前往工作区 D.经过长期观察,我们得到了图中5条道路上每辆汽车的平均行驶时间和汽车流量之间的关系,如表6-4所示.那么,长期来看,这些汽车将如何在每条道路上分布?

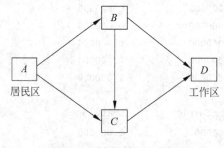

图6-2 一个公路网示意图

表 6-4 平均行驶时间和汽车流量之间的关系

道　路		AB	AC	BC	BD	CD
行驶时间/min	流量 ≤2	20	52	12	52	20
	2< 流量 ≤3	30	53	13	53	30
	3< 流量 ≤4	40	54	14	54	40

问题分析

这个问题看起来似乎与前面几个例子中的完全不同,但实际上交通流与市场经济活动类似,也存在着均衡.

我们可以想像有一个协调者,正如前面几个例子中的所谓中间商可以理解为市场规律一样,实际上这里的所谓协调者也可以认为是交通流的规律.交通流的规律就是每辆汽车都将选择使自己从 A 到 D 运行时间最少的路线,其必然的结果是无论走哪条路线从 A 到 D,最终花费的时间应该是一样的(否则,花费时间较长的那条线路上的部分汽车就会改变自己的路线,以缩短自己的行驶时间).

也就是说,长期来看,这些汽车在每条道路上的分布将达到均衡状态(所谓均衡,这里的含义就是每辆汽车都不能仅仅通过自身独自改变道路节省其行驶时间).在这种想法下,我们来建立线性规划模型.

优化模型

交通流的规律要求所有道路上的流量达到均衡,我们仍然类似例 6.1 和例 6.2 来考虑问题.如果车流量是一辆车一辆车增加的,那么在每条道路上车流量小于 2 时,车流量会有一个分布规律;当某条道路上流量正好超过 2 时,新加入的一辆车需要选择使自己堵塞时间最短的道路.这就提示我们把同一条道路上的流量分布分解成不同性质的三个部分.也就是说,我们用 $Y(AB)$ 表示道路 AB 上的总的流量,并进一步把它分解成三部分:

(1) 道路 AB 上的流量不超过 2 时的流量,用 $X(2,AB)$ 表示;

(2) 道路 AB 上的流量超过 2 但不超过 3 时,超过 2 的流量部分用 $X(3,AB)$ 表示;

(3) 道路 AB 上的流量超过 3 但不超过 4 时,超过 3 的流量部分用 $X(4,AB)$ 表示.

依此类推,对道路 AC,BC,BD,CD 上同理可以定义类似的决策变量.因此,问题中总共有 20 个决策变量 $Y(j)$ 和 $X(i,j)$ $(i=2,3,4; j=AB,AC,BC,BD,CD)$.

问题的目标应当是使总的堵塞时间最小.用 $T(i,j)$ 表示流量 $X(i,j)$ 对应的堵塞时间(即表 6-3 中的数据,是对每辆车而言的),我们看看用 $\sum_{i=2,3,4}\sum_{j\text{为道路}}T(i,j)X(i,j)$ 作为总堵塞时间是否合适.很容易理解:后面加入道路的车辆可能又会造成前面进入道路的车辆的进一步堵塞,如流量为 3 时,原先流量为 2 的车辆实际上也只能按 $T(3,j)$ 的时间通过,

而不是 $T(2,j)$. 也就是说, $\sum_{i=2,3,4}\sum_{j\text{为道路}} T(i,j)X(i,j)$ 并不是总堵塞时间. 但是我们也可以发现, $T(i,j)$ 关于 i 是单调增加的, 即不断增加的车流只会使以前的堵塞加剧而不可能使以前的堵塞减缓. 所以, 关于决策变量 $X(i,j)$ 而言, $\sum_{i=2,3,4}\sum_{j\text{为道路}} T(i,j)X(i,j)$ 与我们希望优化的目标的单调性是一致的. 因此, 可以用 $\sum_{i=2,3,4}\sum_{j\text{为道路}} T(i,j)X(i,j)$ 作为目标函数进行优化.

约束条件有三类:
(1) 每条道路上的总流量 Y 等于该道路上的分流量 X 的和;
(2) 道路交汇处 A,B,C,D(一般称为节点)的流量守恒(即流入量等于流出量);
(3) 决策变量的上限限制, 如 $X(2,AB)\leqslant 2, X(3,AB)\leqslant 1, X(4,AB)\leqslant 1$ 等.
于是对应的优化模型很容易直接写出(略).

模型求解

这个问题可以用 LINDO 软件求解, 不过这里用 LINGO 软件更方便些. LINGO 模型如下:

```
MODEL:
TITLE 交通流均衡;
SETS:
ROAD/AB,AC,BC,BD,CD/: Y;
CAR/2,3,4/;
LINK(CAR,ROAD): T,X;
ENDSETS
DATA: ! 行驶时间;
T = 20,52,12,52,20
    30,53,13,53,30
    40,54,14,54,40;
ENDDATA
[OBJ] MIN = @SUM(LINK: T * X);! 目标函数;
! 四个节点的流量守恒条件;
[NODE_A] Y(@INDEX(AB)) + Y(@INDEX(AC)) = 6;
[NODE_B] Y(@INDEX(AB)) = Y(@INDEX(BC)) + Y(@INDEX(BD));
[NODE_C] Y(@INDEX(AC)) + Y(@INDEX(BC)) = Y(@INDEX(CD));
[NODE_D] Y(@INDEX(BD)) + Y(@INDEX(CD)) = 6;
! 每条道路上的总流量 Y 等于该道路上的分流量 X 的和;
@FOR(ROAD(I):
    [ROAD_LIM] @SUM(CAR(J): X(J,I)) = Y(I));
! 每条道路的分流量 X 的上下界设定;
```

```
@FOR(LINK(I,J)|I#EQ#1: @BND(0,X(I,J),2));
@FOR(LINK(I,J)|I#GT#1: @BND(0,X(I,J),1));
END
```

可以指出的是,上面 4 个节点的流量守恒条件中,其实只有 3 个是独立的(也就是说,第 4 个总可以从其他 3 个方程推导出来),因此从中去掉任何一个都不会影响到计算结果.

求解这个模型,得到如下解答(其中略去了已知参数 T 的显示结果):

```
Global optimal solution found.
Objective value:            452.0000
Total solver iterations:         7
Model Title: 交通流均衡
```

Variable	Value	Reduced Cost
Y(AB)	4.000000	0.000000
Y(AC)	2.000000	0.000000
Y(BC)	2.000000	0.000000
Y(BD)	2.000000	0.000000
Y(CD)	4.000000	0.000000
X(2,AB)	2.000000	−20.00000
X(2,AC)	2.000000	0.000000
X(2,BC)	2.000000	0.000000
X(2,BD)	2.000000	0.000000
X(2,CD)	2.000000	−20.00000
X(3,AB)	1.000000	−10.00000
X(3,AC)	0.000000	1.000000
X(3,BC)	0.000000	1.000000
X(3,BD)	0.000000	1.000000
X(3,CD)	1.000000	−10.00000
X(4,AB)	1.000000	0.000000
X(4,AC)	0.000000	2.000000
X(4,BC)	0.000000	2.000000
X(4,BD)	0.000000	2.000000
X(4,CD)	1.000000	0.000000

Row	Slack or Surplus	Dual Price
OBJ	452.0000	−1.000000
NODE_A	0.000000	−40.00000
NODE_B	0.000000	0.000000

NODE_C	0.000000	-12.00000
NODE_D	0.000000	-52.00000
ROAD_LIM(AB)	0.000000	-40.00000
ROAD_LIM(AC)	0.000000	-52.00000
ROAD_LIM(BC)	0.000000	-12.00000
ROAD_LIM(BD)	0.000000	-52.00000
ROAD_LIM(CD)	0.000000	-40.00000

结果解释

上面的结果表明,均衡时道路 AB,AC,BC,BD,CD 的流量分别是 4,2,2,2,4(千辆)车.但是要注意,正如我们建立目标函数时所讨论过的,这时得到的目标函数值 452 并不是真正的总运行和堵塞时间,而是一个用来表示目标函数趋势的虚拟的量,没有太多实际物理意义.事实上,可以求出这时的真正运行时间是:每辆车通过 AB,AC,BC,BD,CD 道路分别需要 40,52,12,52,40(min),也就是在图中三条路线 $ABD,ACD,ABCD$ 上都需要 92min,所以这也说明交通流确实达到了均衡.于是,均衡时真正的总运行时间应该是 $6×92=552$(千辆车·min).

模型讨论

不过,仔细想想就会发现,上面的解并不是最优解,即均衡解并不一定是最优的流量分配方案.为了求出使所有汽车的总运行时间最小的交通流,应该如何做呢?也就是说,这相当于假设有一个权威的机构来统筹安排,最优地分配这些交通流,而不是像求均衡解时那样认为每个个体(每辆车)都可以自己选择道路,自然达到平衡状态.

为了进行统筹规划,我们需要把新增的流量 $X(i,j)(i=2,3,4;j=AB,AC,BC,BD,CD)$ 造成的实际堵塞时间计算出来(仍按每辆车计算),而不是像上面那样不考虑对原有车流造成的堵塞效应.以道路 AB 为例:

(1) 当流量为 2 千辆时,每辆车的通过时间为 20min,所以总通过时间是 40(千辆车·min);

(2) 当流量增加一个单位(本题中一个单位就是 1 千辆)达到 3 千辆时,每辆车的通过时间为 30min,所以总通过时间是 90(千辆车·min);

(3) 当流量再增加一个单位达到 4 千辆时,每辆车的通过时间为 40min,所以总通过时间是 160(千辆车·min).

由此可见,流量超过 2 而不超过 3 时,单位流量的增加导致的总通过时间的变化为 $90-40=50$(千辆车·min);流量超过 3 而不超过 4 时,单位流量的增加导致的总通过时间的变化为 $160-90=70$(千辆车·min).

类似地,对所有道路,都可以得到单位流量的增加导致总行驶时间的增量和汽车流量之间的关系(参见表 6-5).

6.1 经济均衡问题及其应用

表 6-5 单位流量的增加导致总行驶时间的增量和汽车流量之间的关系

道　　路		AB	AC	BC	BD	CD
总行驶时间的增量/ (千辆车·min)	流量≤2	20	52	12	52	20
	2＜ 流量≤3	50	55	15	55	50
	3＜ 流量≤4	70	57	17	57	70

用表 6-5 中的总行驶时间的增量数据代替前面模型中的每辆车的行驶时间数据 $T(i,j)$，模型的其他部分完全不用不变。重新求解 LINGO 模型，可以得到如下结果(其中略去了已知参数 T 的显示结果)：

```
Global optimal solution found.
Objective value:              498.0000
Total solver iterations:           10

Model Title：交通流均衡

        Variable        Value       Reduced Cost
          Y(AB)      3.000000         0.000000
          Y(AC)      3.000000         0.000000
          Y(BC)      0.000000         0.000000
          Y(BD)      3.000000         0.000000
          Y(CD)      3.000000         0.000000
        X(2,AB)      2.000000        -48.00000
        X(2,AC)      2.000000         -3.000000
        X(2,BC)      0.000000         25.00000
        X(2,BD)      2.000000         -5.000000
        X(2,CD)      2.000000        -50.00000
        X(3,AB)      1.000000        -18.00000
        X(3,AC)      1.000000         0.000000
        X(3,BC)      0.000000         28.00000
        X(3,BD)      1.000000         -2.000000
        X(3,CD)      1.000000        -20.00000
        X(4,AB)      0.000000         2.000000
        X(4,AC)      0.000000         2.000000
        X(4,BC)      0.000000         30.00000
        X(4,BD)      0.000000         0.000000
        X(4,CD)      0.000000         0.000000
```

也就是说，最优的车流分配方式是：道路 AB, AC, BD, CD 的流量都是 3 千辆车，而道路 BC 上没有流量；总(加权)运行时间为 498(千辆车·min)，优于均衡时的结果

552(千辆车·min). 此时,每辆车的运行时间=498/6=83(min),少于均衡时的92min. 当然,这个最优解必须强制执行,否则 AB 道路上的一些车到达 B 点时,发现当前走 BCD 的时间只需要 12+30=42(min),比走 BD 的时间(53min)短很多,所以他们就会改走 BCD,导致走 BCD 的时间(主要是走道路 CD 的时间)增加;如此下去,最后终将到达前面我们得到的均衡状态.

这是一个非常有趣的结果:当一个系统中的每个个体都独自追求个体利益最大化时,整体的利益却没有达到最大化.

更令人惊讶的是:这个例子的道路网中如果没有道路 BC,从 A 到 D 的平均时间是 83min;而新开了一条道路 BC 以后,从 A 到 D 的平均时间居然变成 92min,不是加快反而减慢了. 由此也可以理解,做出一个科学、合理的交通网的规划是一件相当复杂的工作.

6.2 投资组合问题

6.2.1 基本的投资组合模型

例 6.5 美国某三种股票(A,B,C)12 年(1943—1954)的价格(已经包括了分红在内)每年的增长情况如表 6-6 所示(表中还给出了相应年份的 500 种股票的价格指数的增长情况). 例如,表中第一个数据 1.300 的含义是股票 A 在 1943 年的年末价值是其年初价值的 1.300 倍,即收益为 30%,其余数据的含义依此类推. 假设你在 1955 年时有一笔资金准备投资这三种股票,并期望年收益率至少达到 15%,那么你应当如何投资? 当期望的年收益率变化时,投资组合和相应的风险如何变化?

表 6-6 股票收益数据

年 份	股票A	股票B	股票C	股票指数
1943	1.300	1.225	1.149	1.258997
1944	1.103	1.290	1.260	1.197526
1945	1.216	1.216	1.419	1.364361
1946	0.954	0.728	0.922	0.919287
1947	0.929	1.144	1.169	1.057080
1948	1.056	1.107	0.965	1.055012
1949	1.038	1.321	1.133	1.187925
1950	1.089	1.305	1.732	1.317130
1951	1.090	1.195	1.021	1.240164
1952	1.083	1.390	1.131	1.183675
1953	1.035	0.928	1.006	0.990108
1954	1.176	1.715	1.908	1.526236

问题分析

本例的问题称为投资组合(portfolio)问题,早在 1952 年 Markowitz 就给出了这个模型的基本框架,而且这个模型后来又得到了不断的研究和改进. 一般来说,人们投资股票时的收益是不确定的,因此是一个随机变量,所以除了考虑收益的期望值外,还应当考虑风险. 风险用什么衡量? Markowitz 建议,风险可以用收益的方差(或标准差)来进行衡量:方差越大,则认为风险越大;方差越小,则认为风险越小. 在一定的假设下,用收益的方差(或标准差)来衡量风险确实是合适的. 为此,我们先对表 6-6 中给出的数据计算出三种股票收益的均值和方差(包括协方差)备用.

一种股票收益的均值衡量的是这种股票的平均收益状况,而收益的方差衡量的是这种股票收益的波动幅度,方差越大则波动越大(收益越不稳定). 两种股票收益的协方差表示的则是他们之间的相关程度:

- 协方差为 0 时两者不相关.
- 协方差为正数表示两者正相关,协方差越大则正相关性越强(越有可能一赚皆赚,一赔俱赔).
- 协方差为负数表示两者负相关,绝对值越大则负相关性越强(越有可能一个赚,另一个赔).

记股票 A,B,C 每年的收益率分别为 R_1,R_2 和 R_3(注意表中的数据减去 1 以后才是年收益率),则 $R_i(i=1,2,3)$ 是一个随机变量. 用 E 和 D 分别表示随机变量的数学期望和方差(标准差的平方)算子,用 cov 表示两个随机变量的协方差(covariance),根据概率论的知识和表 6-6 给出的数据,则可以计算出年收益率的数学期望为

$$ER_1 = 0.0890833, \quad ER_2 = 0.213667, \quad ER_3 = 0.234583. \tag{17}$$

同样,可以计算股票 A,B,C 年收益率的协方差矩阵为

$$\text{COV} = \begin{bmatrix} 0.01080754 & 0.01240721 & 0.01307513 \\ 0.01240721 & 0.05839170 & 0.05542639 \\ 0.01307513 & 0.05542639 & 0.09422681 \end{bmatrix}, \tag{18}$$

即 $DR_1 = \text{cov}(R_1,R_1) = 0.01080754$, $DR_2 = \text{cov}(R_2,R_2) = 0.05839170$, $DR_3 = \text{cov}(R_3,R_3) = 0.09422681$, $\text{cov}(R_1,R_2) = 0.01240721$, $\text{cov}(R_1,R_3) = 0.01307513$, $\text{cov}(R_2,R_3) = 0.05542639$(注:我们将在稍后的 LINGO 模型中根据原始数据直接计算出这些均值和方差).

模型建立

用决策变量 x_1,x_2 和 x_3 分别表示投资人投资股票 A,B,C 的比例. 假设市场上没有其他投资渠道,且手上资金(可以不妨假设只有 1 个单位的资金)必须全部用于投资这三种股票,则

$$x_1, x_2, x_3 \geqslant 0, \quad x_1 + x_2 + x_3 = 1. \tag{19}$$

年投资收益率 $R = x_1 R_1 + x_2 R_2 + x_3 R_3$ 也是一个随机变量. 根据概率论的知识, 投资的总期望收益为

$$ER = x_1 ER_1 + x_2 ER_2 + x_3 ER_3. \tag{20}$$

年投资收益率的方差为

$$\begin{aligned} V &= D(x_1 R_1 + x_2 R_2 + x_3 R_3) = D(x_1 R_1) + D(x_2 R_2) + D(x_3 R_3) \\ &\quad + 2\mathrm{cov}(x_1 R_1, x_2 R_2) + 2\mathrm{cov}(x_1 R_1, x_3 R_3) + 2\mathrm{cov}(x_2 R_2, x_3 R_3) \\ &= x_1^2 DR_1 + x_2^2 DR_2 + x_3^2 DR_3 + 2x_1 x_2 \mathrm{cov}(R_1, R_2) \\ &\quad + 2x_1 x_3 \mathrm{cov}(R_1, R_3) + 2x_2 x_3 \mathrm{cov}(R_2, R_3) \\ &= \sum_{j=1}^{3} \sum_{i=1}^{3} x_i x_j \mathrm{cov}(R_i, R_j). \end{aligned} \tag{21}$$

实际的投资者可能面临许多约束条件, 这里只考虑题中要求的年收益率(的数学期望)不低于 15%, 即

$$x_1 ER_1 + x_2 ER_2 + x_3 ER_3 \geqslant 0.15. \tag{22}$$

所以, 最后的优化模型就是在约束(19)和(22)下极小化(21). 由于目标函数 V 是决策变量的二次函数, 而约束都是线性函数, 所以这是一个二次规划问题.

用 LINDO 求解模型

二次规划可以用 LINDO 软件求解, 但需要变成线性关系式输入 LINDO 模型(参见第 2 章的介绍). 下面直接给出这个问题的 LINDO 模型:

```
Title 简单的投资组合问题
min x1 + x2 + x3 + PBUD + PRET
s.t.
! 前三个约数是一阶最优条件,其中 PBUD 和 PRET 是两个约束对应的乘子
Fx1) .02161508 x1 + .02481442 x2 + .02615026 x3
    + PBUD - 1.089083 PRET > = 0
Fx2) .02481442 x1 + .11678340 x2 + .11085278 x3
    + PBUD - 1.213667 PRET > = 0
Fx3) .02615026 x1 + .11085278 x2 + .18845362 x3
    + PBUD - 1.234583 PRET > = 0
BUD) x1 + x2 + x3 = 1
RET) 1.089083 x1 + 1.213667 x2 + 1.234583 x3 > = 1.15
END
! 告诉 LINDO 真正约束的起始行
QCP 5
```

读者可能已经注意到, 上面输入的模型中的约束"RET)"实际上不是使用的约束(22)

"$x_1ER_1+x_2ER_2+x_3ER_3\geqslant 0.15$",而是"$x_1(1+ER_1)+x_2(1+ER_2)+x_3(1+ER_3)\geqslant 1+0.15$".由于约束(19)保证"$x_1+x_2+x_3=1$",所以上面的两个约束是等价的.下面所有的模型也一直这样处理,因为这就可以直接利用原始数据(不再需要对每个原始数据减去1;此外,注意这样处理后对方差、协方差的计算是没有影响的).

求解这个模型,可以得到如下输出结果(因为对二次规划的敏感性输出结果没有意义,所以这里我们略去了):

```
OBJECTIVE FUNCTION VALUE
  1)       0.2241380E-01
    VARIABLE        VALUE         REDUCED COST
       X1          0.530091         0.000000
       X2          0.356412         0.000000
       X3          0.113497         0.000000
       PBUD        0.362138         0.000000
       PRET        0.353883         0.000000
```

也就是说,投资三种股票的比例大致是:A 占 53%,B 占 36%,C 占 11%.风险(方差)为 0.0224138,即标准差为 0.1497123.

用 LINGO 求解模型

将二次规划模型输入 LINGO 更方便,如:

```
MODEL:
Title 简单的投资组合模型;
SETS:
  YEAR/1..12/;
  STOCKS/ A,B,C/: Mean,X;
  link(YEAR,STOCKS): R;
  STST(Stocks,stocks): COV;
ENDSETS
DATA:
  TARGET = 1.15;
!R 是原始数据;
  R =
  1.300    1.225    1.149
  1.103    1.290    1.260
  1.216    1.216    1.419
  0.954    0.728    0.922
  0.929    1.144    1.169
  1.056    1.107    0.965
  1.038    1.321    1.133
```

```
            1.089        1.305        1.732
            1.090        1.195        1.021
            1.083        1.390        1.131
            1.035        0.928        1.006
            1.176        1.715        1.908;
ENDDATA
CALC:! 计算均值向量 Mean 与协方差矩阵 COV;
@for(stocks(i): Mean(i) =
    @sum(year(j): R(j,i))/ @size(year));
@for(stst(i,j): COV(i,j) = @sum(year(k):
    (R(k,i) - mean(i)) * (R(k,j) - mean(j)))/(@size(year) - 1));
ENDCALC
[OBJ] MIN = @sum(STST(i,j): COV(i,j) * x(i) * x(j));
[ONE] @SUM(STOCKS: X) = 1;
[TWO] @SUM(stocks: mean * x) > = TARGET;
END
```

注 上面的模型中我们故意用给出的原始数据输入,是为了说明可以用计算段(CALC)对原始数据进行计算处理,得到我们希望的参数(均值向量 Mean 和协方差矩阵 COV)。

经过运行,得到输出如下(只给出部分结果,略去了对原始数据 R 的显示):

Variable	Value	Reduced Cost
TARGET	1.150000	0.000000
MEAN(A)	1.089083	0.000000
MEAN(B)	1.213667	0.000000
MEAN(C)	1.234583	0.000000
X(A)	0.5300926	0.000000
X(B)	0.3564076	0.000000
X(C)	0.1134998	0.000000
COV(A,A)	0.1080754E - 01	0.000000
COV(A,B)	0.1240721E - 01	0.000000
COV(A,C)	0.1307513E - 01	0.000000
COV(B,A)	0.1240721E - 01	0.000000
COV(B,B)	0.5839170E - 01	0.000000
COV(B,C)	0.5542639E - 01	0.000000
COV(C,A)	0.1307513E - 01	0.000000
COV(C,B)	0.5542639E - 01	0.000000
COV(C,C)	0.9422681E - 01	0.000000

6.2 投资组合问题

可以看到投资组合的决策结果与 LINDO 模型的输出相同(只有很小的计算误差).模型也输出了均值向量 Mean 和协方差矩阵 COV,结果与我们前面给出的值是一致的.此外,请注意模型中计算协方差矩阵 COV 时,分母是样本数减去 1(即"@size(year)-1")而不是样本数,这是常用的计算方法,主要是为了保持这个估计的无偏性(当然,样本数较大时两者差别不大).

用 LINDO 软件对模型进行参数分析

对实际投资人来说,可能不仅希望知道指定的期望投资回报率下的风险(回报率的方差),可能更希望知道风险随着不同的投资回报率是如何变化的,然后作出最后的投资决策. 这当然可以通过在上面的模型中不断修改约束中的参数(目前为 1.15)来实现,如将 1.15 改为 1.2345,则表示投资回报率希望达到 23.45%(这几乎是可能达到的最大值了,因为这几乎是三种股票中最大的投资回报率,即股票 C 的回报率). 可以想到,这时应主要投资在股票 C 上. 实际求解一下,可以知道最优解中投资股票 C 的份额大约是 99.6%(剩余的大约 0.4%投资在股票 B 上).

实际上,LINDO 软件可以直接完成这种参数分析过程(目前 LINGO 软件似乎还没有这个功能).假设利用上面的 LINDO 模型,对于投资回报率希望为 23.45%的情形我们已经求解得到了结果.此时,执行菜单命令"Reports|Parametrics…(参数分析)"(请读者回忆一下第 2 章对这个命令的介绍),将会看到图 6-3 所示的对话框.选择约束行"RET";然后输入新的右端项(New RHS Value),我们输入 1(表示收益率为 0);选择报告类型为二维图形("Graphics"+"2D");最后按"OK"按钮即可.屏幕上将显示如图 6-4 所示的参数分析的结果,图中横坐标表示的是希望达到的回报率,纵坐标(目标函数)表示的是对应的方差,这种图形在经济学上一般被称为有效前沿面(efficient frontier).可以看出,图中曲线有两个明显的转折点,当要求的回报率越过这两个点以后,风险(方差)增长越来越快.

那么,投资组合的决策是如何变化的呢? 如果在图 6-3 所示的参数分析对话框中选择"Text(文本)"选项,则参数分析的结果也会显示在结果报告窗口中:

```
RIGHTHANDSIDE  PARAMETRICS  REPORT  FOR  ROW: RET
   VAR        VAR       PIVOT     RHS        DUAL          OBJ
   OUT        IN        ROW       VAL        BEFORE PIVOT  VAL
                                  1.23450    -3.69428      0.939196E-01
   SLK  2     X1        2         1.21894    -0.723501     0.595519E-01
   X3         SLK  4    3         1.09357    -0.513508E-01 0.109804E-01
   PRET       SLK  3    4         1.08908    -0.256802E-01 0.108075E-01
   X2         SLK  6    5         1.08908     0.000000E+00 0.108075E-01
                                  1.00000     0.000000E+00 0.108075E-01
```

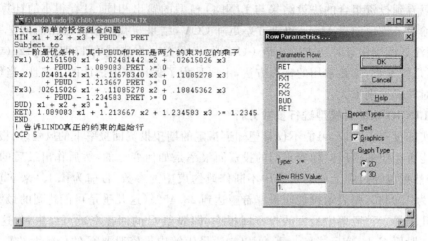

图 6-3 投资组合问题的参数分析对话框

这个结果的中间 4 行的第 1 行说明当希望的回报率从 23.45% 下降到 21.894% 时，变量 X1 进基，即还需要购买股票 A；第 2 行说明当希望的回报率继续下降到 9.357% 时，变量 X3 出基，即不再需要购买股票 C；第 3~4 行说明当希望的回报率继续下降到 8.908% 或以下时，变量 X2 出基，即只需要购买股票 A（注意我们前面还假设了所有资金必须全部投资到这三种股票上，没有其他投资方式或让资金闲置）。这几个关键点正是我们在图 6-4 中观察到的曲线转折点。

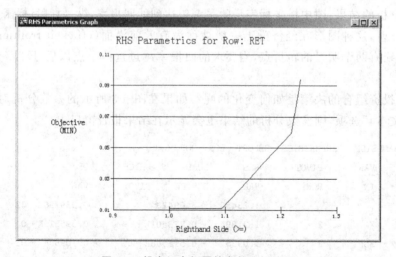

图 6-4 投资组合问题的参数分析结果

6.2.2 存在无风险资产时的投资组合模型

例 6.6 假设除了例 6.5 中的三种股票外,投资人还有一种无风险的投资方式,如购买国库券. 假设国库券的年收益率为 5%,如何考虑例 6.5 中的问题?

问题分析

其实,无风险的投资方式(如国库券、银行存款等)是有风险的投资方式(如股票)的一种特例,所以这就意味着例 6.5 中的模型仍然是适用的. 只不过无风险的投资方式的收益是固定的,所以方差(包括它与其他投资方式的收益的协方差)都是 0.

问题求解

假设国库券的投资方式记为 D,则当希望回报率为 15% 时,对应的 LINGO 模型为(其中直接给出均值 Mean 和协方差矩阵 COV 的值):

```
MODEL:
Title 含有国库券的投资组合模型;
SETS:
   STOCKS/ A,B,C,D/: Mean,X;
   STST(Stocks,stocks): COV;
ENDSETS
DATA:
   TARGET = 1.15;
! Mean 是收益均值,COV 是协方差矩阵;
mean = 1.089083   1.213667   1.234583   1.05;
COV = 0.01080754   0.01240721   0.01307513   0
      0.01240721   0.05839170   0.05542639   0
      0.01307513   0.05542639   0.09422681   0
      0            0            0            0;
ENDDATA
[OBJ] MIN = @sum(STST(i,j): COV(i,j) * x(i) * x(j));
[ONE] @SUM(STOCKS: X) = 1;
[TWO] @SUM(stocks: mean * x) >= TARGET;
END
```

经过运行,得到输出结果如下(只给出部分有用的结果):

```
Local optimal solution found.
Objective value:            0.2080344E-01
Extended solver steps:          2
Total solver iterations:       24
Model Title: 含有国库券的投资组合模型
```

Variable	Value	Reduced Cost
TARGET	1.150000	0.000000
X(A)	0.8686549E−01	0.000000
X(B)	0.4285286	0.000000
X(C)	0.1433992	0.000000
X(D)	0.3412068	0.000000

也就是说，投资 A 大约占 8%，B 占 42%，C 占 14%，D（国库券）占 34%，风险（方差）为 0.02080344。与例 6.5 中的风险（方差为 0.0224138）比较，无风险资产的存在可以使得投资风险减小。虽然国库券的收益率只有 5%，比希望得到的收益率 15% 小很多，但在国库券上的投资要占到 34%，其原因就是为了减少风险。

现在，我们把上面模型中的期望收益减少到 10%，即把数据段中的语句 "TARGET = 1.15" 改为 "TARGET = 1.1"，重新求解模型，则得到如下结果：

Variable	Value	Reduced Cost
TARGET	1.100000	0.000000
X(A)	0.4343274E−01	0.000000
X(B)	0.2142643	0.000000
X(C)	0.7169959E−01	0.000000
X(D)	0.6706034	0.000000

也就是说，投资 A 大约占 4%，B 占 21%，C 占 7%，D（国库券）占 67%，此时风险（方差为 0.0052）进一步下降。请特别注意：你能发现这个结果（这里不妨称为结果 2）与刚才 TARGET = 1.15 的结果（这里不妨称为结果 1）有什么联系吗？

仔细观察这两个结果，可以发现：结果 2 中投资在有风险资产（股票 A，B，C）上的比例大约都是结果 1 中相应的比例的一半。也就是说，无论你的期望收益和风险偏好如何，你手上所持有的风险资产本身相互之间的比例居然是不变的！变化的只是投资于风险资产与无风险资产之间的比例。有趣的是，这一现象在一般情况下也是成立的，一般称为"分离定理"，即风险资产之间的投资比例与期望收益和风险偏好无关。1981 年诺贝尔经济学奖得主 Tobin 教授之所以获奖，很大一部分原因就是因为他发现了这个重要的规律。

也正是由于有这样一个重要结果，我们在下面各节的讨论中就不再考虑存在无风险资产的情形了，而只考虑确定风险资产之间的投资比例。

6.2.3 考虑交易成本的投资组合模型

例 6.7 继续考虑例 6.5（期望收益率仍定为 15%）。假设你目前持有的股票比例为：股票 A 占 50%，B 占 35%，C 占 15%。这个比例与例 6.5 中得到的最优解有所不同，但实际股票市场上每次股票买卖通常总有交易费，例如按交易额的 1% 收取交易费，这时你是否仍需要对所持的股票进行买卖(换手),以便满足"最优解"的要求?

建立模型

仍用决策变量 x_1,x_2 和 x_3 分别表示投资人应当投资股票 A、B、C 的比例,进一步假设购买股票 A、B、C 的比例为 y_1,y_2 和 y_3,卖出股票 A、B、C 的比例为 z_1,z_2 和 z_3. 其中,y_i 与 $z_i(i=1,2,3)$ 中显然最多只能有一个严格取正数,且

$$x_1,x_2,x_3 \geqslant 0, \quad y_1,y_2,y_3 \geqslant 0, \quad z_1,z_2,z_3 \geqslant 0. \tag{23}$$

由于交易费用的存在,这时约束 $x_1+x_2+x_3=1$ 不一定还成立(只有不进行股票买卖,即 $y_1=y_2=y_3=z_1=z_2=z_3=0$ 时,这个约束才成立). 其实,这个关系式的本质是:当前持有的总资金是守恒的(假设为"1个单位"),在有交易成本(1%)的情况下,应当表示成如下形式:

$$x_1+x_2+x_3+0.01(y_1+y_2+y_3+z_1+z_2+z_3)=1. \tag{24}$$

另外,考虑到当前持有的各只股票的份额 c_i, x_i, y_i 与 $z_i(i=1,2,3)$ 之间也应该满足守恒关系式

$$x_i = c_i + y_i - z_i, \quad i=1,2,3. \tag{25}$$

这就是新问题的约束条件,模型的其他部分不用改变.

模型求解

问题对应的 LINGO 模型为(其中直接给出均值 Mean 和协方差矩阵 COV 的值):

```
MODEL:
Title 考虑交易费的投资组合模型;
SETS:
    STOCKS/ A,B,C/: C,Mean,X,Y,Z;
    STST(Stocks,stocks): COV;
ENDSETS
DATA:
    TARGET = 1.15;
! 股票的初始份额;
c = 0.5   0.35   0.15;
! Mean 是收益均值,COV 是协方差矩阵;
mean = 1.089083 1.213667 1.234583;
COV = 0.01080754   0.01240721   0.01307513
      0.01240721   0.05839170   0.05542639
      0.01307513   0.05542639   0.09422681;
ENDDATA
[OBJ] MIN = @sum(STST(i,j): COV(i,j) * x(i) * x(j));
[ONE] @SUM(STOCKS: X + 0.01 * Y + 0.01 * Z) = 1;
```

```
[TWO] @SUM(stocks: mean * x)> = TARGET;
@FOR(stocks: [ADD] x = c - y + z);
END
```

在这个 LINGO 模型中,股票 C 是基本集合"STOCKS"的一个元素,不会因为与集合的属性 C(当前拥有的股票份额)同名而混淆. 这是 LINGO 新版本比 LINGO 旧版本(如 LINGO 4.0 以前版本)的一个改进之处.

经过运行,得到输出结果如下(只给出部分有用的结果):

```
Objective value:         0.2261146E - 01

      Variable           Value              Reduced Cost
        X(A)          0.5264748               0.000000
        X(B)          0.3500000               0.000000
        X(C)          0.1229903               0.000000
        Y(A)          0.000000              0.6370753E - 02
        Y(B)          0.000000              0.1545867E - 02
        Y(C)         0.2700968E - 01          0.000000
        Z(A)         0.2647484E - 01          0.000000
        Z(B)          0.000000              0.4824886E - 02
        Z(C)          0.000000              0.6370753E - 02
```

也就是说,只需要买入少量的 A,卖出少量的 C,而不需要改变 B 的持股情况. 最后的持股情况是:A 占初始时刻总资产的 52.647%,B 占 35%,C 占 12.299%,三者之和略小于 100%,这是因为付出了 1% 交易费的结果.

6.2.4 利用股票指数简化投资组合模型

例 6.8 继续考虑例 6.5(期望收益率仍定为 15%). 在实际的股票市场上,一般存在成千上万的股票,这时计算两两之间的相关性(协方差矩阵)将是一件非常费事甚至不可能的事情. 例如,1000 只股票就需要计算 $\binom{1000}{2} = 499500$ 个协方差. 能否通过一定方式避免协方差的计算,对模型进行简化呢? 例如,例 6.5 中还给出了当时股票指数的信息,但我们到此为止一直没有利用. 我们这一节就考虑利用股票指数对前面的模型进行修改和简化.

问题分析

可以认为股票指数反映的是股票市场的大势信息,对具体每只股票的涨跌通常是有显著影响的. 我们这里最简单化地假设每只股票的收益与股票指数成线性关系,从而可以通过线性回归方法找出这个线性关系.

线性回归

具体地说,用 M 表示股票指数(也是一个随机变量),其均值为 $m_0 = E(M)$,方差为 $s_0^2 = D(M)$。根据上面的线性关系的假定,对某只具体的股票 i,其价值 R_i(随机变量)可以表示成

$$R_i = u_i + b_i M + e_i, \tag{26}$$

其中 u_i 和 b_i 需要根据所给数据经过回归计算得到,e_i 是一个随机误差项,其均值为 $E(e_i) = 0$,方差为 $s_i^2 = D(e_i)$。此外,假设随机误差项 e_i 与其他股票 $j(j \neq i)$ 和股票指数 M 都是独立的,所以 $E(e_i e_j) = E(e_i M) = 0$。

先看看如何根据所给数据经过回归计算得到 u_i 和 b_i。记所给的 12 年的数据为 $\{M^{(k)}, R_i^{(k)}\}, (k=1,2,\cdots,12)$,线性回归实际上是要使误差的平方和最小,即要解如下优化问题:

$$\min \sum_{k=1}^{12} (e_i^{(k)})^2 = \sum_{k=1}^{12} |u_i + b_i M^{(k)} - R_i^{(k)}|^2, i = 1,2,3. \tag{27}$$

对这里给出的三种股票,可以编写如下 LINGO 程序求出线性回归的系数 u_i 和 b_i(同时也在计算(CALC)段计算 M 的均值 mean0 和方差 s20,标准差 s0 的值):

```
MODEL:
Title 线性回归模型;
SETS:
   YEAR/1..12/: M;
   STOCKS/A,B,C/: u,b,s2,s;
   link(YEAR,STOCKS): R,e;
ENDSETS
DATA:
!R 和 M 是原始数据;
R =
```

1.300	1.225	1.149
1.103	1.290	1.260
1.216	1.216	1.419
0.954	0.728	0.922
0.929	1.144	1.169
1.056	1.107	0.965
1.038	1.321	1.133
1.089	1.305	1.732
1.090	1.195	1.021
1.083	1.390	1.131
1.035	0.928	1.006
1.176	1.715	1.908

```
;
M =
```

1.258997
1.197526
1.364361
0.919287
1.057080
1.055012
1.187925
1.317130
1.240164
1.183675
0.990108
1.526236

```
;
num = ?;
ENDDATA
CALC:
mean0 = @sum(year: (M)/@size(year));
s20 = @sum(year: @sqr(M - mean0))/((@size(year) - 1);
s0 = @sqrt(s20);
ENDCALC
[OBJ] MIN = @sum(stocks(i)|i#eq#num: s2(i));
@for(link(k,i)|i#eq#num: [ERROR] e(k,i) = R(k,i) - u(i) - b(i) * M(k));
@for(stocks(i)|i#eq#num:
  [VAR] s2(i) = ((@sum(year(k): @sqr(e(k,i)))/((@size(year) - 2));
  [STD] s(i) = @sqrt(s2(i)));
@for(stocks: @free(u);@free(b));
@for(link: @free(e));
END
```

对上面的这个程序,请注意以下几点:

- 这个程序中的 R 和 M 是原始数据,是从 Word 文档中将数据直接粘贴过来的,所以仍然保持了 Word 表格的形式.
- 在 CALC 段直接计算了 M 的均值 mean0 和方差 s20(为了使这个估计是无偏估计,分母是 11 而不是 12)以及标准差 s0.
- 程序中好几次使用了两个常用的数学函数:平方函数@sqr和平方根函数@sqrt.
- 除了计算回归系数外,我们同时估计了回归误差的方差 s2 和标准差 s. 为了使这个估计是无偏估计,计算 s2 时分母是 10 而不是 11 和 12,这是因为此时已经假设保持误差的均值为 0,所以自由度又少了一个.

- @free(u),@free(b),@free(e) 三个语句一定不能少,因为这几个变量不一定是非负的.
- DATA 段定义了一个变量 num,并用 "num = ?" 语句表示其具体值需要由使用者在程序运行时输入. 变量 num 的作用是控制当前对哪只股票进行线性回归(num=1,2,3 分别对应于股票 A,B,C).
- 其实,这个问题也可以对三只股票的回归不加区分,即放在同一个模型中同时优化(相应地,只需要去掉上面程序中的控制变量 num 和所有的过滤条件 "i#eq#num"),不过这样就会增加变量的个数,我们不建议大家那样做. 也就是说,对于能够分解成小规模问题的优化问题,最好一个一个分开做,这样可以减小问题规模,有助于求到比较好的解.

运行这个 LINGO 模型(运行时输入 num = 1),计算得到结果的为(只给出我们感兴趣的部分结果):

Variable	Value	Reduced Cost
NUM	1.000000	0.000000
MEAN0	1.191458	0.000000
S20	0.2873661E−01	0.000000
S0	0.1695188	0.000000
U(A)	0.5639761	0.000000
U(B)	0.000000	0.000000
U(C)	0.000000	0.000000
B(A)	0.4407264	0.000000
B(B)	0.000000	0.000000
B(C)	0.000000	0.000000
S2(A)	0.5748320E−02	0.000000
S2(B)	0.000000	0.000000
S2(C)	0.000000	0.000000
S(A)	0.7581767E−01	0.000000
S(B)	0.000000	0.000000
S(C)	0.000000	0.000000

也就是说:M 的均值 $m_0 = 1.191458$,方差为 $s_0^2 = 0.02873661$,标准差为 $s_0 = 0.1695188$;对股票 A,回归系数 $u_1 = 0.5639761$,$b_1 = 0.4407264$,误差的方差 $s_1^2 = 0.005748320$,误差的标准差 $s_1 = 0.07581767$.

同理(运行时输入 num=2 或 3),可以得到:对股票 B,回归系数 $u_2 = -0.2635059$,$b_2 = 1.239802$,误差的方差 $s_2^2 = 0.01564263$,误差的标准差 $s_2 = 0.1250705$. 对股票 C,回

归系数 $u_3 = -0.5809590, b_3 = 1.523798$，误差的方差 $s_3^2 = 0.03025165$，误差的标准差 $s_3 = 0.1739300$.

优化模型

现在，仍用决策变量 x_1, x_2 和 x_3 分别表示投资人应当投资股票 A、B、C 的比例，其中
$$x_1, x_2, x_3 \geq 0, \quad x_1 + x_2 + x_3 = 1. \tag{28}$$
此时，与 6.2.1 节的讨论类似，对应的收益应该表示成
$$R = \sum_{i=1}^{3} x_i R_i = \sum_{i=1}^{3} x_i (u_i + b_i M + e_i). \tag{29}$$
收益的数学期望为
$$ER = \sum_{i=1}^{3} x_i E(u_i + b_i M + e_i) = \sum_{i=1}^{3} x_i (u_i + b_i m_0). \tag{30}$$
收益的方差为
$$DR = \sum_{i=1}^{3} x_i^2 D(u_i + b_i M + e_i) = \sum_{i=1}^{3} [(x_i b_i)^2 s_0^2 + x_i^2 s_i^2]. \tag{31}$$
进一步，令 $y = \sum_{i=1}^{3} x_i b_i$，则此时的模型就应该是
$$\min \sum_{i=1}^{3} (y^2 s_0^2 + x_i^2 s_i^2); \tag{32}$$
$$\text{s.t.} \quad y = \sum_{i=1}^{3} x_i b_i, \tag{33}$$
$$x_1 + x_2 + x_3 = 1, \tag{34}$$
$$\sum_{i=1}^{3} x_i (u_i + b_i m_0) \geq 0.15, \tag{35}$$
$$x_1, x_2, x_3 \geq 0. \tag{36}$$

这个模型仍然是一个二次规划模型.

模型求解

问题对应的 LINGO 模型为（DATA 步直接利用前面的线性回归得到的结果）：

```
MODEL:
Title 利用股票指数简化投资组合模型;
SETS:
  STOCKS/A,B,C/: u,b,s2,x;
ENDSETS
DATA:
! mean0,s20,u,b,s2 是线性回归的结果数据;
mean0 = 1.191458;
```

```
s20 = 0.02873661;
s2  = 0.005748320,0.01564263,0.03025165;
u = 0.5639761, - 0.2635059, - 0.5809590;
b = 0.4407264,1.239802,1.523798;
ENDDATA
[OBJ] MIN = s20 * @sqr(y) + @sum(stocks: s2 * @sqr(x));
@sum(stocks: b * x) = y;
@sum(stocks: x) = 1;
@sum(stocks: (u + b * mean0) * x)>1.15;
END
```

经过运行,得到输出结果如下(只给出部分有用的结果):

```
Objective value:          0.2465621E - 01
Extended solver steps:             5
Total solver iterations:          55
Model Title: 利用股票指数简化投资组合模型


            Variable        Value          Reduced Cost
               Y          0.8453449          0.000000
              X(A)        0.5266052          0.000000
              X(B)        0.3806461          0.000000
              X(C)        0.9274874E - 01    0.000000
```

也就是说,最后的持股情况是: A 大约占初始时刻总资产的 53%,B 占 38%,C 占 9%. 这个结果与例 6.5 中的结果略有差异.

6.2.5 其他目标下的投资组合模型

前面介绍的模型中都是在可能获得的收益的数学期望满足一定最低要求的前提下,用可能获得的收益的方差来衡量投资风险,将其作为最小化的目标. 这种做法的合理性通常至少需要有两个基本假设:

(1) 可能获得的收益的分布是对称的(如正态分布). 因为这时未来收益高于设定的最低要求的机会和低于设定的最低要求的数量(高多少、低多少)和概率是一样的. 可惜的是,实际中这个假设往往难以验证.

(2) 投资者对风险(或偏好)的效用函数是二次的. 否则为什么只选择收益(随机变量)的二阶矩(方差)来衡量风险使之最小化,而不采用其他阶数的矩?

一般来说,投资者实际关心的通常是未来收益低于设定的最低要求的数量(即低多少)和概率,也就是说更关心的是下侧风险(downside risk). 所以,如果分布不是对称的,则采用收益的方差来衡量投资风险就不一定合适. 为了克服这个缺陷,可以用收益低于最低要求的数量的均值(一阶矩)作为下侧风险的衡量依据,即作为最小化的目标.此外,也可以采用收益低于最低要求的数量的二阶矩(即收益的半方差,semivariance)作为衡量投资风险的依据.其实,半方差计算与方差计算类似,只是只有当收益低于最低要求的收益率时,才把两者之差的平方计入总风险,而对收益高于最低要求的收益率时的数据忽略不计.这方面的具体模型这里就不再详细介绍了.

下面介绍一个与上面这些优化目标完全不同的投资组合模型,这个模型虽然很简单,但却会产生一些非常有趣的现象.

例 6.9 假设市场上只有两只股票 A、B 可供某个投资者购买,且该投资者对未来一年的股票市场进行了仔细分析,认为市场只能出现两种可能的情况(1 和 2).此外,该投资者对每种情况出现的概率、每种情况出现时两只股票的增值情况都进行了预测和分析(见表 6-7,可以看出股票 A、B 的均值和方差都是一样的).该投资者是一位非常保守的投资人,其投资目标是使两种情况下最小的收益最大化(也就是说,不管未来发生哪种情况,他都能至少获得这个收益).如何建立模型和求解?

表 6-7 两种情况出现的概率及两只股票的增值情况

情形	发生概率	股票 A	股票 B
1	0.8	1.0	1.2
2	0.2	1.5	0.7

优化模型与求解

设年初投资股票 A、B 的比例分别为 x_1, x_2,决策变量 x_1, x_2 显然应该满足

$$x_1, x_2 \geq 0, \quad x_1 + x_2 = 1. \tag{37}$$

此外,使最小收益最大的"保守"目标实际上就是希望:

$$\max\{\min(1.0x_1 + 1.2x_2, 1.5x_1 + 0.7x_2)\}. \tag{38}$$

引入一个辅助变量 y,这个模型就可以线性化.相应的 LINDO 模型为

```
max y
s.t.
x1 + x2 = 1
x1 + 1.2 x2 - y > 0
1.5 x1 + 0.7 x2 - y > 0
```

求解得到:

```
  VARIABLE        VALUE          REDUCED COST
      Y          1.100000          0.000000
      X1         0.500000          0.000000
      X2         0.500000          0.000000
```

可见,此时应该投资 A、B 股票各 50%,至少可以增值 10%.

讨论

现在,假设有一位绝对可靠的朋友告诉该投资者一条重要信息:如果情形 1 发生,股票 B 的增值将达到 30% 而不是表 6-7 中给出的 20%. 那么,一般人的想法应该是增加对股票 B 的持有份额.果真如此吗?这个投资人如果将上面模型中的 1.2 改为 1.3 计算,将得到如下结果:

```
VARIABLE        VALUE          REDUCED COST
   Y           1.136364         0.000000
   X1          0.545455         0.000000
   X2          0.454545         0.000000
```

也就是说,应该减少对股票 B 的持有份额,增加对股票 A 的持有份额.这真是叫人大吃一惊!这相当于说:有人告诉你有某只股票涨幅要增加了,你赶紧说:那我马上把这只股票再卖点吧.之所以出现如此奇怪的现象,就是由于这个例子中的目标的特殊性引起的:我们可以看到新的解可以保证增值达到 13.6364%,确实比原来的 10% 增加了.

最后需要指出:我们上面所有关于投资组合的这些讨论基本上只是纯技术面的讨论,只利用历史数据来说话,认为历史数据中包含了引起股票涨跌的所有因素.在实际股票市场上,影响股票涨跌的因素可能有很多(如政策变化、银行加息、能源短缺、技术进步等),未来不长时间内可能发生的一些重大事件很可能以前没有发生过,因此也不可能体现在历史数据中.所以,进行投资选择前,还应该进行基本面分析,需要对未来的一些重要影响因素、重大事件发生的可能性及其对每种股票涨跌的影响进行预测和分析,最后综合利用历史数据和这些预测数据,决定投资组合.如何将这些预测数据与历史数据一起使用,建立相应的投资组合模型,这里就不再更多地介绍了.这方面的模型有很多,有兴趣的读者可以继续查阅相关的专业书籍和研究文献.

6.3 市场营销问题

6.3.1 新产品的市场预测

例 6.10 某公司开发了一种新产品,打算与目前市场上已有的三种同类产品竞争.为了了解这种新产品在市场上的竞争力,在大规模投放市场前,公司营销部门进行了广泛的市场调查,得到了表 6-8. 四种产品分别记为 A、B、C、D,其中 A 为新产品,表中的数据的含义是:最近购买某种产品(用行表示)的顾客下次购买四种产品的机会(概率). 例如:表中第一行数据表示当前购买产品 A 的顾客,下次购买产品 A、B、C、D 的概率分别为 75%,10%,5%,10%. 请你根据这个调查结果,分析新产品 A 未来的市场份额大概是多少?

表 6-8 市场调查数据

产品	A	B	C	D
A	0.75	0.1	0.05	0.1
B	0.4	0.2	0.1	0.3
C	0.1	0.2	0.4	0.3
D	0.2	0.2	0.3	0.3

问题分析

新产品进入市场后,初期的市场份额将会不断发生变化,因此,本例中的问题是一个离散动态随机过程,也就是马氏链(Markov chain). 很显然,上面给出的表实际上是转移概率矩阵(注意每行元素的和肯定为 1). 要分析新产品 A 未来的市场份额,就是要计算稳定状态下每种产品的概率.

模型建立

记 N 为产品种数,产品编号为 $i(i=1,2,\cdots,N)$,转移概率矩阵的元素记为 T_{ij},稳定状态下产品 i 的市场份额记为 p_i.

因为是稳定状态,所以应该有(如想进一步了解理论上的分析,请参阅其他有关马氏链的书籍):

$$p_i = \sum_{j=1}^{N} T_{ji} p_j, \quad i = 1, 2, \cdots, N. \tag{39}$$

不过,这 N 个方程实际上并不独立,至少有一个是冗余的. 好在我们还有另一个约束,即 N 种产品的市场份额之和等于 1:

$$\sum_{j=1}^{N} p_j = 1. \tag{40}$$

可见,这个问题的模型实际上是一个非常简单的方程组(当然,还应该增加概率 p_i 非负的约束). 如果把这些看成约束条件,那就是一个特殊的优化模型(没有目标函数).

模型求解

LINGO 模型如下:

```
MODEL:
TITLE 新产品的市场预测;
SETS:
  PROD/ A B C D/: P;
  LINK(PROD,PROD): T;
ENDSETS
DATA: ! 转移概率矩阵;
T = .75  .1  .05  .1
```

```
              .4   .2   .1   .3
              .1   .2   .4   .3
              .2   .2   .3   .3;
    ENDDATA
    @FOR(PROD(I)| I #LT# @SIZE(PROD):
              ! 去掉了一个冗余约束；
       P(I) = @SUM(LINK(J,I): P(J) * T(J,I)));
    @SUM(PROD: P) = 1;
    @FOR(PROD(I):
       @WARN('输入矩阵的每行之和必须是1',
         @ABS(1 - @SUM(LINK(I,J): T(I,J)))
           #GT# .000001););
    END
```

可以指出的是，上面 LINGO 模型中最后的语句 @WARN 只是为了验证输入矩阵的每行之和必须是 1，而且我们看到为了比较两个实数(如 X 和 1)是否相等，一般不能直接用 "X #NE# 1"，因为受计算机字长(精度)的限制，实数在计算机内存储是有误差的. 所以，通常的方法是比较这两个实数之差的绝对值是否足够小(上面程序中认为 0.000001 就足够小了).

求解这个模型，得到如下解答(只显示需要的结果)：

P(A)	0.4750000
P(B)	0.1525000
P(C)	0.1675000
P(D)	0.2050000

也就是说，长期来看，新产品 A 的市场份额应该是 47.5%.

6.3.2 产品属性的效用函数

一般来讲，每种产品(如某种品牌的小汽车)都有不同方面的属性，例如价格、安全性、外观、保质期等. 在设计和销售新产品之前，了解顾客对每种属性的各个选项的偏好程度非常重要. 偏好程度可以用效用函数来表示，即某种属性的不同选项对顾客的价值(效用). 不幸的是，让顾客直接精确地给出每个属性的效用函数一般是很困难的，例如对于价格，一般的顾客当然会说越便宜越好，但很难确定 10 万元的价格和 15 万元的价格的效用具体是多少. 但是，对于具体的产品，产品的各个属性的具体选项配置都已经确定下来了，所以如果我们把一些具体的产品让顾客进行评估打分，顾客通常能比较容易地给出具体产品的效用. 那么，从这些具体产品的效用信息中，我们能否反过来估计每个属性中各个选项的效用呢？这种方法通常称为联合分析(conjoint analysis). 下面通过一个例子来说明.

例 6.11 对某种牌号的小汽车,假设只考虑两种属性:价格和安全气囊.价格分为 12.9 万元、9.9 万元、7.9 万元;安全气囊的配置为两个、一个、没有.经过市场调查,顾客对该产品的不同配置的偏好程度(效用)如表 6-9 所示(表中的值(权重)越大表示顾客越喜欢).那么,价格和安全气囊的效用函数如何?

表 6-9 顾客对产品的不同配置的偏好程度

价格/万元	安 全 气 囊		
	2	1	0
12.9	7	3	1
9.9	8	4	2
7.9	9	6	5

模型建立

记价格选项分别为 H(高),M(中),L(低),对应的效用为 $p_j(j=H,M,L)$;安全气囊选项分别为 0,1,2,对应的效用为 $q_i(i=0,1,2)$.我们的目的实际上就是要求出 p_j 和 q_i.

假设价格和安全气囊的效用是线性可加的,即当价格选项为 j、安全气囊选项为 i 时,具体产品的效用 $c(i,j)$ 应该可以用价格的和安全气囊的效用之和来估计:

$$c(i,j) = p_j + q_i. \tag{41}$$

那么,如何比较不同的估计的好坏呢?一种简单的想法是针对 6 个待定参数(p_j 和 q_i),表中给出了 9 组数据,因此可以用最小二乘法确定 p_j 和 q_i.也就是说,此时的目标为

$$\min \sum_i \sum_j [c(i,j) - c_0(i,j)]^2, \tag{42}$$

其中,$c_0(i,j)$ 是表中的数据(安全气囊选项为 i、价格选项为 j 时具体产品的效用).

因为做效用分析的主要目的是将来用于把不同配置的具体产品的优劣次序排出来,所以另一种方法是希望 $c(i,j)$ 和 $c_0(i,j)$ 保持同样的顺序:即对任意的 (i,j) 和 (k,l),当 $c_0(i,j)+1 \leqslant c_0(k,l)$ 时,也尽量有 $c(i,j)+1 \leqslant c(k,l)$(这里"+1"表示 $c(i,j)$ 严格小于 $c(k,l)$,且至少相差 1).于是,可以考虑如下目标:

$$\min \sum_{i,j} \sum_{k,l} (1 + p_j + p_i - p_l - p_k), \tag{43}$$

式中的求和只是对满足 $c_0(i,j)+1 \leqslant c_0(k,l)$ 的 (i,j) 和 (k,l) 求和.

模型求解

LINGO 模型如下:

```
MODEL:
TITLE 产品属性的效用函数;
SETS:
```

```
   PRICE /H,M,L/ : P;
   SAFETY/2,1,0/ : Q;
   M(safety,PRICE): C0;
   MM(M,M)|C0(&1,&2)#LT# C0(&3,&4): ERROR;
ENDSETS
DATA:
   C0 = 7 8 9 3 4 6 1 2 5;
ENDDATA
@FOR(MM(i,j,k,l): ERROR(i,j,k,l) >=
     1 + (P(j) + Q(i)) - (P(l) + Q(k)));
[obj] MIN = @SUM(mm: ERROR);
END
```

求解这个模型,得到如下解答(只显示需要的结果):

Variable	Value	Reduced Cost
P(H)	0.000000	0.000000
P(M)	1.000000	0.000000
P(L)	4.000000	0.000000
Q(2)	7.000000	0.000000
Q(1)	2.000000	0.000000
Q(0)	0.000000	0.000000

此时模型的最优值(误差和)为 0,所以说明在这个效用函数下,虽然得到的产品权重(效用)与问题中给出的数据不完全相同,但产品的相对偏好顺序是完全一致的.

模型讨论

下面我们看看用最小二乘法确定 p_j 和 q_i 的结果是否与此相同. 此时的模型实际上就是一个简单的二次规划模型. LINGO 程序为

```
MODEL:
TITLE 最小二乘法计算产品属性的效用函数;
SETS:
   PRICE /H,M,L/ : P;
   SAFETY/2,1,0/ : Q;
   M(safety,PRICE): C0,ERROR,sort;
ENDSETS
DATA:
   C0 = 7 8 9 3 4 6 1 2 5;
ENDDATA
@FOR(M(i,j): sort(i,j) = p(j) + q(i);
        ERROR(i,j) = sort(i,j) - C0(i,j));
```

```
[obj] MIN = @SUM(M: @sqr(ERROR));
@FOR(M(i,j): @FREE(ERROR));
END
```

上面模型中的 sort 变量表示的就是按照这里新计算的效用函数得到的不同配置下的产品的效用。求解这个模型，得到如下解答（只显示需要的结果）：

```
Local optimal solution found.
Objective value:             1.333333
Total solver iterations:          18
Model Title: 最小二乘法计算产品属性的效用函数
```

Variable	Value	Reduced Cost
P(H)	1.333333	0.000000
P(M)	2.333333	0.000000
P(L)	4.333333	0.000000
Q(2)	5.333333	0.000000
Q(1)	1.666667	0.000000
Q(0)	0.000000	0.000000
SORT(2,H)	6.666667	0.000000
SORT(2,M)	7.666667	0.000000
SORT(2,L)	9.666667	0.000000
SORT(1,H)	3.000000	0.000000
SORT(1,M)	4.000000	0.000000
SORT(1,L)	6.000000	0.000000
SORT(0,H)	1.333333	0.000000
SORT(0,M)	2.333333	0.000000
SORT(0,L)	4.333333	0.000000

可以看到，此时的效用函数的结果与前面得到的结果不同，但仔细察看 SORT 的结果可以发现，不同配置产品之间的相对顺序仍然是保持的。

此外，注意到上面显示的只是局部最优（local optimal），能否求全局最优呢？这就需要通过"EDIT|OPTIONS"菜单命令启动"Global Solver"选项卡上的"Use Global Solver"选项（演示版不能用全局优化求解本例问题）。得到的全局最优结果如下（只显示需要的结果）：

```
Global optimal solution found at iteration:       1
Objective value:                           1.333333
```

Variable	Value	Reduced Cost
P(H)	0.4286497E−01	0.000000
P(M)	1.042865	0.000000

P(L)	3.042865	0.000000
Q(2)	6.623802	0.000000
Q(1)	2.957135	0.000000
Q(0)	1.290468	0.000000
SORT(2,H)	6.666667	0.000000
SORT(2,M)	7.666667	0.000000
SORT(2,L)	9.666667	0.000000
SORT(1,H)	3.000000	0.7687815E−08
SORT(1,M)	4.000000	0.000000
SORT(1,L)	6.000000	−0.3246923E−08
SORT(0,H)	1.333333	−0.3838506E−08
SORT(0,M)	2.333333	0.5673207E−08
SORT(0,L)	4.333333	0.000000

可见,这时的最优解与前一个最优解不相同,但最优值都是 1.333333,这时产品的偏好排序也与前一个结果相同,自然也保持与原始数据的结果一致.同时也可以说明,前一个最优解也是全局最优解,因此这个问题最优解不惟一.

不过,最小二乘法得到的产品的效用是一些带有小数的数,实际中使用起来不太方便.如果希望得到整数解,只需要在模型中"END"语句前增加下面两行语句:

@FOR(price: @gin(P));
@FOR(safety: @gin(Q));

求解后得到的结果为

```
Global optimal solution found at iteration:      16
Objective value:                            2.000000
Model Title: 最小二乘法计算产品属性的效用函数
```

Variable	Value	Reduced Cost
P(H)	1.000000	−0.4884981E−07
P(M)	2.000000	−0.4884981E−07
P(L)	4.000000	−0.4846803E−08
Q(2)	6.000000	1.999994
Q(1)	2.000000	0.1154632E−06
Q(0)	0.000000	−1.999994
SORT(2,H)	7.000000	0.000000
SORT(2,M)	8.000000	0.000000
SORT(2,L)	10.00000	0.000000
SORT(1,H)	3.000000	0.000000

```
SORT(1,M)      4.000000      0.000000
SORT(1,L)      6.000000      0.000000
SORT(0,H)      1.000000      0.000000
SORT(0,M)      2.000000      0.000000
SORT(0,L)      4.000000      0.000000
```

此时 SORT(1,M) = SORT(0,L) = 4，这两个配置没能分辨出来. 虽然还有其他整数最优解，如：

```
Variable       Value
  P(H)         0.000000
  P(M)         1.000000
  P(L)         3.000000
  Q(2)         7.000000
  Q(1)         3.000000
  Q(0)         1.000000
```

但这时得到的 SORT 值仍然与上面相同，无法将所有配置严格分辨开来.

综合这些讨论，结论还是我们在基本模型中给出的结果比较令人满意. 请读者思考一下：基本模型中并没有要求决策变量取整数，为什么结果正好是整数？这是偶然的，还是必然的？

6.3.3 机票的销售策略

例 6.12 某航空公司每天有三个航班服务于 A, B, C, H 四个城市，其中城市 H 是可供转机使用的. 三个航班的出发地-目的地分别为 AH, HB, HC，可搭乘旅客的最大数量分别为 120 人，100 人，110 人，机票的价格分头等舱和经济舱两类. 经过市场调查，公司销售部得到了每天旅客的相关信息，见表 6-10. 该公司应该在每条航线上分别分配多少头等舱和经济舱的机票？

表 6-10 市场调查数据

出发地-目的地	头等舱 需求/人	头等舱 价格/元	经济舱 需求/人	经济舱 价格/元
AH	33	190	56	90
AB(经 H 转机)	24	244	43	193
AC(经 H 转机)	12	261	67	199
HB	44	140	69	80
HC	16	186	17	103

问题分析

公司的目标应该是使销售收入最大化,由于头等舱的机票价格大于对应的经济舱的机票价格,很容易让人想到先满足所有头等舱的顾客需求:这样 AH 上的头等舱数量 $=33+24+12=69$,HB 上的头等舱数量 $=24+44=68$,HC 上的头等舱数量 $=12+16=28$,等等. 但这种贪婪算法是否一定得到最好的销售计划?

模型建立

考虑 5 个起终点航线 AH,AB,AC,HB,HC,依次编号为 $i(i=1,2,\cdots,5)$,相应的头等舱需求记为 a_i,价格记为 p_i;相应的经济舱需求记为 b_i,价格记为 q_i. 此外,三个航班 AH、HB、HC 的顾客容量分别是 $c_1=120,c_2=100,c_3=110$. 这就是例中给出的全部数据.

设起终点航线 $i(i=1,2,\cdots,5)$ 上销售的头等舱机票数为 x_i,销售的经济舱机票数为 y_i,这就是决策变量.

显然,目标函数应该是

$$\sum_{i=1}^{5}(p_i x_i + q_i y_i). \tag{44}$$

约束条件有以下两类:

(1) 三个航班上的容量限制.

例如,航班 AH 上的乘客应当是购买 AH,AB,AC 机票的所有旅客,所以

$$x_1 + x_2 + x_3 + y_1 + y_2 + y_3 \leqslant c_1. \tag{45}$$

同理,有

$$x_2 + x_4 + y_2 + y_4 \leqslant c_2, \tag{46}$$

$$x_3 + x_5 + y_3 + y_5 \leqslant c_3. \tag{47}$$

(2) 每条航线上的需求限制:

$$0 \leqslant x_i \leqslant a_i, \quad 0 \leqslant y_i \leqslant b_i, \quad i=1,2,\cdots,5. \tag{48}$$

模型求解

先用 LINDO 求解,然后用 LINGO 求解. LINDO 模型如下:

```
TITLE 机票销售计划的 LINDO 模型
max 190 X1 + 90 Y1 + 244 X2 + 193 Y2 + 261 X3 + 199 Y3
    + 140 X4 + 80 Y4 + 186 X5 + 103 Y5
s.t.
AH) X1 + Y1 + X2 + Y2 + X3 + Y3 <= 120
HB) X2 + Y2 + X4 + Y4 <= 100
HC) X3 + Y3 + X5 + Y5 <= 110
END
SUB X1 33
SUB X2 24
```

```
SUB X3 12
SUB X4 44
SUB X5 16
SUB Y1 56
SUB Y2 43
SUB Y3 67
SUB Y4 69
SUB Y5 17
```

求解这个模型,得到如下解答:

```
         OBJECTIVE FUNCTION VALUE
    1)        39344.00
  VARIABLE       VALUE         REDUCED COST
     X1       33.000000         -26.000000
     Y1        0.000000          74.000000
     X2       10.000000           0.000000
     Y2        0.000000          51.000000
     X3       12.000000         -62.000000
     Y3       65.000000           0.000000
     X4       44.000000         -60.000000
     Y4       46.000000           0.000000
     X5       16.000000        -151.000000
     Y5       17.000000         -68.000000

     ROW     SLACK OR SURPLUS   DUAL PRICES
     AH)       0.000000         164.000000
     HB)       0.000000          80.000000
     HC)       0.000000          35.000000
```

也就是说,航线 AH, AB, AC, HB, HC 上分别销售 33,10,12,44,16 张头等舱机票,分别销售 0,0,65,46,17 张经济舱机票,总销售收入为 39344(元).从三个约束的松弛/剩余(slack or surplus)均为 0 可知:机上已经全部满员.

最后,作为一种练习,我们用 LINGO 求解. LINGO 模型如下:

```
MODEL:
TITLE 机票销售计划;
SETS:
    route /AH,AB,AC,HB,HC/: a,b,p,q,x,y;
ENDSETS
DATA:
```

6.3 市场营销问题

```
a p b q =
```

33	190	56	90
24	244	43	193
12	261	67	199
44	140	69	80
16	186	17	103

```
;c1 c2 c3 = 120 100 110;
ENDDATA
[obj] Max = @SUM(route: p*x+q*y);
@SUM(route(i)|i#ne#4#and#i#ne#5: x(i)+y(i))<c1;
@SUM(route(i)|i#eq#2#or#i#eq#4: x(i)+y(i))< c2;
@SUM(route(i)|i#eq#3#or#i#eq#5: x(i)+y(i))< c3;
@FOR(route: @bnd(0,x,a);@bnd(0,y,b));
END
```

需要指出的是：上面的程序中有些部分（如 DADA 语句中的数据表，机票容量 c_1, c_2, c_3）是直接从 WORD 文档中复制（Ctrl+C）后粘贴（Ctrl+V）过来的，所以显示格式继续保持了 WORD 文档的风格。

求解这个模型，得到如下解答（只列出 x 和 y 的结果）：

Variable	Value	Reduced Cost
X(AH)	33.00000	−26.00000
X(AB)	10.00000	0.000000
X(AC)	12.00000	−62.00000
X(HB)	44.00000	−60.00000
X(HC)	16.00000	−151.000
Y(AH)	0.000000	74.00000
Y(AB)	0.000000	51.00000
Y(AC)	65.00000	0.000000
Y(HB)	46.00000	0.000000
Y(HC)	17.00000	−68.00000

这个最优解与 LINDO 的求解结果完全相同.

结果讨论

按道理，机票张数还应该有整数约束. 这里直接按连续线性规划解，得到的解已经都是整数，所以也就没有必要再加上整数约束了.

最后我们指出：最优解中 AB 线路上头等舱的需求（24 人）并没有全部得到满足，所以本节开始时介绍的贪婪算法的思想是不能保证求到最优解的. 事实上，读者不难求出贪婪算法得到的解对应的总销售额是 38854（元），小于这里的最优值 39344（元）.

习 题 6

6.1 假设某国政府准备将 5 块土地 A, B, C, D, E 对外拍卖,采用在规定日期前投标人提交投标书的方式进行,最后收到了来自 3 个投标人的投标书.每个投标人对其中的若干块土地有购买兴趣,分别以两个组合包的形式投标,但每个投标人最多只能购买其中 1 个组合包,投标价格如表 6-11 所示.如果政府希望最大化社会福利,这 5 块土地应该如何售出?

表 6-11 土地拍卖与投标信息

投标组合包	投标人 1	投标人 1	投标人 2	投标人 2	投标人 3	投标人 3
包含的土地	ABD	CDE	BE	AD	BDE	CE
投标价格	95	80	60	82	90	71

表 6-12 平均行驶时间和汽车流量之间的关系

道 路		AD	AC	BC	BD	CD
行驶时间 /min	流量 ≤2	21	50	17	40	12
	2< 流量 ≤3	31	51	27	41	13
	3< 流量 ≤4	41	52	37	42	14

6.2 某地有如图 6-5 所示的一个公路网,每天上班时间有 3 千辆小汽车要从居民区 A 前往工作区 D,2 千辆小汽车从 B 前往 D,1 千辆小汽车从 C 前往 D.经过长期观察,我们得到了图中 5 条道路上每辆汽车的平均行驶时间和汽车流量之间的关系,如表 6-12 所示.那么,长期来看,这些汽车将如何在每条道路上分布?这是使运行时间最短的交通流分配方式吗?使运行时间最短的交通流分配方式是什么?

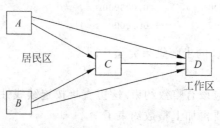

图 6-5 一个公路网示意图

6.3 某投资者有基金 10 万元,考虑在今后 5 年内对下列 4 个项目进行投资,已知:

项目 A　从第1年到第4年每年年初需要投资,并于次年年末回收本利115%.

项目 B　从第3年初需要投资,并于第5年年末回收本利125%.

项目 C　从第2年初需要投资,并于第5年年末回收本利140%,但按照规定此项投资不能超过3万元.

项目 D　5年内每年年初可购买公债,当年年末回收本利106%.

应如何安排资金,可使第5年末的资金总额最大?

6.4　某银行经理计划用一笔资金进行有价证券的投资,可供购进的证券及其信用等级、到期年限、收益如表6-13所示.按照规定,市政证券的收益可以免税,其他证券的收益需按50%的税率纳税.此外还有以下限制:

- 政府及代办机构的证券总共至少要购进400万元;
- 所购证券的平均信用等级不超过1.4(信用等级数字越小,信用程度越高);
- 所购证券的平均到期年限不超过5年.

表 6-13　证券相关的信息

证券名称	证券种类	信用等级	到期年限	到期税前收益/%
A	市政	2	9	4.3
B	代办机构	2	15	5.4
C	政府	1	4	5.0
D	政府	1	3	4.4
E	市政	5	2	4.5

(1) 若该经理有1000万元资金,应如何投资?

(2) 如果能够以2.75%的利率借到不超过100万元资金,该经理应如何操作?

(3) 在1000万元资金情况下,若证券 A 的税前收益增加为4.5%,投资应否改变?若证券 C 的税前收益减少为4.8%,投资应否改变?

6.5　假设你是一家彩票管理中心的负责人.彩票已经全部售出,但彩票奖金不是立刻全部兑付,而是15年内逐年兑付.已知未来15年每年为了支付奖金所需要的现金的确切数字分别是:10,11,12,14,15,17,19,20,22,24,26,29,31,33,36(百万元).彩票收入除一部分留作基金用于应对未来一系列的付款对现金的需求外,其余部分将上缴国家.为了将尽可能多的彩票收入上缴国家,你计划用成本最小的国债和存款组合来应对未来一系列的付款对现金的需求.你打算用基金的一部分来购买目前正在销售的可靠性较好的两种国债(或之一):第一种国债的年限为6年,每份价格为0.98(百万元),每年可获得固定息票0.06(百万元);第二种国债的年限为13年,每份价格为0.965(百万元),每年可获得固定息票0.065(百万元).对于没有购买国债的基金,可以用于短期存款,估计未来

15年短期存款的年利率为4%左右．请确定购买国债的数量和用于短期存款的金额．

6.6 某基金管理人的工作是，每天将现有的美元、英镑、马克、日元四种货币按当天汇率相互兑换，使在满足需求量的条件下，按美元计算的价值最高．设某天的汇率、现有货币和当天需求如表6-14所示，如1美元兑换0.58928英镑，或1.743马克，等等．假设每天在任两种货币之间只允许兑换一次，问基金管理人应如何操作（"按美元计算的价值"指兑入、兑出汇率的平均值，如1英镑相当于$(1.697+(1/0.58928))/2=1.696993$美元）？

表 6-14 汇率、现有货币和当天需求

	美元	英镑	马克	日元	现有量/($\times 10^8$)	需求量/($\times 10^8$)
美元	1	0.58928	1.743	138.3	8	6
英镑	1.697	1	2.9579	234.7	1	3
马克	0.57372	0.33808	1	79.346	8	1
日元	0.007233	0.00426	0.0126	1	0	10

6.7 根据估计，本年度的经济形势会有三种可能，分别记为A,B,C，出现的可能性分别为0.7，0.1和0.2．在每种情形下，投资股票、国债、地产、黄金的收益率见表6-15．如果希望今年的投资收益率至少为6.5%，则应当如何投资才能使风险最小？

表 6-15 不同情形下，投资股票、国债、地产、黄金的收益率

情形	股票/%	国债/%	地产/%	黄金/%
A	9	7	8	-2
B	-1	5	10	12
C	10	4	-1	15

6.8 假设你把月工资（5千美元支票，每个月的第一天拿到）以电子方式存入你的现金账户（money market account，MMA），年利率为3%．利息是按照每月你的现金账户上的最小钱数计算的，并在12月31日进入你的现金账户．在同一家银行你还有一个支票账户（checking account，CA），这个账户没有利息．你总是通过邮寄支票付账，出了支付邮票外从来不用现金，支付邮票的现金是从现金账户中提取的．所以你必须经常去银行，将现金账户中的钱转到支票账户，以便支付住房贷款、固定电话费、有线电视费、移动电话费、上网费、汽车保险、信用卡费以及其他费用，每个月要使用10张支票，共3千美元．此外，每个季度（三月、六月、九月、十二月）你还要使用5张支票支付一些账单，每个季度一共2千美元；每年四月需要分别支付2千美元和5千美元的税单，每年八月还要支付4千美元的税单．最后，在每年的12月31日，你还要签发本年度的最后7张支票，将你的年收入中的其他部分（5千美元减去邮资），捐给你最认可的一些基金会和慈善机构．假设开始时

你现金账户中的钱足够多,所以不需要担心超支.

现在银行提出让你改变这个程序:他们将从现金账户中支付所有的账单,没有手续费.这样,你就没有必要每年填写150张支票和邮寄地址,可以节省邮资和支票.此外,银行将自动在每月的第一天将你的现金账户上的一定数量的钱转到支票账户上,自动在每年的第一天(1月1日)将你的现金账户的一定数量的钱转到支票账户上,不需付出任何费用.如果接受这个方案,你就没有必要再去银行和邮局了.但是,你必须决定每月转账和每年转账的数额 a 和 b.

如果你把每月的工资5千美元全部转到支票账户($a=5,b=0$),这样一切都是可行的,但你不能从现金账户获得任何利息.当 a 很小时,你的支票账户将会超支,从而会引起罚款和其他一系列麻烦,所以你也不希望出现这种麻烦.那么最优解是什么?

6.9 假设某公司在银行有一个现金账户和一个长期投资账户,现金账户利息很低,而长期投资账户利息较高.所有业务往来(收入和支出)只能通过现金账户进行,如果现金账户中钱很多,就可能需要将一部分钱转入长期投资账户;反之,需要将一部分钱从长期投资账户转入现金账户.为简单起见,假设以万元为单位,现金账户的钱数只能是 -20,-10,$\cdots$,40,50(万元)之一,分别记为状态 $1,2,\cdots,7,8$,他们每个月分别导致的费用如表6-16所示.此外,根据统计,如果当月现金账户的状态位于 $i(2\leqslant i\leqslant 7)$,下个月现金账户的状态只可能位于 $i-1,i,i+1$ 三者之一,并且概率分别为 $0.4,0.1,0.5$;如果当月现金账户的状态位于1,则下个月现金账户的状态只可能位于1和2,并且概率分别为 $0.5,0.5$;如果当月现金账户的状态位于8,则下个月现金账户的状态只可能位于7和8,并且概率分别为 $0.4,0.6$.

表6-16 现金账户的钱数对应的成本

现金数量/万元	−20	−10	0	10	20	30	40	50
状态	1	2	3	4	5	6	7	8
费用/万元	1.4	0.7	0	0.2	0.4	0.6	0.8	1

每月初你可以改变当前状态(即从长期投资账户转入现金账户,或从现金账户转入长期投资账户),但假设每次状态的改变需要银行收取0.3万元的固定费用,此外还要收取转账金额5%的转账手续费.请你建立优化模型,确定如果当月现金账户的状态位于 i,是否应该改变当前状态,如何改变状态?

6.10 某公司正在考虑在某城市开发一些销售代理业务.经过预测,该公司已经确定了该城市未来5年的业务量,分别为400,500,600,700和800.该公司已经初步物色了4家销售公司作为其代理候选企业,表6-17给出了该公司与每个候选企业建立代理关系的一次性费用,以及每个候选企业每年所能承揽的最大业务量和年运行费用.该公司应该与哪些候选企业建立代理关系?

表 6-17 候选代理的一次性费用、最大业务量和年运行费用

	候选代理 1	候选代理 2	候选代理 3	候选代理 4
年最大业务量	350	250	300	200
一次性费用/万元	100	80	90	70
年运行费用/万元	7.5	4.0	6.5	3.0

如果该公司目前已经与上述 4 个代理建立了代理关系并且都处于运行状态,但每年初可以决定临时中断或重新恢复代理关系,每次临时中断或重新恢复代理关系的费用如表 6-18 所示. 该公司应如何对这些代理进行业务调整?

表 6-18 中断或重新恢复代理关系的费用

	代理 1	代理 2	代理 3	代理 4
临时中断费用/万元	5	3	4	2
重新恢复费用/万元	5	4	1	9

第 7 章　图论与网络模型

本章介绍与图论及网络(graph theory and network)有关的优化问题模型. 在这里,我们并不打算全面系统介绍图论及网络的知识,而着重介绍与 LINDO、LINGO 软件有关的组合优化模型和相应的求解过程. 如果读者打算深入地了解图论及网络的更全面的知识,请参阅图论或运筹学中的有关书籍.

LINDO 软件和 LINGO 软件可以求解一些著名的组合优化问题,这包括最短路问题、最大流问题、运输和转运问题、最优匹配和最优指派问题、最优连线或最小生成树问题、旅行商问题、关键路线法与计划评审方法等.

7.1　运输问题与转运问题

7.1.1　运输问题

运输问题(transportation problem)是图论与网络中的一个重要问题,也是一个典型的线性规划问题.

例 7.1　(运输问题)设有某种物资需要从 m 个产地 $A_1, A_2, \cdots, A_m$ 运到 n 个销地 $B_1, B_2, \cdots, B_n$,其中每个产地的生产量为 $a_1, a_2, \cdots, a_m$,每个销地的需求量为 $b_1, b_2, \cdots, b_n$. 设从产地 A_i 到销地 B_j 的运费单价为 $c_{ij}(i=1,2,\cdots,m, j=1,2,\cdots,n)$,问如何调运可使总运费最少?

例 7.1 就是典型的运输问题,图 7-1 给出了 m 个产地, n 个销地运输问题的图形. 关于它的求解方法有两类:一类是按照图论的方法求解,另一类是化成线性规划问题. 这里介绍第二类方法,即用 LINDO 或 LINGO 软件求解运输问题. 但为便于后面的叙述,先给出图论中有关图的部分定义.

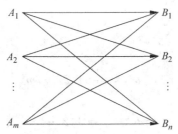

图 7-1　m 个产地、n 个销地运输问题的图形

1. **图的基本定义**

从直观上看,所谓图是由点和边组成的图形,如图 7-1 所示.下面给出图的定义.

定义 7.1 图(graph)G 是一个偶对 (V,E),其中 $V=\{v_1,v_2,\cdots,v_n\}$ 是有限集,$E=\{(v_i,v_j)|v_i,v_j\in V\}$.称 V 中的元素 $v_i(i=1,2,\cdots,n)$ 为图的顶点(vertex),E 中的元素 $e=(v_i,v_j)$ 为图的边(edge)或弧(arc).若 $e=(v_i,v_j)$ 是无序对,即 $(v_i,v_j)=(v_j,v_i)$,则称 G 为无向图(undirected graph).若 $e=(v_i,v_j)$ 是有序对,即 $(v_i,v_j)\neq(v_j,v_i)$,则称 G 为有向图(directed graph),此时称 v_i 为 e 的尾,称 v_j 为 e 的头.若去掉有向图的方向,得到的图称为基础图(underlying graph).

注 通常有向图的边称为弧,由弧构成的集记为 A,因此,有向图记为 $G(V,A)$,而无向图记为 $G(V,E)$.为方便起见,在后面的论述中,有时也用 $G(V,E)$ 表示有向图.

在无向图中,每一对顶点至多有一条边的图称为简单图(simple graph).每一对不同的顶点都有一条边相连的简单图称为完全图(complete graph).若一个图中的顶点集可以分解为两个子集 V_1 和 V_2,使得任何一条边都有一个端点在 V_1 中,另一个端点在 V_2 中,这种图称为二部图或偶图(bipartite graph).运输问题所构成的图 7-1 是偶图.

2. **运输问题的数学表达式**

对例 7.1,设 c_{ij} 为从产地 A_i 到销地 B_j 运费的单价,x_{ij} 为从产地 A_i 到销地 B_j 的运输量,因此总运费为

$$\sum_{i=1}^{m}\sum_{j=1}^{n}c_{ij}x_{ij}.$$

第 i 个产地的运出量应小于或等于该地的生产量,即

$$\sum_{j=1}^{n}x_{ij}\leqslant a_i.$$

第 j 个销地的运入量应等于该地的需求量,即

$$\sum_{i=1}^{m}x_{ij}=b_j.$$

因此,运输问题的数学表达式为

$$\min\quad \sum_{i=1}^{m}\sum_{j=1}^{n}c_{ij}x_{ij}; \tag{1}$$

$$\text{s.t.}\quad \sum_{j=1}^{n}x_{ij}\leqslant a_i,\quad i=1,2,\cdots,m, \tag{2}$$

$$\sum_{i=1}^{m}x_{ij}=b_j,\quad j=1,2,\cdots,n, \tag{3}$$

$$x_{ij}\geqslant 0,\quad i=1,2,\cdots,m,\quad j=1,2,\cdots,n. \tag{4}$$

称具有形如式(1)~(4)的线性规划问题为运输问题.

3. 运输问题的求解过程

为了便于讨论,以一个运输问题实例的求解过程来介绍如何用 LINDO 或 LINGO 软件求解运输问题模型.

例 7.2(继例 7.1) 设 $m=3, n=4$,即为有 3 个产地和 4 个销地的运输问题,其产量、销量及单位运费如表 7-1 所示.试求总运费最少的运输方案,以及总运费.

表 7-1 3 个产地 4 个销地的运输问题

	B_1	B_2	B_3	B_4	产量
A_1	6	2	6	7	30
A_2	4	9	5	3	25
A_3	8	8	1	5	21
销量	15	17	22	12	

解 从前面的分析来看,运输问题属于线性规划问题,因此,不论是 LINDO 软件或 LINGO 软件都可以对该问题求解.为了比较两种软件的优缺点,以及各自的特点,这里用两种软件分别求解该运输问题.

首先写出 LINDO 软件的模型(程序),程序名:exam0702.ltx.

```
! 3 Warehouse,4 Customer Transportation Problem
! The objective
min 6x11 + 2x12 + 6x13 + 7x14
  + 4x21 + 9x22 + 5x23 + 3x24
  + 8x31 + 8x32 + x33 + 5x34
subject to
! The supply constraints
2)   x11 + x12 + x13 + x14 <= 30
3)   x21 + x22 + x23 + x24 <= 25
4)   x31 + x32 + x33 + x34 <= 21
! The demand constraints
5)   x11 + x21 + x31 = 15
6)   x12 + x22 + x32 = 17
7)   x13 + x23 + x33 = 22
8)   x14 + x24 + x34 = 12
end
```

LINDO 软件的计算结果如下：

LP OPTIMUM FOUND AT STEP   6

OBJECTIVE FUNCTION VALUE

1)   161.0000

VARIABLE	VALUE	REDUCED COST
X11	2.000000	0.000000
X12	17.000000	0.000000
X13	1.000000	0.000000
X14	0.000000	2.000000
X21	13.000000	0.000000
X22	0.000000	9.000000
X23	0.000000	1.000000
X24	12.000000	0.000000
X31	0.000000	7.000000
X32	0.000000	11.000000
X33	21.000000	0.000000
X34	0.000000	5.000000

ROW	SLACK OR SURPLUS	DUAL PRICES
2)	10.000000	0.000000
3)	0.000000	2.000000
4)	0.000000	5.000000
5)	0.000000	−6.000000
6)	0.000000	−2.000000
7)	0.000000	−6.000000
8)	0.000000	−5.000000

NO. ITERATIONS =   6

从计算结果得到，产地 A_1 运往 B_1,B_2,B_3,B_4 的运量为 $2,17,1,0$ 个单位，余 10 个单位．产地 A_2 运往 B_1,B_2,B_3,B_4 的运量为 $13,0,0,12$ 个单位，余量为 0．产地 A_3 运往 B_1,B_2,B_3,B_4 的运量为 $0,0,21,0$ 单位，余量为 0．总运费为 161 单位．

事实上，我们关心更多的是那些非零变量，因此，可选择 LINDO 中的命令（具体方法见 2.3 节），只列出非零变量．

OBJECTIVE FUNCTION VALUE

1)   161.0000

```
        VARIABLE         VALUE          REDUCED COST
           X11          2.000000           0.000000
           X12         17.000000           0.000000
           X13          1.000000           0.000000
           X21         13.000000           0.000000
           X24         12.000000           0.000000
           X33         21.000000           0.000000

           ROW       SLACK OR SURPLUS     DUAL PRICES
            3)         0.000000           2.000000
            4)         0.000000           5.000000
            5)         0.000000          -6.000000
            6)         0.000000          -2.000000
            7)         0.000000          -6.000000
            8)         0.000000          -5.000000

     NO. ITERATIONS =      6
```

LINDO 软件虽然给出了最优解，但上述模型还存在着缺点，例如，上述方法不便于推广到一般情况，特别是当产地和销地的个数较多时，情况更为突出。

下面写出求解该问题的 LINGO 程序，并在程序中用到在第 3 章介绍的集与数据段，以及相关的循环函数。

写出相应的 LINGO 程序，程序名：exam0702.lg4.

```
MODEL:
1] ! 3 Warehouse,4 Customer Transportation Problem;
2] sets:
3]   Warehouse /1..3/: a;
4]   Customer /1..4/: b;
5]   Routes(Warehouse,Customer): c,x;
6] endsets
7] ! Here are the parameters;
8] data:
9]   a = 30,25,21;
10]  b = 15,17,22,12;
11]  c = 6,2,6,7,
12]      4,9,5,3,
13]      8,8,1,5;
14] enddata
```

```
15] ! The objective;
16] [OBJ] min = @sum(Routes; c * x);
17] ! The supply constraints;
18] @for(Warehouse(i):[SUP]
19]   @sum(Customer(j): x(i,j)) <= a(i));
20] ! The demand constraints;
21] @for(Customer(j):[DEM]
22]   @sum(Warehouse(i): x(i,j)) = b(j));
END
```

在上述程序中,第 16]行表示运输问题中目标函数(1).第 18]~19]行表示约束条件(2),第 21]~22]行表示约束条件(3).

下面列出 LINGO 软件的求解结果(仅保留非零变量):

```
Global optimal solution found at iteration:     6
Objective value:                         161.0000
     Variable          Value          Reduced Cost
       X(1,1)        2.000000           0.000000
       X(1,2)        17.00000           0.000000
       X(1,3)        1.000000           0.000000
       X(2,1)        13.00000           0.000000
       X(2,4)        12.00000           0.000000
       X(3,3)        21.00000           0.000000
          Row    Slack or Surplus      Dual Price
          OBJ        161.0000          -1.000000
        SUP(1)       10.00000           0.000000
```

从上述求解过程来看,两种软件的计算结果是相同的,但由于 LINGO 软件中采用集、数据段和循环函数的编写方式,因此更便于程序推广到一般形式使用.例如,只需修改运输问题中产地和销地的个数,以及参数 a,b,c 的值,就可以求解任何运输问题.所以,从程序通用性的角度来看,推荐大家采用 LINGO 软件来求解运输问题.

7.1.2 指派问题

例 7.3(指派问题)   设有 n 个人,计划做 n 项工作,其中 c_{ij} 表示第 i 个人做第 j 项工作的收益.现求一种指派方式,使得每个人完成一项工作,并使总收益最大.

例 7.3 就是指派问题(assignment problem).指派问题也是图论中的重要问题,有相应的求解方法,如匈牙利算法.从问题的形式来看,指派问题是运输问题的特例,也可以看成 0-1 规划问题.

1. 指派问题的数学表达式

设变量为 x_{ij},当第 i 个人做第 j 项工作时,$x_{ij}=1$,否则 $x_{ij}=0$. 因此,相应的线性规划问题为

$$\max \sum_{i=1}^{n}\sum_{j=1}^{n}c_{ij}x_{ij}; \tag{5}$$

$$\text{s.t.} \sum_{j=1}^{n}x_{ij}=1, \quad i=1,2,\cdots,n,(每个人做一项工作) \tag{6}$$

$$\sum_{i=1}^{n}x_{ij}=1, \quad j=1,2,\cdots,n,(每项工作有一个人去做) \tag{7}$$

$$x_{ij}=0 \text{ 或 } 1, \quad i,j=1,2,\cdots,n. \tag{8}$$

2. 指派问题的求解过程

分别用 LINDO 软件和 LINGO 软件求解指派问题,并对两种软件的求解方法与各自的优缺点进行比较.

例 7.4(继例 7.3) 考虑 $n=6$ 的情况,即 6 个人做 6 项工作的最优指派问题,其收益矩阵如表 7-2 所示.

表 7-2 6 人做 6 项工作的收益情况

人	工作 1	工作 2	工作 3	工作 4	工作 5	工作 6
1	20	15	16	5	4	7
2	17	15	33	12	8	6
3	9	12	18	16	30	13
4	12	8	11	27	19	14
5	—	7	10	21	10	32
6	—	—	—	6	11	13

说明:其中"—"表示某人无法做某项工作.

解 与运输问题一样,先用 LINDO 软件求解.
给出 LINGO 程序,程序名:exam0704.ltx.

```
! Assignment model
! Maximize valve of assignments
max  20x11    + 15x12    + 16x13    + 5x14     + 4x15     + 7x16
    + 17x21   + 15x22    + 33x23    + 12x24    + 8x25     + 6x26
    +  9x31   + 12x32    + 18x33    + 16x34    + 30x35    + 13x36
    + 12x41   +  8x42    + 11x43    + 27x44    + 19x45    + 14x46
    - 99x51   +  7x52    + 10x53    + 21x54    + 10x55    + 32x56
```

```
        - 99x61  - 99x62   - 99x63   + 6x64   + 11x65  + 13x66
subject to
! Each person must be assigned to some job
    x11 + x12 + x13 + x14 + x15 + x16 = 1
    x21 + x22 + x23 + x24 + x25 + x26 = 1
    x31 + x32 + x33 + x34 + x35 + x36 = 1
    x41 + x42 + x43 + x44 + x45 + x46 = 1
    x51 + x52 + x53 + x54 + x55 + x56 = 1
    x61 + x62 + x63 + x64 + x65 + x66 = 1
! Each job must receive an assignment
    x11 + x21 + x31 + x41 + x51 + x61 = 1
    x12 + x22 + x32 + x42 + x52 + x62 = 1
    x13 + x23 + x33 + x43 + x53 + x63 = 1
    x14 + x24 + x34 + x44 + x54 + x64 = 1
    x15 + x25 + x35 + x45 + x55 + x65 = 1
    x16 + x26 + x36 + x46 + x56 + x66 = 1
end
```

在上述程序中，$x51, x61, x62, x63$ 前的系数均为 -99，这是因为某人无法做某项工作时，某人做该项工作的收益可以是 $-\infty$，在计算中通常取一个较大的负数就可以。

上述程序也没有说明决策变量 x 是 0-1 型变量，这是因为对于此类问题线性规划理论已保证了变量 x 的取值只可能是 0 或 1。

LINDO 软件给出的计算结果如下（只列出非零变量）：

```
OBJECTIVE FUNCTION VALUE

  1)    135.0000

    VARIABLE       VALUE         REDUCED COST
      X11         1.000000         0.000000
      X23         1.000000         0.000000
      X32         1.000000         0.000000
      X44         1.000000         0.000000
      X56         1.000000         0.000000
      X65         1.000000         0.000000

      ROW      SLACK OR SURPLUS    DUAL PRICES
       2)         0.000000          3.000000
       3)         0.000000         15.000000
       5)         0.000000         -4.000000
```

7)	0.000000	-19.000000
8)	0.000000	17.000000
9)	0.000000	12.000000
10)	0.000000	18.000000
11)	0.000000	31.000000
12)	0.000000	30.000000
13)	0.000000	32.000000

NO. ITERATIONS = 20

即第 1 个人做第 1 项工作，第 2 个人做第 3 项工作，第 3 个人做第 2 项工作，第 4 个人做第 4 项工作，第 5 个人做第 6 项工作，第 6 个人做第 5 项工作．总效益值为 135．

下面用 LINGO 程序再求解此问题，程序中仍然用到集、数据段和循环函数。

写出相应的 LINGO 程序，程序名：exam0704.lg4．

```
MODEL:
1] ! Assignment Problem Model;
2] sets:
3]   Flight/1..6/;
4]   Assign(Flight,Flight): c,x;
5] endsets
6] ! Here is income matrix;
7] data:
8]     c = 20   15   16    5    4    7
9]         17   15   33   12    8    6
10]         9   12   18   16   30   13
11]        12    8   11   27   19   14
12]       -99    7   10   21   10   32
13]       -99  -99  -99    6   11   13;
14] enddata
15]
16] ! Maximize valve of assignments;
17] max = @sum(Assign: c * x);
18] @for(Flight(i):
19] ! Each i must be assigned to some j;
20]   @sum(Flight(j): x(i,j)) = 1;
21] ! Each I must receive an assignment;
22]   @sum(Flight(j): x(j,i)) = 1;
23] );
END
```

程序中第12]~13]行中的-99意义与LINDO程序中的意义相同,当某人无法做某项工作时,取一个数值较大的负值.

LINGO软件计算结果如下(只列出非零变量):

```
Global optimal solution found at iteration: 12
Objective value:              135.0000

    Variable       Value        Reduced Cost
     X(1,1)       1.000000       0.000000
     X(2,3)       1.000000       0.000000
     X(3,2)       1.000000       0.000000
     X(4,4)       1.000000       0.000000
     X(5,6)       1.000000       0.000000
     X(6,5)       1.000000       0.000000
```

从上述两个例子可以看出LINGO软件在处理问题方面要远远优于LINDO软件,而且便于推广,只是在编程方面,LINGO程序的编写稍复杂一些. 在后面的问题求解中,绝大多数的求解方法是采用LINGO软件计算.

对于指派问题,也可以考虑人数与工作数不相等的情况,及支付最小的情况. 例1.5 "混合泳接力队员选拔问题"就是属于这一类情况.

例7.5(继例1.5) 用LINGO软件求解例1.5.

解 在例2.7给出了该问题的LINDO软件求解方法,这里给出LINGO软件的求解方法,读者可根据问题的求解过程来考查两种软件求解问题的方法,以及每种软件各自的特点.

为了便于编写程序,将5名队员的4种泳姿的百米平均成绩重新列在表7-3中.

表7-3 5名队员4种泳姿的百米平均成绩

队员	蝶泳	仰泳	蛙泳	自由泳
甲	1′06″8	1′15″6	1′27″	58″6
乙	57″2	1′06″	1′06″4	53″
丙	1′18″	1′07″8	1′24″6	59″4
丁	1′10″	1′14″2	1′09″6	57″2
戊	1′07″4	1′11″	1′23″8	1′02″4

按第1章所列的规划问题(第1章中的式(25)~(28))写出相应的LINGO程序,程序名:exam0705.lg4.

```
MODEL:
1] ! 5 persons and 4 jobs Assignment Problem;
2] sets:
3]   Person /1..5/;
4]   Job /1..4/;
5]   Assign(Person,Job) : c,x;
6] endsets
7] ! Here are the parameters;
8] data:
9]   c = 66.8,  75.6,  87,    58.6,
10]      57.2,  66,    66.4,  53,
11]      78,    67.8,  84.6,  59.4,
12]      70,    74.2,  69.6,  57.2,
13]      67.4,  71,    83.8,  62.4;
14]enddata
15]! The objective;
16] [OBJ] min = @sum(Assign: c * x);
17] ! The supply constraints;
18] @for(Person(i): [SUP]
19]    @sum(Job(j): x(i,j)) <= 1);
20] ! The demand constraints;
21] @for(Job(j): [DEM]
22]    @sum(Person(i): x(i,j)) = 1);
END
```

该程序同样没有限制 x_{ij} 是 0-1 型变量.

下面列出 LINGO 软件的计算结果(仅保留非零变量):

```
Global optimal solution found at iteration:   9
Objective value:                      253.2000

      Variable          Value         Reduced Cost
       X(1,4)         1.000000         0.000000
       X(2,1)         1.000000         0.000000
       X(3,2)         1.000000         0.000000
       X(4,3)         1.000000         0.000000

         Row    Slack or Surplus     Dual Price
         OBJ        253.2000         -1.000000
       SUP(5)       1.000000          0.000000
```

即甲游自由泳、乙游蝶泳、丙游仰泳、丁游蛙泳,戊没有被选拔上.平均成绩为 $4'13''2$.

7.1.3 转运问题

所谓转运问题(transshipment problem)实质上是运输问题的一种,其区别就在于不是将工厂生产出的产品直接送到顾客手中,而是要经过某些中间环节,如仓库、配送中心等.图 7-2 表示的是 3 水平分配(即有一个中间环节)的转运问题.

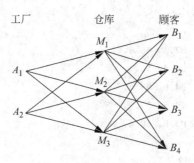

图 7-2 2 个工厂、3 个仓库和 4 个顾客的转运问题

1. 转运问题的数学表达式

对于 3 水平分配的转运问题,设有 m 个产地、n 个销地和 l 个中间环节,a_i 表示第 i 个工厂的产量,b_k 表示第 k 个顾客的需求量,c_{ij}^1 表示工厂到仓库的运费单价,c_{jk}^2 表示仓库到顾客的运费单价,x_{ij}^1 表示工厂到仓库的运量,x_{jk}^2 表示仓库到顾客的运量,则转运问题的数学表达式为

$$\min \sum_{i=1}^{m}\sum_{j=1}^{l} c_{ij}^1 x_{ij}^1 + \sum_{j=1}^{l}\sum_{k=1}^{n} c_{jk}^2 x_{jk}^2; \tag{9}$$

$$\text{s.t.} \quad \sum_{j=1}^{l} x_{ij}^1 \leqslant a_i, \quad i=1,2,\cdots,m, \quad (\text{运出量应不大于生产量}) \tag{10}$$

$$\sum_{i=1}^{m} x_{ij}^1 = \sum_{k=1}^{n} x_{jk}^2, \quad j=1,2,\cdots,l, \quad (\text{运入量等于运出量}) \tag{11}$$

$$\sum_{j=1}^{l} x_{jk}^2 = b_k, \quad k=1,2,\cdots,n, \quad (\text{运入量应等于需求量}) \tag{12}$$

$$x^1 \geqslant 0, \quad x^2 \geqslant 0. \tag{13}$$

2. 转运问题的求解方法

以一个例子为例,给出求解转运问题的两种求解方法.

例 7.6(转运问题) 设有两个工厂 A, B,产量分别为 9,8 个单位;四个顾客分别为

1,2,3,4,需求量分别为 3,5,4,5；三个仓库 x,y,z. 其中工厂到仓库、仓库到顾客的运费单价分别由表 7-4 所示. 试求总运费最少的运输方案以及总运费.

表 7-4 工厂到仓库、仓库到顾客的运费单价

	A	B	1	2	3	4
x	1	3	5	7	—	—
y	2	1	9	6	7	—
z	—	2	—	6	7	4

说明：其中"—"表示两地无道路通行.

解 写出相应的 LINGO 程序,程序名：exam0706a.lg4.

```
MODEL:
1]  ! 2 plants,3 warehouses and 4 customers
2]     Transshipment Problem;
3]  sets:
4]    Plant /A,B/ : produce;
5]    Warehouse /x,y,z/;
6]    Customer /1..4/ : require;
7]    LinkI (Plant,Warehouse) : cI,xI;
8]    LinkII (Warehouse,Customer) : cII,xII;
9]  endsets
10] ! Here are the parameters;
11] data:
12]   produce = 9,8;
13]   require = 3,5,4,5;
14]   cI = 1,2,100,
15]        3,1, 2;
16]   cII = 5,7,100,100,
17]         9,6,  7,100,
18]         100,8,  7,4;
19] enddata
20] ! The objective;
21][OBJ] min = @sum(LinkI: cI * xI) + @sum(LinkII: cII * xII);
22] ! The supply constraints;
23] @for(Plant(i): [SUP]
24]    @sum(Warehouse(j): xI(i,j)) <= produce(i));
25] ! The warehouse constraints;
26] @for(Warehouse(j): [MID]
27]    @sum(Plant(i): xI(i,j)) = @sum(Customer(k): xII(j,k)));
28] ! The demand constraints;
```

```
29]   @for(Customer(k): [DEM]
30]     @sum(Warhouse(j): xII(j,k)) = require(k));
END
```

在上述程序中,由 14]至 15]行定义的 cI 是工厂到仓库的运费,由 16]至 18]行定义的 cII 是仓库到顾客的运费.我们的目标是求最小运费,因此当两点无道路时,认为是运费无穷大.为了便于计算,只要取较大的数值就可以了,这里的取值为 100.

程序的第 21]行表示目标函数(9),第 23]、24]行表示约束条件(10),第 26]、27]行表示约束条件(11),第 29]、30]行表示约束条件(12).

LINGO 软件的计算结果(仅保留非零变量)如下:

```
Global optimal solution found at iteration: 9
Objective value:              121.0000

       Variable         Value        Reduced Cost
       XI(A,X)          3.000000     0.000000
       XI(A,Y)          6.000000     0.000000
       XI(B,Y)          3.000000     0.000000
       XI(B,Z)          5.000000     0.000000
       XII(X,1)         3.000000     0.000000
       XII(Y,2)         5.000000     0.000000
       XII(Y,3)         4.000000     0.000000
       XII(Z,4)         5.000000     0.000000
```

即工厂 A 向仓库 x,y,z 分别运输 3,6,0 个单位,工厂 B 向仓库 x,y,z 分别运输 0,3,5 个单位,仓库 x 向顾客 1 运输 3 个单位,仓库 y 向顾客 2,3 分别运输 5,4 个单位,仓库 z 向顾客 4 运输 5 个单位.总运费为 121 个单位.

如果将转运问题看成运输问题,可以得到另一种程序的编写方法,程序名:exam0706b.lg4.

```
MODEL:
1] ! 2 plants,3 warehouses and 4 customers
2]   Transshipment Problem;
3] sets:
4] Plant /A,B/ : produce;
5] Warhouse /x,y,z/;
6] Customer /1..4/ : require;
7] Link (Plant,Warhouse,Customer) : poss,cost,x;
8] endsets
9] ! Here are the parameters;
```

```
10] data:
11]   produce = 9,8;
12]   require = 3,5,4,5;
13]   poss = 1,1,0,0,
14]          1,1,1,0,
15]          0,0,0,0,
16]          1,1,0,0,
17]          1,1,1,0,
18]          0,1,1,1;
19]   cost = 6,8,0,0,
20]          11,8,9,0,
21]          0,0,0,0,
22]          8,10,0,0,
23]          10,7,8,0,
24]          0,10,9,6;
25] enddata
26] ! The objective;
27] [OBJ] min = @sum(Link: poss * cost * x);
28] ! The supply constraints;
29] @for(Plant(i): [SUP]
30]    @sum(Warehouse(j):
31]      @sum(Customer(k): poss(i,j,k) * x(i,j,k))) <= produce(i));
32] ! The demand constraints;
33] @for(Customer(k): [DEM]
34]    @sum(Plant(i):
35]      @sum(Warehouse(j): poss(i,j,k) * x(i,j,k))) = require(k));
END
```

在上述程序中,第 13]至 18]行定义的 poss 相当于邻接矩阵,第 19]至 24]行定义的 cost 相当于赋权矩阵.例如,poss 的第一个元素为 1,表示有一条 $A \to x \to 1$ 的路,cost 的第一个元素为 6,表示 $A \to x \to 1$ 的路长为 6,因为 $A \to x$ 的路长为 1, $x \to 1$ 的路长为 5. poss 和 cost 中数据的位置是按

$$
\begin{array}{cccc}
A \to x \to 1 & A \to x \to 2 & A \to x \to 3 & A \to x \to 4 \\
A \to y \to 1 & A \to y \to 2 & A \to y \to 3 & A \to y \to 4 \\
A \to z \to 1 & A \to z \to 2 & A \to z \to 3 & A \to z \to 4 \\
B \to x \to 1 & B \to x \to 2 & B \to x \to 3 & B \to x \to 4 \\
B \to y \to 1 & B \to y \to 2 & B \to y \to 3 & B \to y \to 4 \\
B \to z \to 1 & B \to z \to 2 & B \to z \to 3 & B \to z \to 4
\end{array}
$$

排列的. 由于引入了参数 poss, 当两点间无路时, 可以定义其长度为 0(实际上可以定义成任何数, 因为此时 poss 对应的位置为 0, 因此, 0 乘任何数均为 0). 程序中采用的其他方法基本上与运输问题是相同的.

LINGO 软件的计算结果(仅保留非零变量)如下：

```
Global optimal solution found at iteration:    11
Objective value:                          121.0000

      Variable           Value          Reduced Cost
      X(A,X,1)         3.000000           0.000000
      X(A,Y,2)         5.000000           0.000000
      X(A,Y,3)         1.000000           0.000000
      X(B,Y,3)         3.000000           0.000000
      X(B,Z,4)         5.000000           0.000000
```

即工厂 $A \to$ 仓库 $x \to$ 顾客 1 运输 3 个单位, 工厂 $A \to$ 仓库 $y \to$ 顾客 2 运输 5 个单位, 工厂 $A \to$ 仓库 $y \to$ 顾客 3 运输 1 个单位, 工厂 $B \to$ 仓库 $y \to$ 顾客 3 运输 3 个单位, 工厂 $B \to$ 仓库 $z \to$ 顾客 4 运输 5 个单位, 总运费为 121 个单位.

从上述求解过程可以看出, 转运问题仍属于线性规划问题, 因此也可以用 LINDO 软件求解, 读者可将此问题作为 LINDO 软件的训练, 用 LINDO 软件求解例 7.6, 并与 LINGO 软件的结果进行比较.

7.2 最短路问题和最大流问题

最短路问题(shortest path problems)和最大流问题(maxiumum flow problems)是图论另一类与优化有关的问题, 对于这两类问题, 实际上, 图论中已有解决的方法, 如最短路问题的求解方法有 Dijkstra 算法, 最大流问题的求解方法有标号算法. 这里主要讨论的是如何用 LINGO 软件来求解最短路和最大流问题, 对于 LINDO 软件的求解方法, 读者可以根据模型自己设计相应的程序, 作为 LINDO 软件的训练和问题的练习.

7.2.1 最短路问题

例 7.7(最短路问题) 在图 7-3 中, 用点表示城市, 现有 $A, B_1, B_2, C_1, C_2, C_3, D$ 共 7 个城市. 点与点之间的连线表示城市间有道路相连. 连线旁的数字表示道路的长度. 现计划从城市 A 到城市 D 铺设一条天然气管道, 请设计出最小价格管道铺设方案.

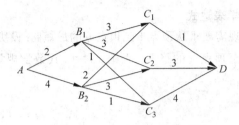

图 7-3 7 个城市间的连线图

例 7.7 的本质是求从城市 A 到城市 D 的一条最短路. 为便于讨论, 下面给出有关概念的明确定义.

1. **图的基本概念**

定义 7.2 如果 $G'(V', E')$ 是一个图, 并且 $V' \subset V, E' \subset E$, 则称 G' 是 $G(V, E)$ 的子图 (subgraph). 对于图 $G(V, E)$, 如果对 $(v_i, v_j) \in E$, 赋予一个实数 $w(v_i, v_j)$, 则称 $w(v_i, v_j)$ 为边 (v_i, v_j) 的权 (weight), G 连同边上的权称为赋权图 (weighted graph).

定义 7.3 无向图 G 的一条途径 (walk) 是指一个有限的非空序列 $W = v_0, e_1, v_1, e_2, \cdots, e_m, v_m$, 它的项是交替的顶点和边. 称 m 为 W 的长 (length). 若途径的边 $e_1, e_2, \cdots, e_m$ 互不相同, 则称 W 为迹 (trail). 若顶点 $v_0, v_1, \cdots, v_m$ 互不相同, 则称 W 为路 (path). 如果 $v_0 = v_m$, 并且没有其他相同的顶点, 则称为圈 (cycle).

若 H 是赋权图的一个子图, 则 H 的权 $w(H)$ 是指它的各边的权和 $\sum_{e \in E(H)} w(e)$. 所谓最短路问题就是找出赋权图中指定两点 u_0, v_0 之间的最小权路. 这里假定 $w(e) \geqslant 0$, $\forall e \in E$.

为了叙述清楚起见, 把赋权图中一条路的权称为它的长, 把 (u, v) 路的最小权称为 u 和 v 之间的距离, 因此, 最短路问题就是求两点间的最小权路.

定义 7.4 如果 $(v_i, v_j) \in E$, 则称 v_j 与 v_i 邻接, 具有 n 个顶点的图的邻接矩阵 (adjacency matrix) 是一个 $n \times n$ 阶矩阵 $\boldsymbol{A} = (a_{ij})_{n \times n}$, 其分量为

$$a_{ij} = \begin{cases} 1, & (v_i, v_j) \in E, \\ 0, & \text{其他}. \end{cases}$$

n 个顶点的赋权图的赋权矩阵是一个 $n \times n$ 阶矩阵 $\boldsymbol{W} = (w_{ij})_{n \times n}$, 其分量为

$$w_{ij} = \begin{cases} w(v_i, v_j), & (v_i, v_j) \in E, \\ \infty, & \text{其他}. \end{cases}$$

定理 7.1 如果存在 u 到 v 的途径, 则一定存在 u 到 v 的路. 如果图 G 的顶点个数为 n, 则这个路的长度小于等于 $n-1$.

2. 最短路问题的数学表达式

假设图有 n 个顶点,现需要求从顶点 1 到顶点 n 的最短路.设决策变量为 x_{ij},当 $x_{ij}=1$,说明弧 (i,j) 位于顶点 1 至顶点 n 的路上;否则 $x_{ij}=0$. 其数学规划表达式为

$$\min \sum_{(i,j)\in E} w_{ij} x_{ij}; \tag{14}$$

$$\text{s.t.} \sum_{\substack{j=1 \\ (i,j)\in E}}^{n} x_{ij} - \sum_{\substack{j=1 \\ (j,i)\in E}}^{n} x_{ji} = \begin{cases} 1, & i=1, \\ -1, & i=n, \\ 0, & i\neq 1, n; \end{cases} \tag{15}$$

$$x_{ij} \geqslant 0, \quad (i,j)\in E. \tag{16}$$

3. 最短路问题的求解过程

在例 3.5 中我们曾接触过最短路问题的求解,当时的求解方法是按照 Dijkstra 算法设计的,下面介绍的方法是按照规划问题(14)~(16)设计的.

例 7.8 (继例 7.7) 求例 7.7 中,从城市 A 到城市 D 的最短路.

解 写出相应的 LINGO 程序,程序名:exam0708.lg4.

```
MODEL:
1] ! We have a network of 7 cities. We want to find
2] the length of the shortest route from city 1 to city 7;
3]
4] sets:
5] ! Here is our primitive set of seven cities;
6] cities/A,B1,B2,C1,C2,C3,D/;
7]
8] ! The Derived set "roads" lists the roads that
9]   exist between the cities;
10] roads(cities,cities)/
11]    A,B1 A,B2 B1,C1 B1,C2 B1,C3 B2,C1 B2,C2 B2,C3
12]    C1,D C2,D C3,D/: w,x;
13] endsets
14]
15] data:
16] ! Here are the distances that correspond
17]   to above links;
18] w = 2 4 3 3 1 2 3 1 1 3 4;
19] enddata
20]
21] n = @size(cities); ! The number of cities;
```

```
22] min = @sum(roads: w * x);
23] @for(cities(i) | i #ne# 1 #and# i #ne# n:
24]     @sum(roads(i,j): x(i,j)) = @sum(roads(j,i): x(j,i)));
25] @sum(roads(i,j)|i #eq# 1 : x(i,j)) = 1;
END
```

在上述程序中,21]行中的 n=@size(cities) 是计算集 cities 的个数,这里的计算结果是 $n=7$, 这种编写方法的目的在于提高程序的通用性. 22]行表示目标函数(14),即求道路的最小权值. 23]、24]行表示约束(15)中 $i\neq 1, i\neq n$ 的情形,即最短路中中间点的约束条件. 25]行表示约束(15)中 $i=1$ 的情形,即最短路中起点的约束.

约束(15)中 $i=n$ 的情形,也就是最短路中终点的情形,没有列在程序中,因为终点的约束方程与前 $n-1$ 个方程线性相关. 当然,如果将此方程列入 LINGO 程序中,计算时也不会出现任何问题,因为 LINGO 软件可以自动删除描述线性规划可行解中的多余方程.

LINGO 软件计算结果(仅保留非零变量)如下:

```
Global optimal solution found at iteration:   3
Objective value:                       6.000000

        Variable         Value         Reduced Cost
        X(A,B1)          1.000000      0.000000
        X(B1,C1)         1.000000      0.000000
        X(C1,D)          1.000000      0.000000
```

即最短路是 $A \to B_1 \to C_1 \to D$,最短路长为 6 个单位.

例 7.9(设备更新问题) 张先生打算购买一辆新轿车,轿车的售价是 12 万元人民币. 轿车购买后,每年的各种保险费、养护费等费用如表 7-5 所示. 如果在 5 年之内,张先生将轿车售出,并再购买新车. 5 年之内的二手车销售价由表 7-6 所示. 请帮助张先生设计一种购买轿车的方案,使 5 年内用车的总费用最少.

表 7-5 轿车的维护费

车龄/年	0	1	2	3	4
费用/万元	2	4	5	9	12

表 7-6 二手车的售价

车龄/年	1	2	3	4	5
售价/万元	7	6	2	1	0

分析 设备更新问题是动态规划的一类问题(事实上,最短路问题也是动态规划的一类问题),这里借助于最短路方法解决设备更新问题.

解 用6个点(1,2,3,4,5,6)表示各年的开始,各点之间的边表示从左端点开始年至右端点结束年所花的费用,这样构成购车消费的网络图,如图7-4所示.

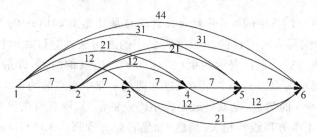

图7-4 购车消费的网络图

记 c_{ij} 表示第 i 年开始到第 $j-1$ 年结束购车的总消费,即

c_{ij} = 在第 i 年开始到第 $j-1$ 年结束轿车的维护费用
　　　+ 在第 i 年开始新车的购买费用
　　　- 在第 j 年开始二手车的销售收入.

由此得到

$$c_{12} = 2+12-7 = 7,$$
$$c_{13} = 2+4+12-6 = 12,$$
$$c_{14} = 2+4+5+12-2 = 21,$$
$$c_{15} = 2+4+5+9+12-1 = 31,$$
$$c_{16} = 2+4+5+9+12+12-0 = 44,$$
$$c_{23} = 2+12-7 = 7,$$
$$c_{24} = 2+4+12-6 = 12,$$
$$c_{25} = 2+4+5+12-2 = 21,$$
$$c_{26} = 2+4+5+9+12-1 = 31,$$
$$c_{34} = 2+12-7 = 7,$$
$$c_{35} = 2+4+12-6 = 12,$$
$$c_{36} = 2+4+5+12-2 = 21,$$
$$c_{45} = 2+12-7 = 7,$$
$$c_{46} = 2+4+12-6 = 12,$$
$$c_{56} = 2+12-7 = 7.$$

写出相应的LINGO程序,程序名:exam0709.lg4.

7.2 最短路问题和最大流问题

```
MODEL:
1] sets:
2]   nodes/1..6/;
3]   arcs(nodes,nodes)|&1 #lt# &2: c,x;
4] endsets
5] data:
6]   c = 7 12 21 31 44
7]         7 12 21 31
8]           7 12 21
9]             7 12
10]              7;
11] enddata
12] n = @size(nodes);
13] min = @sum(arcs: c*x);
14] @for(nodes(i) | i #ne# 1 #and# i #ne# n:
15]     @sum(arcs(i,j): x(i,j)) = @sum(arcs(j,i): x(j,i)));
16] @sum(arcs(i,j)|i #eq# 1: x(i,j)) = 1;
END
```

程序中的第 3]行中 &1 #lt# &2 是逻辑运算语句,表示所说明的变量只有行小于列的部分,因此所说明的矩阵是上三角阵.

LINGO 软件的计算结果(仅保留非零变量)如下:

```
Global optimal solution found at iteration:    0
Objective value:                       31.00000
```

Variable	Value	Reduced Cost
X(1,2)	1.000000	0.000000
X(2,4)	1.000000	0.000000
X(4,6)	1.000000	0.000000

即第 1 年初购买轿车,第 2 年初卖掉,再购买新车,到第 4 年初卖掉,再购买新车使用到第 5 年末,总费用 31 万元.

当然,上述方案不是惟一的,例如还有 1→3→5→6 和 1→3→4→6,但无论何种方案,总费用均是 31 万元.

例 7.10(无向图的最短路问题) 求图 7-5 中 v_1 到 v_{11} 的最短路.

分析 不论是例 7.7、例 7.9 还是例 3.5 处理的问题均属于有向图的最短路问题,本例是处理无向图的最短路问题,在处理方式上与有向图的最短路问题有一些差别.

解 对于无向图的最短路问题,可以这样理解:从点 v_1 到点 v_i 和点 v_i 到点 v_{11} 的边

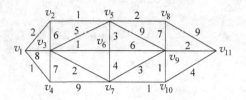

图 7-5 无向图的最短路问题

看成有向弧,其他各条边均看成有不同方向的双弧,因此,可以按照前面介绍有向图的最短路问题来编程序,但按照这种方法编写 LINGO 程序相当边(弧)增加了一倍。这里选择邻接矩阵和赋权矩阵的方法编写 LINGO 程序。

写出相应的 LINGO 程序,程序名:exam0710.lg4.

```
1] MODEL:
2] sets:
3]   cities/1..11/;
4]   roads(cities,cities):p,w,x;
5] endsets
6] data:
7] p = 0 1 1 1 0 0 0 0 0 0 0
8]     0 0 1 0 1 0 0 0 0 0 0
9]     0 1 0 1 1 1 1 0 0 0 0
10]    0 0 1 0 0 0 1 0 0 0 0
11]    0 1 1 0 0 1 0 1 1 0 0
12]    0 0 1 0 1 0 1 0 1 0 0
13]    0 0 1 1 0 1 0 0 1 1 0
14]    0 0 0 0 1 0 0 0 1 0 1
15]    0 0 0 0 1 1 1 1 0 1 1
16]    0 0 0 0 0 0 1 0 1 0 1
17]    0 0 0 0 0 0 0 0 0 0 0;
18] w = 0 2 8 1 0 0 0 0 0 0 0
19]     2 0 6 0 1 0 0 0 0 0 0
20]     8 6 0 7 5 1 2 0 0 0 0
21]     1 0 7 0 0 0 9 0 0 0 0
22]     0 1 5 0 0 3 0 2 9 0 0
23]     0 0 1 0 3 0 4 0 6 0 0
24]     0 0 2 9 0 4 0 0 3 1 0
25]     0 0 0 0 2 0 0 0 7 0 9
26]     0 0 0 0 9 6 3 7 0 1 2
27]     0 0 0 0 0 0 1 0 1 0 4
```

```
27]            0 0 0 0 0 0 0 9 2 4 0;
28] enddata
29] n = @size(cities);
30] min = @sum(roads: w * x);
31] @for(cities(i) | i #ne# 1 #and# i #ne# n:
32]     @sum(cities(j): p(i,j) * x(i,j))
33]    = @sum(cities(j): p(j,i) * x(j,i)));
34] @sum(cities(j): p(1,j) * x(1,j)) = 1;
END
```

在上述程序中,第 6]行到第 16]行给出了图的邻接矩阵 P, v_1 到 v_2, v_3, v_4 和 v_8, v_9, v_{10} 到 v_{11} 的边按单向计算,其余边双向计算. 第 17]行到第 27]行给出了图的赋权矩阵 W. 注意,由于有了邻接矩阵 P,两点无道路连接时,权值可以定义为 0. 其他的处理方法基本上与有向图相同.

用 LINGO 软件求解,得到(仅保留非零变量):

```
Global optimal solution found at iteration:      20
Objective value:                          13.00000

      Variable          Value       Reduced Cost
        X(1,2)       1.000000           0.000000
        X(2,5)       1.000000           0.000000
        X(3,7)       1.000000           0.000000
        X(5,6)       1.000000           0.000000
        X(6,3)       1.000000           0.000000
        X(7,10)      1.000000           0.000000
        X(9,11)      1.000000           0.000000
        X(10,9)      1.000000           0.000000
```

即最短路径为 1→2→5→6→3→7→10→9→11,最短路长度为 13.

7.2.2 最大流问题

例 7.11(最大流问题) 现需要将城市 s 的石油通过管道运送到城市 t,中间有 4 个中转站 v_1, v_2, v_3 和 v_4,城市与中转站的连接以及管道的容量如图 7-6 所示,求从城市 s 到城市 t 的最大流.

例 7.11 就是一个最大流问题. 最大流问题涉及图论中的网络及相关概念,下面给出相关的具体定义.

1. 网络与最大流的基本概念

定义 7.5 设 $G(V,A)$ 为有向图,如果在 V 中有两个不同的顶点子集 S 和 T,而在边

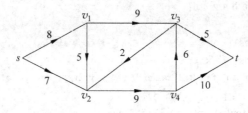

图 7-6 初始网络

集 A 上定义一个非负权值 c,则称 G 为一个网络(network).称 S 中的顶点为源(source),T 中的顶点为汇(sink),即非源又非汇的顶点称为中间顶点,称 c 为 G 的容量函数(capacity function),容量函数在边 a 上的值称为容量(capacity).弧 $a=(u,v)$ 的容量记为 $c(a)$ 或 $c(u,v)$.

图 7-6 给出的是有一个源和一个汇的网络.

网络 G 中每一条边 (u,v) 有一个容量 $c(u,v)$,除此之外,对边 (u,v) 还有一个通过边的流(flow),记为 $f(u,v)$.

显然,边 (u,v) 上的流量 $f(u,v)$ 不会超过该边上的容量 $c(u,v)$,即

$$0 \leqslant f(u,v) \leqslant c(u,v), \tag{17}$$

称满足不等式(17)的网络 G 是相容的.

对于所有中间顶点 u,流入的总量应等于流出的总量,即

$$\sum_{v \in V} f(u,v) = \sum_{v \in V} f(v,u). \tag{18}$$

一个网络 G 的流量(value of flow)值 f 定义为从源 s 流出的总流量,即

$$V(f) = \sum_{v \in V} f(s,v). \tag{19}$$

由式(18)和式(19)可以看出,f 的流量值也为流入汇 t 的总流量,即

$$V(f) = \sum_{v \in V} f(v,t). \tag{20}$$

设 V_1 和 V_2 是顶点集 V 的子集,用 (V_1,V_2) 表示起点在 V_1 中,终点在 V_2 中的边的集合.用 $f(V_1,V_2)$ 表示 (V_1,V_2) 中边的流量的总和,即

$$f(V_1,V_2) = \sum_{u \in V_1, v \in V_2} f(u,v).$$

特别取 $V_1=v, V_2=V$,结合式(18)、(19)、(20),得到

$$f(v,V) - f(V,v) = \begin{cases} V(f), & \text{当 } v = s, \\ 0, & \text{当 } v \in V, v \neq s, v \neq t, \\ -V(f), & \text{当 } v = t. \end{cases} \tag{21}$$

称满足式(21)的网络 G 为守恒的.

定义 7.6 如果流 f 满足不等式(17)和式(21),则称流 f 是可行的.如果存在可行流 f^*,使得对所有的可行流 f 均有
$$V(f^*) \geqslant V(f),$$
则称 f^* 为最大流(maximum flow).

2. 最大流问题的数学规划表示形式

通过上述推导得到最大流的数学规划表达式

$$\max \quad v_f; \tag{22}$$

$$\text{s.t.} \sum_{\substack{j \in V \\ (i,j) \in A}} f_{ij} - \sum_{\substack{j \in V \\ (j,i) \in A}} f_{ji} = \begin{cases} v_f, & i = s, \\ -v_f, & i = t, \\ 0, & i \neq s,t, \end{cases} \tag{23}$$

$$0 \leqslant f_{ij} \leqslant c_{ij}, \quad (i,j) \in A. \tag{24}$$

3. 最大流问题的求解方法

下面用例子说明如何用 LINGO 软件求解最大流问题.

例 7.12(继例 7.11) 用 LINGO 软件求解例 7.11.

解 写出相应的 LINGO 程序,程序名:exam0712.lg4.

```
 1] MODEL:
 2]   sets:
 3]   nodes/s,1,2,3,4,t/;
 4]   arcs(nodes,nodes)/
 5]        s,1 s,2 1,2 1,3 2,4 3,2 3,t 4,3 4,t/: c,f;
 6]   endsets
 7]   data:
 8]     c = 8 7 5 9 9 2 5 6 10;
 9]   enddata
10]   max = flow;
11]   @for(nodes(i) | i #ne# 1 #and# i #ne# @size(nodes):
12]     @sum(arcs(i,j): f(i,j)) - @sum(arcs(j,i): f(j,i)) = 0);
13]   @sum(arcs(i,j)|i #eq# 1: f(i,j)) = flow;
14]   @for(arcs: @bnd(0,f,c));
    END
```

程序的第 10]～12]行表示约束(23),第 13]行表示有界约束(24).

LINGO 软件的计算结果(只保留流值 f)如下:

```
Global optimal solution found at iteration:     6
Objective value:                          14.00000
```

Variable	Value	Reduced Cost
FLOW	14.00000	0.000000
F(S,1)	7.000000	0.000000
F(S,2)	7.000000	0.000000
F(1,2)	2.000000	0.000000
F(1,3)	5.000000	0.000000
F(2,4)	9.000000	−1.000000
F(3,2)	0.000000	0.000000
F(3,T)	5.000000	−1.000000
F(4,3)	0.000000	1.000000
F(4,T)	9.000000	0.000000

因此,该网络的最大流为14,F的值对应弧上的流,如图7-7所示,其中网络中的第一个数为容量,第二个数为流量.

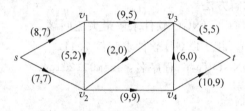

图7-7 最大流网络

在上面的程序中,采用了稀疏集的编写方法.下面介绍的程序编写方法是利用邻接矩阵,这样可以不使用稀疏集的编写方法,更便于推广到复杂网络.

```
MODEL:
1] sets:
2]    nodes/s,1,2,3,4,t/;
3]    arcs(nodes,nodes):p,c,f;
4] endsets
5] data:
6]    p = 0 1 1 0 0 0
7]        0 0 1 1 0 0
8]        0 0 0 0 1 0
9]        0 0 1 0 0 1
10]       0 0 0 1 0 1
11]       0 0 0 0 0 0;
12]   c = 0 8 7 0 0 0
13]       0 0 5 9 0 0
```

```
14]     0 0 0 0 9 0
15]     0 0 2 0 0 5
16]     0 0 0 6 0 10
17]     0 0 0 0 0 0;
18] enddata
19] max = flow;
20] @for(nodes(i) | i #ne# 1 #and# i #ne# @size(nodes):
21]     @sum(nodes(j): p(i,j) * f(i,j))
22]     = @sum(nodes(j): p(j,i) * f(j,i)));
23] @sum(nodes(i): p(1,i) * f(1,i)) = flow;
24] @for(arcs: @bnd(0,f,c));
END
```

在上述程序中，由于使用了邻接矩阵，当两点之间无弧时，定义弧容量为零.

计算结果与前面程序的结果完全相同，这里就不再列出了.

7.2.3 最小费用最大流问题

例 7.13（最小费用最大流问题） （续例 7.11）由于输油管道的长短不一或地质等原因，使每条管道上运输费用也不相同，因此，除考虑输油管道的最大流外，还需要考虑输油管道输送最大流的最小费用. 图 7-8 所示是带有运费的网络，其中第 1 个数字是网络的容量，第 2 个数字是网络的单位运费.

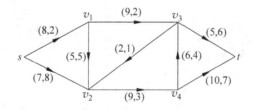

图 7-8 最小费用最大流问题

例 7.13 所提出的问题就是最小费用最大流问题（minimum-cost maximum flow），即考虑网络在最大流情况下的最小费用. 例 7.12 虽然给出了例 7.11 中最大流的一组方案，但它是不是关于费用的最优方案呢？这还需要进一步讨论.

1. 最小费用流的数学表达式

设 f_{ij} 为弧 (i,j) 上的流量，c_{ij} 为弧 (i,j) 上的单位运费，u_{ij} 为弧 (i,j) 上的容量，d_i 是节点 i 处的净流量，则最小费用流（minimum cost flow）的数学规划表示为

$$\min \sum_{(i,j)\in A} c_{ij} f_{ij}; \tag{25}$$

$$\text{s.t.} \sum_{\substack{j\in V \\ (i,j)\in A}} f_{ij} - \sum_{\substack{j\in V \\ (j,i)\in A}} f_{ji} = d_i, \tag{26}$$

$$0 \leqslant f_{ij} \leqslant u_{ij}, \quad (i,j) \in A. \tag{27}$$

其中

$$d_i = \begin{cases} v_f, & i = s, \\ -v_f, & i = t, \\ 0, & i \neq s, t. \end{cases} \tag{28}$$

当 v_f 为网络的最大流时,数学规划(25)~(28)表示的就是最小费用最大流问题.

2. 最小费用流的求解过程

例 7.14(继例 7.13) 用 LINGO 软件求解例 7.13.

解 按照最小费用流的数学规划(25)~(28)写出相应的 LINGO 程序,程序名:exam0714.lg4.

```
   MODEL:
1] sets:
2]   nodes/s,1,2,3,4,t/: d;
3]   arcs(nodes,nodes)/
4]     s,1 s,2 1,2 1,3 2,4 3,2 3,t 4,3 4,t/: c,u,f;
5] endsets
6] data:
7] d =  14 0 0 0 0 -14;
8] c =  2 8 5 2 3 1 6 4 7;
9] u =  8 7 5 9 9 2 5 6 10;
10] enddata
11] min = @sum(arcs: c * f);
12] @for(nodes(i) | i #ne# 1 #and# i #ne# @size(nodes):
13]     @sum(arcs(i,j): f(i,j)) - @sum(arcs(j,i): f(j,i)) = d(i));
14] @sum(arcs(i,j)|i #eq# 1: f(i,j)) = d(1);
15] @for(arcs: @bnd(0,f,u));
    END
```

程序的第 11]行是目标函数(25),第 12]、13]、14]行是约束条件(26),第 15]行是约束的上、下界(27).

LINGO 软件的计算结果(仅保留流值 f)如下:

```
Global optimal solution found at iteration:     3
Objective value:                          205.0000

        Variable        Value         Reduced Cost
         F(S,1)       8.000000         -1.000000
         F(S,2)       6.000000          0.000000
         F(1,2)       1.000000          0.000000
         F(1,3)       7.000000          0.000000
         F(2,4)       9.000000          0.000000
         F(3,2)       2.000000         -2.000000
         F(3,T)       5.000000         -7.000000
         F(4,T)       9.000000          0.000000
```

因此,最大流的最小费用是 205 单位. 而原最大流的费用为 210 单位,原方案并不是最优的.

7.3 最优连线问题与旅行商问题

最优连线问题也是最小生成树问题(minimum spaning tree problem),是求网络中长度最小的生成树,旅行商问题(traveling salesman problem)也称货郎担问题,是求最优的 Hamilton 圈(Hamiltonian cycle). 这两个问题是图论或组合优化中十分重要的问题,有着各自的解决方法. 例如,求解最小生成树问题常用"破圈法"或"贪心法". 但旅行商问题目前没有有效的算法求解,属于 NP 完全问题. 当最小生成树问题或旅行商问题顶点的个数较大时,目前比较有效的方法是遗传算法.

本节介绍如何用 LINGO 软件求解最小生成树问题和旅行商问题,其基本思想是将所求问题化为 0-1 整数规划,因此当所求问题的顶点数较大时,计算速度可能会比较慢. 关于这两类问题的 LINDO 软件求解方法,还是留给读者,仿照本节 LINGO 软件的编程方法,完成相应的程序.

7.3.1 最优连线问题

例 7.15(最优连线问题) 我国西部的 SV 地区共有 1 个城市(标记为 1)和 9 个乡镇(标记为 2~10)组成,该地区不久将用上天然气,其中城市 1 含有井源. 现在要设计一个供气系统,使得从城市 1 到每个乡镇(2~10)都有一条管道相连,并且铺设管道的量尽可能少. 图 7-9 给出了 SV 地区的地理位置图,表 7-7 给出了城镇之间的距离.

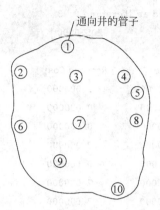

图 7-9　SV 地区的地理位置

表 7-7　SV 地区城镇之间的距离　　　　　　　　　　　　单位：km

	2	3	4	5	6	7	8	9	10
1	8	5	9	12	14	12	16	17	22
2		9	15	17	8	11	18	14	22
3			7	9	11	7	12	12	17
4				3	17	10	7	15	18
5					8	10	6	15	15
6						9	14	8	16
7							8	6	11
8								11	11
9									10

例 7.15 是最优连线问题,实际上就是求连接各城镇之间的最小生成树问题.下面给出图论中树与生成树的有关定义,以及相关的定理.

1. 树的基本概念

定义 7.7　如果无向图是连通的,且不包含有圈,则称该图为树(tree).如果有向图中任何一个顶点都可由某一顶点 v_1 到达,则称 v_1 为图 G 的根(root).如果有向图 G 有根,且它的基础图是树,则称 G 为有向树.

关于树有如下定理.

定理 7.2　设 G 是有限的无向图,如果顶点度(degree of a vertex) $d(v)$ 满足
$$d(v) \geqslant 2, \quad \forall v \in V,$$
则 G 有圈.

定理 7.3 每棵树至少有一个顶点的度为 1.

定理 7.4 设 G 是连通图,且边数<顶点数,则图 G 中至少有一个顶点的度为 1.

定理 7.5 设 G 是具有 n 个顶点的无向连通图,G 是树的充分必要条件是:G 有 $n-1$ 条边.

2. 生成树的基本概念

定义 7.8 若 G' 是包含 G 的全部顶点的子图,它又是树,则称 G' 是生成树或支撑树 (spanning tree).

对于生成树有如下定理.

定理 7.6 如果无向图 G 是有限的、连通的,则在 G 中存在生成树.

定义 7.9 在一个赋权图中,称具有最小权和的生成树为最优生成树或最小生成树.

3. 求最优生成树的算法

Kruskal 在 1956 年给出求最优生成树的一个算法(Kruskal 算法),该方法是"避圈法"的推广.

算法 7.1(Kruskal 算法)

(1) 选择边 e_1,使得 $w(e_1)$ 尽可能小;

(2) 若已选定边 $e_1, e_2, \cdots, e_i$,则从 $E \setminus \{e_1, e_2, \cdots, e_i\}$ 中选取边 e_{i+1} 使得

① $G[\{e_1, e_2, \cdots, e_{i+1}\}]$ 为无圈图;

② $w(e_{i+1})$ 是满足①的尽可能小的权.

(3) 当(2)不能继续执行时,停止.

4. 最优连线问题(最小生成树)的数学表达式

将最优连线问题写成数学规划的形式还需要一定的技巧.设 d_{ij} 是两点 i 与 j 之间的距离,$x_{ij} = 0$ 或 1(1 表示连接,0 表示不连接),并假设顶点 1 是生成树的根.则数学表达式为

$$\min \sum_{(i,j) \in A} d_{ij} x_{ij}; \tag{29}$$

$$\text{s. t.} \sum_{j \in V} x_{1j} \geqslant 1, (\text{根至少有一条边连接到其他点}) \tag{30}$$

$$\sum_{j \in V} x_{ji} = 1, i \neq 1, (\text{除根外,每个点只有一条边进入}) \tag{31}$$

$$(\text{各边不构成圈}) \tag{32}$$

5. 最优连线问题的求解过程

例 7.16(继例 7.15) 已知 SV 地区各城镇之间距离(见表 7-7),求 SV 地区(见图 7-9)的最优连线.

解 按照数学规划问题(29)~(32)写出相应的 LINGO 程序,程序名:

exam0716.lg4.

```
    MODEL:
 1] sets:
 2]   cities/1..10/: level; ! level(i) = the level of city;
 3]   link(cities,cities):
 4]       distance, ! The distance matrix;
 5]       x;        ! x(i,j) = 1 if we use link i,j;
 6] endsets
 7] data: ! Distance matrix,it need not be symmetirc;
 8]   distance = 0  8  5  9 12 14 12 16 17 22
 9]              8  0  9 15 16  8 11 18 14 22
10]              5  9  0  7  9 11  7 12 12 17
11]              9 15  7  0  3 17 10  7 15 15
12]             12 16  9  3  0  8 10  6 15 15
13]             14  8 11 17  8  0  9 14  8 16
14]             12 11  7 10 10  9  0  8  6 11
15]             16 18 12  7  6 14  8  0 11 11
16]             17 14 12 15 15  8  6 11  0 10
17]             22 22 17 15 15 16 11 11 10  0;
18] enddata
19] n = @size(cities);  ! The model size;
20] ! Minimize total distance of the links;
21] min = @sum(link(i,j)|i #ne# j: distance(i,j)*x(i,j));
22] ! There must be an arc out of city 1;
23] @sum(cities(i)|i #gt# 1: x(1,i))>=1;
24] ! For city i,except the base (city 1);
25] @for(cities(i) | i #gt# 1 :
26] ! It must be entered;
27]   @sum(cities(j)| j #ne# i: x(j,i)) = 1;
28] ! level(j) = levle(i) + 1,if we link j and i;
29]   @for(cities(j)| j #gt# 1 #and# j #ne# i :
30]     level(j) >= level(i) + x(i,j)
31]           - (n-2)*(1-x(i,j)) + (n-3)*x(j,i);
32]   );
33] ! The level of city is at least 1 but no more n-1;
34]   and is 1 if it links to base (city 1);
35]   @bnd(1,level(i),999999);
36]   level(i)<= n-1-(n-2)*x(1,i);
37] );
```

```
  38] ! Make the x's 0/1;
  39] @for(link : @bin(x));
END
```

在上述程序中,利用水平变量(level)来保证所选的边不构成圈.

计算结果如下:

```
Global optimal solution found at iteration:    34
Objective value:                         60.00000

    Variable           Value          Reduced Cost
    X(1,2)           1.000000          8.000000
    X(1,3)           1.000000          5.000000
    X(3,4)           1.000000          7.000000
    X(3,7)           1.000000          7.000000
    X(4,5)           1.000000          3.000000
    X(5,8)           1.000000          6.000000
    X(7,9)           1.000000          6.000000
    X(9,6)           1.000000          8.000000
    X(9,10)          1.000000         10.00000
```

连接这 10 个城镇的最小距离为 60km,其连接情况如图 7-10 所示.

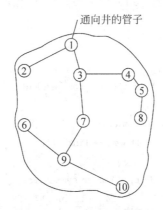

图 7-10 SV 地区的最优连线

7.3.2 旅行商问题

例 7.17(旅行商问题) 某公司计划在 SV 地区(见例 7.15)做广告宣传,推销员从城市 1 出发,经过各个乡镇,再回到城市 1.为节约开支,公司希望推销员走过这 10 个城镇的总距离最少.

例 7.17 属于旅行商问题,旅行商问题本质上是求最优 Hamilton 回路.下面介绍 Hamilton 圈(回路)的定义.

1. Hamilton 图的基本概念

定义 7.10 包含图 G 的每个顶点的路称为 Hamilton 路,包含图 G 的每个顶点的圈称为 Hamilton 圈.一个图若包含 Hamilton 圈,则称这个图为 Hamilton 图.

旅行商问题就是求最小距离的 Hamilton 圈.

2. 旅行商问题的数学表达式

设 d_{ij} 是两点 i 与 j 之间的距离,$x_{ij}=0$ 或 1(1 表示连接,0 表示不连接).则有

$$\min \sum_{(i,j)\in A} d_{ij} x_{ij}; \tag{33}$$

$$\text{s.t.} \sum_{j\in V} x_{ij} = 1, \quad i\in V,(每个点只有一条边出去) \tag{34}$$

$$\sum_{j\in V} x_{ji} = 1, \quad i\in V,(每个点只有一条边进入) \tag{35}$$

$$(除起点与终点外,各边不构成圈) \tag{36}$$

例 7.18(继例 7.17) 用 LINGO 软件求解例 7.17.

解 按照数学规划问题(33)~(36)写出相应的 LINGO 程序,程序名: exam0718.lg4.

```
MODEL:
1] sets:
2]  cities/1..10/: level; ! level(i) = the level of city;
3]  link(cities,cities):
4]     distance,! The distance matrix;
5]     x;       ! x(i,j) = 1 if we use link i,j;
6] endsets
7] data: ! Distance matrix,it need not be symmetirc;
8]   distance = 0  8  5  9 12 14 12 16 17 22
9]              8  0  9 15 16  8 11 18 14 22
10]             5  9  0  7  9 11  7 12 12 17
11]             9 15  7  0  3 17 10  7 15 15
12]            12 16  9  3  0  8 10  6 15 15
13]            14  8 11 17  8  0  9 14  8 16
14]            12 11  7 10 10  9  0  8  6 11
15]            16 18 12  7  6 14  8  0 11 11
```

```
16]                  17 14 12 15  15  8  6 11  0 10
17]                  22 22 17 15  15 16 11 11 10  0;
18] enddata
19] n = @size(cities); ! The model size;
20] ! Minimize total distance of the links;
21] min = @sum(link(i,j)|i #ne# j: distance(i,j) * x(i,j));
22] ! For city i;
23] @for(cities(i) :
24] ! It must be entered;
25]   @sum(cities(j)| j #ne# i: x(j,i)) = 1;
26] ! It must be departed;
27]   @sum(cities(j)| j #ne# i: x(i,j)) = 1;
28] ! level(j) = levle(i) + 1,if we link j and i;
29]   @for(cities(j)| j #gt# 1 #and# j #ne# i:
30]     level(j) > = level(i) + x(i,j)
31]            - (n-2) * (1-x(i,j)) + (n-3) * x(j,i);
32]   );
33] );
34] ! Make the x's 0/1;
35] @for(link : @bin(x));
36] ! For the first and last stop;
37] @for(cities(i) | i #gt# 1 :
38]   level(i) < = n-1 - (n-2) * x(1,i);
39]   level(i) > = 1 + (n-2) * x(i,1);
40] );
END
```

水平变量仍然是用来保证所选的边除第 1 点外不构成圈的.
计算结果如下:

```
Global optimal solution found at iteration:     90
Objective value:                          73.00000
```

Variable	Value	Reduced Cost
X(1,2)	1.000000	8.000000
X(2,6)	1.000000	8.000000
X(3,1)	1.000000	5.000000
X(4,3)	1.000000	7.000000

X(5,4)	1.000000	3.000000
X(6,9)	1.000000	8.000000
X(7,10)	1.000000	11.00000
X(8,5)	1.000000	6.000000
X(9,7)	1.000000	6.000000
X(10,8)	1.000000	11.00000

旅行商经过 10 个城镇的最短距离为 73km,其连接情况如图 7-11 所示.

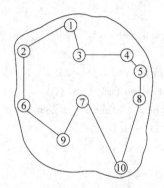

图 7-11　SV 地区的旅行商线路

7.4　计划评审方法和关键路线法

计划评审方法(program evaluation and review technique,PERT)和关键路线法(critial path method,CPM)是网络分析的重要组成部分,它广泛地用于系统分析和项目管理.计划评审与关键路线方法是在 20 世纪 50 年代提出并发展起来的,1956 年,美国杜邦公司为了协调企业不同业务部门的系统规划,提出了关键路线法.1958 年,美国海军武装部在研制"北极星"导弹计划时,由于导弹的研制系统过于庞大、复杂,为找到一种有效的管理方法,设计了计划评审方法.由于 PERT 与 CPM 即有着相同的目标应用,又有很多相同的术语,这两种方法已合并为一种方法,在国外称为 PERT/CPM,在国内称为统筹方法(scheduling method).

7.4.1　计划网络图

例 7.19　某项目工程由 11 项作业组成(分别用代号 $A,B,\cdots,J,K$ 表示),其计划完成时间及作业间相互关系如表 7-8 所示,求完成该项目的最短时间.

7.4 计划评审方法和关键路线法

表 7-8 计划完成时间及作业间相互关系

作业	计划完成时间/天	紧前作业	作业	计划完成时间/天	紧前作业
A	5	—	G	21	B,E
B	10	—	H	35	B,E
C	11	—	I	25	B,E
D	4	B	J	15	F,G,I
E	4	A	K	20	F,G
F	15	C,D			

例 7.19 就是计划评审方法或关键路线法需要解决的问题.

1. 计划网络图的概念

定义 7.11 称任何消耗时间或资源的行动为作业. 称作业的开始或结束为事件, 事件本身不消耗资源.

在计划网络图中通常用圆圈表示事件, 用箭线表示作业, 如图 7-12 所示, 1,2,3 表示事件, A,B 表示作业. 由这种方法画出的网络图称为计划网络图.

图 7-12 计划网络图的基本画法

定义 7.12 在计划网络图中, 称从初始事件到最终事件的由各项作业连贯组成的一条路为路线. 具有累计作业时间最长的路线称为关键路线.

由此看来, 例 7.19 就是求相应的计划网络图中的关键路线.

2. 建立计划网络图应注意的问题

(1) 任何作业在网络中用惟一的箭线表示, 任何作业其终点事件的编号必须大于其起点事件.

(2) 两个事件之间只能画一条箭线, 表示一项作业. 对于具有相同开始和结束事件的两项以上的作业, 要引进虚事件和虚作业.

(3) 任何计划网络图应有惟一的最初事件和惟一的最终事件.

(4) 计划网络图不允许出现回路.

(5) 计划网络图的画法一般是从左到右, 从上到下, 尽量作到清晰美观, 避免箭头交叉.

7.4.2 计划网络图的计算

以例 7.19 的求解过程为例介绍计划网络图的计算方法.

1. 建立计划网络图

首先建立计划网络图. 按照上述规则, 建立例 7.19 的计划网络图, 如图 7-13 所示.

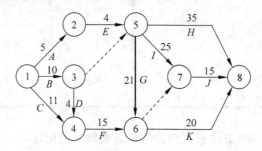

图 7-13 例 7.19 的计划网络图

2. 写出相应的规划问题

设 x_i 是事件 i 的开始时间, 1 为最初事件, n 为最终事件. 希望总的工期最短, 即极小化 $x_n - x_1$. 设 t_{ij} 是作业 (i,j) 的计划时间, 因此, 对于事件 i 与事件 j 有不等式

$$x_j \geqslant x_i + t_{ij}.$$

由此得到相应的数学规划问题

$$\min \quad x_n - x_1; \tag{37}$$

$$\text{s.t.} \quad x_j \geqslant x_i + t_{ij}, \quad (i,j) \in \mathscr{A}, \quad i \in \mathscr{V}, \tag{38}$$

$$x_i \geqslant 0, \quad i \in \mathscr{V}, \tag{39}$$

其中 $\mathscr{V}$ 是所有的事件集合, $\mathscr{A}$ 是所有的作业集合.

3. 问题求解

例 7.20（继例 7.19） 用 LINDO 软件求解例 7.19.

解 按照数学规划问题 (37)~(39) 编写 LINDO 程序, 程序名: exam0720.ltx.

```
1)   min x8 - x1
subject to
2)   x2 - x1 >= 5
3)   x3 - x1 >= 10
4)   x4 - x1 >= 11
5)   x5 - x2 >= 4
6)   x4 - x3 >= 4
7)   x5 - x3 >= 0
8)   x6 - x4 >= 15
9)   x6 - x5 >= 21
10)  x7 - x5 >= 25
```

7.4 计划评审方法和关键路线法

```
11)   x8 - x5 >= 35
12)   x7 - x6 >= 0
13)   x8 - x6 >= 20
14)   x8 - x7 >= 15
end
```

LINDO 软件的计算结果如下：

```
LP OPTIMUM FOUND AT STEP     9

        OBJECTIVE FUNCTION VALUE

   1)     51.00000
```

VARIABLE	VALUE	REDUCED COST
X8	51.000000	0.000000
X1	0.000000	0.000000
X2	5.000000	0.000000
X3	10.000000	0.000000
X4	14.000000	0.000000
X5	10.000000	0.000000
X6	31.000000	0.000000
X7	36.000000	0.000000

ROW	SLACK OR SURPLUS	DUAL PRICES
2)	0.000000	0.000000
3)	0.000000	−1.000000
4)	3.000000	0.000000
5)	1.000000	0.000000
6)	0.000000	0.000000
7)	0.000000	−1.000000
8)	2.000000	0.000000
9)	0.000000	−1.000000
10)	1.000000	0.000000
11)	6.000000	0.000000
12)	5.000000	0.000000
13)	0.000000	−1.000000
14)	0.000000	0.000000

```
NO. ITERATIONS =      9
```

计算结果给出了各个项目的开工时间,如 $x_1=0$,则作业 A,B,C 的开工时间均是第 0 天;$x_2=5$,作业 E 的开工时间是第 5 天;$x_3=10$,则作业 D 的开工时间是第 10 天;等等.每个作业只要按规定的时间开工,整个项目的最短工期为 51 天.

尽管上述 LINDO 程序给出相应的开工时间和整个项目的最短工期,但统筹方法中许多有用的信息并没有得到,如项目的关键路径、每个作业的最早开工时间、最迟开工时间等.因此,我们希望将程序编写的稍微复杂一些,为我们提供更多的信息.

下面利用 LINGO 软件完成此项工作.

例 7.21(继例 7.19) 用 LINGO 软件求解例 7.19.

解 按照数学规划问题(37)~(39)编写 LINGO 程序只能得到整个项目的最短工期,为进一步得到每个作业的最早开工时间、作业的关键路线等,将目标函数改为 $\sum_{i \in \mathscr{V}} x_i$,即作业的开始时间尽量的早,这样就可以得到作业的最早开工时间.再引进作业对应弧上的松弛变量 s_{ij},且 $s_{ij} = x_j - x_i - t_{ij}$,$(i,j) \in \mathscr{A}$,这样就可以得到作业的最迟开工时间.当最早开工时间与最迟开工时间相同时,就得到项目的关键路径.

编写相应的 LINGO 程序,程序名:exam0721.lg4.

```
MODEL:
1]sets:
2]   events/1..8/: x;
3]   operate(events,events)/
4]     1,2 1,3 1,4 3,4 2,5 3,5 4,6 5,6 5,8 5,7 6,7 7,8 6,8
5]     /: s,t;
6] endsets
7] data:
8]   t = 5 10 11 4 4 0 15 21 35 25 0 15 20;
9] enddata
10] min = @sum(events : x);
11] @for(operate(i,j): s(i,j) = x(j) - x(i) - t(i,j));
END
```

计算得到(只列出非零解):

Variable	Value	Reduced Cost
X(2)	5.000000	0.000000
X(3)	10.00000	0.000000
X(4)	14.00000	0.000000
X(5)	10.00000	0.000000
X(6)	31.00000	0.000000
X(7)	35.00000	0.000000

X(8)	51.00000	0.000000
S(1,4)	3.000000	0.000000
S(2,5)	1.000000	0.000000
S(4,6)	2.000000	0.000000
S(5,8)	6.000000	0.000000
S(6,7)	4.000000	0.000000
S(7,8)	1.000000	0.000000

对上述结果进行分析. 由于 x_i 是事件的开工时间, 而且 x_i 还尽可能地小, 所以容易得到作业的最早开工时间. 如 $x_1=0$, 作业 A,B,C 的最早开工时间均为 0, $x_2=5$, 则作业 D 的最早开工时间为 5, 等等. 最后 $x_8=51$, 即总的最短工期为 51 天.

最迟开工时间的分析需要用到松弛变量 s_{ij}, 当 $s_{ij}>0$ 时, 说明还有剩余时间, 对应作业的工期可以推迟 s_{ij}. 例如, $s_{78}=1$, 作业 $(7,8)(J)$ 的开工时间可以推迟 1 天, 即开工时间为 36. 再如 $s_{46}=2$, 作业 $(4,6)(F)$ 可以推迟 2 天开始, $s_{14}=3$, 作业 $(1,4)(C)$ 可以推迟 3 天开始, 但由于作业 $(4,6)(F)$ 已能够推迟 2 天, 所以, 作业 $(1,4)(C)$ 最多可推迟 5 天.

由此, 可以得到所有作业的最早开工时间和最迟开工时间, 如表 7-9 所示, 方括号中第 1 个数字是最早开工时间, 第 2 个数字是最迟开工时间.

表 7-9 作业的开工时间与计划完成时间

作业(i,j)	开工时间	计划完成时间/天	作业(i,j)	开工时间	计划完成时间/天
A (1,2)	[0,1]	5	G (5,6)	[10,10]	21
B (1,3)	[0,0]	10	H (5,8)	[10,16]	35
C (1,4)	[0,5]	11	I (5,7)	[10,11]	25
D (3,4)	[10,12]	4	J (7,8)	[35,36]	15
E (2,5)	[5,6]	4	K (6,8)	[31,31]	20
F (4,6)	[14,16]	15			

从表 7-9 可以看出, 当最早开工时间与最迟开工时间相同时, 对应的作业在关键路线上, 因此可以画出计划网络图中的关键路线, 如图 7-14 粗线所示. 关键路线为 1→3→5→6→8.

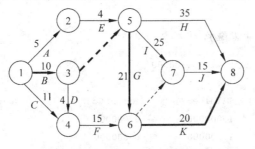

图 7-14 带有关键路线的计划网络图

4. 将关键路线看成最长路

如果将关键路线看成最长路,则可以按照求最短路的方法(将求极小改为求极大)求出关键路线.

设 x_{ij} 为 0-1 变量,当作业 (i,j) 位于关键路线上取 1,否则取 0. 数学规划问题写成

$$\max \sum_{(i,j)\in \mathscr{A}} t_{ij} x_{ij}; \tag{40}$$

$$\text{s.t.} \sum_{\substack{j=1 \\ (i,j)\in \mathscr{A}}}^{n} x_{ij} - \sum_{\substack{j=1 \\ (j,i)\in \mathscr{A}}}^{n} x_{ji} = \begin{cases} 1, & i=1, \\ -1, & i=n, \\ 0, & i\neq 1,n; \end{cases} \tag{41}$$

$$x_{ij} = 0 \text{ 或 } 1, \quad (i,j)\in \mathscr{A}. \tag{42}$$

例 7.22 用最长路的方法,求解例 7.19.

解 按数学规划问题(40)~(42)写出相应的 LINGO 程序,程序名:exam0722.lg4.

```
MODEL:
1] sets:
2]    events/1..8/: d;
3]    operate(events,events)/
4]      1,2 1,3 1,4 3,4 2,5 3,5 4,6 5,6 5,8 5,7 7,6 7,7 8,6 8
5]      /: t,x;
6] endsets
7] data:
8]    t = 5 10 11 4 4 0 15 21 35 25 0 15 20;
9]    d = 1 0 0 0 0 0 0 -1;
10] enddata
11] max = @sum(operate: t*x);
12] @for(events(i):
13]    @sum(operate(i,j): x(i,j)) - @sum(operate(j,i): x(j,i))
14]      = d(i);
15] );
END
```

计算得到(只列出非零解):

Objective value: 51.00000

Variable	Value	Reduced Cost
X(1,3)	1.000000	0.000000
X(3,5)	1.000000	0.000000
X(5,6)	1.000000	0.000000

| X(6,8) | 1.000000 | 0.000000 |

即工期需要 51 天,关键路线为 1→3→5→6→8.

从上述计算过程可以看到,在两种 LINGO 程序中,第二个程序在计算最短工期、关键路线时均比第一个程序方便,但在某些情况下,例如,需要优化计划网络时,第一种程序的编写方法可以更好地发挥出其优点.

7.4.3 关键路线与计划网络的优化

例 7.23(关键路线与计划网络的优化) 假设例 7.19 中所列的工程要求在 49 天内完成. 为提前完成工程,有些作业需要加快进度、缩短工期,而加快进度需要额外增加费用. 表 7-10 列出例 7.19 中可缩短工期的所有作业和缩短一天工期额外增加的费用. 现在的问题是,如何安排作业才能使额外增加的总费用最少.

表 7-10 计划完成时间、最短完成时间和增加的费用

作业	(i,j)	计划完成时间/天	最短完成时间/天	缩短 1 天增加的费用/元	作业	(i,j)	计划完成时间/天	最短完成时间/天	缩短 1 天增加的费用/元
B	(1,3)	10	8	700	H	(5,8)	35	30	500
C	(1,4)	11	8	400	I	(5,7)	25	22	300
E	(2,5)	4	3	450	J	(7,8)	15	12	400
G	(5,6)	21	16	600	K	(6,8)	20	16	500

例 7.23 所涉及的问题就是计划网络的优化问题,这时需要压缩关键路径来减少最短工期.

1. 计划网络优化的数学表达式

设 x_i 是事件 i 的开始时间,t_{ij} 是作业 (i,j) 的计划时间,m_{ij} 是完成作业 (i,j) 的最短时间,y_{ij} 是作业 (i,j) 可能减少的时间,因此有

$$x_j - x_i \geq t_{ij} - y_{ij} \quad \text{且} \quad 0 \leq y_{ij} \leq t_{ij} - m_{ij}.$$

设 d 是要求完成的天数,1 为最初事件,n 为最终事件,所以有 $x_n - x_1 \leq d$. 而问题的总目标是使额外增加的费用最小,即目标函数为 $\min \sum_{(i,j) \in \mathscr{A}} c_{ij} y_{ij}$. 由此得到相应的数学规划问题

$$\min \sum_{(i,j) \in \mathscr{A}} c_{ij} y_{ij}; \tag{43}$$

$$\text{s.t.} \quad x_j - x_i + y_{ij} \geq t_{ij}, \quad (i,j) \in \mathscr{A}, \quad i \in \mathscr{V}, \tag{44}$$

$$x_n - x_1 \leq d, \tag{45}$$

$$0 \leq y_{ij} \leq t_{ij} - m_{ij}, \quad (i,j) \in \mathscr{A}, \quad i \in \mathscr{V}, \tag{46}$$

$$x_i \geqslant 0, \quad i \in V. \tag{47}$$

2. 计划网络优化的求解

例 7.24(继例 7.23) 用 LINDO 软件求解例 7.23.

解 按照数学规划问题(43)~(47)编写 LINDO 程序，程序名：exam0724.ltx.

```
min   700 y13 + 400 y14 + 450 y25 + 600 y56 + 300 y57
    + 500 y58 + 500 y68 + 400 y78;
subject to
 2)  x2 - x1          >= 5
 3)  x3 - x1 + y13 >= 10
 4)  x4 - x1 + y14 >= 11
 5)  x5 - x2 + y25 >= 4
 6)  x4 - x3         >= 4
 7)  x5 - x3         >= 0
 8)  x6 - x4         >= 15
 9)  x6 - x5 + y56 >= 21
10)  x7 - x5 + y57 >= 25
11)  x8 - x5 + y58 >= 35
12)  x7 - x6         >= 0
13)  x8 - x6 + y68 >= 20
14)  x8 - x7 + y78 >= 15
15)  x8 - x1 <= 49
end
sub y13 2
sub y14 3
sub y25 1
sub y56 5
sub y57 3
sub y58 5
sub y68 4
sub y78 3
```

LINDO 软件的计算结果如下：

```
LP OPTIMUM FOUND AT STEP    23

        OBJECTIVE FUNCTION VALUE

   1)      1200.000
```

VARIABLE	VALUE	REDUCED COST
Y13	1.000000	0.000000
Y14	0.000000	400.000000
Y25	0.000000	450.000000
Y56	0.000000	100.000000
Y57	0.000000	100.000000
Y58	0.000000	500.000000
Y68	1.000000	0.000000
Y78	0.000000	200.000000
X2	5.000000	0.000000
X1	0.000000	0.000000
X3	9.000000	0.000000
X4	13.000000	0.000000
X5	9.000000	0.000000
X6	30.000000	0.000000
X7	34.000000	0.000000
X8	49.000000	0.000000

ROW	SLACK OR SURPLUS	DUAL PRICES
2)	0.000000	0.000000
3)	0.000000	-700.000000
4)	2.000000	0.000000
5)	0.000000	0.000000
6)	0.000000	0.000000
7)	0.000000	-700.000000
8)	2.000000	0.000000
9)	0.000000	-500.000000
10)	0.000000	-200.000000
11)	5.000000	0.000000
12)	4.000000	0.000000
13)	0.000000	-500.000000
14)	0.000000	-200.000000
15)	0.000000	700.000000

NO. ITERATIONS = 23

作业$(1,3)(B)$压缩1天的工期,作业$(6,8)(K)$压缩1天工期,这样可以在49天完工,需要多花费1200元.

如果需要知道压缩工期后的关键路径,则需要稍复杂一点的计算.

例 7.25(继例 7.23) 用 LINGO 软件求解例 7.23,并求出相应的关键路径、各作业的最早开工时间和最迟开工时间。

解 为了得到作业的最早开工时间,仍在目标函数中加入 $\sum_{i \in V} x_i$,其他处理方法与前面相同。

写出相应的 LINGO 程序,程序名:exam0725.lg4。

```
MODEL:
1] sets:
2]   events/1..8/: x;
3]   operate(events,events)/
4]     ! A B C D E 0 F G H I 0 J K
5]     1,2 1,3 1,4 3,4 2,5 3,5 4,6 5,6 5,8 5,7 6,7 7,8 6,8
6]     /: s,t,m,c,y;
7] endsets
8] data:
9]   t = 5 10 11 4 4 0 15 21 35 25 0 15 20;
10]  m = 5 8 8 4 3 0 15 16 30 22 0 12 16;
11]  c = 0 700 400 0 450 0 0 600 500 300 0 400 500;
12]  d = 49;
13] enddata
14] min = mincost + sumx;
15] mincost = @sum(operate: c * y);
16] sumx = @sum(events: x);
17] @for(operate(i,j): s(i,j) = x(j) - x(i) + y(i,j) - t(i,j));
18] n = @size(events);
19] x(n) - x(1) <= d;
20] @for(operate: @bnd(0,y,t-m));
END
```

计算结果得到(只列出非零解):

Variable	Value	Reduced Cost
MINCOST	1200.000	0.000000
SUMX	149.0000	0.000000
X(2)	5.000000	0.000000
X(3)	9.000000	0.000000
X(4)	13.00000	0.000000
X(5)	9.000000	0.000000
X(6)	30.00000	0.000000
X(7)	34.00000	0.000000

X(8)	49.00000	0.000000
S(1,4)	2.000000	0.000000
S(4,6)	2.000000	0.000000
S(5,8)	5.000000	0.000000
S(6,7)	4.000000	0.000000
Y(1,3)	1.000000	0.000000
Y(6,8)	1.000000	0.000000

计算结果与 LINDO 相同. 作业(1,3)(B)减少 1 天, 作业(6,8)(K)减少 1 天, 最小增加费用为 1200 元.

按照前面的方法, 计算出所有作业的最早开工时间和最迟开工时间, 见表 7-11.

表 7-11 优化后的作业开工时间

作业(i,j)	开工时间	实际完成时间/天	作业(i,j)	开工时间	实际完成时间/天
A (1,2)	[0,0]	5	G (5,6)	[9,9]	21
B (1,3)	[0,0]	9	H (5,8)	[9,14]	35
C (1,4)	[0,4]	11	I (5,7)	[9,9]	25
D (3,4)	[9,12]	4	J (7,8)	[34,34]	15
E (2,5)	[5,6]	4	K (6,8)	[30,30]	19
F (4,6)	[13,15]	15			

当最早开工时间与最迟开工时间相同时, 对应的作业就在关键路线上, 图 7-15 中的粗线表示优化后的关键路线. 从图 7-15 可能看到, 关键路线不止一条.

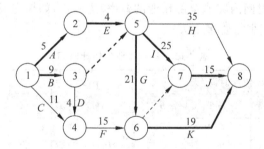

图 7-15 优化后的关键路线图

7.4.4 完成作业期望和实现事件的概率

在例 7.19 中, 每项作业完成的时间均看成固定的, 但在实际应用中, 每一作业的完成会受到一些意外因素的干扰, 一般不可能是完全确定的, 往往只能凭借经验和过去完成类似工作需要的时间进行估计. 通常情况下, 对完成一项作业可以给出三个时间上的估计值:最乐观的估计值(a),最悲观的估计值(b)和最可能的估计值(m).

设 t_{ij} 是完成作业(i,j)的实际时间(是一随机变量),通常用下面的方法计算相应的数学期望与方差.

$$E(t_{ij}) = \frac{a_{ij} + 4m_{ij} + b_{ij}}{6}, \tag{48}$$

$$\mathrm{var}(t_{ij}) = \frac{(b_{ij} - a_{ij})^2}{36}. \tag{49}$$

设 T 为最短工期,即

$$T = \sum_{(i,j) \in \text{关键路线}} t_{ij}. \tag{50}$$

由中心极限定理,可以假设 T 服从正态分布,并且期望值与方差满足

$$\overline{T} = E(T) = \sum_{(i,j) \in \text{关键路线}} E(t_{ij}), \tag{51}$$

$$S^2 = \mathrm{var}(T) = \sum_{(i,j) \in \text{关键路线}} \mathrm{var}(t_{ij}). \tag{52}$$

设规定的工期为 d,则在规定的工期内完成整个项目的概率为

$$P\{T \leqslant d\} = \Phi\left(\frac{d - \overline{T}}{S}\right). \tag{53}$$

@psn(x)是 LINGO 软件提供的标准正态分布函数(见 3.3.7 节),即

$$@\mathrm{psn}(x) = \Phi(x) = \int_{-\infty}^{x} \frac{1}{\sqrt{2\pi}} e^{-t^2/2} dt. \tag{54}$$

例 7.26 已知例 7.19 中各项作业完成的三个估计时间如表 7-12 所示.如果规定时间为 52 天,求在规定时间内完成全部作业的概率.进一步,如果完成全部作业的概率大于等于 95%,那么工期至少需要多少天?

表 7-12 各项作业的估计时间

作业 (i,j)	估计时间/天			作业 (i,j)	估计时间/天		
	a	m	b		a	m	b
A (1,2)	3	5	7	G (5,6)	18	20	28
B (1,3)	8	9	16	H (5,8)	26	33	52
C (1,4)	8	11	14	I (5,7)	18	25	32
D (3,4)	2	4	6	J (7,8)	12	15	18
E (2,5)	3	4	5	K (6,8)	11	21	25
F (4,6)	8	16	18				

解 对于这个问题采用最长路的编写方法较为方便.

按公式(48)和公式(49)计算出各作业的期望值与方差,再由期望时间计算出关键路

线.从而由公式(51)和公式(52)得到关键路线的期望与方差的估计值,再利用分布函数@psn(x),计算出完成作业的概率与完成整个项目的时间.

写出相应的LINGO程序,程序名:exam0726.lg4.

```
MODEL:
1] sets:
2] events/1..8/: d;
3] operate(events,events)/
4]     ! A B C D E F G H I O J K;
5]     1,2 1,3 1,4 3,4 2,5 3,5 4,6 5,6 5,8 5,7 6,7 7,8 6,8
6]     /: a,m,b,et,dt,x;
7] endsets
8] data:
9]    a = 3 8 8 2 3 0 8 18 26 18 0 12 11;
10]   m = 5 9 11 4 4 0 16 20 33 25 0 15 21;
11]   b = 7 16 14 6 5 0 18 28 52 32 0 18 25;
12]   d = 1 0 0 0 0 0 0 -1;
13]   limit = 52;
14] enddata
15] @for(operate:
16]    et = (a+4*m+b)/6;
17]    dt = (b-a)^2/36;
18] );
19] max = Tbar;
20] Tbar = @sum(operate: et*x);
21] @for(events(i):
22]    @sum(operate(i,j): x(i,j)) - @sum(operate(j,i): x(j,i))
23]        = d(i);
24] );
25] S^2 = @sum(operate: dt*x);
26] p = @psn((limit-Tbar)/S);
27] @psn((days-Tbar)/S) = 0.95;
END
```

程序的第20]行计算关键路径的时间数学期望(T),第25]行计算关键路径的时间方差(S^2),第26]行计算在规定时间内完成全部作业的概率(p),第27]行计算以95%的概率完成全部作业的时间(days).

LINGO软件的计算结果(只列出非零解)如下:

Variable	Value	Reduced Cost
TBAR	51.00000	0.000000
S	3.162276	0.000000
P	0.6240861	0.000000
DAYS	56.20148	0.000000

即关键路线的期望时间为 51 天,标准差为 3.16,在 52 天完成全部作业的概率为 62.4%,如果完成全部作业的概率大于等于 95%,那么工期至少需要 56.2 天.

习 题 7

7.1 有两个煤厂 A、B,每月分别进煤不小于 60t、100t,它们担负供应三个居民区用煤任务,这三个居民区每月需用煤分别为 45t、75t 和 40t;A 厂离这三居民区分别是 10km、5km 和 6km,B 厂离这三居民区分别为 4km、8km 和 15km. 问这两煤厂如何分配供煤,才使运量最小?

7.2 已知有 6 个人 $(1,2,3,4,5,6)$,可以做 6 项工作 $(1',2',3',4',5',6')$,每个人做每项工作的效率如表 7-13 所示.

表 7-13

	$1'$	$2'$	$3'$	$4'$	$5'$	$6'$
1	3	5	1	0	0	2
2	6	4	3	2	5	4
3	1	4	2	2	1	2
4	1	2	3	3	4	1
5	2	1	3	2	4	2
6	3	2	5	4	4	6

问:应如何安排每个人的工作,使总工作效率最大?

7.3 在图 7-16 中,A、B 为发点,分别有 50 单位和 40 单位物资往外运,D、E 为收点,分别需要物资 30 单位和 60 单位,C 为中转点,图中括号的第一个数字为弧的容量,第二个数字为单位费用. 求满足上述收发条件的最小费用流.

7.4 求图 7-17 从 v_1 到 v_{11} 的最短路.

7.5 某单位计划购买一台设备在今后 4 年内使用. 可以在第一年初购买该设备,连续使用 4 年,也可以在任何一年末将设备卖掉,于下年初更换新设备. 表 7-14 和表 7-15 给出各年初购置新设备的价格、设备的维护费及卖掉旧设备的回收费. 问如何确定设备的更新策略,使 4 年内的总费用最少?

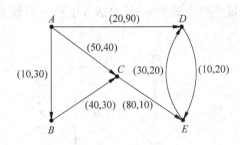

图 7-16

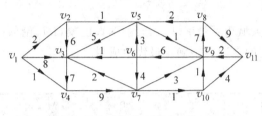

图 7-17

表 7-14 年初设备购置价格

	第 1 年	第 2 年	第 3 年	第 4 年
年初购置价/万元	2.5	2.6	2.8	3.1

表 7-15 设备维护费和设备折旧费

设备役龄	0~1	1~2	2~3	3~4
年维护费/万元	0.3	0.5	0.8	1.2
年末处理回收费/万元	2.0	1.6	1.3	1.1

7.6 求下列网络的最大流(见图7-18).

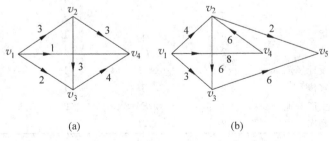

图 7-18

7.7 求下列网络的最小费用最大流,其中括号中第一个数字是容量,第二个数字是单位费用(见图 7-19).

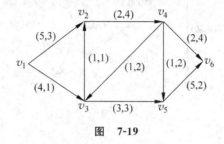

图 7-19

7.8 已知世界六大城市:北京(B)、纽约(N)、巴黎(P)、伦敦(L)、东京(T)、墨西哥(M).试由表 7-16 确定的交通网络确定最优生成树.

表 7-16   单位:百英里

城市	B	T	P	M	N	L
B	—	13	51	77	68	50
T	13	—	60	70	67	59
P	51	60	—	57	36	2
M	77	70	57	—	20	55
N	68	67	36	20	—	34
L	50	59	2	55	34	—

7.9 已知世界六大城市:北京(B)、纽约(N)、巴黎(P)、伦敦(L)、东京(T)、墨西哥(M).试由表 7-16 确定的交通网络确定最优 Hamilton 回路.

7.10 某公司计划推出一种新型产品,需要完成的作业由表 7-17 所示.

表 7-17

作业	名称	计划完成时间/周	紧前作业	最短完成时间/周	缩短1周的费用/元
A	设计产品	6	—	4	800
B	市场调查	5	—	3	600
C	原材料订货	3	A	1	300
D	原材料收购	2	C	1	600
E	建立产品设计规范	3	A,D	1	400
F	产品广告宣传	2	B	1	300
G	建立产品生产基地	4	E	2	200
H	产品运输到库	2	G,F	2	—

(1) 画出产品的计划网络图；

(2) 求完成新产品的最短时间，列出各项作业的最早开始时间、最迟开始时间和计划网络的关键路线；

(3) 假定现在距春节还有 12 周，公司计划在春节期间推出该产品，各项作业的最短时间和缩短 1 周的费用如上表所示，求产品在春节上市的最小费用；

(4) 如果各项作业的完成时间并不能完全确定，而是根据以往的经验估计出来的，其估计值如表 7-18 所示. 试计算出产品在 21 周内上市的概率和以 95% 的概率完成新产品上市所需的周数.

表 7-18　　　　　　　　　　　　　　　　　　　　　　　　　　　　　　　　　　　周

作　业	A	B	C	D	E	F	G	H
最乐观的估计	2	4	2	1	1	3	2	0
最可能的估计	6	5	3	2	3	4	4	2
最悲观的估计	10	6	4	3	5	5	6	4

第8章 目标规划模型

目标规划(goal programming)是由线性规划发展演变而来的.线性规划考虑的是只有一个目标函数的问题,而实际问题中往往需要考虑多个目标函数,这些目标不仅有主次关系,而且有的还相互矛盾.这些问题用线性规划求解就比较困难,因而提出了目标规划.

目标规划的有关概念和模型是由美国学者 A. Charnes 和 W. W. Cooper 在 1961 年合著的《Management Models and Industrial Applications of Linear Programming》一书中提出来的,后经众多学者的努力,发展到现在的形式.

这里所讨论的目标规划实质上是线性目标规划.

8.1 线性规划与目标规划

为了进一步了解目标规划的特点和性质,下面对同一问题分别考虑线性规划建模和目标规划建模.

8.1.1 线性规划建模与目标规划建模

例 8.1(生产安排问题) 某企业生产甲、乙两种产品,需要用到 A,B,C 三种设备,关于产品的盈利与使用设备的工时及限制如表 8-1 所示.问:该企业应如何安排生产,使得在计划期内总利润最大?

表 8-1 生产产品使用设备的工时、限制和产品的盈利

	甲	乙	设备的生产能力/h
A/(h/件)	2	2	12
B/(h/件)	4	0	16
C/(h/件)	0	5	15
盈利/(元/件)	200	300	

1. 线性规划建模

例 8.1 是一个线性规划问题,直接考虑它的线性规划模型.

设甲、乙产品的产量分别为 x_1, x_2,建立线性规划模型:

$$\max \quad z = 200x_1 + 300x_2;$$

$$\text{s.t.} \quad 2x_1 + 2x_2 \leqslant 12,$$
$$4x_1 \leqslant 16,$$
$$5x_2 \leqslant 15,$$
$$x_1, x_2 \geqslant 0.$$

用 LINDO 或 LINGO 软件求解,得到最优解 $x_1=3, x_2=3, z^*=1500$.

2. 目标规划建模

企业的经营目标不仅仅是利润,还需要考虑多个方面. 例如在例 8.1 中,增加下列因素(目标):

(1) 力求使利润指标不低于 1500 元;

(2) 考虑到市场需求,甲、乙两种产品的产量比应尽量保持 1:2;

(3) 设备 A 为贵重设备,严格禁止超时使用;

(4) 设备 C 可以适当加班,但要控制;设备 B 即要求充分利用,又尽可能不加班. 在重要性上,设备 B 是设备 C 的 3 倍.

从上述问题可以看出,仅用线性规划方法是不够的,需要借助于目标规划的方法进行建模求解.

8.1.2 线性规划建模的局限性

例 8.2(汽车广告费问题) 某汽车销售公司委托一个广告公司在电视上为其做广告. 汽车销售公司提出三个目标:

第一个目标,至少有 40 万高收入的男性公民(记为 HIM)看到这个广告;

第二个目标,至少有 60 万一般收入的公民(记为 LIP)看到这个广告;

第三个目标,至少有 35 万高收入的女性公民(记为 HIW)看到这个广告.

广告公司可以从电视台购买两种类型的广告展播:足球赛中插播广告和电视系列剧中插播广告. 广告公司最多花费 60 万元的电视广告费. 每一类广告展播每分钟的花费及潜在的观众人数如表 8-2 所示. 广告公司必须决定为汽车销售公司购买两种类型的电视广告展播各多少分钟?

表 8-2 广告展播的花费及潜在的观众人数

	HIM	LIP	HIW	费用/(万元/min)
足球赛中插播/(万人/min)	7	10	5	10
系列剧中插播(万人/min)	3	5	4	6

1. 线性规划建模

对于例 8.2 考虑建立线性规划建模.

设 x_1, x_2 分别是足球赛和系列剧中插播的分钟数,按照要求,列出相应的线性规划问题.

$$\begin{align}
\min \quad & 0x_1 + 0x_2;(可以任意目标) \tag{1}\\
\text{s.t.} \quad & 10x_1 + 6x_2 \leqslant 60,(广告费约束) \tag{2}\\
& 7x_1 + 3x_2 \geqslant 40,(\text{HIM} 约束) \tag{3}\\
& 10x_1 + 5x_2 \geqslant 60,(\text{LIP} 约束) \tag{4}\\
& 5x_1 + 4x_2 \geqslant 35,(\text{HIW} 约束) \tag{5}\\
& x_1, x_2 \geqslant 0. \tag{6}
\end{align}$$

用 LINDO 或 LINGO 软件求解,会发现该问题不可行.

2. 线性规划建模的局限性

通过上述两个例子可以看出,在求解问题中,线性规划模型存在很大的局限性.

(1) 线性规划要求所求解的问题必须满足全部的约束,而实际问题中并非所有约束都需要严格的满足;

(2) 线性规划只能处理单目标的优化问题,而对一些次目标只能转化为约束处理. 而在实际问题中,目标和约束是可以相互转化的,处理时不一定要严格区分;

(3) 线性规划在处理问题时,将各个约束(也可看做目标)的地位看成同等重要,而在实际问题中,各个目标的重要性即有层次上的差别,也有在同一层次上不同权重的差别;

(4) 线性规划寻找最优解,而许多实际问题只需要找到满意解就可以了.

8.2 目标规划的数学模型

8.2.1 目标规划的基本概念

为了克服线性规划的局限性,目标规划采用如下手段.

1. 设置偏差变量

用偏差变量(deviational variables)来表示实际值与目标值之间的差异,令 d^+ 为超出目标的差值,称为正偏差变量;d^- 为未达到目标的差值,称为负偏差变量. 其中 d^+ 与 d^- 至少有一个为 0. 当实际值超过目标值时,有 $d^- = 0, d^+ > 0$;当实际值未达到目标值时,有 $d^+ = 0, d^- > 0$;当实际值与目标值一致时,有 $d^- = d^+ = 0$.

2. 统一处理目标与约束

在目标规划中,约束有两类. 一类是对资源有严格限制的,同线性规划的处理相同,用严格的等式或不等式约束来处理,例如,用目标规划求解例 8.1,设备 A 禁止超时使用,则有刚性约束(hard constraint):

$$2x_1 + 2x_2 \leqslant 12.$$

另一类约束是可以不严格限制的,连同原线性规划的目标,构成柔性约束(soft constraint).例如,在求解例 8.1 中,我们希望利润不低于 1500 元,则目标可表示为

$$\begin{cases} \min\{d^-\}; \\ 200x_1 + 300x_2 + d^- - d^+ = 1500. \end{cases}$$

甲、乙两种产品的产量尽量保持 1:2 的比例,则目标可表示为

$$\begin{cases} \min\{d^+ + d^-\}; \\ 2x_1 - x_2 + d^- - d^+ = 0. \end{cases}$$

设备 C 可以适当加班,但要控制,则目标可表示为

$$\begin{cases} \min\{d^+\}; \\ 5x_2 + d^- - d^+ = 15. \end{cases}$$

设备 B 即要求充分利用,又尽可能不加班,则目标可表示为

$$\begin{cases} \min\{d^+ + d^-\}; \\ 4x_1 + d^- - d^+ = 16. \end{cases}$$

从上面的分析可以看到,如果希望不等式保持大于等于,则极小化负偏差;如果希望不等式保持小于等于,则极小化正偏差;如果希望保持等式,则同时极小化正、负偏差.

3. 目标的优先级与权系数

在目标规划模型中,目标的优先分为两个层次.第一个层次是目标分成不同的优先级,在计算目标规划时,必须先优化高优先级的目标,然后再优化低优先级的目标.通常以 $P_1, P_2, \cdots$ 表示不同的因子,并规定 $P_k \gg P_{k+1}$.第二个层次是目标处于同一优先级,但两个目标的权重不一样,因此两目标同时优化,但用权系数的大小来表示目标重要性的差别.

8.2.2 目标规划模型的建立

总的来讲,目标规划在建模中,除刚性约束必须严格满足外,对所有目标约束均允许有偏差.其求解过程要从高到低逐层优化,在不增加高层次目标的偏差值的情况下,逐次使低层次的偏差达到极小.

例 8.3 用目标规划方法求解例 8.1,建立相应的目标规划模型.

解 在例 8.1 中设备 A 是刚性约束,其余是柔性约束.首先,最重要的指标是企业的利润,因此,将它的优先级列为第一级;其次,甲、乙两种产品的产量保持 1:2 的比例,列为第二级;再次,设备 C,B 的工作时间要有所控制,列为第三级.在第三级中,设备 B 的重要性是设备 C 的三倍,因此,它们的权重不一样,设备 B 前的系数是设备 C 前系数的 3 倍.由此得到相应的目标规划模型.

$$\min \quad z = P_1 d_1^- + P_2(d_2^+ + d_2^-) + P_3(3d_3^- + 3d_3^- + d_4^+); \tag{7}$$

$$\text{s.t.} \quad 2x_1 + 2x_2 \leqslant 12, \tag{8}$$

$$200x_1 + 300x_2 + d_1^- - d_1^+ = 1500, \tag{9}$$

$$2x_1 - x_2 + d_2^- - d_2^+ = 0, \tag{10}$$

$$4x_1 + d_3^- - d_3^+ = 16, \tag{11}$$

$$5x_2 + d_4^- - d_4^+ = 15, \tag{12}$$

$$x_1, x_2, d_i^-, d_i^+ \geqslant 0, i = 1, 2, 3, 4. \tag{13}$$

通过上述实例,可以给出目标规划的一般数学表达式.

8.2.3 目标规划的一般模型

设 $x_j(j=1,2,\cdots,n)$ 是目标规划的决策变量,共有 m 个约束是刚性约束,可能是等式约束,也可能是不等式约束. 设有 l 个柔性目标约束,其目标规划约束的偏差为 $d_i^+, d_i^-(i=1,2,\cdots,l)$. 设有 q 个优先级别,分别 $P_1, P_2, \cdots, P_q$. 在同一个优先级 P_k 中,有不同的权重,分别记为 $w_{kj}^+, w_{kj}^-(j=1,2,\cdots,l)$. 因此目标规划模型的一般数学表达式为

$$\min \quad z = \sum_{k=1}^{q} P_k \sum_{j=1}^{l}(w_{kj}^- d_j^- + w_{kj}^+ d_j^+); \tag{14}$$

$$\text{s.t.} \quad \sum_{j=1}^{n} a_{ij} x_j \leqslant (=, \geqslant) b_i, \quad i = 1, 2, \cdots, m, \tag{15}$$

$$\sum_{j=1}^{n} c_{ij} x_j + d_i^- - d_i^+ = g_i, \quad i = 1, 2, \cdots, l, \tag{16}$$

$$x_j \geqslant 0, \quad j = 1, 2, \cdots, n, \tag{17}$$

$$d_i^-, d_i^+ \geqslant 0, \quad i = 1, 2, \cdots, l. \tag{18}$$

8.2.4 求解目标规划的序贯式算法

序贯式算法是求解目标规划的一种早期算法,其核心是根据优先级的先后次序,将目标规划问题分解成一系列的单目标规划问题,然后再依次求解.

算法 8.1 (求解目标规划的序贯算法)

对于 $k=1,2,\cdots,q$,求解单目标问题

$$\min \quad z_k = \sum_{j=1}^{l}(w_{kj}^- d_j^- + w_{kj}^+ d_j^+); \tag{19}$$

$$\text{s.t.} \quad \sum_{j=1}^{n} a_{ij} x_j \leqslant (=, \geqslant) b_i, \quad i = 1, 2, \cdots, m, \tag{20}$$

$$\sum_{j=1}^{n} c_{ij} x_j + d_i^- - d_i^+ = g_i, \quad i = 1, 2, \cdots, l, \tag{21}$$

8.2 目标规划的数学模型

$$\sum_{j=1}^{l}(w_{sj}^{-}d_{j}^{-}+w_{sj}^{+}d_{j}^{+}) \leqslant z_{s}^{*}, \quad s=1,2,\cdots,k-1, \tag{22}$$

$$x_j \geqslant 0, \quad j=1,2,\cdots,n, \tag{23}$$

$$d_i^-, d_i^+ \geqslant 0, \quad i=1,2,\cdots,l. \tag{24}$$

其最优目标值为 z_k^*,当 $k=1$ 时,约束(22)为空约束. 当 $k=q$ 时, z_q^* 所对应的解 x^* 为目标规划的最优解.

注 此时最优解的概念与线性规划最优解的概念已有所不同,但为方便起见,仍称为最优解.

例 8.4 用算法 8.1 求解例 8.3.

解 因为每个单目标问题都是一个线性规划问题,因此,可以采用 LINDO 软件进行求解.

按照算法 8.1 和数学规划规划问题(7)~(13)编写单个的线性规划问题. 因为 LINDO 程序本身就是线性规划模型,因此这里直接列出相应的 LINDO 程序和计算结果.

求第一级目标. 列出 LINDO 程序,程序名：exam0804a.ltx.

```
MIN DMINUS1
SUBJECT TO
    2X1 +    2X2                          <= 12
  200X1 +  300X2 - DPLUS1 + DMINUS1 = 1500
    2X1 -     X2 - DPLUS2 + DMINUS2 = 0
    4X1         - DPLUS3 + DMINUS3 = 16
             5X2 - DPLUS4 + DMINUS4 = 15
END
```

计算结果如下：

```
LP OPTIMUM FOUND AT STEP      5

        OBJECTIVE FUNCTION VALUE

    1)    0.0000000E+00

    VARIABLE        VALUE         REDUCED COST
    DMINUS1       0.000000          1.000000
         X1       3.000000          0.000000
         X2       3.000000          0.000000
    DPLUS1       0.000000          0.000000
```

DPLUS2	3.000000	0.000000
DMINUS2	0.000000	0.000000
DPLUS3	0.000000	0.000000
DMINUS3	4.000000	0.000000
DPLUS4	0.000000	0.000000
DMINUS4	0.000000	0.000000

ROW	SLACK OR SURPLUS	DUAL PRICES
2)	0.000000	0.000000
3)	0.000000	0.000000
4)	0.000000	0.000000
5)	0.000000	0.000000
6)	0.000000	0.000000

NO. ITERATIONS =   5

目标函数的最优值为 0,即第一级偏差为 0.

求第二级目标.列出 LINDO 程序,程序名:exam0804b.ltx.

```
MIN DPLUS2 + DMINUS2
SUBJECT TO
   2X1 +   2X2                           <= 12
 200X1 + 300X2 - DPLUS1 + DMINUS1 = 1500
   2X1 -    X2 - DPLUS2 + DMINUS2 = 0
   4X1        - DPLUS3 + DMINUS3 = 16
           5X2 - DPLUS4 + DMINUS4 = 15
                       DMINUS1 = 0
END
```

计算结果如下:

LP OPTIMUM FOUND AT STEP   2

　　　OBJECTIVE FUNCTION VALUE

   1)   0.0000000E+00

VARIABLE	VALUE	REDUCED COST
DPLUS2	0.000000	1.000000
DMINUS2	0.000000	1.000000
X1	1.875000	0.000000
X2	3.750000	0.000000

DPLUS1	0.000000	0.000000
DMINUS1	0.000000	0.000000
DPLUS3	0.000000	0.000000
DMINUS3	8.500000	0.000000
DPLUS4	3.750000	0.000000
DMINUS4	0.000000	0.000000

ROW	SLACK OR SURPLUS	DUAL PRICES
2)	0.750000	0.000000
3)	0.000000	0.000000
4)	0.000000	0.000000
5)	0.000000	0.000000
6)	0.000000	0.000000
7)	0.000000	0.000000

NO. ITERATIONS =　　　2

目标函数的最优值仍为 0，即第二级的偏差仍为 0.

求第三级目标. 列出 LINDO 程序，程序名：exam0804c.ltx.

```
MIN 3DPLUS3 + 3DMINUS3 + DPLUS4
SUBJECT TO
    2X1 +    2X2                            <= 12
  200X1 + 300X2 - DPLUS1 + DMINUS1 = 1500
    2X1 -     X2 - DPLUS2 + DMINUS2 = 0
    4X1          - DPLUS3 + DMINUS3 = 16
           5X2   - DPLUS4 + DMINUS4 = 15
                   DMINUS1 = 0
           DPLUS2 + DMINUS2 = 0
END
```

计算结果如下：

LP OPTIMUM FOUND AT STEP   2

　　　OBJECTIVE FUNCTION VALUE

　1)　　29.00000

VARIABLE	VALUE	REDUCED COST
DPLUS3	0.000000	6.000000
DMINUS3	8.000000	0.000000

DPLUS4	5.000000	0.000000
X1	2.000000	0.000000
X2	4.000000	0.000000
DPLUS1	100.000000	0.000000
DMINUS1	0.000000	0.000000
DPLUS2	0.000000	0.000000
DMINUS2	0.000000	11.333333
DMINUS4	0.000000	1.000000

ROW	SLACK OR SURPLUS	DUAL PRICES
2)	0.000000	0.333333
3)	0.000000	0.000000
4)	0.000000	5.666667
5)	0.000000	-3.000000
6)	0.000000	1.000000
7)	0.000000	0.000000
8)	0.000000	5.666667

NO. ITERATIONS =   2

目标函数的最优值为 29，即第三级偏差为 29．

分析计算结果，X1 为 2，X2 为 4，DPLUS1 为 100，因此，目标规划的最优解为 $x^* = (2,4)$，最优利润为 1600．

上述过程虽然给出了目标规划问题的最优解，但需要连续编几个程序，这样在使用时不方便，下面用 LINGO 软件，编写一个通用程序，在程序中用到数据段未知数据的编程方法．

例 8.5（继例 8.4） 按照算法 8.1 编写求解例 8.3 的 LINGO 程序，给出相应的计算结果，并将计算结果与 LINDO 软件的计算结果相比较．

解 按照算法 8.1 编写 LINGO 程序，程序名：exam0805.lg4．

```
MODEL:
1] sets:
2]   Level/1..3/: P,z,Goal;
3]   Variable/1..2/: x;
4]   H_Con_Num/1..1/: b;
5]   S_Con_Num/1..4/: g,dplus,dminus;
6]   H_Cons(H_Con_Num,Variable): A;
7]   S_Cons(S_Con_Num,Variable): C;
8]   Obj(Level,S_Con_Num): Wplus,Wminus;
```

```
 9] endsets
10] data:
11]   P = ? ? ?;
12]   Goal = ? ? 0;
13]   b = 12;
14]   g = 1500 0 16 15;
15]   A = 2 2;
16]   C = 200 300 2 -1 4 0 0 5;
17]   Wplus = 0 0 0 0
18]           0 1 0 0
19]           0 0 3 1;
20]   Wminus = 1 0 0 0
21]            0 1 0 0
22]            0 0 3 0;
23] enddata
24]
25] min = @sum(Level: P * z);
26] @for(Level(i):
27]   z(i) = @sum(S_Con_Num(j): Wplus(i,j) * dplus(j))
28]        + @sum(S_Con_Num(j): Wminus(i,j) * dminus(j)));
29] @for(H_Con_Num(i):
30]   @sum(Variable(j): A(i,j) * x(j)) <= b(i));
31] @for(S_Con_Num(i):
32]   @sum(Variable(j): C(i,j) * x(j))
33]       + dminus(i) - dplus(i) = g(i);
34] );
35] @for(Level(i) | i #lt# @size(Level):
36]   @bnd(0,z(i),Goal(i));
37] );
END
```

在程序中，Level 说明的是目标规划的优先级，有三个变量 P, z 和 Goal，其中 P 表示优先级，Goal 表示相应优先级时的最优目标值. 程序的 11] 行和 12] 行表示将根据计算过程给出它们相应的值.

下面用 LINGO 软件求解该问题. 当程序运行时，会出现一个对话框，如图 8-1 所示.

在做第一级目标计算时，P(1), P(2), P(3) 分别输入 1, 0, 0, Goal(1) 和 Goal(2) 输入两个较大的值，表明这两项约束不起作用. 计算结果如下（只列出相关结果）：

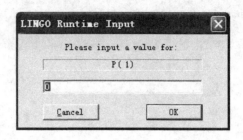

图 8-1　LINGO 的实时参数窗口

```
Global optimal solution found at iteration:     6
Objective value:                         0.000000
```

Variable	Value	Reduced Cost
P(1)	1.000000	0.000000
P(2)	0.000000	0.000000
P(3)	0.000000	0.000000
Z(1)	0.000000	1.000000
Z(2)	5.000000	0.000000
Z(3)	58.00000	0.000000
X(1)	0.000000	0.000000
X(2)	5.000000	0.000000

第一级的最优偏差为 0,进行第二轮计算.

在第二级目标的运算中,P(1),P(2),P(3) 分别输入 0,1,0. 由于第一级的偏差为 0,因此 Goal(1) 的输入值为 0,Goal(2) 输入一个较大的值. 计算结果如下(只列出相关结果):

```
Global optimal solution found at iteration:     6
Objective value:                         0.000000
```

Variable	Value	Reduced Cost
P(1)	0.000000	0.000000
P(2)	1.000000	0.000000
P(3)	0.000000	0.000000
Z(1)	0.000000	0.000000
Z(2)	0.000000	1.000000
Z(3)	29.25000	0.000000
GOAL(1)	0.000000	0.000000
X(1)	1.875000	0.000000

X(2)	3.750000	0.000000

第二级的最优偏差仍为 0,进行第三级计算.

在第三级的计算中,P(1),P(2),P(3)分别输入 0,0,1. 由于第一级、第二级的偏差均是 0,因此,Goal(1)和 Goal(2)的输入值也均是 0. 计算结果如下(只列出相关结果):

```
Global optimal solution found at iteration:    5
Objective value:                        29.00000
```

Variable	Value	Reduced Cost
P(1)	0.000000	0.000000
P(2)	0.000000	0.000000
P(3)	1.000000	0.000000
Z(1)	0.000000	0.000000
Z(2)	0.000000	−5.666667
Z(3)	29.00000	0.000000
GOAL(1)	0.000000	0.000000
GOAL(2)	0.000000	0.000000
X(1)	2.000000	0.000000
X(2)	4.000000	0.000000
DPLUS(1)	100.000	0.000000
DPLUS(4)	5.000000	0.000000
DMINUS(3)	8.000000	0.000000

最终结果是：$x_1=2, x_2=4$,最优利润是 1600 元,第三级的最优偏差为 29.

比较 LINGO 和 LINDO 软件的全部计算过程,细心的读者会发现,尽管两个程序的最终计算结果是相同的,但中间计算结果有时确实是不同的. 如在第一级的计算中,LINDO 的计算结果是 $x=(3,3)$,而 LINGO 的计算结果是 $x=(0,5)$. 为什么呢？这是因为当线性规划问题有无穷多个最优解时,LINDO 或 LINGO 软件只给出一个最优解. 由于线性规划的任一最优解均是全局解,因此,无论任何解,其最优目标函数值是相同的.

8.3 目标规划模型的实例

前面介绍了目标规划的求解方法,这里再介绍几个目标规划模型的实例,帮助我们进一步了解目标规划模型的建立和求解过程.

由于选用 LINGO 软件求解目标规划较为方便,因此在下面的求解过程中,所用的软件均是 LINGO 软件. 如果读者对 LINDO 软件的编程方法感兴趣,可按照 8.2 节介绍的方法编写 LINDO 程序.

例 8.6 某音像商店有 5 名全职售货员和 4 名兼职售货员.全职售货员每月工作 160h,兼职售货员每月工作 80h.根据过去的工作记录,全职售货员每小时销售 CD 25 张,平均每小时工资 15 元,加班工资每小时 22.5 元.兼职售货员每小时销售 CD 10 张,平均工资每小时 10 元,加班工资每小时 10 元.现在预测下月 CD 销售量为 27500 张,商店每周开门营业 6 天,所以可能要加班.每出售一张 CD 盈利 1.5 元.

商店经理认为,保持稳定的就业水平加上必要的加班,比不加班但就业水平不稳定要好.但全职售货员如果加班过多,就会因为疲劳过度而造成效率下降,因此不允许每月加班超过 100h.建立相应的目标规划模型,并运用 LINGO 软件求解.

解 首先,建立目标约束的优先级.

P_1:下月的 CD 销售量达到 27500 张.

P_2:限制全职售货员加班时间不超过 100h.

P_3:保持全体售货员充分就业.因为充分工作是良好劳资关系的重要因素,但对全职售货员要比兼职售货员加倍优先考虑.

P_4:尽量减少加班时间.但对两种售货员区别对待,优先权因子由他们对利润的贡献而定.

第二,建立目标约束.

(1) 销售目标约束.设

x_1:全体全职售货员下月的工作时间;

x_2:全体兼职售货员下月的工作时间;

d_1^-:达不到销售目标的偏差;

d_1^+:超过销售目标的偏差.

希望下月的销售量超过 27500 张 CD 片,因此销售目标为

$$\begin{cases} \min \ \{d_1^-\}; \\ 25x_1 + 10x_2 + d_1^- - d_1^+ = 27500. \end{cases} \tag{25}$$

(2) 正常工作时间约束.设

d_2^-:全体全职售货员下月的停工时间;

d_2^+:全体全职售货员下月的加班时间;

d_3^-:全体兼职售货员下月的停工时间;

d_3^+:全体兼职售货员下月的加班时间.

由于希望保持全体售货员充分就业,同时加倍优行考虑全职售货员,因此工作目标约束为

$$\begin{cases} \min \ \{2d_2^- + d_3^-\}; \\ x_1 + d_2^- - d_2^+ = 800, \\ x_2 + d_3^- - d_3^+ = 320. \end{cases} \tag{26}$$

(3) 加班时间的限制. 设

d_4^-: 全体全职售货员下月加班不足 100h 的偏差;

d_4^+: 全体全职售货员下月加班超过 100h 的偏差.

限制全职售货员加班时间不超过 100h, 将加班约束看成正常班约束, 不同的是右端加上 100h, 因此加班目标约束为

$$\begin{cases} \min \ \{d_4^+\}; \\ x_1 + d_4^- - d_4^+ = 900. \end{cases} \tag{27}$$

另外, 全职售货员加班 1h, 商店得到的利润为 15 元($25 \times 1.5 - 22.5 = 15$), 兼职售货员加班 1h, 商店得到的利润为 5 元($10 \times 1.5 - 10 = 5$), 因此加班 1h 全职售货员获得的利润是兼职售货员的 3 倍, 故权因子之比为

$$d_2^+ : d_3^+ = 1 : 3,$$

所以, 另一个加班目标约束为

$$\begin{cases} \min \ \{d_2^+ + 3d_3^+\}; \\ x_1 + d_2^- - d_2^+ = 800, \\ x_2 + d_3^- - d_3^+ = 320. \end{cases} \tag{28}$$

第三, 按目标的优先级, 写出相应的目标规划模型:

$$\min \quad z = P_1 d_1^- + P_2 d_5^+ + P_3(2d_2^- + d_3^-) + P_4(d_2^+ + 3d_3^+); \tag{29}$$

$$\text{s. t.} \quad 25x_1 + 10x_2 + d_1^- - d_1^+ = 27500, \tag{30}$$

$$x_1 + d_2^- - d_2^+ = 800, \tag{31}$$

$$x_2 + d_3^- - d_3^+ = 320, \tag{32}$$

$$x_1 + d_4^- - d_4^+ = 900, \tag{33}$$

$$x_1, x_2, d_i^-, d_i^+ \geqslant 0, i = 1, 2, 3, 4. \tag{34}$$

第四, 写出相应的 LINGO 程序, 程序名: exam0806.lg4.

```
1] MODEL:
1] sets:
2]   Level/1..4/: P,z,Goal;
3]   Variable/1..2/: x;
4]   S_Con_Num/1..4/: g,dplus,dminus;
5]   S_Cons(S_Con_Num,Variable): C;
6]   Obj(Level,S_Con_Num): Wplus,Wminus;
7] endsets
8] data:
9]   P = ?,?,?,?;
10]  Goal = ?,?,?,0;
11]  g = 27500 800 320 900;
```

```
12]    C = 25 10 1 0 0 1 1 0;
13]    Wplus = 0 0 0 0
14]            0 0 0 1
15]            0 0 0 0
16]            0 1 3 0;
17]    Wminus = 1 0 0 0
18]             0 0 0 0
19]             0 2 1 0
20]             0 0 0 0;
21] enddata
22]
23] min = @sum(Level: P * z);
24] @for(Level(i):
25]    z(i) = @sum(S_Con_Num(j): Wplus(i,j) * dplus(j))
26]         + @sum(S_Con_Num(j): Wminus(i,j) * dminus(j)));
27] @for(S_Con_Num(i):
28]    @sum(Variable(j): C(i,j) * x(j))
29]         + dminus(i) - dplus(i) = g(i);
30] );
31] @for(Level(i) | i #lt# @size(Level):
32]    @bnd(0,z(i),Goal(i));
33] );
END
```

第一级的计算结果(只列出相关变量):

Global optimal solution found at iteration: 8
Objective value: 0.000000

Variable	Value	Reduced Cost
X(1)	800.0000	0.000000
X(2)	750.0000	0.000000

第二级的计算结果(只列出相关变量):

Global optimal solution found at iteration: 8
Objective value: 0.000000

Variable	Value	Reduced Cost
X(1)	800.0000	0.000000
X(2)	750.0000	0.000000

第三级的计算结果(只列出相关变量):

```
Global optimal solution found at iteration:    1
Objective value:                        0.000000

        Variable         Value       Reduced Cost
         X(1)          900.0000        0.000000
         X(2)          500.0000        0.000000
```

第四级的计算结果(只列出相关变量):

```
Global optimal solution found at iteration:    3
Objective value:                      640.0000

        Variable         Value       Reduced Cost
         X(1)          900.0000        0.000000
         X(2)          500.0000        0.000000
```

全职售货员总工作时间为 900h(加班 100h),兼职售货员总工作时间 500h(加班 180h),下月共销售 CD 盘 27500 张,商店共获得利润

$$27500 \times 1.5 - 800 \times 15 - 100 \times 22.5 - 500 \times 10 = 22000(元).$$

例 8.7 某计算机公司生产三种型号的笔记本电脑 A,B,C. 这三种笔记本电脑需要在复杂的装配线上生产,生产 1 台 A,B,C 型号的笔记本电脑分别需要 $5,8,12(h)$. 公司装配线正常的生产时间是每月 1700h. 公司营业部门估计 A,B,C 三种笔记本电脑的利润分别是每台 $1000,1440,2520(元)$,而公司预测这个月生产的笔记本电脑能够全部售出. 公司经理考虑以下目标.

第一目标:充分利用正常的生产能力,避免开工不足;

第二目标:优先满足老客户的需求,A,B,C 三种型号的电脑 $50,50,80$(台),同时根据三种电脑的纯利润分配不同的权因子;

第三目标:限制装配线加班时间,最好不超过 200h;

第四目标:满足各种型号电脑的销售目标,A,B,C 型号分别为 $100,120,100$(台),再根据三种电脑的纯利润分配不同的权因子;

第五目标:装配线的加班时间尽可能少.

请列出相应的目标规划模型,并用 LINGO 软件求解.

解 建立目标约束.

(1) 装配线正常生产

设生产 A,B,C 型号的电脑为 x_1,x_2,x_3(台),d_1^- 为装配线正常生产时间未利用数,d_1^+ 为装配线加班时间,希望装配线正常生产,避免开工不足,因此装配线目标约束为

$$\begin{cases} \min \ \{d_1^-\}; \\ 5x_1 + 8x_2 + 12x_3 + d_1^- - d_1^+ = 1700. \end{cases} \tag{35}$$

(2) 销售目标

优先满足老客户的需求. 并根据三种电脑的纯利润分配不同的权因子, A,B,C 三种型号的电脑每小时的利润是 $\frac{1000}{5}, \frac{1440}{8}, \frac{2520}{12}$, 因此, 老客户的销售目标约束为

$$\begin{cases} \min \ \{20\,d_2^- + 18\,d_3^- + 21\,d_4^-\}; \\ x_1 + d_2^- - d_2^+ = 50, \\ x_2 + d_3^- - d_3^+ = 50, \\ x_3 + d_4^- - d_4^+ = 80. \end{cases} \tag{36}$$

再考虑一般销售. 类似上面的讨论,得到

$$\begin{cases} \min \ \{20\,d_5^- + 18\,d_6^- + 21\,d_7^-\}; \\ x_1 + d_5^- - d_5^+ = 100, \\ x_2 + d_6^- - d_6^+ = 120, \\ x_3 + d_7^- - d_7^+ = 100. \end{cases} \tag{37}$$

(3) 加班限制

首先是限制装配线加班时间,不允许超过 200h, 因此得到

$$\begin{cases} \min \ \{d_8^+\}; \\ 5x_1 + 8x_2 + 12x_3 + d_8^- - d_8^+ = 1900. \end{cases} \tag{38}$$

其次装配线的加班时间尽可能少,即

$$\begin{cases} \min \ \{d_1^+\}; \\ 5x_1 + 8x_2 + 12x_3 + d_1^- - d_1^+ = 1700. \end{cases} \tag{39}$$

写出目标规划的数学模型:

$$\begin{aligned}
\min \quad z &= P_1 d_1^- + P_2(20 d_2^- + 18 d_3^- + 21 d_4^-) + P_3 d_8^+ \\
&\quad + P_4(20\,d_5^- + 18\,d_6^- + 21\,d_7^-) + P_5 d_1^+;
\end{aligned} \tag{40}$$

$$\begin{aligned}
\text{s. t.} \quad & 5x_1 + 8x_2 + 12x_3 + d_1^- - d_1^+ = 1700, &&(41)\\
& x_1 + d_2^- - d_2^+ = 50, &&(42)\\
& x_2 + d_3^- - d_3^+ = 50, &&(43)\\
& x_3 + d_4^- - d_4^+ = 80, &&(44)\\
& x_1 + d_5^- - d_5^+ = 100, &&(45)\\
& x_2 + d_6^- - d_6^+ = 120, &&(46)\\
& x_3 + d_7^- - d_7^+ = 100, &&(47)\\
& 5x_1 + 8x_2 + 12x_3 + d_8^- - d_8^+ = 1900, &&(48)\\
& x_1, x_2, d_i^-, d_i^+ \geqslant 0, \quad i = 1, 2, \cdots, 8. &&(49)
\end{aligned}$$

8.3 目标规划模型的实例

写出相应的 LINGO 程序,程序名:exam0807.lg4.

```
MODEL:
 1] sets:
 2]   Level/1..5/: P,z,Goal;
 3]   Variable/1..3/: x;
 4]   S_Con_Num/1..8/: g,dplus,dminus;
 5]   S_Cons(S_Con_Num,Variable): C;
 6]   Obj(Level,S_Con_Num): Wplus,Wminus;
 7] endsets
 8] data:
 9]   P = ?,?,?,?,?;
10]   Goal = ?,?,?,?,0;
11]   g = 1700 50 50 80 100 120 100 1900;
12]   C = 5 8 12 1 0 0 0 1 0 0 0 1 1 0 0 0 1 0 0 0 1 5 8 12;
13]   Wplus = 0 0 0 0 0 0 0
14]           0 0 0 0 0 0 0
15]           0 0 0 0 0 0 1
16]           0 0 0 0 0 0 0
17]           1 0 0 0 0 0 0;
18]   Wminus = 1 0 0 0 0 0 0 0
19]            0 20 18 21 0 0 0
20]            0 0 0 0 0 0 0
21]            0 0 0 20 18 21 0
22]            0 0 0 0 0 0 0;
23] enddata
24]
25] min = @sum(Level: P * z);
26] @for(Level(i):
27]   z(i) = @sum(S_Con_Num(j): Wplus(i,j) * dplus(j))
28]        + @sum(S_Con_Num(j): Wminus(i,j) * dminus(j)));
29] @for(S_Con_Num(i):
30]   @sum(Variable(j): C(i,j) * x(j))
31]        + dminus(i) - dplus(i) = g(i);
32] );
33] @for(Level(i) | i #lt# @size(Level):
34]   @bnd(0,z(i),Goal(i));
35] );
END
```

经 5 次计算得到 $x_1=100, x_2=55, x_3=80$. 装配线生产时间为 1900h,满足装配线加

班不超过 200h 的要求. 能够满足老客户的需求, 但未能达到销售目标. 销售总利润为
$$100 \times 1000 + 55 \times 1440 + 80 \times 2520 - 380800(元).$$

例 8.8 已知三个工厂生产的产品供应给四个用户, 各工厂生产量、用户需求量及从各工厂到用户的单位产品的运输费用如表 8-3 所示. 由于总生产量小于总需求量, 上级部门经研究后, 制定了调配方案的 8 项指标, 并规定了重要性的次序.

表 8-3 工厂生产量、用户需求量及运费单价

用户	1	2	3	4	生产量
工厂 1	5	2	6	7	300
工厂 2	3	5	4	6	200
工厂 3	4	5	2	3	400
需求量	200	100	450	250	

第一目标: 用户 4 为重要部门, 需求量必须全部满足;
第二目标: 供应用户 1 的产品中, 工厂 3 的产品不少于 100 个单位;
第三目标: 每个用户的满足率不低于 80%;
第四目标: 应尽量满足各用户的需求;
第五目标: 新方案的总运费不超过原运输问题的调度方案的 10%;
第六目标: 因道路限制, 工厂 2 到用户 4 的路线应尽量避免运输任务;
第七目标: 用户 1 和用户 3 的满足率应尽量保持平衡;
第八目标: 力求减少总运费.
请列出相应的目标规划模型, 并用 LINGO 程序求解.

解 求解原运输问题.

由于总生产量小于总需求量, 虚设工厂 4, 生产量为 100 个单位, 到各个用户间的运费单价为 0. 利用第 7 章介绍的运输问题的求解方法, 用 LINGO 软件求解, 得到总运费是 2950 元, 运输方案如表 8-4 所示.

表 8-4 作为运输问题的最优方案

用户	1	2	3	4	生产量
工厂 1		100	200		300
工厂 2	200				200
工厂 3			250	150	400
工厂 4				100	100
需求量	200	100	450	250	

从表 8-4 可以看出,上述方案中,第一个目标就不满足,用户 4 的需求量得不到满足. 下面按照目标的重要性的等级列出目标规划的约束和目标函数.

设 x_{ij} 为工厂 i 调配给用户 j 的运量.

(1) 供应约束应严格满足,即
$$\begin{cases} x_{11} + x_{12} + x_{13} + x_{14} \leqslant 300, \\ x_{21} + x_{22} + x_{23} + x_{24} \leqslant 200, \\ x_{31} + x_{32} + x_{33} + x_{34} \leqslant 400. \end{cases}$$

(2) 供应用户 1 的产品中,工厂 3 的产品不少于 100 个单位,即
$$x_{31} + d_1^- - d_1^+ = 100.$$

(3) 需求约束. 各用户的满足率不低于 80%,即
$$\begin{cases} x_{11} + x_{21} + x_{31} + d_2^- - d_2^+ = 160, \\ x_{12} + x_{22} + x_{32} + d_3^- - d_3^+ = 80, \\ x_{13} + x_{23} + x_{33} + d_4^- - d_4^+ = 360, \\ x_{14} + x_{24} + x_{34} + d_5^- - d_5^+ = 200. \end{cases}$$

应尽量满足各用户的需求,即
$$\begin{cases} x_{11} + x_{21} + x_{31} + d_6^- - d_6^+ = 200, \\ x_{12} + x_{22} + x_{32} + d_7^- - d_7^+ = 100, \\ x_{13} + x_{23} + x_{33} + d_8^- - d_8^+ = 450, \\ x_{14} + x_{24} + x_{34} + d_9^- - d_9^+ = 250. \end{cases}$$

(4) 新方案的总运费不超过原方案的 10%(原运输方案的运费为 2950 元),即
$$\sum_{i=1}^{3} \sum_{j=1}^{4} c_{ij} x_{ij} + d_{10}^- - d_{10}^+ = 3245.$$

(5) 工厂 2 到用户 4 的路线应尽量避免运输任务,即
$$x_{24} + d_{11}^- - d_{11}^+ = 0.$$

(6) 用户 1 和用户 3 的满足率应尽量保持平衡,即
$$(x_{11} + x_{21} + x_{31}) - \frac{200}{450}(x_{13} + x_{23} + x_{33}) + d_{12}^- - d_{12}^+ = 0.$$

(7) 力求总运费最少,即
$$\sum_{i=1}^{3} \sum_{j=1}^{4} c_{ij} x_{ij} + d_{13}^- - d_{13}^+ = 2950.$$

目标函数为
$$\begin{aligned} \min z = & P_1 d_9^- + P_2 d_1^- + P_3 (d_2^- + d_3^- + d_4^- + d_5^-) \\ & + P_4 (d_6^- + d_7^- + d_8^- + d_9^-) + P_5 d_{10}^+ + P_6 d_{11}^+ \\ & + P_7 (d_{12}^- + d_{12}^+) + P_8 d_{13}^+. \end{aligned}$$

编写相应的 LINGO 程序,程序名:exam0808.lg4.

```
MODEL:
1]  sets:
2]    Level/1..8/: P,z,Goal;
3]    S_Con_Num/1..13/: dplus,dminus;
4]    Plant /1..3/: a;
5]    Customer /1..4/: b;
6]    Routes(Plant,Customer): c,x;
7]  endsets
8]  data:
9]    P = ? ? ? ? ? ? ? ?;
10]   Goal = ? ? ? ? ? ? ? 0;
11]   a = 300 200 400;
12]   b = 200 100 450 250;
13]   c = 5 2 6 7
14]       3 5 4 6
15]       4 5 2 3;
16] enddata
17] min = @sum(Level: P * z);
18] z(1) = dminus(9);
19] z(2) = dminus(1);
20] z(3) = dminus(2) + dminus(3) + dminus(4) + dminus(5);
21] z(4) = dminus(6) + dminus(7) + dminus(8) + dminus(9);
22] z(5) = dplus(10);
23] z(6) = dplus(11);
24] z(7) = dminus(12) + dplus(12);
25] z(8) = dplus(13);
26]
27] @for(Plant(i):
28]   @sum(Customer(j): x(i,j)) <= a(i));
29] x(3,1) + dminus(1) - dplus(1) = 100;
30] @for(Customer(j):
31]   @sum(Plant(i): x(i,j)) + dminus(1+j) - dplus(1+j) = 0.8 * b(j);
32]   @sum(Plant(i): x(i,j)) + dminus(5+j) - dplus(5+j) = b(j);
33] );
34] @sum(Routes: c * x) + dminus(10) - dplus(10) = 3245;
35] x(2,4) + dminus(11) - dplus(11) = 0;
36] @sum(Plant(i): x(i,1)) - 20/45 * @sum(Plant(i): x(i,3))
37]     + dminus(12) - dplus(12) = 0;
```

```
38]    @sum(Routes: c * x) + dminus(13) - dplus(13) = 2950;
39]    @for(Level(i)|i #lt# @size(Level):
40]       @bnd(0,z(i),Goal(i));
41]    );
END
```

经 8 次计算,得到最终的计算结果,见表 8-5. 总运费为 3360 元,高于原运费 410 元,超过原方案 10% 的上限 115 元.

表 8-5 作为目标规划模型的最优方案

用 户	1	2	3	4	生产量
工厂 1		100		200	300
工厂 2	90		110		200
工厂 3	100		250	50	400
实际运量	190	100	360	250	
需求量	200	100	450	250	

8.4 数据包络分析

1978 年 A. Charnes, W. W. Cooper 和 E. Rhodes 给出了评价决策单元相对有效性的数据包络分析方法(data envelopment analysis, DEA).

目前,数据包络分析是评价具有多指标输入和多指标输出系统的较为有效的方法.

8.4.1 数据包络分析的基本概念

1. 相对有效评价问题

例 8.9(多指标评价问题) 某市教委需要对六所重点中学进行评价,其相应的指标如表 8-6 所示. 表中的生均投入和非低收入家庭百分比是输入指标,生均写作得分和生均科技得分是输出指标. 请根据这些指标,评价其中哪些学校是相对有效的.

表 8-6 六所中学的各项指标

学 校	A	B	C	D	E	F
生均投入/(百元/年)	89.39	86.25	108.13	106.38	62.40	47.19
非低收入家庭百分比/%	64.3	99	99.6	96	96.2	79.9
生均写作得分/分	25.2	28.2	29.4	26.4	27.2	25.2
生均科技得分/分	223	287	317	291	295	222

为求解例 8.9,先对表 8-6 作简单的分析.

学校 C 的两项输出指标都是最高的,达到 29.4 和 317,应该说,学校 C 是最有效的. 但从另一方面说,对它的投入也是最高的,达到 108.13 和 99.6,因此,它的效率也可能是最低的. 究竟如何评价这六所学校呢? 这还需要仔细地分析.

这是一个多指标输入和多指标输出的问题,对于这类评价问题,A. Charnes,W. W. Cooper 和 E. Rhodes 建立了评价决策单元相对有效性的 C^2R 模型.

2. 数据包络分析的基本概念

假设有 n 个部门或单位(称为决策单元,decision making units),这 n 个单元都具有可比性. 每个单元有 m 个输入变量和 s 个输出变量,如表 8-7 所示.

表 8-7 决策单元的输入输出指标

		1	2	$\cdots$	j	$\cdots$	n			
v_1	1 →	x_{11}	x_{12}	$\cdots$	x_{1j}	$\cdots$	x_{1n}			
v_2	2 →	x_{21}	x_{22}	$\cdots$	x_{2j}	$\cdots$	x_{2n}			
$\vdots$	$\vdots$	$\vdots$	$\vdots$		$\vdots$		$\vdots$			
v_m	m →	x_{m1}	x_{m2}	$\cdots$	x_{mj}	$\cdots$	x_{mn}			
		y_{11}	y_{12}	$\cdots$	y_{1j}	$\cdots$	y_{1n}	→	1	u_1
		y_{21}	y_{22}	$\cdots$	y_{2j}	$\cdots$	y_{2n}	→	2	u_2
		$\vdots$	$\vdots$		$\vdots$		$\vdots$		$\vdots$	$\vdots$
		y_{s1}	y_{s2}	$\cdots$	y_{sj}	$\cdots$	y_{sn}	→	s	u_s

在表 8-7 中,$x_{ij}(i=1,2,\cdots,m,j=1,2,\cdots,n)$ 表示第 j 个决策单元对第 i 种输入的投入量,并且满足 $x_{ij}>0$,$y_{rj}(r=1,2,\cdots,s,j=1,2,\cdots,n)$ 表示第 j 个决策单元对第 r 种输出的产出量,并且满足 $y_{rj}>0$,$v_i(i=1,2,\cdots,m)$ 表示第 i 种输入的一种度量(或称为权),$u_r(r=1,2,\cdots,s)$ 表示第 r 种输出的一种度量(或称为权).

将表 8-7 中的元素写成向量形式,如表 8-8 所示.

表 8-8 决策单元的矩阵形式

		1	2	$\cdots$	j	$\cdots$	n		
$\boldsymbol{v}$	→	$\boldsymbol{X}_1$	$\boldsymbol{X}_2$	$\cdots$	$\boldsymbol{X}_j$	$\cdots$	$\boldsymbol{X}_n$		
		$\boldsymbol{Y}_1$	$\boldsymbol{Y}_2$	$\cdots$	$\boldsymbol{Y}_j$	$\cdots$	$\boldsymbol{Y}_n$	→	$\boldsymbol{u}$

在表 8-8 中,$\boldsymbol{X}_j,\boldsymbol{Y}_j(j=1,2,\cdots,n)$ 分别为决策单元 j 的输入、输出向量,$\boldsymbol{v},\boldsymbol{u}$ 分别为输入、输出权重.

8.4.2 C^2R 模型

1. 引例

考查某种燃烧装置的燃烧比. 设 Y_R 是给定 X 个单位煤产生热量的理想值,设 Y_r 是某种燃烧装置燃烧 X 个单位煤所产生热量的实际值,则燃烧装置的燃烧比(相对评价指数)E_r 为

$$E_r = \frac{Y_r}{Y_R}. \tag{50}$$

显然有, $Y_r \leqslant Y_R$, 即 $0 \leqslant E_r \leqslant 1$.

现在用 C^2R 模型的方法推导出式(50). 考虑优化问题

$$\max \quad V_P = \frac{uY_r}{vX}, \tag{51}$$

$$\text{s.t.} \quad \frac{uY_R}{vX} \leqslant 1, \tag{52}$$

$$\frac{uY_r}{vX} \leqslant 1, \tag{53}$$

$$u \geqslant 0, v \geqslant 0, \tag{54}$$

其中 u, v 是权重,其目的是使约束(52)~(53)成立.

设 $(\bar{u}, \bar{v})$ 是优化问题(51)~(54)的最优解. 由于 $Y_r \leqslant Y_R$,以及

$$\frac{\bar{u}Y_R}{\bar{v}X} \leqslant 1,$$

得到

$$\frac{\bar{u}}{\bar{v}} \leqslant \frac{X}{Y_R} \leqslant \frac{X}{Y_r}.$$

因此,优化问题(51)~(54)的最优解 $(\bar{u}, \bar{v})$ 满足

$$\frac{\bar{u}}{\bar{v}} = \frac{X}{Y_R},$$

其最优目标值为

$$V_P = \frac{\bar{u}Y_r}{\bar{v}X} = \frac{X}{Y_R} \cdot \frac{Y_r}{X} = \frac{Y_r}{Y_R} = E_r,$$

即燃烧装置的燃烧相对评价指数.

2. C^2R 模型

类似上面的讨论,对于表 8-8 所给出的数据,设

$$h_j = \frac{\boldsymbol{u}^T \boldsymbol{Y}_j}{\boldsymbol{v}^T \boldsymbol{X}_j}, \qquad j = 1, 2, \cdots, n,$$

为第 j 个决策单元的评价指数. 总可以选择适当的权系数 u,v, 使得
$$h_j \leqslant 1, \quad j=1,2,\cdots,n. \tag{55}$$
第 j 个决策单元的评价指数 h_j 的意义是: 在权系数 u,v 下, 投入为 $v^{\mathrm{T}}X_j$, 产出为 $u^{\mathrm{T}}Y_j$ 的投入产出比.

按引例的讨论方式, 我们需要考虑某个决策单元 j_0 的效率评价指数 h_{j_0} 为目标, 在约束 (55) 的最大值, 即分式线性规划
$$\max \quad V_P = \frac{u^{\mathrm{T}}Y_{j0}}{v^{\mathrm{T}}X_{j0}}; \tag{56}$$
$$\text{s.t.} \quad \frac{u^{\mathrm{T}}Y_j}{v^{\mathrm{T}}X_j} \leqslant 1, \quad j=1,2,\cdots,n, \tag{57}$$
$$u \geqslant 0, \quad v \geqslant 0. \tag{58}$$
称上述模型为 C^2R 模型.

8.4.3 数据包络分析的求解

1. C^2R 模型的等价模型

为了便于计算, 引进一个变换, 将分式线性规划模型 (56)~(58) 化为等价的线性规划模型
$$\max \quad V_{C^2R} = \mu^{\mathrm{T}} Y_{j0}; \tag{59}$$
$$\text{s.t.} \quad \omega^{\mathrm{T}} X_j - \mu^{\mathrm{T}} Y_j \geqslant 0, \quad j=1,2,\cdots,n, \tag{60}$$
$$\omega^{\mathrm{T}} X_{j0} = 1, \tag{61}$$
$$\omega \geqslant 0, \quad \mu \geqslant 0. \tag{62}$$
对于 C^2R 模型 (59)~(62) 有如下定义.

定义 8.1(弱 DEA 有效) 若线性规划 (59)~(62) 问题的最优目标值
$$V_{C^2R} = 1,$$
则称决策单元 j_0 是弱 DEA 有效的.

定义 8.2(DEA 有效) 若线性规划 (59)~(62) 问题存在最优解 $\omega_0 > 0, \mu_0 > 0$, 并且其最优目标值
$$V_{C^2R} = 1,$$
则称决策单元 j_0 是 DEA 有效的.

从上述定义可以看出, 所谓 DEA 有效, 就是指那些决策单元, 它们的投入产出比达到最大. 因此, 我们可以用 DEA 来对决策单元进行评价.

2. C^2R 模型的求解

从上面的分析可以看到, 求解 C^2R 模型, 需要求解若干个线性规划, 这一点可以用

LINDO 软件完成.类似于目标规划的讨论,我们可以编写一个通用的 LINGO 模型来完成这项工作.至于用 LINDO 软件的编写问题,还是留给读者来考虑.

例 8.10(继例 8.9)   运用 C^2R 模型(59)~(62)求解例 8.9.

解   按照 C^2R 模型写出相应的 LINGO 程序,程序名:exam0810.lg4.

```
    MODEL:
 1]  sets:
 2]    DMU /1..6/: S,T,P;      ! Decision Making Unit;
 3]    II /1..2/: w;           ! Input Index;
 4]    OI /1..2/: u;           ! Output Index;
 5]    IV(II,DMU) : X;         ! Input Variable;
 6]    OV(OI,DMU) : Y;         ! Output Variable;
 7]  endsets
 8]  data:
 9]    P = ?;
10]    X = 89.39   86.25   108.13   106.38   62.40   47.19
11]        64.3    99      99.6     96       96.2    79.9;
12]    Y = 25.2    28.2    29.4     26.4     27.2    25.2
13]        223     287     317      291      295     222;
14]  enddata
15]  max = @sum(DMU: P*T);
16]  @for(DMU(j):
17]    S(j) = @sum(II(i): w(i)*X(i,j));
18]    T(j) = @sum(OI(i): u(i)*Y(i,j));
19]    S(j) >= T(j));
20]  @sum(DMU: P*S) = 1;
    END
```

在上述程序,P 的值分别输入 $(1,0,0,0,0,0)$,$(0,1,0,0,0,0)$,…,$(0,0,0,0,0,1)$,经过 6 次计算,得到 6 个最优目标值

$$1,\ 0.9096132,\ 0.9635345,\ 0.9143053,\ 1,\ 1,$$

并且对于学校 A(决策单元 1)有 $\omega_2>0,\mu_1>0$,对于学校 E(决策单元 5)有 $\omega_1>0,\mu_2>0$ 和对于学校 F(决策单元 6)有 $\omega_1>0,\mu_1>0$.因此,学校 A,E,F 是 DEA 有效的.

习 题 8

8.1   将例 8.2 按照汽车销售公司提出的三个目标列出相应的目标规划,并用 LINGO 软件求解.

8.2 某政府机构计划生产两类经济商品：消费资料和生产资料. 生产必要的投入有原料和劳动力两种. 假设投入原料可以产出消费资料和生产资料, 并且 1 个单位的原料可以生产 1 个单位的消费资料或 1 个单位的生产资料；而投入劳动力只能产出生产资料, 并且 2 个单位的劳动力可以生产 1 个单位的生产资料. 另外假设投入的原料和劳动力成本都是 1 个货币单位. 政府的目标是下面的五个：

第一目标, 至少生产 50 个单位的消费资料；

第二目标, 正好生产 90 个单位的生产资料；

第三目标, 至少要利用 80 个单位原料和 60 个单位劳动力；

第四目标, 限制系统的投入预算为 120 货币单位；

第五目标, 投入尽可能小.

列出相应的目标规划, 并用 LINGO 软件求解.

8.3 设要把一种产品从 2 个产地运到 3 个客户处, 发量、收量及产地到客户的运输费单价如下表所示.

表 8-9

	客户 1	客户 2	客户 3	发量
产地 1	10	4	12	3000
产地 2	8	10	3	4000
需求量	2000	1500	5000	

这是一个供求不平衡问题, 产品缺少 1500 个单位, 因此决定运输方案应按下列目标满足要求：

第一目标, 客户 1 为重要部门, 需求量必须全部满足；

第二目标, 满足其他两个客户至少 75% 的需要量；

第三目标, 使运费尽量少；

第四目标, 从产地 2 到客户 1 的运量至少要有 1000 个单位.

请列出相应的目标规划模型, 并用 LINGO 程序求解.

8.4 现有 4 个决策单元, 2 个输入指标, 1 个输出指标, 其数据如下所示.

	1	2	3	4	
输入 →	1	3	3	4	
	3	1	3	2	
	1	1	2	1	→ 输出

请用 DEA 方法确定哪个决策单元是有效的.

第 9 章 对策论模型

对策论(game theory)又称为博弈论,是研究带有竞争与对抗问题的理论与方法.对策论是现代数学的一个重要分支,也是运筹学的一个重要学科.对策论目前已在市场决策中有着广泛的应用.

与前几章一样,本章不是对策论模型全面的讨论,而是介绍如何利用 LINGO 软件去解对策论模型中的有关问题.为了更好地理解 LINGO 软件的编程过程,在本章中,我们还要介绍一些对策论模型的基本概念.

9.1 二人常数和对策模型

9.1.1 二人零和对策

二人零和对策是最基本的对策形式,先用一个例子来说明.

例 9.1 甲、乙两名儿童玩"石头-剪子-布"的游戏.石头胜剪子,剪子胜布,布胜石头.那么,甲、乙儿童如何做,使自己获胜的可能最大?

例 9.1 是对策论中最简单的例子.在对策论中,应有以下要素:

(1) 局中人.是指参与对抗的各方,可以是一个人,也可以是一个集团.在例 9.1 的甲、乙两名儿童就是局中人.

(2) 策略.是指局中人所拥有的对付其他局中人的手段、方案的集合.如例 9.1 中共有石头、剪子、布三种策略.

(3) 支付函数(或收益函数).是指一局对策后各局中人的得与失,通常用正数字表示局中人的得,用负数字表示局中人的失.例如,在例 9.1 的局中人甲的支付函数如表 9-1 所示.

表 9-1 "石头-剪子-布"中儿童甲的支付函数

		乙		
		石头	剪子	布
甲	石头	0	1	−1
	剪子	−1	0	1
	布	1	−1	0

当局中人得失总和为零时,称这类对策为零和对策;否则称为非零和对策.当局中人只有两个,且对策得失总和为零,则称为二人零和对策;若得失总和为常数,则称为二人常数和对策;若得失总和是非常数,则称为二人非常数和对策.若二人对策双方的得失是用矩阵形式表示,则称支付函数为支付矩阵,相应的对策称为矩阵对策.通常,支付矩阵表示局中人 A 的支付函数.例如,表 9-1 表示的是甲儿童的支付矩阵(即甲儿童的得分情况).

1. **对策的基本策略——鞍点对策**

鞍点对策是对策的最基本策略,为了更好地理解鞍点对策,先看一个简单的例子.

例 9.2 设 A、B 两人对策,各自拥有三个策略 a_1, a_2, a_3 和 b_1, b_2, b_3,局中人 A 的支付(收益)矩阵如表 9-2 所示.试求 A、B 各自的最优策略.

表 9-2 局中人 A 的支付矩阵

	b_1	b_2	b_3	min
a_1	1	3	9	1
a_2	6	5	7	5
a_3	8	4	2	2
max	8	5	9	

问题分析

从直观上来看,局中人 A 应该出策略 a_1,因为这样选择,他有可能得到 9.但局中人 B 看到了这一点,他出策略 b_1,这样局中人 A 不能得到 9,而只能得到 1.因此,局中人 A 也充分认识到这一点,他应当出策略 a_3,这样做,就有可能得到 8,而这种情况下局中人 B 就要出策略 b_3,局中人 A 也只能得到 2.

这样做下来,局中人 A 只能选择策略 a_2,而局中人 B 也只能选择策略 b_2,大家达到平衡,最后局中人 A 赢得的值为 5,局中人 B 输掉的值为 5.

从上面的分析可以看出,无论局中人 A 选择什么策略,他赢得的值总是小于等于 5,而无论局中人 B 选择什么策略,他输掉的值总是大于等于 5,5 就是支付矩阵的鞍点.

下面讨论一般的情况.假设局中人 A 的支付矩阵如表 9-3 所示.其中局中人 A 有

表 9-3 局中人 A 的支付矩阵

	β_1	β_2	$\cdots$	β_n
α_1	c_{11}	c_{12}	$\cdots$	c_{1n}
α_2	c_{21}	c_{22}	$\cdots$	c_{2n}
$\vdots$	$\vdots$	$\vdots$		$\vdots$
α_m	c_{m1}	c_{m2}	$\cdots$	c_{mn}

m 个策略 $\alpha_1, \alpha_2, \cdots, \alpha_m$,局中人 B 有 n 个策略 $\beta_1, \beta_2, \cdots, \beta_n$,分别记为
$$S_1 = \{\alpha_1, \alpha_2, \cdots, \alpha_m\}, \quad S_2 = \{\beta_1, \beta_2, \cdots, \beta_n\},$$
$C=(c_{ij})_{m\times n}$ 为局中人 A 的支付矩阵,而 $-C$ 为局中人 B 的支付矩阵. 因此,矩阵对策记为
$$G = \{A, B; S_1, S_2, C\}, \quad \text{或} \quad G = \{S_1, S_2, C\}.$$
对于一般的矩阵对策,有如下定义和定理.

定义 9.1 设 $G=\{S_1, S_2, C\}$ 是一矩阵对策,若等式
$$\max_i \min_j c_{ij} = \min_j \max_i c_{ij} = c_{i^* j^*} \tag{1}$$
成立,则记 $v_G = c_{i^* j^*}$,并称 v_G 为对策 G 的值. 称使式(1)成立的纯局势 $(\alpha_{i^*}, \beta_{j^*})$ 为 G 在纯策略下的解(或平衡局势),称 α_{i^*} 和 β_{j^*} 分别为局中人 A、B 的最优纯策略.

定理 9.1 矩阵对策 $G=\{S_1, S_2, C\}$ 在纯策略意义下有解的充分必要条件是:存在纯局势 $(\alpha_{i^*}, \beta_{j^*})$ 使得
$$c_{ij^*} \leqslant c_{i^* j^*} \leqslant c_{i^* j}, \quad i = 1, 2, \cdots, m, \quad j = 1, 2, \cdots, n. \tag{2}$$

定义 9.2 设 $f(x, y)$ 为一个定义在 $x \in \mathcal{A}$ 及 $y \in \mathcal{B}$ 上的实值函数,若存在 $x^* \in \mathcal{A}$, $y^* \in \mathcal{B}$,使得
$$f(x, y^*) \leqslant f(x^*, y^*) \leqslant f(x^*, y), \quad \forall x \in \mathcal{A}, \forall y \in \mathcal{B}, \tag{3}$$
则称 (x^*, y^*) 为函数 $f(x, y)$ 的一个鞍点.

从上述定义与定理可以看出,对于例 9.2,5 是支付矩阵的鞍点,局中人 A 与 B 的最优纯策略分别为 a_2 和 b_2.

当矩阵对策的最优解不惟一时,有如下定理.

定理 9.2(无差别性) 若 $(\alpha_{i_1}, \beta_{j_1})$ 和 $(\alpha_{i_2}, \beta_{j_2})$ 是矩阵对策的两个解,则
$$c_{i_1 j_1} = c_{i_2 j_2}.$$

定理 9.3(可交换性) 若 $(\alpha_{i_1}, \beta_{j_1})$ 和 $(\alpha_{i_2}, \beta_{j_2})$ 是矩阵对策的两个解,则 $(\alpha_{i_1}, \beta_{j_2})$ 和 $(\alpha_{i_2}, \beta_{j_1})$ 也是解.

2. 无鞍点的对策策略——混合对策

如果支付矩阵有鞍点,选择鞍点对策是最优的对策策略,如果支付矩阵无鞍点,则需要选择混合对策. 我们再看例 9.1("石头-剪子-布"),对于支付矩阵(见表 9-1),有
$$\max_i \min_j c_{ij} = -1, \quad \min_j \max_i c_{ij} = 1,$$
没有纯最优策略. 因此无法用定理 9.1 来确定最优策略.

在这种情况下,只能求相应的混合策略. 类似于纯策略,混合策略有如下定义和定理.

定义 9.3 设有矩阵对策 $G=\{S_1, S_2, C\}$,称
$$S_1^* = \{\boldsymbol{x} \in \mathbb{R}^m \mid \sum_{i=1}^m x_i = 1, \quad x_i \geqslant 0, i = 1, 2, \cdots, m\}, \tag{4}$$

$$S_2^* = \{\boldsymbol{y} \in \mathbb{R}^n \mid \sum_{j=1}^n y_j = 1, \quad y_j \geqslant 0, j = 1, 2, \cdots, n\} \tag{5}$$

分别为局中人 A 和 B 的混合策略. 称 $(x,y)(x\in S_1^*, y\in S_2^*)$ 为一个混合局,称

$$E(x,y) = x^T C y = \sum_{i=1}^{m}\sum_{j=1}^{n} c_{ij} x_i y_j \tag{6}$$

为局中人 A 的支付函数(赢得函数). 因此,称 $G^* = \{S_1^*, S_2^*, E\}$ 为对策 G 的混合扩充.

定义 9.4 设 $G^* = \{S_1^*, S_2^*, E\}$ 是 $G = \{S_1, S_2, C\}$ 的混合扩充,若

$$\max_{x\in S_1^*}\min_{y\in S_2^*} E(x,y) = \min_{y\in S_2^*}\max_{x\in S_1^*} E(x,y) = v_G, \tag{7}$$

则称 v_G 为对策 G^* 的值. 称使式(7)成立混合局势 (x^*, y^*) 为 G 在混合策略下的解,称 x^* 和 y^* 分别为局中人 A 和 B 的最优混合策略.

定理 9.4 矩阵对策 $G = \{S_1, S_2, C\}$ 在混合策略意义下有解的充分必要条件是: 存在 $x^*\in S_1^*, y^*\in S_2^*$,使 (x^*, y^*) 为函数 $E(x,y)$ 的一个鞍点,即

$$E(x, y^*) \leqslant E(x^*, y^*) \leqslant E(x^*, y),$$
$$\forall x \in S_1^*, \quad \forall y \in S_2^*. \tag{8}$$

3. 混合对策求解方法

通常用线性规划方法求混合策略的解. 设局中人 A 分别以 $x_1, x_2, \cdots, x_m$ 的概率 ($\sum_{i=1}^{m} x_i = 1, x_i \geqslant 0$) 混合使用他的 m 种策略,局中人 B 分别以 $y_1, y_2, \cdots, y_n$ 的概率 ($\sum_{j=1}^{n} y_j = 1, y_j \geqslant 0$) 混合使用他的 n 种策略.

当 A 采用混合策略,B 分别采用纯策略 $b_j (j=1,2,\cdots,n)$, A 的赢得分别为 $\sum_{i=1}^{m} c_{ij} x_i (j=1,2,\cdots,n)$,依据最大最小原则,应有

$$\begin{cases} v_A = \max_x \min_j \sum_{i=1}^{m} c_{ij} x_i, \\ \sum_{i=1}^{m} x_i = 1, \\ x_i \geqslant 0, i=1,2,\cdots,m, \end{cases} \tag{9}$$

其中 v_A 是局中人 A 的赢得值.

将问题(9)写成线性规划问题:

$$\max \quad v_A; \tag{10}$$

$$\text{s.t.} \quad \sum_{i=1}^{m} c_{ij} x_i \geqslant v_A, \qquad j=1,2,\cdots,n, \tag{11}$$

$$\sum_{i=1}^{m} x_i = 1, \tag{12}$$

$$x_i \geqslant 0, \quad i = 1, 2, \cdots, m. \tag{13}$$

也就是说,线性规划问题(10)~(13)的解就是局中人 A 采用混合策略的解.

类似地,求局中人 B 的最优策略转化为求解下列线性规划问题:

$$\min \quad v_B; \tag{14}$$

$$\text{s. t.} \quad \sum_{j=1}^{n} c_{ij} y_j \leqslant v_B, \quad i = 1, 2, \cdots, m, \tag{15}$$

$$\sum_{j=1}^{n} y_j = 1, \tag{16}$$

$$y_j \geqslant 0, \quad j = 1, 2, \cdots, n. \tag{17}$$

因此,线性规划问题(14)~(17)的解就是局中人 B 采用混合策略的解.

例 9.3 用线性规划方法求解例 9.1 的最优混合策略.

解 按照线性规划(10)~(13)写出相应的 LINGO 程序,程序名:exam0903a.lg4.

```
MODEL:
1]sets:
2]  playerA/1..3/: x;
3]  playerB/1..3/;
4]  game(playerA,playerB) : C;
5]endsets
6]data:
7]  C =  0    1    -1
8]      -1    0     1
9]       1   -1     0;
10]enddata
11]max = v_A;
12]@free(v_A);
13]@for(playerB(j):
14]  @sum(playerA(i) : C(i,j) * x(i)) > = v_A);
15]@sum(playerA : x) = 1;
END
```

得到最优解(只保留相关部分):

```
Global optimal solution found at iteration:       3
Objective value:                           0.000000

        Variable        Value        Reduced Cost
           V_A       0.000000          0.000000
          X(1)       0.3333333         0.000000
```

X(2)	0.3333333	0.000000
X(3)	0.3333333	0.000000

即儿童甲以 1/3 的概率出石头、剪子、布中每种策略的一种,其赢得值为 0. 用线性规划 (14)~(17)求出儿童乙有同样的结论.

计算到此,读者可能会产生一个问题:一个具有鞍点的对策问题,如果采用线性规划方法求解,将会出现什么情况?

例 9.4 用线性规划方法求解例 9.2.

解 写出 LINGO 程序,程序名:exam0904.lg4.

```
MODEL:
1] sets:
2]   playerA/1..3/: x;
3]   playerB/1..3/;
4]   game(playerA,playerB) : C;
5] endsets
6] data:
7]   C = 1 3 9
8]       6 5 7
9]       8 4 2;
10] enddata
11] max = v_A;
12] @free(v_A);
13] @for(playerB(j):
14]   @sum(playerA(i) : C(i,j) * x(i)) >= v_A);
15] @sum(playerA : x) = 1;
END
```

计算结果为(保留有效部分)

```
Global optimal solution found at iteration:     0
Objective value:                         5.000000
```

Variable	Value	Reduced Cost
V_A	5.000000	0.000000
X(1)	0.000000	2.000000
X(2)	1.000000	0.000000
X(3)	0.000000	1.000000

由结果可以看到,局中人 A 仍然选择纯策略. 对局中人 B 的计算也会出现同样的情况.

从例 9.3 和例 9.4 可以看出,无论矩阵对策有无鞍点,均可以采用线性规划的方法求其对策,只不过具有鞍点的对策可以有更简单的算法罢了.

9.1.2 二人常数和对策

所谓常数和对策是指局中人 A 和局中人 B 所赢得的值之和为一常数. 显然,二人零和对策是二人常数和的特例,即常数为零.

对于二人常数和对策,有纯策略对策和混合策略对策,其求解方法基本上是相同的.

1. 鞍点对策

对于二人常数和对策,仍然有鞍点对策,其求解方法与二人零和对策相同.

例 9.5 在晚 8 点至晚 9 点这个时段,两家电视台在竞争 100 万电视观众收看自己的电视节目,并且电视台必须实时公布自己在下一时段的展播内容. 电视台 1 可能选择的展播方式及可能得到的观众如表 9-4 所示. 例如,两家电视台都选择播放西部片,则表 9-4 表明,电视台 1 可以争得 35 万观众,而电视台 2 可以争得 $100-35=65$ 万观众,即二人的常数和为 100. 试确定两家电视台各自的策略.

表 9-4 电视台 1 可以选择的播放方式和获得的观众

		电视台 2			min
		西部片	连续剧	喜剧片	
电视台 1	西部片	35	15	60	15
	连续剧	45	58	50	45
	喜剧片	38	14	70	14
	max	45	58	70	

解 事实上,对方得到的,就是自己失去的,完全利用二人零和的方法确定最优纯策略,即

$$\max_i \min_j c_{ij}^A = \min_j \max_i c_{ij}^A = 45.$$

因此,电视台 1 选择播放连续剧,赢得 45 万观众,电视台 2 播放西部片,赢得 $100-45=55$ 万观众.

2. 混合对策

对于常数和对策,也存在混合对策,同样可以采用线性规划方法求解,这里就不举例子了.

9.2 二人非常数和对策

二人非常数和对策也称为双矩阵对策.在前面介绍的常数和(零和)对策中,均包含两种情况,纯策略和混合策略.对于非常数和对策,也包含这两种策略.

9.2.1 纯对策问题

例 9.6(囚徒的困境) 设有甲、乙两名嫌疑犯因同一桩罪行被捕,由于希望他们坦白并提供对方的犯罪证据,规定如果两人均坦白各判刑 3 年;如果一方坦白另一方不坦白,坦白一方从轻释放,不坦白一方判刑 10 年;如果两人均不坦白,由于犯罪事实很多不能成立,只能各判 1 年,见表 9-5.试分析甲、乙两犯罪嫌疑人各自采用什么策略使自己的刑期最短.

表 9-5 嫌疑犯采用的策略和赢得的时间

		乙	
		坦白	不坦白
甲	坦白	$(\underline{-3}, \underline{-3})$	$(0, -10)$
	不坦白	$(-10, 0)$	$(-1, -1)$

例 9.6 给出了典型的二人非常数和对策,每人的收益矩阵是不相同的,因此称为双矩阵对策.通常规定,双矩阵中,第一个元素是局中人 A 的赢得值,第二个元素是局中人 B 的赢得值.

问题分析

这是一个二人非常数和对策问题.从表面上看,两犯罪嫌疑人拒不坦白,只能被判 1 年徒刑,结果是最好的.但仔细分析,确无法做到这一点.因为犯罪嫌疑人甲如果采用不坦白策略,他可能被判的刑期为 1 到 10 年,而犯罪嫌疑人乙可能判的刑期为 0 到 1 年.而甲选择坦白,他被判的刑期为 0 到 3 年,此时,犯罪嫌疑人乙可能判的刑期为 3 到 10 年.因此,犯罪嫌疑人甲一定选择坦白.基于同样的道理,犯罪嫌疑人乙也只能选择坦白.

选择坦白是他们最好的选择,各自被判 3 年(表中下划线的值).

事实上,设 (c_{ij}^A, c_{ij}^B) 是甲、乙的赢得值,则甲、乙采用的策略是

$$-3 = \min_j \max_i c_{ij}^A = c_{11}^A, \quad -3 = \min_i \max_j c_{ij}^B = c_{11}^B.$$

1. 纯对策问题的基本概念

按照上面的论述,对于一般纯对策问题,局中人 A、B 的支付(赢得)矩阵如表 9-6 所示.其中局中人 A 有 m 个策略 $\alpha_1, \alpha_2, \cdots, \alpha_m$,局中人 B 有 n 个策略 $\beta_1, \beta_2, \cdots, \beta_n$,分别记为

$$S_1 = \{\alpha_1, \alpha_2, \cdots, \alpha_m\}, \quad S_2 = \{\beta_1, \beta_2, \cdots, \beta_n\},$$

表 9-6 局中人 A, B 的支付矩阵

	β_1	β_2	$\cdots$	β_n
α_1	(c_{11}^A, c_{11}^B)	(c_{12}^A, c_{12}^B)	$\cdots$	(c_{1n}^A, c_{1n}^B)
α_2	(c_{21}^A, c_{21}^B)	(c_{22}^A, c_{22}^B)	$\cdots$	(c_{2n}^A, c_{2n}^B)
$\vdots$	$\vdots$	$\vdots$		$\vdots$
α_m	(c_{m1}^A, c_{m1}^B)	(c_{m2}^A, c_{m2}^B)	$\cdots$	(c_{mn}^A, c_{mn}^B)

$C^A = (c_{ij}^A)_{m \times n}$ 为局中人 A 的支付(赢得)矩阵, $C^B = (c_{ij}^B)_{m \times n}$ 为局中人 B 的支付(赢得)矩阵. 因此, 矩阵对策记为

$$G = \{A, B; S_1, S_2, C^A, C^B\}, \quad \text{或} \quad G = \{S_1, S_2, C^A, C^B\}.$$

定义 9.5 设 $G = \{S_1, S_2, C^A, C^B\}$ 是一双矩阵对策, 若等式

$$c_{i^* j^*}^A = \min_j \max_i c_{ij}^A, \quad c_{i^* j^*}^B = \min_i \max_j c_{ij}^B \tag{18}$$

成立, 则记 $v_A = c_{i^* j^*}^A$, 并称 v_A 为局中人 A 的赢得值, 记 $v_B = c_{i^* j^*}^B$, 并称 v_B 为局中人 B 的赢得值. 称 $(\alpha_{i^*}, \beta_{j^*})$ 为 G 在纯策略下的解(或 Nash 平衡点), 称 α_{i^*} 和 β_{j^*} 分别为局中人 A, B 的最优纯策略.

2. 纯对策问题的求解方法

实际上, 定义 9.5 也同时给出了纯对策问题的求解方法. 因此, 对于例 9.6, $((1,0),(1,0))$ 是 Nash 平衡点, 也就是说, 坦白是他们的最佳策略.

再看一个例子.

例 9.7 (夫妻周末安排问题) 一对夫妻, 商量周末安排. 丈夫喜欢看足球, 妻子喜欢听音乐会. 他们的赢得值如表 9-7 所示. 请为这对夫妻设计最好的度周末的方案.

表 9-7 夫妻的策略与赢得值

		妻	
		足球	音乐会
夫	足球	$(\underline{3}, \underline{1})$	$(-1, -1)$
	音乐会	$(-1, -1)$	$(\underline{1}, \underline{3})$

解 由定义 9.5 可知, 对于策略 $((1,0),(1,0))$ 或策略 $((0,1),(0,1))$ 均是 Nash 平衡点, 也就是最优解, 即他们选择共同看足球, 或共同听音乐会. 表中带有下划线的是他们采用策略的赢得值.

9.2.2 混合对策问题

如果不存在使式(18)成立的对策, 则需要求混合对策. 类似于二人常数和对策情况, 需要给出混合对策的最优解.

1. 混合对策问题的基本概念

定义 9.6 在对策 $G=\{S_1,S_2,\boldsymbol{C}^A,\boldsymbol{C}^B\}$ 中,若存在策略对 $\overline{\boldsymbol{x}}\in\mathscr{A},\overline{\boldsymbol{y}}\in\mathscr{B}$,使得

$$\begin{cases} \boldsymbol{x}^{\mathrm{T}}\boldsymbol{C}^A\overline{\boldsymbol{y}}\leqslant \overline{\boldsymbol{x}}^{\mathrm{T}}\boldsymbol{C}^A\overline{\boldsymbol{y}},\forall\ \boldsymbol{x}\in\mathscr{A},\\ \overline{\boldsymbol{x}}^{\mathrm{T}}\boldsymbol{C}^B\boldsymbol{y}\leqslant \overline{\boldsymbol{x}}^{\mathrm{T}}\boldsymbol{C}^B\overline{\boldsymbol{y}},\forall\ \boldsymbol{y}\in\mathscr{B}, \end{cases} \tag{19}$$

则称 $(\overline{\boldsymbol{x}},\overline{\boldsymbol{y}})$ 为 G 的一个非合作平衡点. 记 $v_A=\overline{\boldsymbol{x}}^{\mathrm{T}}\boldsymbol{C}^A\overline{\boldsymbol{y}},v_B=\overline{\boldsymbol{x}}^{\mathrm{T}}\boldsymbol{C}^B\overline{\boldsymbol{y}}$,则称 v_A,v_B 分别为局中人 A,B 的赢得值.

对于混合对策问题有如下定理.

定理 9.5 每个双矩阵对策至少存在一个非合作平衡点.

定理 9.6 混合策略 $(\overline{\boldsymbol{x}},\overline{\boldsymbol{y}})$ 为对策 $G=\{S_1,S_2,\boldsymbol{C}^A,\boldsymbol{C}^B\}$ 的平衡点的充分必要条件是

$$\begin{cases} \sum_{j=1}^{n}c_{ij}^{A}\overline{y}_{j}\leqslant \overline{\boldsymbol{x}}^{\mathrm{T}}\boldsymbol{C}^A\overline{\boldsymbol{y}},\quad i=1,2,\cdots,m,\\ \sum_{i=1}^{m}c_{ij}^{B}\overline{x}_{i}\leqslant \overline{\boldsymbol{x}}^{\mathrm{T}}\boldsymbol{C}^B\overline{\boldsymbol{y}},\quad j=1,2,\cdots,n. \end{cases} \tag{20}$$

2. 混合对策问题的求解方法

由定义 9.6 可知,求解混合对策就是求非合作对策的平衡点. 进一步由定理 9.6 得到,求解非合作对策的平衡点,就是求解满足不等式约束(20)的可行点. 因此,混合对策问题的求解问题就转化为求不等式约束(20)的可行点,而 LINGO 软件可以很容易做到这一点.

例 9.8 有甲、乙两支游泳队举行包括三个项目的对抗赛. 这两支游泳队各有一名健将级运动员(甲队为李,乙队为王),在三个项目中成绩很突出. 但规则准许他们每个人分别只能参加两项比赛,而每队的其他两名运动员则可参加全部三项比赛. 各运动员的成绩如表 9-8 所示.

表 9-8 甲、乙两队运动员的成绩　　　　　　　　　　　　单位:s

	甲 队			乙 队		
	赵	钱	李	王	张	孙
100m 蝶泳	54.7	58.2	52.1	53.6	56.4	59.8
100m 仰泳	62.2	63.4	58.2	56.5	59.7	61.5
100m 蛙泳	69.1	70.5	65.3	67.8	68.4	71.3

解 分别用甲$_1$、甲$_2$ 和甲$_3$ 表示甲队中李姓健将不参加蝶泳、仰泳、蛙泳比赛的策略,分别用乙$_1$、乙$_2$ 和乙$_3$ 表示乙队中王姓健将不参加蝶泳、仰泳、蛙泳比赛的策略. 当甲队采用策略甲$_1$,乙队采用策略乙$_1$ 时,在 100m 蝶泳中,甲队中赵获第一、钱获第三得 6 分,乙队中张获第二,得 3 分;在 100m 仰泳中,甲队中李获第二,得 3 分,乙队中王获第一、张获

第三,得 6 分;在 100m 蛙泳中,甲队中李获第一,得 5 分,乙队中王获第二,张获第三,得 4 分. 也就是说,对应于策略(甲$_1$,乙$_1$),甲、乙两队各自的得分为(14,13). 表 9-9 中给出了在全部策略下各队的得分.

表 9-9 甲、乙两队采用不同策略的得分

	乙$_1$	乙$_2$	乙$_3$
甲$_1$	(14,13)	(13,14)	(12,15)
甲$_2$	(13,14)	(12,15)	(12,15)
甲$_3$	(12,15)	(12,15)	(13,14)

按照定理 9.6,求最优混合策略,就是求不等式约束(20)的可行解. 写出相应的 LINGO 程序,程序名:exam0908.lg4.

```
MODEL:
1] sets:
2]   optA/1..3/: x;
3]   optB/1..3/: y;
4]   AXB(optA,optB): Ca,Cb;
5] endsets
6] data:
7]   Ca = 14  13  12
8]        13  12  12
9]        12  12  13;
10]  Cb = 13  14  15
11]       14  15  15
12]       15  15  14;
13] enddata
14] Va = @sum(AXB(i,j): Ca(i,j) * x(i) * y(j));
15] Vb = @sum(AXB(i,j): Cb(i,j) * x(i) * y(j));
16] @for(optA(i):
17]    @sum(optB(j): Ca(i,j) * y(j)) <= Va);
18] @for(optB(j):
19]    @sum(optA(i): Cb(i,j) * x(i)) <= Vb);
20] @sum(optA: x) = 1; @sum(optB: y) = 1;
21] @free(Va); @free(Vb);
END
```

用 LINGO 软件求解,得到:

Feasible solution found at iteration: 3

Variable	Value
VA	12.50000
VB	14.50000
X(1)	0.5000000
X(2)	0.000000
X(3)	0.5000000
Y(1)	0.000000
Y(2)	0.5000000
Y(3)	0.5000000

即甲队采用的策略是甲$_1$、甲$_3$方案各占50%,乙队采用的策略是乙$_2$、乙$_3$方案各占50%,甲队的平均得分为12.5分,乙队的平均得分为14.5分.

当纯对策的解不惟一时,也存在混合对策的平衡点.

例9.9 用混合对策方法求解例9.7.

解 写出求不等式(20)的LINGO程序,程序名:ex0909.lg4.

```
MODEL:
1] sets:
2]   optA/1..2/: x;
3]   optB/1..2/: y;
4]   AXB(optA,optB): Ca,Cb;
5] endsets
6] data:
7]   Ca = 3  -1  -1  1;
8]   Cb = 1  -1  -1  3;
9] enddata
10] Va = @sum(AXB(i,j): Ca(i,j)*x(i)*y(j));
11] Vb = @sum(AXB(i,j): Cb(i,j)*x(i)*y(j));
12] @for(optA(i):
13]   @sum(optB(j): Ca(i,j)*y(j))<=Va);
14] @for(optB(j):
15]   @sum(optA(i): Cb(i,j)*x(i))<=Vb);
16] @sum(optA: x)=1; @sum(optB: y)=1;
17] @free(Va); @free(Vb);
END
```

计算得到混合对策的平衡点$\left(\left(\frac{2}{3},\frac{1}{3}\right),\left(\frac{1}{3},\frac{2}{3}\right)\right)$,各自的赢得值为$\frac{1}{3}$.

从上述分析来看,二人常数和对策是非常数和对策的特例,因此也可以用求解非常数和对策的方法求解常数和对策.

9.2 二人非常数和对策

例 9.10 用求解非常数和对策的方法求解例 9.5.

解 写出相应的 LINGO 程序,程序名:exam0910.lg4.

```
MODEL:
1] sets:
2]   optA/1..3/: x;
3]   optB/1..3/: y;
4]   AXB(optA,optB): Ca,Cb;
5] endsets
6] data:
7]   Ca =  35  15  60
8]         45  58  50
9]         38  14  70;
10]  Cb =  65  85  40
11]        55  42  50
12]        62  86  30;
13] enddata
14] Va = @sum(AXB(i,j): Ca(i,j)*x(i)*y(j));
15] Vb = @sum(AXB(i,j): Cb(i,j)*x(i)*y(j));
16] @for(optA(i):
17]    @sum(optB(j) : Ca(i,j)*y(j))<=Va);
18] @for(optB(j):
19]    @sum(optA(i) : Cb(i,j)*x(i))<=Vb);
20] @sum(optA : x)=1; @sum(optB : y)=1;
21] @free(Va); @free(Vb);
END
```

计算结果如下(只保留有效部分):

```
Feasible solution found at iteration:   12
      Variable           Value
          VA            45.00000
          VB            55.00000
         X(1)            0.000000
         X(2)            1.000000
         X(3)            0.000000
         Y(1)            1.000000
         Y(2)            0.000000
         Y(3)            0.000000
```

即局中人 A 采用第二种策略,赢得 45 万观众,局中人 B 采用第一种策略,赢得 55 万观众,与前面计算的结果相同.

9.3 n 人合作对策初步

n 人合作对策在理论上较为复杂,这里只用一些例子简单介绍 n 人合作对策的基本思想,及用 LINGO 软件求解对策的方法.

例 9.11 甲有一匹马,对他自己来说,其价值为 0,而对乙和丙(买主)来说价值分别是 90 和 100 个货币单位. 试建立三人合作对策,使得每人的利益最大.

解 设甲、乙、丙三人的价值分别为 x_1, x_2, x_3,因此对于每个人来说,其价值为 0,即
$$v\{1\} = v\{2\} = v\{3\} = 0.$$
如果甲与乙合作,其价值为 90,甲与丙合作,其价值为 100,乙与丙合作,其价值仍为 0,因此有
$$v\{1,2\} = 90, \quad v\{1,3\} = 100, \quad v\{2,3\} = 0.$$
但三人合作的总价值为 100,即
$$v\{1,2,3\} = 100.$$
建立相应的数学规划问题:
$$\max \quad z;$$
$$\text{s.t.} \quad z \leqslant x_i, \quad i = 1, 2, 3,$$
$$x_1 + x_2 \geqslant 90,$$
$$x_1 + x_3 \geqslant 100,$$
$$x_2 + x_3 \geqslant 0,$$
$$x_1 + x_2 + x_3 \leqslant 100,$$
$$x_i \geqslant 0, \quad i = 1, 2, 3.$$

写出相应的 LINGO 程序,程序名:exam0909.lg4.

```
MODEL:
1] sets:
2]  condition/1..3/: b;
3]  players /1..3/: x;
4]  constraint(condition,players) : A;
5] endsets
6] data:
7]  A = 1  1  0
8]      1  0  1
```

```
 9]       0  1  1;
10]    b = 90  100  0;
11]    total = 100;
12] enddata
13] max = z;
14] @for(players: z <= x);
15] @for(condition(i):
16]    @sum(players(j): A(i,j) * x(j)) >= b(i));
17] @sum(players: x) <= total;
END
```

经计算得到(只保留有用部分):

```
Global optimal solution found at iteration:      8
Objective value:                           0.000000

        Variable         Value        Reduced Cost
           TOTAL       100.0000           0.000000
               Z        0.000000          0.000000
            X(1)        90.00000          0.000000
            X(2)        0.000000          0.000000
            X(3)        10.00000          0.000000
```

即 $x_1 = 90, x_2 = 0, x_3 = 10$,也就是说,甲以 90 货币单位将马卖给丙,甲获利 90 货币单位,乙获利 0 货币单位,丙获利 10 货币单位.

例 9.12 有三家公司 A, B, C 可以独立或合作某项工程,由于三家公司的基础与优势不同,因此采用独立或合作完成项目的利润也不同,详细利润如表 9-10 所示.试求完成该项目的最优方案.

表 9-10 完成项目的方法与得到的利润   单位:万元

完成项目的方法	得到的利润
A 公司独立	1.2
B 公司独立	0
C 公司独立	1
A 公司与 B 公司合作	4
A 公司与 C 公司合作	3
B 公司与 C 公司合作	4
A, B, C 三家公司合作	7

解 列出相应的数学规划问题：

$$\max\ z;$$
$$\text{s.t.}\ z \leqslant x_i,\quad i = 1,2,3,$$
$$x_1 + x_2 \geqslant 4,$$
$$x_1 + x_3 \geqslant 3,$$
$$x_2 + x_3 \geqslant 4,$$
$$x_1 + x_2 + x_3 \leqslant 7,$$
$$x_1 \geqslant 1.2,\quad x_3 \geqslant 1,$$
$$x_i \geqslant 0,\quad i = 1,2,3.$$

写出相应的 LINGO 程序，程序名：exam0910.lg4.

```
MODEL:
1]  sets:
2]    condition/1..5/: b;
3]    players /1..3/: x;
4]    constraint(condition,players) : A;
5]  endsets
6]  data:
7]    A = 1 1 0
8]        1 0 1
9]        0 1 1
10]       1 0 0
11]       0 0 1;
12]   b = 4 3 4 1.2 1;
13]   total = 7;
14] enddata
15] max = z;
16] @for(players: z <= x);
17] @for(condition(i):
18]   @sum(players(j): A(i,j) * x(j)) >= b(i));
19] @sum(players: x) <= total;
END
```

经计算得到(保留有用部分)：

Global optimal solution found at iteration: 14
Objective value: 2.333333

Variable	Value	Reduced Cost
TOTAL	7.000000	0.000000
Z	2.333333	0.000000
X(1)	2.333333	0.000000
X(2)	2.333333	0.000000
X(3)	2.333333	0.000000

即 $x_1 = x_2 = x_3 = 2.333$，也就是说，三家公司共同合作承担此项目，每个公司盈利 2.333 万元.

习 题 9

9.1 甲、乙两家公司生产同一种产品，争夺市场的占有率. 假设两家公司市场占有率之和为 100%，即顾客只购买这两家公司的产品，无其他选择. 若公司甲可以采用的商业策略为 $\alpha_1, \alpha_2, \alpha_3$，公司乙可以采用的商业策略为 $\beta_1, \beta_2, \beta_3$，表 9-11 给出在不策略下公司甲的市场占有率. 在这种情况下，请为这两家公司选择他们的最优策略.

表 9-11

	β_1	β_2	β_3
α_1	0.4	0.8	0.6
α_2	0.3	0.7	0.4
α_3	0.5	0.9	0.5

9.2 下面表 9-12、表 9-13 给出局中人 A, B 的支付矩阵，试求局中人 A, B 的最优策略.

(1)

表 9-12

	局中人 B		
局中人 A	$\frac{1}{2}$	-1	-1
	-1	$\frac{1}{2}$	-1
	-1	-1	1

(2)

表 9-13

	局中人 B			
局中人 A	2	-2	1	6
	-1	4	5	-1

9.3 表 9-14 是一双矩阵对策，试求局中人 A, B 的最优策略.

表 9-14

局中人 A	局中人 B		
	(10,4)	(4,8)	(6,6)
	(8,8)	(2,12)	(4,10)

9.4 甲公司有一块土地价值 10 万元,乙公司计划开发此块土地,可以使其升值,价值达到 20 万元. 丙公司也打算开发此块土地,其价值升值到 30 万元. 试求三家公司合作的最佳合作策略.

第 10 章 排队论模型

排队论(queueing theory)又称随机服务系统,是通过研究各种服务系统等待现象中的概率特征,从而解决服务系统最优设计与最优控制的一种理论.

本章着重介绍如何运用 LINGO 软件提供的概率函数计算排队论模型的各种问题,关于排队论模型中所涉及的随机过程的相关理论,请参阅相关书籍.

10.1 排队服务系统的基本概念

10.1.1 排队的例子及基本概念

1. 排队的例子

例 10.1 某维修中心在周末现只安排一名员工为顾客提供服务.新来的顾客到达后,若已有顾客正在接受服务,则需要排队等待.若排队的人数过多,势必会造成顾客抱怨,会影响到公司效益;若维修人员多,会增加维修中心的支出,如何调整两者的关系,使得系统达到最优.

例 10.1 是一个典型的排队的例子,关于排队的例子有很多,例如,上下班坐公共汽车,等待公共汽车的排队;顾客到商店购物形成的排队;病人到医院看病形成的排队;售票处购票形成的排队等.另一种排队是物的排队,例如文件等待打印或发送;路口红灯下面的汽车、自行车等待通过十字路口.

排队现象由内外两个方面构成,一方要求得到服务,另一方设法给予服务.我们把要求得到服务的人或物(设备)统称为顾客,给予服务的服务人员或服务机构统称为服务员或服务台.顾客与服务台就构成一个排队系统,或称为随机服务系统.显然,缺少顾客或服务台任何一方都不会形成排队系统.

对于任何一个排队服务系统,每一名顾客通过排队服务系统总要经过如下过程:顾客到达、排队等待、接受服务和离去,其过程如图 10-1 所示.

图 10-1 服务系统的描述

2. 排队服务系统的基本概念

(1) 输入过程

输入过程是描述顾客来源及顾客是按怎样的规律抵达排队系统. ①顾客源总体: 顾客的来源可能是有限的, 也可能是无限的. 例如工厂内发生故障待修的机器是有限的; 到达窗口购票的顾客总体可以看成是无限的. ②到达的类型: 顾客是单个到达, 或是成批到达. 例如工厂内发生故障待修的机器是单个到达; 在库存问题中, 进货看成顾客到达就是成批到达的例子. ③相继顾客到达的间隔时间: 通常假定是相互独立、同分布的, 有的是等距间隔时间, 有的是服从 Poisson 分布, 有的是服从 k 阶 Erlang 分布.

(2) 排队规则

排队规则是指服务是否允许排队, 顾客是否愿意排队. 常见的排队规则有如下几种情况. ①损失制排队系统: 顾客到达时, 若所有服务台均被占, 服务机构又不允许顾客等待, 此时该顾客就自动离去, 例如通常使用的损失制电话系统. ②等待制排队系统: 顾客到达时, 若所有服务台均被占, 他们就排队等待服务. 在等待制系统中, 服务顺序又分为: 先到先服务, 即顾客按到达的先后顺序接受服务; 后到先服务, 例如情报系统、天气预报资料总是后到的信息越重要, 要先处理; 随机服务, 即在等待的顾客中随机地挑选一个顾客进行服务, 例如电话员接线就是用这种方式工作; 有优先权的服务, 即在排队等待的顾客中, 某些类型的顾客具有特殊性, 在服务顺序上要给予特别待遇, 让他们先得到服务, 例如病危人先治疗、带小孩的顾客先进站等. ③混合制排队系统: 损失制与等待制的混合, 分为队长(容量)有限的混合制系统、等待时间有限的混合制系统以及逗留时间有限制的混合系统.

(3) 服务机构

服务机构主要包括以下几个方面: ①服务台的数目. 在多个服务台的情形下, 是串联或是并联. ②顾客所需的服务时间服从什么样的概率分布, 每个顾客所需的服务时间是否相互独立, 是成批服务或是单个服务等. 常见顾客的服务时间分布有: 定长分布、负指数分布、超指数分布、k 阶 Erlang 分布、几何分布、一般分布等.

10.1.2 符号表示

排队论模型的记号是 20 世纪 50 年代初由 D. G. Kendall 引入的, 通常由 3～5 个英文字母组成, 其形式为

$$A/B/C/n,$$

其中 A 表示输入过程, B 表示服务时间, C 表示服务台数目, n 表示系统空间数. 例如:

(1) $M/M/S/\infty$ 表示输入过程是 Poisson 流, 服务时间服从负指数分布, 系统有 S 个服务台平行服务, 系统容量为无穷的等待制排队系统.

(2) $M/G/1/\infty$ 表示输入过程是 Poisson 流, 顾客所需的服务时间为独立的且服从一

般的概率分布,系统中只有一个服务台,容量为无穷的等待制系统.

(3) $GI/M/1/\infty$ 表示输入过程为顾客独立到达且相继到达的间隔时间服从一般的概率分布,服务时间是相互独立的且服从负指数分布,系统中只有一个服务台,容量为无穷的等待制系统.

(4) $E_k/G/1/K$ 表示相继到达的间隔时间独立且服从 k 阶 Erlang 分布,服务时间独立且服从一般的概率分布,系统中只有一个服务台,容量为 K 的混合制系统.

(5) $D/M/S/K$ 表示相继到达的间隔时间独立、服从定长分布,服务时间相互独立、服从负指数分布,系统中有 S 个服务台平行服务,容量为 K 的混合制系统.

10.1.3 描述排队系统的主要数量指标

1. 主要数量指标

(1) 队长与等待队长

队长(通常记为 L_s)是指在系统中的顾客的平均数(包括正在接受服务的顾客),而等待队长(通常记为 L_q)是指系统中排队等待的顾客的平均数,它们是顾客和服务机构双方都十分关心的数量指标. 显然,队长等于等待队长加上正在被服务的顾客数.

(2) 顾客的平均等待时间与平均逗留时间

顾客的平均等待时间(通常记为 W_q)是指从顾客进入系统的时刻起到开始接受服务止的平均时间. 平均逗留时间(通常记为 W_s)是指顾客在系统中的平均等待时间与平均服务时间之和. 平均等待时间与平均服务时间是顾客最关心的数量指标.

(3) 系统的忙期与闲期

从顾客到达空闲的系统,服务立即开始,直到系统再次变为空闲,这段时间是系统连续繁忙的时间,我们称之为系统的忙期,它反映了系统中服务机构的工作强度,是衡量服务机构利用效率的指标,即

$$\frac{\text{服务机构}}{\text{工作强度}} = \frac{\text{用于服务顾客的时间}}{\text{服务设施总的服务时间}}$$

$$= 1 - \frac{\text{服务设施总的空闲时间}}{\text{服务设施总的服务时间}}.$$

与忙期对应的是系统的闲期,即系统连续保持空闲的时间长度.

2. Little 公式

用 λ 表示单位时间内顾客到达的平均数,μ 表示单位时间内被服务完毕离去的平均顾客数,因此,$1/\lambda$ 表示相邻两顾客到达的平均时间,$1/\mu$ 表示对每个顾客的平均服务时间. Little 给出了如下公式:

$$L_s = \lambda W_s \quad \text{或} \quad W_s = \frac{L_s}{\lambda}, \tag{1}$$

$$L_q = \lambda W_q \quad \text{或} \quad W_q = \frac{L_q}{\lambda}, \tag{2}$$

$$W_s = W_q + \frac{1}{\mu}, \tag{3}$$

$$L_s = L_q + \frac{\lambda}{\mu}. \tag{4}$$

10.1.4 与排队论模型有关的 LINGO 函数

本章并不详细介绍排队论模型的有关理论和方法，而是着重介绍如何使用 LINGO 软件以及相关的函数求解相应的排队论模型，因此在介绍有关的求解方法前，先简单回顾一下 LINGO 软件中与排队论模型有关的概率函数，这些函数在 3.3.7 节中已经介绍过.

(1) @peb(load,S)

该函数的返回值是当到达负荷为 load，服务系统中有 S 个服务台且允许排队时系统繁忙的概率，也就是顾客等待的概率.

(2) @pel(load,S)

该函数的返回值是当到达负荷为 load，服务系统中有 S 个服务台且不允许排队时系统损失概率，也就是顾客得不到服务离开的概率.

(3) @pfs(load,S,K)

该函数的返回值是当到达负荷为 load，顾客数为 K，平行服务台数量为 S 时，有限源的 Poisson 服务系统等待或返修顾客数的期望值.

10.2 等待制排队模型

等待制排队模型中最常见的模型是
$$M/M/S/\infty,$$
即顾客到达系统的相继到达时间间隔独立，且服从参数为 λ 的负指数分布（即输入过程为 Poisson 过程），服务台的服务时间也独立同分布，且服从参数为 μ 的负指数分布，而且系统空间无限，允许永远排队.

10.2.1 等待制排队模型的基本参数

对于等待制排队模型，通常关心如下指标：

(1) 顾客等待的概率
$$P_{\text{wait}} = @\text{peb}(\text{load},S), \tag{5}$$
其中 S 是服务台或服务员的个数，load 是系统到达负荷，即 load=λ/μ=RT，式中 $R=\lambda$，$T=1/\mu$.（在通常的教科书中，用 λ,μ 表示负指数分布的参数. 在下面的程序中，我们用 R

表示 λ，T 表示 $1/\mu$，下同.) 因此，R 或 λ 是顾客的平均到达率，μ 是顾客的平均被服务数，T 就是平均服务时间.

(2) 顾客的平均等待时间

$$W_q = P_{\text{wait}} \cdot \frac{T}{S - \text{load}}, \tag{6}$$

其中 $T/(S-\text{load})$ 是一个重要指标，可以看成一个"合理的长度间隔". 注意，当 $\text{load} \to S$ 时，此值趋于无穷. 也就是说，系统负荷接近服务台的个数时，顾客平均等待时间将趋于无穷.

当 $\text{load} > S$ 时，式(6)无意义. 其直观的解释是：当系统负荷超过服务台的个数时，排队系统达不到稳定的状态，其队将越排越长.

(3) 顾客的平均逗留时间(W_s)、队长(L_s)和等待队长(L_q)这三个值可由 Little 公式直接得到

$$W_s = W_q + \frac{1}{\mu} = W_q + T, \tag{7}$$

$$L_s = \lambda W_s = R W_s, \tag{8}$$

$$L_q = \lambda W_q = R W_q. \tag{9}$$

10.2.2 等待制排队模型的计算实例

1. $S=1$ 的情况($M/M/1/\infty$)

$S=1$，即只有一个服务台或一名服务员服务的情况.

例 10.2 某维修中心在周末现只安排一名员工为顾客提供服务. 新来维修的顾客到达后，若已有顾客正在接受服务，则需要排队等待. 假设来维修的顾客到达过程为 Poisson 流，平均每小时 4 人，维修时间服从负指数分布，平均需要 6 min. 试求该系统的主要数量指标.

解 按照式(5)～(9)编写 LINGO 程序，其中 $R=4, T=6/60, \text{load}=RT, S=1$.
编写相应的 LINGO 程序，程序名：exam1002.lg4.

```
MODEL:
1] S = 1; R = 4; T = 6/60; load = R * T;
2] Pwait = @peb(load,S);
3] W_q = Pwait * T/(S - load); L_q = R * W_q;
4] W_s = W_q + T; L_s = W_s * R;
END
```

其计算结果为：

Feasible solution found at iteration: 0

```
        Variable           Value
               S         1.000000
               R         4.000000
               T         0.1000000
            LOAD         0.4000000
           PWAIT         0.4000000
             W_Q         0.6666667E-01
             L_Q         0.2666667
             W_S         0.1666667
             L_S         0.6666667
```

由此得到

(1) 系统平均队长　　　$L_s = 0.6666667$(人)；

(2) 系统平均等待队长　$L_q = 0.2666667$(人)；

(3) 顾客平均逗留时间　$W_s = 0.1666667$(h) = 10(min)；

(4) 顾客平均等待时间　$W_q = 0.06666667$(h) = 4(min)；

(5) 系统繁忙概率　　　$P_{wait} = 0.4$。

例 10.3 在商业中心处设置一台 ATM 机，假设来取钱的顾客为平均每分钟 0.6 个，而每个顾客的平均取钱的时间为 1.25min，试求该 ATM 机的主要数量指标。

解 只需将上例的 LINGO 程序作如下改动：$R = 0.6, T = 1.25$ 即可。得到

```
Feasible solution found at iteration:  0

        Variable           Value
               S         1.000000
               R         0.6000000
               T         1.250000
            LOAD         0.7500000
           PWAIT         0.7500000
             W_Q         3.750000
             L_Q         2.250000
             W_S         5.000000
             L_S         3.000000
```

即平均队长为 3 人，平均等待队长为 2.25 人，顾客平均逗留时间为 5min，顾客平均等待时间为 3.75min，系统繁忙概率为 0.75。

2. $S > 1$ 的情况（$M/M/S/\infty$）

$S > 1$，表示有多个服务台或多个服务员的情况。

例 10.4 设打印室有 3 名打字员,平均每个文件的打印时间为 10min,而文件的到达率为每小时 15 件,试求该打印室的主要数量指标.

解 按照式(5)~(9)编写 LINGO 程序,程序名:exam1004.lg4.

```
MODEL:
1] S = 3; R = 15; T = 10/60; load = R * T;
2] Pwait = @peb(load,S);
3] W_q = Pwait * T/(S - load); L_q = R * W_q;
4] W_s = W_q + T; L_s = W_s * R;
END
```

计算结果如下:

Feasible solution found at iteration: 0

Variable	Value
S	3.000000
R	15.00000
T	0.1666667
LOAD	2.500000
PWAIT	0.7022472
W_Q	0.2340824
L_Q	3.511236
W_S	0.4007491
L_S	6.011236

即在打印室内现有的平均文件数为 6.011 件,等待打印的平均文件数为 3.511 件,每份文件在打印室平均停留时间为 0.400h(24min),排队等待打印的平均时间为 0.234h(14min),打印室不空闲的概率为 0.702.

例 10.5 某售票点有两个售票窗口,顾客按参数 $\lambda=8$ 人/min 的 Poisson 流到达,每个窗口的售票时间均服从参数 $\mu=5$ 人/min 的负指数分布,试比较以下两种排队方案的运行指标.

(1) 顾客到达后,以 $\frac{1}{2}$ 的概率站成两个队列,如图 10-2 所示;

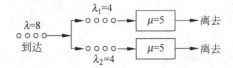

图 10-2 分解为两个平等系统

(2) 顾客到达后排成一个队列,顾客发现哪个窗口空闲时,他就接受该窗口的服务,如图 10-3 所示.

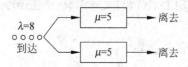

图 10-3 两(多)通道排队系统

解 (1) 实质上是两个独立的 $M/M/1/\infty$ 系统,其参数 $S=1, R=\lambda_1=\lambda_2=4, T=\dfrac{1}{\mu}=\dfrac{1}{5}=0.2$,其 LINGO 程序(程序名:exam1005a.lg4)为

```
MODEL:
1] S = 1; R = 4; T = 1/5; load = R * T;
2] Pwait = @peb(load,S);
3] W_q = Pwait * T/(S - load); L_q = R * W_q;
4] W_s = W_q + T; L_s = W_s * R;
END
```

计算结果如下:

Feasible solution found at iteration: 0

Variable	Value
S	1.000000
R	4.000000
T	0.2000000
LOAD	0.8000000
PWAIT	0.8000000
W_Q	0.8000000
L_Q	3.200000
W_S	1.000000
L_S	4.000000

(2) 是两个并联系统,其参数 $S=2, R=\lambda=8, T=\dfrac{1}{\mu}=1/5=0.2$,其 LINGO 程序(程序名:exam1005b.lg4)为

```
MODEL:
1] S = 2; R = 8; T = 1/5; load = R * T;
2] Pwait = @peb(load,S);
3] W_q = Pwait * T/(S - load); L_q = R * W_q;
```

4] W_s = W_q + T; L_s = W_s * R;
END

计算结果如下：

```
Feasible solution found at iteration:    0

    Variable           Value
       S             2.000000
       R             8.000000
       T             0.2000000
     LOAD            1.600000
    PWAIT            0.7111111
     W_Q             0.3555556
     L_Q             2.844444
     W_S             0.5555556
     L_S             4.444444
```

为了便于比较，将上述计算结果列在表 10-1 中。

表 10-1 两种系统的计算结果

主要指标	M/M/1/∞	M/M/2/∞
L_s	4	4.444
L_q	3.2	2.844
W_s	1	0.556
W_q	0.8	0.356
P_{wait}	0.8	0.711

从表 10-1 中所列的计算结果可以看出，在服务台的各种性能指标不变的情况下，采用不同的排队方式，其结果是不同的。从表 10-1 得到，采用多队列排队系统的队长为 4，而采用单排队系统总队长为 4.444，也就是说每一个子队的队长为 2.222，几乎是多列队排队系统的 1/2，效率几乎提高了一倍。

10.3 损失制排队模型

损失制排队模型通常记为 $M/M/S/S$，当 S 个服务器被占用后，顾客自动离去。

10.3.1 损失制排队模型的基本参数

对于损失制排队模型，其模型的基本参数与等待制排队模型有些不同，我们关心如下指标：

(1) 系统损失的概率
$$P_{\text{lost}} = @\text{pel}(load, S), \tag{10}$$
其中 load 是系统到达负荷，S 是服务台或服务员的个数.

(2) 单位时间内平均进入系统的顾客数 (λ_e 或 R_e)
$$\lambda_e = R_e = \lambda(1 - P_{\text{lost}}) = R(1 - P_{\text{lost}}). \tag{11}$$

(3) 系统的相对通过能力 (Q) 与绝对通过能力 (A)
$$Q = 1 - P_{\text{lost}}, \tag{12}$$
$$A = \lambda_e Q = \lambda(1 - P_{\text{lost}})^2$$
$$= R_e Q = R(1 - P_{\text{lost}})^2. \tag{13}$$

(4) 系统在单位时间内占用服务台（或服务员）的均值（即 L_s）
$$L_s = \lambda_e / \mu = R_e T. \tag{14}$$
注意：在损失制排队系统中，$L_q = 0$，即等待队长为 0.

(5) 系统服务台（或服务员）的效率
$$\eta = L_s / S. \tag{15}$$

(6) 顾客在系统内平均逗留时间（由于 $W_q = 0$，即为 W_s）
$$W_s = 1/\mu = T. \tag{16}$$
注意：在损失制排队系统中，$W_q = 0$，即等待时间为 0.

在上述公式中，引入 λ_e（或 R_e）是十分重要的，因为尽管顾客以平均 λ（或 R）的速率到达服务系统，但当系统被占满后，有一部分顾客会自动离去，因此，真正进入系统的顾客输入率是 λ_e，它小于 λ.

10.3.2 损失制排队模型计算实例

1. $S = 1$ 的情况 ($M/M/1/1$)

例 10.6 设某条电话线，平均每分钟有 0.6 次呼唤，若每次通话时间平均为 1.25min，求系统相应的参数指标.

解 其参数为 $S=1, R=\lambda=0.6, T=1/\mu=1.25$. 按照公式 (10)~(16) 写出相应的 LINGO 程序（程序名：exam1006.lg4）.

```
MODEL:
1] S = 1; R = 0.6; T = 1.25; load = R * T;
2] Plost = @pel(load,S);
3] Q = 1 - Plost; R_e = Q * R; A = Q * R_e;
4] L_s = R_e * T; eta = L_s/S;
END
```

计算得到(程序中的 $R=\lambda, R_e=\lambda_e$):

```
Feasible solution found at iteration:    0

    Variable           Value
           S        1.000000
           R        0.6000000
           T        1.250000
        LOAD        0.7500000
       PLOST        0.4285714
           Q        0.5714286
         R_E        0.3428571
           A        0.1959184
         L_S        0.4285714
         ETA        0.4285714
```

于是系统的顾客损失率为43%,即43%的电话没有接通,有57%的电话得到了服务,通话率为平均每分钟有0.195次,系统的服务效率为43%.对于一个服务台的损失制系统,系统的服务效率等于系统的顾客损失率,这一点在理论上也是正确的.

2. $S>1$ 的情况($M/M/S/S$)

例 10.7 某单位电话交换台有一台200门内线的总机,已知在上班8h的时间内,有20%的内线分机平均每40min要一次外线电话,80%的分机平均隔120min要一次外线. 又知外线打入内线的电话平均每分钟1次. 假设与外线通话的时间为平均3min,并且上述时间均服从负指数分布,如果要求电话的通话率为95%,问该交换台应设置多少条外线?

解 (1)电话交换台的服务分成两类,第一类内线打外线,其强度为

$$\lambda_1 = \left(\frac{60}{40}\times 0.2 + \frac{60}{120}\times 0.8\right)\times 200 = 140.$$

第二类是外线打内线,其强度为

$$\lambda_2 = 1\times 60 = 60.$$

因此,总强度为

$$\lambda = \lambda_1 + \lambda_2 = 140 + 60 = 200.$$

(2)这是损失制服务系统,按题目要求,系统损失的概率不能超过5%,即

$$P_{\text{lost}} \leqslant 0.05.$$

(3)外线是整数,在满足条件下,条数越少越好.

由上述三条,写出相应的LINGO程序,程序名:exam1007a.lg4.

```
MODEL:
1] R = 200; T = 3/60; load = R*T;
```

```
2] Plost = @PEL(load,S); Plost <= 0.05;
3] Q = 1 - Plost; R_e = Q*R; A = Q*R_e;
4] L_s = R_e*T; eta = L_s/S;
5] min = S; @gin(S);
END
```

计算得到(程序中的 $R=\lambda, R_e=\lambda_e$):

```
Local optimal solution found at iteration:    77
Objective value:                         15.00000
```

Variable	Value	Reduced Cost
R	200.0000	0.000000
T	0.5000000E-01	0.000000
LOAD	10.00000	0.000000
PLOST	0.3649695E-01	0.000000
S	15.00000	1.000000
Q	0.9635031	0.000000
R_E	192.7006	0.000000
A	185.6676	0.000000
L_S	9.635031	0.000000
ETA	0.6423354	0.000000

即需要15条外线。在此条件下,交换台的顾客损失率为3.65%,有96.35%的电话得到了服务,通话率为平均每小时185.67次,交换台每条外线的服务效率为64.23%。

在前面谈过,尽量选用简单的模型让LINGO软件求解,而上述程序是解非线性整数规划(尽管是一维的),但计算时间可能会较长,因此,我们选用下面的处理方法,分两步处理。

第一步,求出概率为5%的服务台的个数,尽管要求服务台是整数,但@pel()可以给出实数解。

写出LINGO程序,程序名:exam1007b1.lg4。

```
MODEL:
1] R = 200; T = 3/60; load = R*T;
2] @pel(load,S) = 0.05;
END
```

计算结果为:

```
Feasible solution found at iteration:  0
```

```
          Variable            Value
              R              200.0000
              T              0.5000000E-01
           LOAD               10.00000
              S               14.33555
```

第二步,注意到@pel(load,S)是 S 的单调递减函数,因此,对 S 取整(采用只入不舍原则)就是满足条件的最小服务台数,然后再计算出其他的参数指标.

写出 LINGO 程序,程序名:exam1007b2.lg4.

```
MODEL:
1] R = 200; T = 3/60; load = R * T;
2] S = 15; Plost = @pel(load,S);
3] Q = 1 - Plost; R_e = Q * R; A = Q * R_e;
4] L_s = R_e * T; W_s = T; eta = L_s/S;
END
```

计算结果为:

Feasible solution found at iteration: 0

```
          Variable            Value
              R              200.0000
              T              0.5000000E-01
           LOAD               10.00000
              S               15.00000
          PLOST              0.3649695E-01
              Q               0.9635031
            R_E               192.7006
              A               185.6676
            L_S               9.635031
            W_S              0.5000000E-01
            ETA               0.6423354
```

比较上面两种方法的计算结果,其答案是相同的,但第二种方法比第一种方法在计算时间上要少许多.

10.4 混合制排队模型

混合制排队模型通常记为 $M/M/S/K$,即有 S 个服务台或服务员,系统空间容量为 K,当 K 个位置已被顾客占用时,新到的顾客自动离去,当系统中有空位置时,新到的顾客进入系统排队等待.

对于混合制排队模型,LINGO 软件并没有提供特殊的计算函数,因此需要混合制排队模型的基本公式进行计算,为此,先给出其基本公式.

10.4.1 混合制排队模型的基本公式

设 $p_i(i=1,2,\cdots,K)$ 是系统有 i 个顾客的概率,p_0 表示系统空闲时的概率,因此,

$$\sum_{i=0}^{K} p_i = 1, \quad p_i \geqslant 0, \quad i=0,1,\cdots,K. \tag{17}$$

设 $\lambda_i(i=1,2,\cdots,K)$ 为系统在 i 时刻的输入强度,$\mu_i(i=1,2,\cdots,K)$ 为系统在 i 时刻的服务强度,在平衡过程下,可得到平衡方程

$$\lambda_0 p_0 = \mu_1 p_1, \tag{18}$$

$$(\lambda_i + \mu_i) p_i = \lambda_{i-1} p_{i-1} + \mu_{i+1} p_{i+1}, \quad i=1,2,\cdots,K-1, \tag{19}$$

$$\lambda_{K-1} p_{K-1} = \mu_K p_K. \tag{20}$$

对于混合制排队模型 $M/M/S/K$,有

$$\lambda_i = \lambda, \quad i=0,1,\cdots,K, \tag{21}$$

$$\mu_i = \begin{cases} i\mu, & i \leqslant S, \\ S\mu, & i > S, \end{cases} \quad i=1,2,\cdots,K. \tag{22}$$

10.4.2 混合制排队模型的基本参数

对于混合制排队模型,人们关心如下参数.

(1) 系统的损失概率

$$P_{\text{lost}} = p_K. \tag{23}$$

(2) 系统的相对通过能力(Q)和单位时间平均进入系统的顾客数(λ_e):

$$Q = 1 - P_{\text{lost}} = 1 - p_K, \tag{24}$$

$$\lambda_e = \lambda Q = \lambda(1 - p_K) = R \cdot Q = R(1 - p_K)$$
$$= R_e. \tag{25}$$

(3) 平均队长(L_s)和平均等待队长(L_q):

$$L_s = \sum_{i=0}^{K} i p_i, \tag{26}$$

$$L_q = \sum_{i=S}^{K} (i-S) p_i = L_s - \lambda_e/\mu = L_s - R_e T. \tag{27}$$

(4) 顾客在系统内平均逗留时间(W_s)和平均排队等待时间(W_q),这两个时间可由 Little 公式得到:

$$W_s = L_s/\lambda_e = L_s/R_e, \tag{28}$$

$$W_q = L_q/\lambda_e = W_s - 1/\mu = W_s - T. \tag{29}$$

注意,在公式(28)~(29)中,是除 λ_e 而不是 λ,其理由与损失制系统相同.

10.4.3 混合制排队模型计算实例

1. S=1 的情况(M/M/1/K)

例 10.8 某理发店只有 1 名理发员,因场所有限,店里最多可容纳 4 名顾客,假设来理发的顾客按 Poisson 过程到达,平均到达率为 6 人/h,理发时间服从负指数分布,平均 12min 可为 1 名顾客理发,求该系统的各项参数指标.

解 其参数为 $S=1, K=4, R=\lambda=6, T=1/\mu=12/60$. 按公式(18)~(20)计算出相应的损失概率 p_K,然后再由式(23)~(29)计算出各项参数指标.

写出 LINGO 程序,程序名:exam1008.lg4.

```
MODEL:
1] sets:
2]   state/1..10/: P;
3] endsets
4] S = 1; K = 4; R = 6; T = 12/60;
5] P0 * R = 1/T * P(1);
6] (R + 1/T) * P(1) = R * P0 + S/T * P(2);
7] @for(state(i) | i #gt# 1 #and# i #lt# K:
8]    (R + S/T) * P(i) = R * P(i-1) + S/T * P(i+1));
9] R * P(K-1) = S/T * P(K);
10] P0 + @sum(State(i)| i #le# K: P(i)) = 1;
11] Plost = P(K); Q = 1 - P(K); R_e = Q * R;
12] L_s = @sum(state(i)| i #le# K: i * P(i));
13] L_q = L_s - R_e * T;
14] W_s = L_s/R_e;
15] W_q = W_s - T;
END
```

程序中的第 2]行中的 10 不是必须的,但必须大于等于 K,为了编程方便,通常取一个较大的数即可.计算得到:

```
Feasible solution found at iteration:  3

       Variable           Value
          S            1.000000
          K            4.000000
          R            6.000000
```

T	0.2000000
P0	0.1343797
PLOST	0.2786498
Q	0.7213502
R_E	4.328101
L_S	2.359493
L_Q	1.493872
W_S	0.5451565
W_Q	0.3451565
P(1)	0.1612556
P(2)	0.1935068
P(3)	0.2322081
P(4)	0.2786498

即理发店的空闲率为 13.4%，顾客的损失率为 27.9%，每小时进入理发店的平均顾客数为 4.328 人，理发店内的平均顾客数（队长）为 2.359 人，顾客在理发店的平均逗留时间是 0.545h(32.7min)，理发店里等待理发的平均顾客数（等待队长）为 1.494 人，顾客在理发店的平均等待时间为 0.345h(20.7min)。

2. $S>1$ 的情况($M/M/S/K$)

例 10.9 某工厂的机器维修中心有 9 名维修工，因为场地限制，中心内最多可以容纳 12 台需要维修的设备。假设待修的设备按 Poisson 过程到达，平均每天 4 台，维修设备服从负指数分布，每台设备平均需要 2 天时间，求该系统的各项参数指标。

解 其参数为 $S=9, K=12, R=\lambda=4, T=\dfrac{1}{\mu}=2$。按公式(18)~(20)计算出相应的损失概率 p_K，然后再由式(23)~(29)计算出各项参数指标。

写出 LINGO 程序，程序名：exam1009.lg4。

```
MODEL:
1] sets:
2]   state/1..20/: P;
3] endsets
4] S = 9; K = 12; R = 4; T = 2;
5] P0 * R = 1/T * P(1);
6] (R + 1/T) * P(1) = R * P0 + 2/T * P(2);
7] @for(state(i) | i #gt# 1 #and# i #lt# S:
8]   (R + i/T) * P(i) = R * P(i-1) + (i+1)/T * P(i+1));
9] @for(state(i) | i #ge# S #and# i #lt# K:
10]   (R + S/T) * P(i) = R * P(i-1) + S/T * P(i+1));
```

```
11] R*P(K-1) = S/T*P(K);
12] P0 + @sum(State(i)| i #le# K: P(i)) = 1;
13] Plost = P(K); Q = 1 - P(K); R_e = Q*R;
14] L_s = @sum(state(i)| i #le# K: i*P(i));
15] L_q = L_s - R_e*T;
16] W_s = L_s/R_e;
17] W_q = W_s - T;
END
```

经计算得到：维修中心的空闲率 $p_0 = 0.033\%$，设备的损失率 $P_{\text{lost}} = 8.61\%$，每天进入维修中心需要维修的设备 $\lambda_e = 3.66$ 台，维修中心平均维修的设备(队长) $L_s = 7.87$ 台，待修设备在维修中心的平均逗留时间 $W_s = 2.15$ 天，维修中心内平均等待维修的设备(等待队长) $L_q = 0.561$ 台，待修设备在维修中心的平均等待时间 $W_q = 0.153$ 天.

10.5 闭合式排队模型

设系统内有 M 个服务台(或服务员)，顾客到达系统的间隔时间和服务台的服务时间均为负指数分布，而系统的容量和潜在的顾客数都为 K，顾客到达率为 λ，服务台的平均服务率为 μ，这样的系统称为闭合式排队模型，记为 $M/M/S/K/K$.

10.5.1 闭合式排队模型的基本参数

对于闭合式排队模型，我们关心的参数有：

(1) 平均队长
$$L_s = @\text{pfs}(\text{load}, S, K), \tag{30}$$
其中 load 是系统的负荷，其计算公式为
$$\text{load} = K \cdot \lambda/\mu = KRT, \tag{31}$$
即

系统的负荷 = 系统的顾客数 × 顾客的到达率 × 顾客的服务时间.

(2) 单位时间平均进入系统的顾客数(λ_e 或 R_e)
$$\lambda_e = \lambda(K - L_s) = R(K - L_s) = R_e. \tag{32}$$

(3) 顾客处于正常情况的概率
$$P = \frac{K - L_s}{K}. \tag{33}$$

(4) 平均逗留时间(W_s)、平均等待队长(L_q) 和平均排队等待时间(W_q)，这三个值可由 Little 公式得到：

$$W_s = L_s/\lambda_e = L_s/R_e, \tag{34}$$

$$L_q = L_s - \lambda_e/\mu = L_s - R_e T, \tag{35}$$

$$W_q = W_s - 1/\mu = W_s - T. \tag{36}$$

(5) 每个服务台(服务员)的工作强度

$$P_{\text{work}} = \frac{\lambda_e}{S\mu}. \tag{37}$$

10.5.2 闭合式排队模型计算实例

1. $S=1$ 的情况 ($M/M/1/K/K$)

例 10.10 设有 1 名工人负责照管 6 台自动机床. 当机床需要加料、发生故障或刀具磨损时就自动停车, 等待工人照管. 设平均每台机床两次停车的时间间隔为 1h, 停车时需要工人照管的平均时间是 6min, 并均服从负指数分布. 求该系统的各项指标.

解 这是一个闭合式排队模型 $M/M/1/6/6$, 其参数为 $S=1, K=6, R=\lambda=1, T=\dfrac{1}{\mu}=6/60$, 由式 (30)~(31) 计算出平均队长, 再由公式 (32)~(37) 计算出其他各项指标.

写出 LINGO 程序, 程序名: exam1010.lg4.

```
MODEL:
1] S = 1; K = 6; R = 1; T = 0.1;
2] L_s = @pfs(K * R * T,S,K);
3] R_e = R * (K-L_s); P = (K-L_s)/K;
4] L_q = L_s-R_e * T;
5] W_s = L_s/R_e; W_q = W_s-T;
6] Pwork = R_e/S * T;
END
```

计算结果如下:

```
Feasible solution found at iteration:      0

        Variable           Value
               S        1.000000
               K        6.000000
               R        1.000000
               T        0.1000000
             L_S        0.8451490
             R_E        5.154851
               P        0.8591418
             L_Q        0.3296639
```

```
          W_S                 0.1639522
          W_Q                 0.6395218E-01
          PWORK               0.5154851
```

即机床的平均队长为 0.845 台,平均等待队长为 0.330 台,机床的平均逗留时间为 0.164h(9.84min),平均等待时间为 0.064h(3.84min),机床的正常工作概率为 85.91%,工人的劳动强度为 0.515.

例 10.11(继例 10.10) 将例中的条件改为由 3 名工人联合看管 20 台自动机床,其他条件不变.求该系统的各项指标.

解 这是 $M/M/3/20$ 模型,其参数改为 $S=3, K=20$,其余不变.

按照例 10.10 的方法编写 LINGO 程序(程序名: exam1011.lg4),计算结果如下:

```
Feasible solution found at iteration:   0

          Variable            Value
          S                   3.000000
          K                   20.00000
          R                   1.000000
          T                   0.1000000
          L_S                 2.126232
          R_E                 17.87377
          P                   0.8936884
          L_Q                 0.3388548
          W_S                 0.1189582
          W_Q                 0.1895822E-01
          PWORK               0.5957923
```

将例 10.10 和例 10.11 的结果一同列在表 10-2 中.

表 10-2 例 10.10 和例 10.11 的计算结果

各项指标	1 人照顾 6 台设备(M/M/1/6/6)	3 人照顾 20 台设备(M/M/3/20/20)
L_s	0.8451490	2.126232
P	0.8591418	0.8936884
L_q	0.3296639	0.3388548
W_s	0.1639522	0.1189582
W_q	0.6395218×10^{-1}	0.1895822×10^{-1}
P_{work}	0.5154851	0.5957923

从表 10-2 可以看出,在第二种情况下,尽管每个工人看管的机器数增加了,但机器逗留时间和等待维修时间却缩短了,机器的正常运转率和工人的劳动强度都提高了.

10.6 排队系统的最优化模型

排队系统中的优化模型,一般可分为系统设计的优化和系统控制的优化. 前者为静态优化,即在服务系统设置以前根据一定的质量指标,找出参数的最优值,从而使系统最为经济. 后者为动态优化,即对已有的排队系统寻求使其某一目标函数达到最优的运营机制.

本节的主要目的是利用 LINGO 软件求函数极值的功能,求系统的静态优化.

10.6.1 系统服务时间的确定

系统服务时间 $T=1/\mu$. 我们需要调整系统服务时间使系统达到最优.

例 10.12 设某工人照管 4 台自动机床,机床运转时间(或各台机床损坏的相继时间)平均为负指数分布,假定平均每周有一台机床损坏需要维修,机床运转单位时间内平均收入 100 元,而每增加 1 单位 μ 的维修费用为 75 元. 求使总利益达到最大的 μ^*.

解 这是一个闭合式排队系统 $M/M/1/K/K$,且 $K=4$. 设 L_s 是队长,则正常运转的机器为 $K-L_s$ 部,因此目标函数为

$$f = 100(K-L_s) - 75\mu.$$

题意就是在上述条件下,求目标函数 f 的最大值.

写出相应的 LINGO 程序,程序名:exam1012.lg4.

```
MODEL:
1] S = 1; K = 4; R = 1;
2] L_s = @pfs(K * R/mu,S,K);
3] max = 100 * (K - L_s) - 75 * mu;
END
```

计算结果如下:

```
Local optimal solution found at iteration:     54
Objective value:                          31.49399

        Variable          Value         Reduced Cost
               S       1.000000             0.000000
               K       4.000000             0.000000
               R       1.000000             0.000000
             L_S       2.335734             0.000000
              MU       1.799101           - 0.2781975
```

10.6 排队系统的最优化模型

即 $\mu^* = 1.799$. 最优目标值 $f^* = 31.49$.

例 10.13 假定有一混合制排队系统 $M/M/1/K$, 其顾客的到达率为每小时 3.6 人, 其到达间隔服从 Poisson 过程. 系统服务一个顾客收费 2 元. 又设系统的服务强度 $\mu(\mu = 1/T, T$ 为服务时间) 服从负指数分布, 其服务成本为每小时 0.5μ 元. 求系统为每个顾客的最佳服务时间.

解 系统的损失率为 p_K, 则系统每小时服务的人数为 $\lambda(1-p_K)$, 每小时运行成本为 0.5μ, 因此目标函数为

$$f = 2\lambda(1-p_K) - 0.5\mu.$$

题意就是在上述条件下, 求目标函数 f 的最大值.

写出相应的 LINGO 程序, 程序名: exam1013.lg4.

```
MODEL:
1] sets:
2]   state/1..10/: P;
3] endsets
4] S = 1; K = 3; R = 3.6;
5] P0 * R = 1/T * P(1);
6] (R + 1/T) * P(1) = R * P0 + S/T * P(2);
7] @for(state(i) | i #gt# 1 #and# i #lt# K:
8]   (R + S/T) * P(i) = R * P(i-1) + S/T * P(i+1));
9] R * P(K-1) = S/T * P(K);
10] P0 + @sum(State(i) | i #le# K: P(i)) = 1;
11] max = 2 * R * (1 - P(K)) - 0.5/T;
END
```

计算结果如下:

```
Local optimal solution found at iteration:    28
Objective value:                        3.701338

       Variable       Value        Reduced Cost
              S       1.000000     0.000000
              K       3.000000     0.000000
              R       3.600000     0.000000
             P0       0.3357972    0.000000
              T       0.2238125    0.000000
```

即系统为每位顾客最佳服务时间是 0.2238h(13.43min), 系统每小时盈利 3.70 元.

10.6.2 系统服务台(员)的确定

例 10.14 一个大型露天矿山,正考虑修建矿石卸位的个数.估计运矿石的车将按 Poisson 流到达,平均每小时 15 辆.卸矿石时间服从负指数分布,平均 3min 卸一辆.又知每辆运送矿石的卡车售价是 8 万元,修建一个卸位的投资是 14 万元.问:应建多少个矿山卸位最为适宜?

解 用等待制排队系统 $M/M/S/\infty$ 进行分析,其费用包括两个方面,一个是建造卸位的费用,另一个是卡车处于排队状态不能工作的费用,因此目标函数为

$$f = 14S + 8L_s.$$

题意就是在上述条件下,求目标函数 f 的最小值.

写出相应的 LINGO 程序,程序名:exam1014.lg4.

```
MODEL:
1] R = 15; T = 3/60; load = R * T;
2] Pwait = @peb(load,S);
3] W_q = Pwait * T/(S - load);
4] W_s = W_q + T; L_s = W_s * R;
5] min = 8 * L_s + 14 * S;
6] @gin(S); @bnd(1,S,5);
END
```

计算结果如下:

```
Local optimal solution found at iteration:    192
Objective value:                         34.98182

        Variable        Value         Reduced Cost
               R        15.00000       0.000000
               T        0.5000000E-01  0.000000
            LOAD        0.7500000      0.000000
           PWAIT        0.2045455      0.000000
               S        2.000000       10.95338
             W_Q        0.8181818E-02  0.000000
             W_S        0.5818182E-01  0.000000
             L_S        0.8727273      0.000000
```

即建 2 个卸位,总成本是 34.98 万元.

习 题 10

10.1 某汽车修理站只有 1 名修理工,一天 8h 平均修理 12 辆汽车,已知修理时间为负指数分布,汽车到来为 Poisson 分布,平均每小时有 1 辆汽车去修理. 如果一位司机愿意在修理站等候,一旦汽车修复即开走,问他平均需等多久?

10.2 在题 10.1 中,如果每小时平均有 1.2 辆汽车去修理,试问修理工平均每天的空闲时间减少了多少? 这对修理站里的汽车数及修理后向顾客交货时间又有怎样的影响?

10.3 某加油站的场地可供 4 辆汽车同时加油,顾客将不排队等候,如场地不空,他们既去别处加油. 设顾客按 Poisson 流到来,顾客到加油站平均需用 4min 可将汽车油箱加满. 若在一天不同时段,汽车的到达率是不同的: 在高峰时段里,顾客每分钟到来 2 个,中午前后,则是 2min 到来 1 个顾客. 试问在这两种时段内,被拒绝服务的顾客百分比各为多少?

10.4 某单位电话交换台有一部 300 门内线的总机,已知上班时间,有 30% 的内线分机平均每 30min 要一次外线电话,70% 的分机平均每隔 1h 要一次外线电话,又知从外单位打来的电话的呼唤率平均 30s 一次,设通话平均时间为 3min,以上时间都属负指数分布. 如果要求外线电话接通率为 95% 以上,问该交换台应设置多少外线?

10.5 某电话客户服务中心有 6 名接线员,10 部电话机,中心接到的电话为每小时 60 次,服从 Poisson 流,通话时间平均每次 6min,服从负指数分布,其他条件适合标准 $M/M/S/K$ 模型. 试求电话客户服务中心的空闲率、顾客呼叫的损失率以及电话接通后顾客的等待时间.

10.6 一名机工负责 5 台机器的维修. 已知每台机器平均 2h 发生一次故障,服从负指数分布. 机工维修速度为每小时 3.2 台,服从 Poisson 分布. 试求:

(1) 等待维修的机器的平均数;

(2) 若该机工负责 6 台机器的维修,其他各项数字不变,则(1)的结果又如何?

(3) 若希望有 50% 以上的机器能正常运转,求该机工最多负责维修的机器数.

10.7 机器送达修理厂为 Poisson 过程,平均每小时 4 台,平均修理 1 台机器需 7min,服从负指数分布. 现若增设一台新设备,可使每台机器修理时间减为 5min,但这台设备的使用费为每分钟 10 元. 坏了的机器每台每分钟造成损失为 5 元. 试问是否要购置这台新设备?

10.8 某设备修理站打算在甲、乙两人中聘用一人. 甲要求工资为每小时 15 元,每小时平均检修 4 台设备,乙要求工资为每小时 12 元,每小时平均检修 3 台设备. 若一台设备停留站内一小时(待修或正在修理),站里需支付费用 5 元. 当每小时平均有两台设备送来修理时,站里应聘用哪位较合适?

10.9 某检验中心为各工厂服务,要求做检验的工厂(顾客)的到来服从 Poisson 流,平均到达率为每天 48 次,每次来检验由于停工等原因损失 150 元.服务(做检验)时间服从负指数分布,平均服务率为每天 25 次.每设置一个检验员服务成本(工资及设备损耗)为每天 100 元,其他条件适合标准 $M/M/S/\infty$ 模型.问应设置多少名检验员(及设备)才能使总费用的期望值为最小?

10.10 一车间内有 10 台相同的机器,每台机器运行时每小时能创造 60 元的利润,且平均每小时损坏 1 次,而一个修理工修复 1 台机器需要 15min,以上时间均服从负指数分布.设 1 名修理工每小时工资为 90 元,求:

(1) 该车间应设置多少名修理工,使总费用为最少?

(2) 若要求损坏的机器等待修理的时间不超过 30min,应设多少名修理工?

第 11 章 存储论模型

存储论(或称为库存论)是定量方法和技术最早的领域之一,是研究存储系统的性质、运行规律以及如何寻找最优存储策略的一门学科,是运筹学的重要分支.存储论的数学模型一般分成两类:一类是确定性模型,它不包含任何随机因素,另一类是带有随机因素的随机存储模型.

这里并不打算全面论述存储论模型的全部内容,而是讨论如何用 LINGO 软件求解存储论模型的相关问题.

11.1 存储论模型简介

11.1.1 问题的引入

例 11.1 某电器公司的生产流水线需要某种零件,该零件需要靠订货得到.为此,该公司考虑到了如下费用结构:

(1) 批量订货的订货费 12000 元/次;
(2) 每个零件的单位成本为 10 元/件;
(3) 每个零件的存储费用为 0.3 元/(件·月);
(4) 每个零件的缺货损失为 1.1 元/(件·月).

公司应如何安排这些零件的订货时间与订货规模,使得全部费用最少?

例 11.1 是一个存储模型问题,为了便于后面说明,先介绍存储论模型的基本概念.

11.1.2 存储论模型的基本概念

所谓存储实质上是将供应与需求两个环节以存储为中心联结起来,起到协调与缓和供需之间矛盾的作用.存储模型的基本形式如图 11-1 所示.

图 11-1 存储问题基本模型

1. 存储模型的基本要素

(1) 需求率:单位时间内对某种物品的需求量,用 D 表示.

(2) 订货批量:一次订货中,包含某种货物的数量,用 Q 表示.
(3) 订货间隔期:两次订货之间的时间间隔,用 T 表示.

2. 存储模型的基本费用

(1) 订货费:每组织一次生产、订货或采购的费用,通常认为与订购数量无关,记为 C_D.

(2) 存储费:所有用于存储的全部费用,通常与存储物品的多少和时间长短有关,记为 C_P.

(3) 短缺损失费:由于物品短缺所产生的一切损失费用,通常与损失物品的多少和短缺时间的长短有关,记为 C_S.

11.2 经济订购批量存储模型

所谓经济订购批量存储模型(economic ordering quantity,EOQ)是指不允许缺货、货物生产(或补充)的时间很短(通常近似为 0)的模型.

11.2.1 基本的经济订购批量存储模型

经济订购批量存储模型有以下假设:
(1) 短缺费为无穷,即 $C_S = \infty$;
(2) 当存储降到零后,可以立即得到补充;
(3) 需求是连续的、均匀的;
(4) 每次的订货量不变,订购费不变;
(5) 单位存储费不变.

由上述假设,存储量的变化情况如图 11-2 所示.

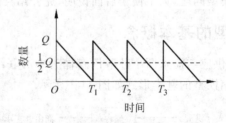

图 11-2 EOQ 模型的存储量曲线

在一个周期内,最大的存储量为 Q,最小的存储量为 0,且需求是连续均匀的,因此在一个周期内,其平均存储量为 $\frac{1}{2}Q$,存储费用为 $\frac{1}{2}C_P Q$.

一次订货费为 C_D,那么在一个周期(T)内的平均订货费为 C_D/T.由于在最初时刻,订货量为 Q,在 T 时刻,存储量为 0,而且需求量为 D 且连续均匀变化,因此,得到订货量 Q、需求量 D 和订货周期 T 之间的关系 $T = \dfrac{Q}{D}$.

由此计算出一个周期内的总费用,也是一个单位时间内(如一年)的平均总费用

$$TC = \frac{1}{2}C_P Q + \frac{C_D D}{Q}. \tag{1}$$

对式(1)求导数,并令其为 0,即

$$\frac{dTC}{dQ} = \frac{1}{2}C_P - \frac{C_D D}{Q^2} = 0, \tag{2}$$

得到费用最小的订货量(充分性很容易验证)

$$Q^* = \sqrt{\frac{2C_D D}{C_P}}, \tag{3}$$

$$TC^* = \frac{1}{2}C_P Q^* + \frac{C_D D}{Q^*} = \sqrt{2C_D C_P D}. \tag{4}$$

例 11.2(继例 11.1) 设该零件的每月需求量为 800 件.

(1) 试求今年该公司对零件的最佳订货存储策略及费用;

(2) 若明年对该零件的需求将提高一倍,则零件的订货批量应比今年增加多少?订货次数应为多少?

解 (1) 根据题意,取一年为单位时间,由假设知,订货费 $C_D = 12000$ 元/次,存储费 $C_P = 3.6$ 元/(件·年),需求率 $D = 96000$ 件/年,代入相关的公式得到:

$$Q^* = \sqrt{\frac{2C_D D}{C_P}} = \sqrt{\frac{2 \times 12000 \times 96000}{3.6}} = 25298(件)$$

$$T^* = \frac{Q^*}{D} = \frac{25298}{96000} = 0.2635(年)$$

$$TC^* = \sqrt{2C_D C_P D} = \sqrt{2 \times 3.6 \times 12000 \times 96000}$$
$$= 91073(元/年)$$

当然,我们也可以用 LINGO 程序(程序名:exam1102a.lg4)完成上述公式的计算.

```
MODEL:
1] C_D = 12000;
2]  D = 96000;
3] C_P = 3.6;
4] Q = (2*C_D*D/C_P)^0.5;
5] T = Q/D;
6]  n = 1/T;
7] TC = 0.5*C_P*Q + C_D*D/Q;
END
```

计算结果：

Feasible solution found at iteration: 0

```
        Variable           Value
           C_D          12000.00
             D          96000.00
           C_P          3.600000
             Q          25298.22
             T         0.2635231
             N          3.794733
            TC          91073.60
```

进一步研究，全年的订货次数为

$$n = \frac{1}{T} = 3.7947(次).$$

但 n 必须为正整数，故还需要比较 $n=3$ 与 $n=4$ 时全年的费用.

继续用 LINGO 程序（程序名：exam1102b.lg4）计算：

```
MODEL:
1]  sets:
2]      times/1..2/: n,Q,TC;
3]  endsets
4]  data:
5]      n = 3,4;
6]   C_D = 12000;
7]      D = 96000;
8]   C_P = 3.6;
9]  enddata
10] @for(times:
11]     n = D/Q;
12]     TC = 0.5 * C_P * Q + C_D * D/Q;
13] );
END
```

得到结果如下：

Feasible solution found at iteration: 0

```
      Variable          Value
         C_D         12000.00
```

D	96000.00
C_P	3.600000
N(1)	3.000000
N(2)	4.000000
Q(1)	32000.00
Q(2)	24000.00
TC(1)	93600.00
TC(2)	91200.00

即全年组织 4 次订货更好一些,每季度订货一次,每次订货 24000 件.

(2) 若明年需求量增加一倍,由公式(3),明年的订货量是今年的 $\sqrt{2}$ 倍,利用公式得到: $Q=35777$(件), $n=5.367$(次). 再比较 $n=5$ 与 $n=6$,经计算得到,每年组织 5 次订货,每次订货 38400 件.

上面介绍的是教科书中传统的求解方法,在有了 LINGO 软件后,我们可以直接求出问题的整数解.

写出 LINGO 程序,程序名: exam1102c.lg4.

```
MODEL:
 1] sets:
 2]   order/1..99/: TC,EOQ;
 3] endsets
 4]
 5] @for(order(i):
 6]    EOQ(i) = D/i;
 7]    TC(i) = 0.5 * C_P * EOQ(i) + C_D * D/EOQ(i);
 8] );
 9] TC_min = @min(order: TC);
10] Q = @sum(order(i): EOQ(i) * (TC_min #eq# TC(i)));
11] N = D/Q;
12]
13] data:
14]   C_D = 12000;
15]   D = 96000;
16]   C_P = 3.6;
17] enddata
END
```

程序第 2]行中的 99 不是必须的,通常取一个适当大的数就可以了. 第 6]行计算年订货 1,2,…,99 次的订货量,第 7]行计算在这样的订货量下,年花费的平均总费用. 第 9]行求出所有费用中费用最少的一个,第10]行求出最小费用对应的订货量,第11]行求出相应的订货次数.9]到11]行的编程方法是 LINGO 软件特有的,学习这种编程方法,对于其他的问题也是很有用的.

经计算得到:

Feasible solution found at iteration: 0

```
        Variable           Value
               D        96000.00
             C_P        3.600000
             C_D        12000.00
          TC_MIN        91200.00
               Q        24000.00
               N        4.000000
```

即一年组织 4 次订货(每季度 1 次),每次的订货量为 24000 件,最优费用为 91200 元.

公式(3)是经典公式,被称为 EOQ 公式,该公式的最大优点是对参数的误差不很敏感.但是,它在实际使用中的效果并不理想,其原因在于:此模型没有考虑多产品、共同占用资金、库容等实际情况.

11.2.2 带有约束的经济订购批量存储模型

现在考虑多物品、带有约束的情况.设有 m 种物品,采用下列记号:

(1) $D_i, Q_i, C_i (i=1,2,\cdots,m)$ 分别表示第 i 种物品的单位需求量、每次订货的批量和物品的单价;

(2) C_D 表示实施一次订货的订货费,即无论物品是否相同,订货费总是相同的;

(3) $C_{Pi} (i=1,2,\cdots,m)$ 表示第 i 种产品的单位存储费;

(4) J, W_T 分别表示每次订货可占用资金和库存总容量;

(5) $w_i (i=1,2,\cdots,m)$ 表示第 i 种物品的单位库存占用.

类似于前面的推导,可以得到带有约束的多物品的 EOQ 模型.

1. 具有资金约束的 EOQ 模型

类似前面的分析,对于第 $i(i=1,2,\cdots,m)$ 种物品,当每次订货的订货量为 Q_i 时,年总平均费用为

$$TC_i = \frac{1}{2} C_{Pi} Q_i + \frac{C_D D_i}{Q_i}.$$

每种物品的单价为 C_i,每次的订货量为 Q_i,则 $C_i Q_i$ 是该种物品占用的资金.因此,资金约束为

$$\sum_{i=1}^{m} C_i Q_i \leqslant J.$$

综上所述，得到具有资金约束的 EOQ 模型：

$$\min \quad \sum_{i=1}^{m} \left(\frac{1}{2} C_{Pi} Q_i + \frac{C_D D_i}{Q_i} \right); \tag{5}$$

$$\text{s.t.} \quad \sum_{i=1}^{m} C_i Q_i \leqslant J, \tag{6}$$

$$Q_i \geqslant 0, \quad i = 1, 2, \cdots, m. \tag{7}$$

2. 具有库容约束的 EOQ 模型

第 i 种物品的库占位大小是 w_i，因此，$w_i Q_i$ 是该种物品的总的库占位，结合上面的分析，具有库容约束的 EOQ 模型是

$$\min \quad \sum_{i=1}^{m} \left(\frac{1}{2} C_{Pi} Q_i + \frac{C_D D_i}{Q_i} \right); \tag{8}$$

$$\text{s.t.} \quad \sum_{i=1}^{m} w_i Q_i \leqslant W_T, \tag{9}$$

$$Q_i \geqslant 0, \quad i = 1, 2, \cdots, m. \tag{10}$$

3. 兼有资金与库容约束的最佳批量模型

结合上述两种模型，得到兼有资金与库容约束的最佳批量模型：

$$\min \quad \sum_{i=1}^{m} \left(\frac{1}{2} C_{Pi} Q_i + \frac{C_D D_i}{Q_i} \right); \tag{11}$$

$$\text{s.t.} \quad \sum_{i=1}^{m} C_i Q_i \leqslant J, \tag{12}$$

$$\sum_{i=1}^{m} w_i Q_i \leqslant W_T, \tag{13}$$

$$Q_i \geqslant 0, \quad i = 1, 2, \cdots, m. \tag{14}$$

对于这三种模型，可以容易地用 LINGO 软件进行求解。

例 11.3 某公司需要 5 种物资，其供应与存储模式为确定型、周期补充、均匀消耗和不允许缺货模型。设该公司的最大库容量(W_T)为 1500m³，一次订货占用流动资金的上限(J)为 40 万元，订货费(C_D)为 1000 元。5 种物资的年需求量 D_i，物资单价 C_i，物资的存储费 C_{Pi}，单位占用库 w_i 如表 11-1 所示。试求各种物品的订货次数、订货量和总的存储费用。

表 11-1 物资需求、单价、储费和单位占用库情况表

物资 i	年需求量 D_i	单价 C_i/(元/件)	存储费 C_{Pi}/(元/(件·年))	单位占用库容 w_i/(m³/件)
1	600	300	60	1.0
2	900	1000	200	1.5
3	2400	500	100	0.5
4	12000	500	100	2.0
5	18000	100	20	1.0

解 设 N_i 是第 $i(i=1,2,\cdots,5)$ 种物资的年订货次数，按照带有资金与库容约束的最佳批量模型 (11)~(14)，写出相应的整数规划模型

$$\min \quad \sum_{i=1}^{5}\left(\frac{1}{2}C_{Pi}Q_i + \frac{C_D D_i}{Q_i}\right);$$

$$\text{s.t.} \quad \sum_{i=1}^{5} C_i Q_i \leqslant J,$$

$$\sum_{i=1}^{5} w_i Q_i \leqslant W_T,$$

$$N_i = D_i/Q_i, \quad i=1,2,\cdots,5,$$

$$Q_i \geqslant 0, \quad N_i \geqslant 0 \text{ 且取整数}, \quad i=1,2,\cdots,5.$$

写出 LINGO 程序，程序名：exam1103.lg4.

```
MODEL:
1] sets:
2]    kinds/1..5/: C_P,D,C,W,Q,N;
3] endsets
4]
5] min = @sum(kinds: 0.5 * C_P * Q + C_D * D/Q);
6] @sum(kinds: C * Q)<= J;
7] @sum(kinds: W * Q)<= W_T;
8] @for(kinds: N = D/Q; @gin(N));
9] data:
10]    C_D = 1000;
11]    D = 600,900,2400,12000,18000;
12]    C = 300,1000,500,500,100;
13]    C_P = 60,200,100,100,20;
14]    W = 1.0,1.5,0.5,2.0,1.0;
15]    J = 400000;
16]    W_T = 1500;
```

```
17] enddata
END
```

计算结果如下：

```
Local optimal solution found at iteration: 5903
Objective value:              142272.8

        Variable        Value         Reduced Cost
           C_D         1000.000         0.000000
             J         400000.0         0.000000
           W_T         1500.000         0.000000
         C_P(1)        60.00000         0.000000
         C_P(2)        200.0000         0.000000
         C_P(3)        100.0000         0.000000
         C_P(4)        100.0000         0.000000
         C_P(5)        20.00000         0.000000
           D(1)        600.0000         0.000000
           D(2)        900.0000         0.000000
           D(3)        2400.000         0.000000
           D(4)        12000.00         0.000000
           D(5)        18000.00         0.000000
           C(1)        300.0000         0.000000
           C(2)        1000.000         0.000000
           C(3)        500.0000         0.000000
           C(4)        500.0000         0.000000
           C(5)        100.0000         0.000000
           W(1)        1.000000         0.000000
           W(2)        1.500000         0.000000
           W(3)        0.5000000        0.000000
           W(4)        2.000000         0.000000
           W(5)        1.000000         0.000000
           Q(1)        85.71429         0.000000
           Q(2)        69.23077         0.000000
           Q(3)        171.4286         0.000000
           Q(4)        300.0000         0.000000
           Q(5)        620.6897         0.000000
           N(1)        7.000000         632.6528
           N(2)        13.00000         467.4553
           N(3)        14.00000         387.7547
```

N(4)	40.00000	624.9998
N(5)	29.00000	785.9690

Row	Slack or Surplus	Dual Price
1	142272.8	-1.000000
2	7271.694	0.000000
3	4.035621	0.000000
4	0.000000	632.6528
5	0.000000	467.4553
6	0.000000	387.7547
7	0.000000	624.9998
8	-0.4963044E-07	785.9690

总费用为142272.8元,订货资金还余7271.694元,库存余4.035621m³,其余计算结果整理在表11-2中.

表11-2 物资的订货次数与订货量

物资 i	订货次数	订货量 Q_i^*/件
1	7	85.71429
2	13	69.23077
3	14	171.4286
4	40	300.0000
5	29	620.6897

上述计算采用整数规划,如果不计算年订货次数,而只有年订货周期,则不需要整数约束.由于整数规划的计算较慢,因此,在有可能的情况下,应尽量避免求解整数规划问题.

11.2.3 允许缺货的经济订购批量存储模型

所谓允许缺货是指企业在存储降至零后,还可以再等一段时间然后订货,当顾客遇到缺货时不受损失或损失很小,并假设顾客耐心等待直到新的货补充到来.

设 T 仍为时间周期,其中 T_1 表示 T 中不缺货时间,T_2 表示 T 中缺货时间,即
$$T_1 + T_2 = T.$$
S 为最大缺货量,C_S 为缺货损失的单价,Q 仍为每次的最高订货量,则 $Q-S$ 为最高存储量,因为每次得到订货量 Q 后,立即支付给顾客最大缺货 S. 图11-3给出了允许缺货模型的存储曲线.

以一个周期为例,计算出平均存储量、平均缺货量和平均总费用.

11.2 经济订购批量存储模型

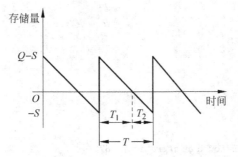

图 11-3 允许缺货的经济订购批量存储模型的存储情况

$$\text{平均存储量} = \frac{\frac{1}{2}(Q-S)T_1 + 0 T_2}{T_1 + T_2} = \frac{(Q-S)T_1}{2T}, \tag{15}$$

其中

$$T_1 = \frac{Q-S}{D}, \quad T_2 = \frac{S}{D}, \quad T = \frac{Q}{D}. \tag{16}$$

由此计算出

$$\text{平均存储量} = \frac{(Q-S)T_1}{2T} = \frac{(Q-S)^2}{2Q}, \tag{17}$$

$$\text{平均缺货量} = \frac{ST_2}{2T} = \frac{S^2}{2Q}. \tag{18}$$

因此,允许缺货的经济订购批量存储模型的平均总费用

$$TC = \frac{C_P(Q-S)^2}{2Q} + \frac{C_D D}{Q} + \frac{C_S S^2}{2Q}. \tag{19}$$

例 11.4(继例 11.2) 将问题改为允许缺货模型,且缺货损失费为每年每件 13.2 元,其他条件不变. 求全年的订货次数、订货量以及最优存储费用.

解 按照前面的推导,允许缺货经济批量存储问题可由一个整数规划来表示:

$$\min \quad \frac{C_P(Q-S)^2}{2Q} + \frac{C_D D}{Q} + \frac{C_S S^2}{2Q}$$

$$\text{s.t.} \quad n = \frac{D}{Q},$$

$$Q \geqslant 0, \quad n \geqslant 0 \text{ 且取整数}.$$

写出 LINGO 程序,程序名:exam1104a.lg4.

```
MODEL:
1] min = 0.5 * C_P * (Q-S)^2/Q + C_D*D/Q + 0.5 * C_S * S^2/Q;
2] N = D/Q; @gin(N);
3] data:
```

```
4]    C_D = 12000;
5]      D = 96000;
6]    C_P = 3.6;
7]    C_S = 13.2;
8] enddata
END
```

得到计算结果：

```
Local optimal solution found at iteration:    876
Objective value:                         81257.14

      Variable        Value         Reduced Cost
           C_P     3.600000             0.000000
             Q    32000.01              0.000000
             S     6857.143             0.4244311E-08
           C_D    12000.00              0.000000
             D    96000.00              0.000000
           C_S       13.20000           0.000000
             N        3.000000      -3085.716
```

即全年组织 3 次订货，每次的订货量为 32000 件，最大缺货量为 6857.141 件，最优费用为 81257.14 元. 与例 11.2 相比，允许缺货模型的最优费用要低于不允许缺货模型，因此，如果条件允许，可以利用允许缺货的策略来降低存储成本.

上述过程本质上是求整数规划的解，但由于整数规划计算速度慢，因此要尽量回避. 如果只求最小费用的订货周期、最大订货量和最大缺货量，只需对式(19)求关于 Q 和 S 的偏导数，求出其极小点.

$$S^* = \frac{C_P}{C_P + C_S} Q^*, \tag{20}$$

$$Q^* = \sqrt{\frac{2C_D D(C_P + C_S)}{C_P C_S}}, \tag{21}$$

并利用式(19)和式(16)得到

$$TC^* = \frac{C_P(Q^* - S^*)^2}{2Q^*} + \frac{C_D D}{Q^*} + \frac{C_S(S^*)^2}{2Q^*}, \tag{22}$$

$$T^* = \frac{Q^*}{D}. \tag{23}$$

有了上述公式(20)~(23)，并依照程序 exam1102c.lg4 的编写方法，不用求解整数规划，也可以很容易的求出整数解.

写出 LINGO 程序，程序名：exam1104b.lg4.

11.2 经济订购批量存储模型

```
MODEL:
 1]  sets:
 2]    order/1..99/: TC,EOQ,EOS;
 3]  endsets
 4]
 5]  @for(order(i):
 6]     EOQ(i) = D/i;
 7]     EOS(i) = C_P/(C_p + C_S) * EOQ(i);
 8]     TC(i) = 0.5 * C_P * (EOQ(i) - EOS(i))^2/EOQ(i) + C_D*D/EOQ(i)
 9]       + 0.5 * C_S * EOS(i)^2/EOQ(i);
10]  );
11]  TC_min = @min(order: TC);
12]  Q = @sum(order(i): EOQ(i) * (TC_min #eq# TC(i)));
13]  S = @sum(order(i): EOS(i) * (TC_min #eq# TC(i)));
14]  N = D/Q;
15]
16]  data:
17]    C_D = 12000;
18]     D = 96000;
19]    C_P = 3.6;
20]    C_S = 13.2;
21]  enddata
END
```

计算结果如下:

Feasible solution found at iteration: 0

```
          Variable           Value
                 D         96000.00
               C_P         3.600000
               C_S         13.20000
               C_D         12000.00
            TC_MIN         81257.14
                 Q         32000.00
                 S         6857.143
                 N         3.000000
```

其计算结果与整数规划的结果相同,但计算时间确大大减少.

11.2.4 带有约束允许缺货模型

类似于不允许缺货情况的讨论,对于允许缺货模型,也可以考虑多种类、带有资金和库容约束的数学模型. 设 S_i, C_{S_i} 分别为第 i 种物品的最大缺货量、缺货损失单价,其他符号的意义不变. 由于 Q_i 是第 i 种物品的最大订货量,则 C_iQ_i 是第 i 种物品占用资金数, Q_i-S_i 是第 i 种物品的最大存储量(占用库存数),因为 S_i 部分偿还缺货,已不用存储了. 因此,带有资金和库容约束允许缺货的数学模型如下:

$$\min \sum_{i=1}^{n}\left(\frac{C_{P_i}(Q_i-S_i)^2}{2Q_i}+\frac{C_D D_i}{Q_i}+\frac{C_{S_i}S_i^2}{2Q_i}\right); \tag{24}$$

$$\text{s.t.} \quad \sum_{i=1}^{n}C_iQ_i \leqslant J, \tag{25}$$

$$\sum_{i=1}^{n}w_i(Q_i-S_i) \leqslant W_T, \tag{26}$$

$$Q_i \geqslant 0, \quad i=1,2,\cdots,n. \tag{27}$$

例 11.5(继例 11.3) 假设缺货损失费(C_{S_i})是物品的存储费(C_{P_i})的 2 倍,其他参数不变,试求出各种物品的订货次数、订货量和总的存储费用.

解 设 N_i 是第 i 物品的年订货次数,按照模型(24)~(27),写出相应的整数规划模型

$$\min \sum_{i=1}^{5}\left(\frac{C_{P_i}(Q_i-S_i)^2}{2Q_i}+\frac{C_D D_i}{Q_i}+\frac{C_{S_i}S_i^2}{2Q_i}\right);$$

$$\text{s.t.} \quad \sum_{i=1}^{5}C_iQ_i \leqslant J,$$

$$\sum_{i=1}^{5}w_i(Q_i-S_i) \leqslant W_T,$$

$$N_i = D_i/Q_i, \quad i=1,2,\cdots,5,$$

$$Q_i \geqslant 0, \quad N_i \geqslant 0 \text{ 且取整数}, \quad i=1,2,\cdots,5.$$

写出 LINGO 程序,程序名:exam1105.lg4.

```
 1] MODEL:
 1] sets:
 2]   kinds/1..5/: C_P,D,C,W,C_S,Q,S,N;
 3] endsets
 4]
 5] min = @sum(kinds: 0.5*C_P*(Q-S)^2/Q+C_D*D/Q+0.5*C_S*S^2/Q);
 6] @sum(kinds: C*Q)<=J;
 7] @sum(kinds: W*(Q-S))<=W_T;
 8] @for(kinds: N=D/Q; @gin(N));
 9] data:
10]   C_D = 1000;
11]   D = 600,900,2400,12000,18000;
```

11.2 经济订购批量存储模型

```
12]     C = 300,1000,500, 500, 100;
13]     C_P = 60,200,100, 100, 20;
14]     C_S = 120,400,200, 200, 40;
15]     W = 1.0,1.5,0.5, 2.0, 1.0;
16]     J = 400000;
17]     W_T = 1500;
18] enddata
END
```

得到计算结果：

Local optimal solution found at iteration: 1547
Objective value: 124660.8

Variable	Value	Reduced Cost
C_D	1000.000	0.000000
J	400000.0	0.000000
W_T	1500.000	0.000000
C_P(1)	60.00000	0.000000
C_P(2)	200.0000	0.000000
C_P(3)	100.0000	0.000000
C_P(4)	100.0000	0.000000
C_P(5)	20.00000	0.000000
D(1)	600.0000	0.000000
D(2)	900.0000	0.000000
D(3)	2400.000	0.000000
D(4)	12000.00	0.000000
D(5)	18000.00	0.000000
C(1)	300.0000	0.000000
C(2)	1000.000	0.000000
C(3)	500.0000	0.000000
C(4)	500.0000	0.000000
C(5)	100.0000	0.000000
W(1)	1.000000	0.000000
W(2)	1.500000	0.000000
W(3)	0.5000000	0.000000
W(4)	2.000000	0.000000
W(5)	1.000000	0.000000
C_S(1)	120.0000	0.000000
C_S(2)	400.0000	0.000000

C_S(3)	200.0000	0.000000
C_S(4)	200.0000	0.000000
C_S(5)	40.00000	0.000000
Q(1)	85.71429	0.000000
Q(2)	60.00000	0.000000
Q(3)	141.1765	0.000000
Q(4)	315.7895	0.000000
Q(5)	857.1429	0.000000
S(1)	28.57142	0.000000
S(2)	20.00000	0.000000
S(3)	47.05881	0.000000
S(4)	105.2631	0.000000
S(5)	285.7142	0.000000
N(1)	7.000000	755.1017
N(2)	15.00000	733.3330
N(3)	17.00000	723.1831
N(4)	38.00000	722.9914
N(5)	21.00000	727.8909

Row	Slack or Surplus	Dual Price
1	124660.8	−1.000000
2	88.45644	0.000000
3	343.3170	0.000000
4	0.000000	755.1017
5	0.000000	733.3330
6	0.000000	723.1831
7	0.000000	722.9914
8	0.000000	727.8909

即总费用为 124660.8 元，订货资金还余 88.46 元，库存余 343.317m^3，其余计算结果整理在表 11-3 中。

表 11-3 允许缺货的物资的订货次数与订货量

物资 i	订货次数	订货量 Q_i/件	最大缺货量 S_i/件
1	7	85.71429	28.57142
2	15	60.00000	19.99999
3	17	141.1765	47.05881
4	38	315.7895	105.2631
5	21	857.1429	285.7142

11.2.5 经济订购批量折扣模型

所谓经济订购批量折扣模型是经济订购批量存储模型的一种发展,即商品的价格是不固定的,是随着订货量的多少而改变的.就一般情况而论,物品订购的越多,物品的单价也就越低,因此折扣模型就是讨论这种情况下物品的订购数量.

一年花费的总费用由三个方面组成:年平均存储费、年平均订货费和商品的购买费用,即

$$TC = \frac{1}{2} Q C_P(Q) + \frac{C_D D}{Q} + DC(Q). \tag{28}$$

在式(28)中,$C(Q)$ 是物品的价格,它与物品的订购数量有关,一般是一个分段表示的函数,即

$$C(Q) = \begin{cases} C_1, 0 \leqslant Q \leqslant Q_1, \\ C_2, Q_1 < Q \leqslant Q_2, \\ \vdots \\ C_m, Q_{m-1} < Q \leqslant Q_m, \end{cases} \tag{29}$$

其中 $\{Q_k\}_{1 \leqslant k \leqslant m}$ 是单调递增的,而 $\{C_k\}_{1 \leqslant k \leqslant m}$ 是单调递减的.

物品的存储费 $C_P(Q)$ 与物品的价格有关,通常是价格 $C(Q)$ 的 $r(0 < r < 1)$ 倍,即

$$C_P(Q) = rC(Q). \tag{30}$$

在经济订购批量存储模型中,也应包含式(28)中的第三项,但当时 $C(Q) = C$ 是常数,因此,第三项也为常数,与目标函数求极值无关,因此,在分析时,没有讨论此项.

对于折扣模型,经济订购批量折扣存储模型中求最优订购量的公式(3)仍然成立,只不过此时的 C_P 不是常数罢了.假设 C_P 是由式(29)~(30)确定的,则最优订购量为

$$Q_k^* = \sqrt{\frac{2C_D D}{rC_k}}, \quad k = 1, 2, \cdots, m, \tag{31}$$

$$TC_k^* = \frac{1}{2} rC_k Q_k^* + \frac{C_D D}{Q_k^*} + C_k D, \quad k = 1, 2, \cdots, m. \tag{32}$$

然后再根据 Q_k^* 所在的区间和 TC_k^* 的值,选择合适的 Q_k^*.

例 11.6 某公司计划订购一种商品用于销售.该商品的年销售量为 40000 件,每次订货费为 9000 元,商品的价格与订货量的大小有关,为

$$C(Q) = \begin{cases} 35.225, 0 \leqslant Q \leqslant 10000, \\ 34.525, 10000 < Q \leqslant 20000, \\ 34.175, 20000 < Q \leqslant 30000, \\ 33.825, 30000 < Q. \end{cases}$$

存储费是商品价格的 20%. 问如何安排订货量与订货时间.

解 按照前面讲述的方法,编写出相应的 LINGO 程序,程序名:exam1106.lg4.

```
    MODEL:
 1] sets:
 2]   range/1..4/: B,C,C_P,EOQ,Q,TC;
 3] endsets
 4]
 5] data:
 6]    D = 40000;
 7]    C_D = 9000;
 8]    R = .2;
 9]    B = 10000,20000,30000,40000;
10]    C = 35.225,34.525,34.175,33.825;
11] enddata
12]
13] @for(range:
14]    C_P = R*C;
15]    EOQ = (2*C_D*D/C_P)^0.5;
16] );
17] Q(1) = EOQ(1) - (EOQ(1) - B(1) + 1) * (EOQ(1) #ge# B(1));
18] @for(range(i) | i #gt# 1:
19]    Q(i) = EOQ(i) + (B(i-1) - EOQ(i)) * (EOQ(i) #lt# B(i-1))
20]          - (EOQ(i) - B(i) + 1) * (EOQ(i) #ge# B(i));
21] );
22] @for(range(i):
23]    TC(i) = 0.5*C_P(i)*Q(i) + C_D*D/Q(i) + C(i)*D);
24] TC_min = @min(range: TC);
25] Q_star = @sum(range: Q*(TC #eq# TC_min));
26] T_star = Q_star/D;
    END
```

在程序中,第 9]~10]行定义物品的批量订货单价,其中 B 是上断点,C 是对应的价格,即当 $B_{k-1} < Q \leqslant B_k$ 时,$C = C_k$.

第 15]行中的 EOQ 是按公式(31)计算出的值,其中第 17]~21]行中定义的 Q 是将 EOQ 值调整到对应区间上.

第 22]~23]行中的 TC 是对应于 Q 处的存储费用.

第 24]行中的 TC_min 是最优存储费用,第 25]行中的 Q_star 是最优订货量,第 26]行中的 T_star 是最优订货周期.

计算结果如下：

Feasible solution found at iteration: 0

Variable	Value
D	40000.00
C_D	9000.000
R	0.2000000
TC_MIN	1451510.
Q_STAR	10211.38
T_STAR	0.2552845
B(1)	10000.00
B(2)	20000.00
B(3)	30000.00
B(4)	40000.00
C(1)	35.22500
C(2)	34.52500
C(3)	34.17500
C(4)	33.82500
C_P(1)	7.045000
C_P(2)	6.905000
C_P(3)	6.835000
C_P(4)	6.765000
EOQ(1)	10109.41
EOQ(2)	10211.38
EOQ(3)	10263.54
EOQ(4)	10316.50
Q(1)	9999.000
Q(2)	10211.38
Q(3)	20000.00
Q(4)	30000.00
TC(1)	1480225.
TC(2)	1451510.
TC(3)	1453350.
TC(4)	1466475.

即最优订货量为 10211 件，最优存储费用为 1451510 元，最优订货周期是平均 0.255 年一次. 比较计算结果中的 EOQ 值与 Q 值，会对程序的理解有很大的帮助.

11.3 经济生产批量存储模型

经济生产批量存储模型也称为不允许缺货、生产需要一定时间模型，也是一种确定型存储模型.

11.3.1 基本的经济生产批量存储模型

经济生产批量存储模型除满足基本假设外,其最主要的假设是:当存储降到零后,开始进行生产,生产率为 P,且 $P > D$,即生产的产品一部分满足需求,剩余部分才作为存储.

设生产批量为 Q,生产时间为 t,则生产时间与生产率之间的关系为
$$t = \frac{Q}{P}.$$

由上述假设,经济生产批量模型存储量的变化情况如图 11-4 所示.

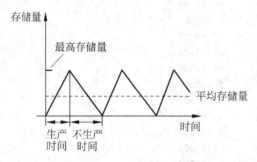

图 11-4　经济生产批量模型存储量的变化情况

对于经济生产批量模型,有
$$\text{最高存储量} = (P-D)t = (P-D)\frac{Q}{P} = \left(1 - \frac{D}{P}\right)Q. \tag{33}$$

而平均存储量是最高存储量的一半,关于平均固定生产费与经济订购模型中的平均订货费相同,同样是 $\frac{C_D D}{Q}$. 这样,平均总费用为
$$TC = \frac{1}{2}\left(1 - \frac{D}{P}\right)C_P Q + \frac{C_D D}{Q}. \tag{34}$$

类似于前面的推导,得到最优生产量、最大存储量和最优存储费用
$$Q^* = \sqrt{\frac{2C_D D}{C_P\left(1 - \frac{D}{P}\right)}}, \tag{35}$$

$$\left(1 - \frac{D}{P}\right)Q^* = \sqrt{\frac{2\left(1 - \frac{D}{P}\right)C_D D}{C_P}}, \tag{36}$$

$$TC^* = \sqrt{2\left(1 - \frac{D}{P}\right)C_P C_D D}. \tag{37}$$

11.3 经济生产批量存储模型

例 11.7 有一个生产和销售图书设备的公司,经营一种图书专用书架,基于以往的销售记录和今后市场预测,估计今后一年的需求量为 4900 个,由于占用资金的利息以及存储库房和其他人力物力的费用,存储一个书架一年要花费 1000 元. 这种书架是该公司自己生产的,每年的生产量 9800 个,而组织一次生产要花费设备调试等生产准备费 500 元. 该公司为了把成本降到最低,应如何组织生产? 要求出全年的生产次数,每次的最优生产量,以及最少的年总费用.

解 根据题意,$D=4900, C_P=1000, P=9800, C_D=500$,代入公式计算,得

$$Q^* = \sqrt{\frac{2C_D D}{C_P\left(1-\dfrac{D}{P}\right)}} = \sqrt{\frac{2\times 1000\times 4900}{1000\times\left(1-\dfrac{4900}{9800}\right)}}$$

$$= 98.99495,$$

$$N^* = \frac{D}{Q^*} = \frac{4900}{98.99495}$$

$$= 49.49747,$$

$$TC^* = \sqrt{2\left(1-\frac{D}{P}\right)C_P C_D D}$$

$$= \sqrt{2\times\left(1-\frac{4900}{9800}\right)\times 1000\times 500\times 4900}$$

$$= 49497.47.$$

上述结果可以用下面的 LINGO 程序计算得到. 程序名:exam1107a.lg4.

```
MODEL:
1]  C_D = 500;
2]   D = 4900;
3]  C_P = 1000;
4]   P = 9800;
5]  Q^2 = 2 * C_D * D/C_P/(1 - D/P);
6]   N = D/Q;
7]  TC^2 = 2 * (1 - D/P) * C_D * C_P * D;
END
```

注意到,N 为小数,使用起来不方便,因此比较 $N=49$ 与 $N=50$ 时的情况,仍然用 LINGO 程序(程序名:exam1107b.lg4)求解.

```
MODEL:
1] sets:
2]   times/1..2/: N,Q,TC;
3] endsets
```

```
 4] data:
 5]     N = 49,50;
 6]     C_D = 500;
 7]     D = 4900;
 8]     C_P = 1000;
 9]     P = 9800;
10] enddata
11] @for(times:
12]     N = D/Q;
13]     TC = 0.5*(1-D/P)*C_P*Q+C_D*D/Q;
14] );
END
```

得到计算结果:

```
Feasible solution found at iteration:    0

    Variable           Value
       C_D          500.0000
         D          4900.000
       C_P          1000.000
         P          9800.000
      N(1)          49.00000
      N(2)          50.00000
      Q(1)          100.0000
      Q(2)          98.00000
     TC(1)          49500.00
     TC(2)          49500.00
```

无论是取 $N=49$,还是取 $N=50$,其年总费用是相同的,都是 49500 元,为便于操作,取 $N=50$,每次的生产量为 98 个.

11.3.2 带有约束的经济生产批量存储模型

与经济订购模型类似,对于经济生产批量存储模型,也可以考虑带有不同情况的约束条件和各种不同物品的综合情况. 下面用一个例子来说明问题.

例 11.8 某公司生产并销售 A,B,C 三种商品. 根据市场预测,三种商品每天需求量分别是 400,300,300(件),三种商品每天的生产量分别是 1300,1100,900(件),每安排一次生产,其固定费用(与生产量无关)分别为 10000,12000,13000(元),生产费用每件分别为 1.0,1.1,1.4(元). 商品的生产速率、需求率和最大生产量满足如下约束:

11.3 经济生产批量存储模型

$$\sum_{i=1}^{3}\left(\frac{D_i}{P_i}+\frac{1.5\,D_i}{Q_i}\right)\leqslant 1.$$

求每种商品的最优生产时间与存储时间,以及总的最优存储费用.

解 建立最优生产批量存储模型:

$$\min \quad \sum_{i=1}^{3}\left[\frac{1}{2}C_{Pi}Q_i\left(1-\frac{D_i}{P_i}\right)+\frac{C_{Di}D_i}{Q_i}\right], \tag{38}$$

$$\text{s. t.} \quad \sum_{i=1}^{3}\left(\frac{D_i}{P_i}+\frac{1.5\,D_i}{Q_i}\right)\leqslant 1, \tag{39}$$

$$T_i=\frac{Q_i}{D_i},\quad i=1,2,3, \tag{40}$$

$$T_i\geqslant 0, Q_i\geqslant 0,\quad i=1,2,3. \tag{41}$$

写出相应的 LINGO 程序,程序名:exam1108.lg4.

```
 1] MODEL:
 1] sets:
 2]   kinds/1..3/: C_P,P,C_D,D,Q,T,T_p;
 3] endsets
 4]
 5] min = @sum(kinds: 0.5*C_P*Q*(1-D/P) + C_D*D/Q);
 6] @sum(kinds: D/P + 1.5*D/Q) <= 1;
 7] @for(kinds:
 8]    T = Q/D;
 9]    T_p = Q/P;
10]    @BND(.01,Q,99999);
11] );
12]
13] data:
14]   C_D = 1000,1200,1300;
15]   D   = 400,300,300;
16]   C_P = 1.0,1.1,1.4;
17]   P   = 1300,1100,900;
18] enddata
END
```

程序中的第 9]行是计算生产时间,第 10]是为了保证 Q 有界.计算结果如下:

```
Local optimal solution found at iteration:       54
Objective value:                            20832.10
```

Variable	Value	Reduced Cost
C_P(1)	1.000000	0.000000
C_P(2)	1.100000	0.000000
C_P(3)	1.400000	0.000000
P(1)	1300.000	0.000000
P(2)	1100.000	0.000000
P(3)	900.0000	0.000000
C_D(1)	1000.000	0.000000
C_D(2)	1200.000	0.000000
C_D(3)	1300.000	0.000000
D(1)	400.0000	0.000000
D(2)	300.0000	0.000000
D(3)	300.0000	0.000000
Q(1)	20423.75	0.2698483E-07
Q(2)	16458.52	0.6042631E-07
Q(3)	15239.74	0.000000
T(1)	51.05936	0.000000
T(2)	54.86175	0.000000
T(3)	50.79914	0.000000
T_P(1)	15.71057	0.000000
T_P(2)	14.96229	0.000000
T_P(3)	16.93305	0.000000

即 A,B,C 三种产品的生产、存储周期分别为 $51.05936,54.86175,50.79914$ 天,其中生产天数分别为 $15.71057,14.96229,16.93305$ 天. 总的最优生产、存储费用为 20832.10 元.

11.3.3 允许缺货的经济生产批量存储模型

此模型与经济生产批量存储模型相比,放松了假设条件,允许缺货. 与允许缺货的经济订货批量存储模型相比,其补充不是订货而是靠生产,其基本的存储图形如图 11-5 所示.

在图 11-5 中,T 为一个生产、存储周期,其中 t_1 为 T 中的生产时期(存储增加的时期),t_2 为 T 中的存储时期(存储减少的时期),t_3 为 T 中缺货量增加的时期,t_4 为 T 中缺货量减少的时期,即

$$T = t_1 + t_2 + t_3 + t_4. \tag{42}$$

设 P 是生产率,D 是需求率($P>D$),V 是最大存储量,因此得到最大存储量 V 与生产时期 t_1 和存储时期 t_2 的关系:

$$t_1 = \frac{V}{P-D}, \tag{43}$$

$$t_2 = \frac{V}{D}. \tag{44}$$

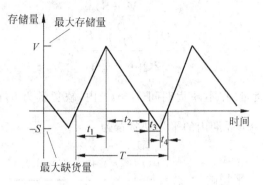

图 11-5 允许缺货生产模型存储量图形

设 S 是最大缺货量，这样最大缺货量 S 与缺货量增加的时期 t_3、缺货量减少的时期 t_4 之间的关系为

$$t_3 = \frac{S}{D}, \tag{45}$$

$$t_4 = \frac{S}{P-D}. \tag{46}$$

设 Q 是总生产量，则 Q 中的 $\frac{D}{P}$ 部分满足当时的需求，$\left(1-\frac{D}{P}\right)$ 部分用于偿还缺货和存储，由此得到最大存储、最大缺货与生产、需求之间的关系

$$V + S = Q\left(1 - \frac{D}{P}\right). \tag{47}$$

下面计算平均存储量. 在不缺货期间 (t_1+t_2) 内，平均存储为 $\frac{1}{2}V$，而在缺货期间 (t_3+t_4) 的存储量为 0，因此一个周期内的平均存储量为

$$\begin{aligned}
\text{平均存储量} &= \frac{\frac{1}{2}\left[Q\left(1-\frac{D}{P}\right)-S\right](t_1+t_2)+0(t_3+t_4)}{t_1+t_2+t_3+t_4} \\
&= \frac{\left[Q\left(1-\frac{D}{P}\right)-S\right](t_1+t_2)}{2(t_1+t_2+t_3+t_4)}.
\end{aligned} \tag{48}$$

将式(43)~(46)代入式(48)中，并利用式(47)，得到

$$\text{平均存储量} = \frac{\left[Q\left(1-\frac{D}{P}\right)-S\right]\left(\frac{V}{P-D}+\frac{V}{D}\right)}{2\left(\frac{V}{P-D}+\frac{V}{D}+\frac{S}{D}+\frac{S}{P-D}\right)}$$

$$= \frac{\left[Q\left(1-\frac{D}{P}\right)-S\right]V}{2(V+S)}$$

$$= \frac{\left[Q\left(1-\frac{D}{P}\right)-S\right]^2}{2Q\left(1-\frac{D}{P}\right)}. \tag{49}$$

同样计算平均缺货量. 在不缺货期间 (t_1+t_2) 内, 缺货量为 0, 而在缺货期间 (t_3+t_4) 的缺货量为 $\frac{1}{2}S$, 因此一个周期内的平均缺货量为

$$\text{平均缺货量} = \frac{0(t_1+t_2)+\frac{1}{2}S(t_3+t_4)}{t_1+t_2+t_3+t_4}$$

$$= \frac{S(t_3+t_4)}{2(t_1+t_2+t_3+t_4)}. \tag{50}$$

将式 (43)~(46) 代入式 (48) 中, 并利用式 (47), 得到

$$\text{平均缺货量} = \frac{S\left(\frac{S}{D}+\frac{S}{P-D}\right)}{2\left(\frac{V}{P-D}+\frac{V}{D}+\frac{S}{D}+\frac{S}{P-D}\right)}$$

$$= \frac{S^2}{2(V+S)} = \frac{S^2}{2Q\left(1-\frac{D}{P}\right)}. \tag{51}$$

这样, 一年中的总费用

$$TC = \text{存储费} + \text{生产准备费} + \text{缺货费}$$

$$= \frac{C_P\left[Q\left(1-\frac{D}{P}\right)-S\right]^2}{2Q\left(1-\frac{D}{P}\right)} + \frac{C_D D}{Q} + \frac{C_S S^2}{2Q\left(1-\frac{D}{P}\right)}. \tag{52}$$

因此, 所谓允许缺货的经济生产批量存储模型就是求变量 Q,S 使目标函数 TC 达到极小. 有了 LINGO 软件, 我们很容易做到这一点.

例 11.9(继例 11.7) 假设在例 11.7 中, 生产与销售图书馆设备公司允许缺货, 但缺货费为每年每件 2000 元, 其他参数不变. 在允许缺货情况下, 试求出其生产、存储周期, 每个周期的最优生产量, 以及最少的年总费用.

解 根据题意知, $D=4900, C_P=1000, P=9800, C_D=500, C_S=2000$, 求目标函数 (52) 达到最小的 Q^*, S^*, 并利用式 (42)~(47) 求出相应的周期与时间.

写出 LINGO 程序, 程序名: exam1109a.lg4.

```
MODEL:
 1] min = 0.5*C_P*(Q*(1-D/P)-S)^2/(Q*(1-D/P))
 2]     + C_D*D/Q + 0.5*C_S*S^2/(Q*(1-D/P));
 3] T1 = (Q*(1-D/P)-S)/(P-D)*365;
 4] T2 = (Q*(1-D/P)-S)/D*365;
 5] T3 = S/D*365;
 6] T4 = S/(P-D)*365;
 7] T = T1+T2+T3+T4;
 8] data:
 9]   C_D = 500;
10]   D = 4900;
11]   C_P = 1000;
12]   P = 9800;
13]   C_S = 2000;
14] enddata
END
```

程序中的第3]～6]行中都乘上365,表示每年按365天计算,这样得到的结果以天计算.

计算结果如下:

```
Local optimal solution found at iteration:    35
Objective value:                        40414.52

       Variable         Value        Reduced Cost
            C_P      1000.000         0.000000
              Q      121.2435         0.000000
              D      4900.000         0.000000
              P      9800.000         0.000000
              S      20.20724         0.000000
            C_D      500.0000         0.000000
            C_S      2000.000         0.000000
             T1      3.010468         0.000000
             T2      3.010468         0.000000
             T3      1.505233         0.000000
             T4      1.505233         0.000000
              T      9.031403         0.000000
```

即每个周期为9天,其中9天中有4.5天在生产,每次的生产量为121件,而且缺货的时间有3天.总的费用(包括存储费、订货费和缺货费)为40414.52元.

实际上,我们可以直接得到目标函数(52)极小值的解析解,

$$S^* = \frac{C_P}{C_P + C_S}\left(1 - \frac{D}{P}\right)Q^*, \tag{53}$$

$$Q^* = \left[\frac{2C_D D(C_P + C_S)}{C_P C_S \left(1 - \frac{D}{P}\right)}\right]^{1/2}, \tag{54}$$

再利用式(42)~(47)计算出生产、存储周期和最大存储量.

用公式(53)~(54)再解例11.9,写出相应的LINGO程序,程序名:exam1109b.lg4.

```
MODEL:
1] S = C_P/(C_P+C_S)*(1-D/P)*Q;
2] Q^2 = (2*C_D*D*(C_P+C_S))/(C_P*C_S*(1-D/P));
3] T1 = (Q*(1-D/P)-S)/(P-D)*365;
4] T2 = (Q*(1-D/P)-S)/D*365;
5] T3 = S/D*365;
6] T4 = S/(P-D)*365;
7] T = T1+T2+T3+T4;
8] data:
9]   C_D = 500;
10]   D = 4900;
11]   C_P = 1000;
12]   P = 9800;
13]   C_S = 2000;
14] enddata
END
```

计算结果如下:

```
Feasible solution found at iteration:   0
        Variable        Value
            S          20.20726
           C_P        1000.000
           C_S        2000.000
            D         4900.000
            P         9800.000
            Q          121.2436
           C_D         500.0000
            T1          3.010469
            T2          3.010469
            T3          1.505235
```

T4	1.505235
T	9.031408

计算结果是相同的(实际上第二种更准确),但计算时间大大减少了.

虽然 LINGO 软件提供了强大的求极值的功能,但如果有可能,还是尽量采用解析公式计算.

11.3.4 带有约束的允许缺货模型

类似于不允许缺货模型,对于允许缺货模型,仍然可以讨论多品种并且带有资金或库存量等约束的生产、存储问题,这类问题的本质就是根据存储模型的特点,列出相应的约束问题,再根据这些问题,利用 LINGO 软件得到问题的最优解.

由于前面已举出大量的存储模型的例子,关于带有约束的允许缺货模型的例子就不再列举了,其基本方法与前面相同,只不过所讨论的问题稍复杂一些罢了.

11.4 单周期随机库存模型

在许多情形中需求量是随机的. 随机需求模型可以分为周期观测与连续观测两类. 周期观测模型又可分为单周期、多周期及无穷周期等模型.

本节仅讨论单周期随机库存模型.

单周期库存模型又称为单订货模型. 模型假定周期末库存货物对下一个周期没有任何价值. 这个问题也称报童问题,因为报童手中的报纸若卖不完,明天就没有用了. 该模型研究的是仅有一次机会的存储与供需关系的产品.

11.4.1 模型的基本假设

本模型的基本假设如下:

(1) 在整个需求期内只订购一次货物,订购量为 Q,订购费和初始库存均为 0,每单位产品的购价(成本)为 C;

(2) 需求量 D 为一个连续的随机变量,且 D 的概率密度为 $f(x)$,当货物出售时,每单位产品的价格为 U;

(3) 需求期结束时,没有卖出的货物不存储而是折价卖出,单位价格为 V.

11.4.2 模型的推导

单周期随机库存模型的问题是求订购量 Q 为多少时,使得总利润最大.

当需求量 $D=x$ 时,物品的出售量取决于物品的订购量 Q 和需求量 x,即

$$\text{出售量} = \begin{cases} x, & x \leqslant Q, \\ Q, & x > Q. \end{cases} \tag{55}$$

因此，产生的利润

$$G(Q) = \begin{cases} Ux + V(Q-x) - CQ, & x \leqslant Q, \\ UQ - CQ, & x > Q. \end{cases} \tag{56}$$

这样一个周期的总利润应该是 $G(Q)$ 的期望值，即

$$\begin{aligned} E[G(Q)] &= \int_0^Q (Ux + V(Q-x) - CQ) f(x) \mathrm{d}x \\ &\quad + \int_Q^{+\infty} (UQ - CQ) f(x) \mathrm{d}x \\ &= (U-C)Q - (U-V) \int_0^Q (Q-x) f(x) \mathrm{d}x, \end{aligned} \tag{57}$$

注意，在上式推导中用到概率密度的性质 $\int_0^{+\infty} f(x) \mathrm{d}x = 1$.

为求极大值，对式(57)两端关于 Q 求导数，得到

$$\frac{\mathrm{d}E[G(Q)]}{\mathrm{d}Q} = (U-C) - (U-V) \int_0^Q f(x) \mathrm{d}x, \tag{58}$$

$$\frac{\mathrm{d}^2 E[G(Q)]}{\mathrm{d}Q^2} = -(U-V) f(Q) < 0. \tag{59}$$

注意到二阶导数小于 0，因此，满足方程

$$\int_0^Q f(x) \mathrm{d}x = \frac{U-C}{U-V} \tag{60}$$

的 Q 一定是 $E[G(Q)]$ 的极大值点.

对于销售价 U、成本价 C 和折扣价 V，应满足 $U > C > V$. 令 $k = U - C$ 是物品出售后的利润，同时表示物品不足时，由于缺货造成的损失. 令 $h = C - V$ 是物品折扣出售的损失，因此方程(60)也可写成

$$\int_0^Q f(x) \mathrm{d}x = \frac{U-C}{U-C+C-V} = \frac{k}{k+h}. \tag{61}$$

为进一步理解公式(57)的意义，将公式(57)改写为

$$\begin{aligned} E[G(Q)] &= (U-C)Q - (U-V)(Q-\mu) - (U-V) \int_Q^{+\infty} (x-Q) f(x) \mathrm{d}x \\ &= U\mu - CQ + V(Q-\mu) - (U-V) \int_Q^{+\infty} (x-Q) f(x) \mathrm{d}x \\ &= k\mu - h(Q-\mu) - (k+h) \int_Q^{+\infty} (x-Q) f(x) \mathrm{d}x, \end{aligned} \tag{62}$$

其中 $\mu = \int_0^{+\infty} x f(x) \mathrm{d}x$ 为需求量 D 的数学期望. 在式(62)中，积分 $\int_Q^{+\infty} (x-Q) f(x) \mathrm{d}x$

相当于当 $x>Q$ 时的损失函数,即式(62)可以理解为

$$\frac{总利润}{期望值} = \frac{总收入}{期望值} - 成本 + \frac{折扣收入}{期望值} - \frac{缺货损失}{期望值}.$$

11.4.3 模型的求解

例 11.10(报童问题) 在街中有一报亭,平均每天出售报纸 500 份,出售报纸的数量,与来往的人流有关,假设服从 Poisson 分布,每卖出一份报纸能盈利 0.15 元.如果卖不出去,只能作为费纸处理,每份报纸亏损 0.40 元,问:报亭应如何安排报纸的订购量,使得报亭的利润最大?

解 利用式(61)计算出 Q 来,再利用式(62)计算出期望总利润.

对于 Poisson 分布,式(61)中的积分 $\int_0^Q f(x)\,dx$ 可由 LINGO 中的函数@pps 计算,@pps(μ,Q) 是均值为 μ 的 Poisson 分布函数,即

$$@\text{pps}(\mu,Q) = \sum_{x=0}^{Q} \frac{\mu^x}{x!} e^{-\mu}.$$

若 Q 不是整数,该函数采用线性插值计算.但当 $Q<0$ 时,该函数值为 0.

式(62)中的积分 $\int_Q^{+\infty} (x-Q)f(x)\,dx$ 可由函数@ppl 计算,@ppl(μ,Q) 表示 Poisson 分布的线性损失函数,即

$$@\text{ppl}(\mu,Q) = \sum_{x=\max(Q,0)}^{\infty} \frac{(x-Q)\mu^x}{x!} e^{-\mu}.$$

根据题意,$\mu=500, k=0.15, h=0.40$.写出相应的 LINGO 程序,程序名:exam1110.lg4.

```
MODEL:
1] data:
2]   mu = 500;
3]   k = 0.15;
4]   h = 0.40;
5] enddata
6] @pps(mu,Q) = k/(k+h);
7] E_G = k*mu - h*(Q-mu) - (k+h)*@ppl(mu,Q);
END
```

计算结果如下:

Feasible solution found at iteration: 0

Variable	Value
MU	500.0000
K	0.1500000
H	0.4000000
Q	485.8747
E_G	70.93096

即报亭每天订购报纸 486 份,每天盈利 70.93 元.

例 11.11 设在某食品店内,每天对面包的需求服从 $\mu=300, \sigma=50$ 的正态分布.已知每个面包的售价为 1.50 元,成本为 0.90 元,对当天未售出的其处理价为每个 0.60 元,问该商店每天应生产多少面包,使预期的利润为最大?

解 利用式(60)计算出 Q 来,再利用式(62)计算出期望总利润.但对于正态分布,LINGO 只提供了标准正态分布函数@psn(Z),即

$$@\mathrm{psn}(Z) = \Phi(Z) = \frac{1}{\sqrt{2\pi}} \int_{-\infty}^{Z} e^{-\tau^2/2} d\tau;$$

和标准正态线性的损失函数@psl(Z),即

$$@\mathrm{psl}(Z) = \frac{1}{\sqrt{2\pi}} \int_{Z}^{+\infty} (\tau - Z) e^{-\tau^2/2} d\tau.$$

因此,若用函数@psn 和@psl 计算式(61)和式(62)的积分

$$\frac{1}{\sqrt{2\pi}\sigma} \int_{-\infty}^{Q} e^{-\frac{(x-\mu)^2}{2\sigma^2}} dx \quad \text{和} \quad \frac{1}{\sqrt{2\pi}\sigma} \int_{Q}^{+\infty} (x-Q) e^{-\frac{(x-\mu)^2}{2\sigma^2}} dx,$$

需要作变换 $\tau = \frac{x-\mu}{\sigma}$,即

$$\frac{1}{\sqrt{2\pi}\sigma} \int_{-\infty}^{Q} e^{-\frac{(x-\mu)^2}{2\sigma^2}} dx = \frac{1}{\sqrt{2\pi}} \int_{-\infty}^{Z} e^{-\tau^2/2} d\tau = @\mathrm{psl}(Z),$$

$$\frac{1}{\sqrt{2\pi}\sigma} \int_{Q}^{+\infty} (x-Q) e^{-\frac{(x-\mu)^2}{2\sigma^2}} dx = \frac{\sigma}{\sqrt{2\pi}} \int_{Z}^{+\infty} (\tau - Z) e^{-\tau^2/2} d\tau = \sigma @\mathrm{psl}(Z),$$

其中

$$Z = \frac{Q-\mu}{\sigma}.$$

根据题意,$\mu=300, \sigma=50, U=1.50, C=0.90, V=0.60$. 写出相应的 LINGO 程序,程序名:exam1111.lg4.

```
MODEL:
1] data:
2]     mu = 300;
3]     sigma = 50;
```

```
 4]       U = 1.50;
 5]       C = 0.90;
 6]       V = 0.60;
 7] enddata
 8] @psn(Z) = (U - C)/(U - V);
 9] Z = (Q - mu)/sigma;
10] @free(Z);
11] E_G = U * mu - C * Q + V * (Q - mu) - (U - V) * sigma * @psl(Z);
END
```

计算结果如下：

Feasible solution found at iteration: 0

```
     Variable           Value
           MU        300.0000
        SIGMA        50.00000
            U        1.500000
            C       0.9000000
            V       0.6000000
            Z       0.4307274
            Q        321.5364
          E_G        163.6380
```

即商店每天生产 322 个面包，可以使总利润达到最大，预期的最大利润为 163 元。

例 11.12（航空机票超订票问题） 某航空公司执行两地的飞行任务，已知飞机的有效载客量为 150 人。按民用航空管理有关规定：旅客因有事或误机，机票可免费改签一次，此外也可在飞机起飞前退票。航空公司为了避免由此发生的损失，采用超量订票的方法，即每班售出票数大于飞机载客数。但由此会发生持票登机旅客多于座位数的情况，在这种情况下，航空公司让超员旅客改乘其他航班，并给旅客机票价的 20% 作为补偿。现假设两地的机票价为 1500 元，每位旅客有 0.04 的概率发生有事、误机或退票的情况，问航空公司多售出多少张票？使该公司的预期损失达到最小。

解   先对该问题进行分析。

设飞机的有效载客数为 N，超订票数为 S（即售出票数为 $N+S$），k 为每个座位的盈利值，h 为改乘其他航班旅客的补偿值。设 x 是购票未登机的人数，是一个随机变量，其概率密度为 $f(x)$。当 $x \leqslant S$ 时，有 $S-x$ 个人购票后，不能登机，航空公司要为这部分旅客进行补偿。当 $x > S$ 时，有 $x - S$ 个座位没有人坐，航空公司损失的是座位应得的利润，因此，航空公司的损失函数为

$$L(S) = \begin{cases} h(S-x), & x \leqslant S, \\ k(x-S), & x > S, \end{cases} \tag{63}$$

其期望值为
$$E[L(S)] = \int_0^S h(S-x)f(x)\mathrm{d}x + \int_S^{+\infty} k(x-S)f(x)\mathrm{d}x$$
$$= k\mu - kS + (k+h)\int_0^S (S-x)f(x)\mathrm{d}x. \tag{64}$$

其中 $\mu = \int_0^{+\infty} xf(x)\mathrm{d}x$ 为购票未登机的期望人数.

对式(64)两端关于 S 求导数,得到
$$\frac{\mathrm{d}E[L(S)]}{\mathrm{d}S} = -k + (k+h)\int_0^S f(x)\mathrm{d}x, \tag{65}$$
$$\frac{\mathrm{d}^2 E[L(S)]}{\mathrm{d}S^2} = (k+h)f(S) > 0. \tag{66}$$

因此,满足方程
$$\int_0^S f(x)\mathrm{d}x = \frac{k}{k+h} \tag{67}$$

的 S 是函数 $E[L(S)]$ 的极小值点,即满足方程(67)的 S 使航空公司的损失达到最小.

下面给出具体的求解过程.

设每位旅客购票未登机的概率为 p,共有 m 位旅客,则恰有 x 位旅客未登机的概率是 $C_m^x p^x (1-p)^{m-x}$,即 x 服从二项分布.因此,式(67)中的积分应用二项分布计算.

在 LINGO 软件中提供了二项分布函数 @pbn(p,m,S),即
$$@\mathrm{pbn}(p,m,S) = \sum_{x=1}^{S} C_m^x p^x (1-p)^{m-x}. \tag{68}$$

当 m 和(或)S 不是整数时,采用线性插值计算.

在这里,@pbn(p,m,S)的直观意义是:在 m 位旅客中至多有 S 位旅客购票未登机的概率.

根据题意,$N=150, p=0.04, k=1500$(假设机票价就是航空公司的盈利),$h=1500\times 0.2=300$. 写出相应的 LINGO 程序,程序名: exam1112.lg4.

```
MODEL:
1] data:
2]   N = 150;
3]   p = 0.04;
4]   k = 1500;
5]   h = 300;
6] enddata
7] @pbn(p,N+S,S) = k/(k+h);
END
```

计算结果如下：

```
Feasible solution found at iteration:    0

        Variable            Value
           N               150.0000
           P                 0.4000000E-01
           K              1500.000
           H               300.0000
           S                 8.222487
```

超订的票数在 8～9 张之间，即每班售出的票数在 158～159 张之间。

例 11.13（再解超订票问题） 所有参数不变，问航空公司多售出多少张票，使该公司的预期利润达到最大，并计算出相应的利润？

解 下面的计算希望达到以下目的：第一，得到超订票的整数解；第二，计算出预期的利润值。

设飞机的有效载客数为 N，超订票数为 S（即售出票数为 $N+S$），k 为每个座位的盈利值，h 为改乘其他航班旅客的补偿值。

为便于分析，我们采用递推的分析过程。

若不超订票（即 $S=0$），则航空公司所获得的盈利的期望值为

$$E_0 = \text{每个座位的盈利} \times \text{飞机座位有乘客的期望值}$$
$$= kN(1-p).$$

若超订票数为 1（即 $S=1$），航空公司所获得的盈利的期望值为

$$\begin{aligned}E_1 =\ & \text{不超订票时盈利的期望值} \\ & + P\{\text{该旅客乘机}\} \times P\{\text{该旅客有座位}\} \\ & \times \text{每个座位的盈利} - P\{\text{该旅客乘机}\} \\ & \times P\{\text{该旅客无座位}\} \times \text{该旅客的补偿} \\ =\ & E_0 + (1-p)P\{N \text{ 个旅客至少有 } 1 \text{ 人不乘机}\} \cdot k \\ & - (1-p)P\{N \text{ 个旅客至多有 } 0 \text{ 人不乘机}\} \cdot h \\ =\ & E_0 + (1-p)[1 - @pbn(p,N,0)] \cdot k \\ & - (1-p) \cdot @pbn(p,N,0) \cdot h \\ =\ & E_0 + (1-p)[k - (k+h)@pbn(p,N,0)].\end{aligned}$$

若超订票数为 i（即 $S=i$），航空公司所获得的盈利的期望值为

$$\begin{aligned}E_i =\ & \text{超订票数为 } i-1 \text{ 盈利的期望值} \\ & + P\{\text{该旅客乘机}\} \times P\{\text{该旅客有座位}\} \times \text{每个座位的盈利} \\ & - P\{\text{该旅客乘机}\} \times P\{\text{该旅客无座位}\} \times \text{该旅客的补偿} \\ =\ & E_{i-1} + (1-p)P\{N+i-1 \text{ 个旅客至少有 } i \text{ 人不乘机}\} \cdot k\end{aligned}$$

$$-(1-p)P\{N+i-1 \text{ 个旅客至多有 } i-1 \text{ 人不乘机}\} \cdot h$$
$$=E_{i-1}+(1-p)[1-@\text{pbn}(p,N+i-1,i-1)] \cdot k$$
$$-(1-p) \cdot @\text{pbn}(p,N+i-1,i-1) \cdot h$$
$$=E_{i-1}+(1-p)[k-(k+h)@\text{pbn}(p,N+i-1,i-1)].$$

在上式中，$@\text{pbn}(p,m,S)$ 是 LINGO 中的二项分布函数，具体意义由式(68)给出.

因此，我们只要计算出超订票数 $S=0,1,2,\cdots$ 的期望值，并比较它们的大小，就可以计算出最优的超订票数和最大盈利的期望值. 写出相应的 LINGO 程序，程序名：exam1112.lg4.

```
  MODEL:
1] sets:
2]     seats/1..150/;
3]     extra/1..15/: EPROFIT;
4] endsets
5] data:
6]     k = 1500;
7]     h = 300;
8]     p = 0.04;
9] enddata
10] N = @size(seats);
11] EPROFIT0 = k * N * (1-p);
12] EPROFIT(1) = EPROFIT0 + (1-p) * (k-(k+h) * @pbn(p,N,0));
13] @for(extra(i)| i #gt# 1:
14]     EPROFIT(i) = EPROFIT(i-1)
15]         + (1-p)*(k-(k+h)*@pbn(p,N+i-1,i-1));
16] );
  END
```

计算结果如下：

Feasible solution found at iteration: 0

Variable	Value
K	1500.000
H	300.0000
P	0.4000000E-01
N	150.0000
EPROFIT0	216000.0
EPROFIT(1)	217436.2
EPROFIT(2)	218849.7

EPROFIT(3)	220194.6
EPROFIT(4)	221400.4
EPROFIT(5)	222393.5
EPROFIT(6)	223124.5
EPROFIT(7)	223584.7
EPROFIT(8)	223803.4
EPROFIT(9)	223832.6
EPROFIT(10)	223728.7
EPROFIT(11)	223540.1
EPROFIT(12)	223302.3
EPROFIT(13)	223038.1
EPROFIT(14)	222760.7
EPROFIT(15)	222477.2

从计算结果可以看出,超订票数为 9 张时,航空公司获利润最大,预期的期望值达到 223832.6 元.

习 题 11

11.1 某公司每月需购进某种零件 2000 件,每件 150 元.已知每件的年存储费为成本的 16%,每组织一次订货需 1000 元.

(1) 求经济订货批量模型的最佳订货量、订货周期和年最小费用.

(2) 如果该零件允许缺货,短缺的损失费为 5 元/(件·年),求最佳订货量、订货周期、最小费用和最大允许缺货量.

11.2 某大型机械需要外购 3 种零件,其有关数据见表 11-4.若存储费占单件价格的 25%,不允许缺货.又限定外购零件的总费用不超过 240000 元,仓库总面积为 250 m^2,试确定每种外购零件的最优订货量、订货周期和最小费用.

假设允许缺货,但任何一种零件短缺均会造成机械停产,每天损失费为 100 元.在这种情况下,试确定每种外购零件的最优订货量、订货周期和最小费用.

表 11-4 三种外购零件的相关数据

零件	年需求量/件	订货费/元	单价/元	占用仓库面积/m^2
1	1000	1000	3000	0.5
2	3000	1000	1000	1
3	2000	1000	2500	0.8

11.3 某旅游鞋专卖店出售一种名牌旅游鞋,根据以往的统计,已知其需求率为每年

2000 双. 该专卖店每次订货费为 300 元, 进货价格与进货量有关, 其关系如表 11-5 所示. 假设商品的存储费是其价格的 20%, 请求出最佳订货量、订货周期和最小成本. 该专卖店以前每次订货量为 500 双, 问这种做法每年要比最小成本的订货方法多花多少钱?

表 11-5 进货价与进货量的关系

订货数量/双	每双价格/元	订货数量/双	每双价格/元
0~99	360	200~299	310
100~199	320	300 或更多	300

11.4 某电器专卖店年销售某种电器 1400 件, 且全年内基本均匀. 若商店每组织一次进货需订货费 200 元, 存储费每年每件 55 元, 当供应短缺时, 每短缺一件就会损失为 100 元.

(1) 求经济订货批量模型中的最优订货量、最优订货周期、最小费用和最大短缺数量.

(2) 若每提出一批订货, 所订电器将从订货之时起, 按每天 10 件速率送货, 重新计算最优订货量、最优订货周期、最小费用和最大短缺数量.

11.5 某商店准备订购一批圣诞树迎接圣诞节. 根据历年的经验, 其销售量服从均值为 200、标准差为 17 的正态分布. 每棵圣诞树销售价为 25 元, 进价为 15 元. 如果节前卖不出去的, 只能作为普通花卉低价出售, 每棵 5 元. 试求该店应进多少棵圣诞树, 使得该店的预期盈利最大, 并求出预期的盈利值.

11.6 某书店在年前销售挂历, 每本挂历成本 10 元, 售价 14 元, 若年前售不完, 年后每本挂历 5 元直到销售完毕. 已知挂历的销售量服从均值为 500 的 Poisson 分布, 问应订购多少本挂历为宜, 并求出预期的销售盈利.

11.7 (航空机票超订票问题) 已知飞机的有效载客量为 150 人, 机票价为 1500 元. 根据公司的长期统计, 每个航班旅客的退票和改签发生的人数如表 11-6 所示. 在登机旅客多于座位数的情况下, 航空公司规定: 超员旅客改乘本公司下一航班, 机票免费 (即退回原机票款); 若改乘其他航空公司的航班, 按机票的 105% 退款. 据统计前一类旅客占超员旅客的 80%, 后一类旅客占 20%. 问航空公司多售出多少张票, 使该公司的预期损失达到最小.

表 11-6 航班旅客退票和改签人数概率表

人数 i	0	1	2	3	4	5	6	7	8
p_i	0.18	0.25	0.25	0.16	0.06	0.04	0.03	0.02	0.01

第 12 章　数学建模竞赛中的部分优化问题

在中国大学生数学建模竞赛（China undergraduate mathematical contest in modeling, CUMCM）中, 曾经出现过大量的优化建模赛题. 本章从中选择了部分典型赛题, 举例分析其优化建模过程, 说明如何应用 LINDO/LINGO 软件包求解这些赛题.

12.1　一个飞行管理问题

12.1.1　问题描述

1995 年全国大学生数学建模竞赛中的 A 题（"一个飞行管理问题"）.

在约 10000m 高空的某边长为 160km 的正方形区域内, 经常有若干架飞机作水平飞行. 区域内每架飞机的位置和速度向量均由计算机记录其数据, 以便进行飞行管理. 当一架欲进入该区域的飞机到达区域边缘时, 记录其数据后, 要立即计算并判断是否会与区域内的飞机发生碰撞. 如果会碰撞, 则应计算如何调整各架 (包括新进入的) 飞机飞行的方向角, 以避免碰撞. 现假定条件如下：

(1) 不碰撞的标准为任意两架飞机的距离大于 8km；
(2) 飞机飞行方向角调整的幅度不应超过 30°；
(3) 所有飞机飞行速度均为 800km/h；
(4) 进入该区域的飞机在到达该区域边缘时, 与区域内飞机的距离应在 60km 以上；
(5) 最多需考虑 6 架飞机；
(6) 不必考虑飞机离开此区域后的状况.

请你对这个避免碰撞的飞行管理问题建立数学模型, 列出计算步骤, 对以下数据进行计算 (方向角误差不超过 0.01°), 要求飞机飞行方向角调整的幅度尽量小.

设该区域 4 个顶点的坐标为 $(0,0),(160,0),(160,160),(0,160)$. 记录数据见表 12-1.

表 12-1　飞机位置和方向角记录数据

飞机编号	横坐标 x	纵坐标 y	方向角/(°)	飞机编号	横坐标 x	纵坐标 y	方向角/(°)
1	150	140	243	4	145	50	159
2	85	85	236	5	130	150	230
3	150	155	220.5	新进入	0	0	52

说明：方向角指飞行方向与 x 轴正向的夹角 (从 x 轴正向开始, 按逆时针方向计算).

试根据实际应用背景对你的模型进行评价和推广.

12.1.2 模型 1 及求解

模型建立

这个问题显然是一个优化问题. 设第 i 架飞机在调整时的方向角为 θ_i^0(题目中已经给出),调整后的方向角为 $\theta_i = \theta_i^0 + \Delta\theta_i (i=1,2,\cdots,6)$. 题目中就是要求飞机飞行方向角调整的幅度尽量小,因此优化的目标函数可以是

$$\sum_{i=1}^{6} |\Delta\theta_i|^2. \tag{1}$$

为了建立这个问题的优化模型,只需要明确约束条件就可以了. 一个简单的约束是飞机飞行方向角调整的幅度不应超过 30°,即

$$|\Delta\theta_i| \leqslant 30°. \tag{2}$$

题中要求进入该区域的飞机在到达该区域边缘时,与区域内飞机的距离应在 60km 以上,这个条件是个初始条件,很容易验证目前所给数据是满足的,因此本模型中可以不予考虑. 剩下的关键是要满足题目中描述的任意两架飞机不碰撞的要求,即任意两架位于该区域内的飞机的距离应大于 8km. 但这个问题的难点在于飞机是动态的,这个约束不好直接描述,为此我们首先需要描述每架飞机的飞行轨迹.

记飞机飞行速率为 $v(=800\text{km/h})$,以当前时刻为 0 时刻. 设第 i 架飞机在调整时的位置坐标为 (x_i^0, y_i^0)(已知条件),t 时刻的位置坐标为 (x_i^t, y_i^t),则

$$x_i^t = x_i^0 + vt\cos\theta_i, \quad y_i^t = y_i^0 + vt\sin\theta_i. \tag{3}$$

如果要严格表示两架位于该区域内的飞机的距离应大于 8km,则需要考虑每架飞机在区域内的飞行时间的长度. 记 T_i 为第 i 架飞机飞出区域的时刻,即

$$\begin{aligned}T_i = \min\{t > 0 : \; &x_i^0 + vt\cos\theta_i = 0 \text{ 或 } 160, \\ \text{或者} \quad &y_i^0 + vt\sin\theta_i = 0 \text{ 或 } 160\}.\end{aligned} \tag{4}$$

记 t 时刻第 i 架飞机与第 j 架飞机的距离为 $r_{ij}(t)$,并记 $f_{ij}(t) = [r_{ij}(t)]^2 - 64$,这时在区域内飞机不相撞的约束条件就变成了

$$f_{ij}(t) = [r_{ij}(t)]^2 - 64 \geqslant 0 \quad (0 \leqslant t \leqslant T_{ij}). \tag{5}$$

这里将距离大于 8km 的条件放宽为距离不小于 8km,其中

$$T_{ij} = \min\{T_i, T_j\}. \tag{6}$$

此外,经过计算,可以得到

$$\begin{aligned}f_{ij}(t) &= (x_i^0 + vt\cos\theta_i - x_j^0 - vt\cos\theta_j)^2 \\ &\quad + (y_i^0 + vt\sin\theta_i - y_j^0 - vt\sin\theta_j)^2 - 64 \\ &= z_{ij}^2 + b_{ij}z_{ij} + c_{ij},\end{aligned} \tag{7}$$

其中

$$z_{ij} = 2vt\sin\frac{\theta_i - \theta_j}{2}, \tag{8}$$

$$b_{ij} = 2\left[-(x_i^0 - x_j^0)\sin\frac{\theta_i + \theta_j}{2} + (y_i^0 - y_j^0)\cos\frac{\theta_i + \theta_j}{2}\right], \tag{9}$$

$$c_{ij} = (x_i^0 - x_j^0)^2 + (y_i^0 - y_j^0)^2 - 64. \tag{10}$$

所以，$f_{ij}(t)$是一个关于z_{ij}的二次函数，表示的是一条开口向上的抛物线。当$z_{ij} = -b_{ij}/2$，即$t = -b_{ij}/4v\sin\frac{\theta_i - \theta_j}{2}$（记为$t_{ij}^*$）时，函数$f_{ij}(t)$取最小值$-b_{ij}^2/4 + c_{ij}$。注意到$f_{ij}(0) = c_{ij} > 0$（初始时刻不相撞），如果$t_{ij}^* \leq 0$，则此时约束条件(5)一定成立，所以对约束条件(5)只需要考虑以下两种可能情况：

如果$t_{ij}^* \geq T_{ij}$，只需要$f_{ij}(t)$在右端点T_{ij}的函数值非负即可，即

$$f_{ij}(T_{ij}) \geq 0; \tag{11}$$

如果$0 < t_{ij}^* < T_{ij}$，只需要$f_{ij}(t)$的最小值$f_{ij}(t_{ij}^*) = -b_{ij}^2/4 + c_{ij} \geq 0$即可，即

$$b_{ij}^2 - 4c_{ij} \leq 0. \tag{12}$$

实际上，约束(11)表示的是$f_{ij}(t)$在右端点T_{ij}的函数值非负，这个约束在(12)的条件下也是自然成立的，所以可以对约束(11)不再附加$t_{ij}^* \geq T_{ij}$的条件。

于是，我们的模型就是

$$\min \sum_{i=1}^{6} |\Delta\theta_i|^2; \tag{13}$$

$$\text{s.t.} \quad |\Delta\theta_i| \leq 30°, \tag{14}$$

$$f_{ij}(T_{ij}) \geq 0, \tag{15}$$

$$b_{ij}^2 - 4c_{ij} \leq 0 (\text{当} 0 < t_{ij}^* < T_{ij}). \tag{16}$$

模型求解

上面这是一个非线性规划模型，虽然是严格满足题目要求的模型，但得到的模型逻辑关系比较复杂，约束(16)是在一定条件下才成立的约束，而且其中T_{ij}的计算式(4)也含有相当复杂的关系式，使用LINGO软件不太容易将模型很方便地输入，因为逻辑处理不是LINGO的优势所在。即使能想办法把这个模型输入到LINGO，也不一定能求出好的解（笔者尝试过，但LINGO运行时有时会出现系统内部错误，可能是系统有漏洞，无法继续求解）。而且，在实时飞行调度中显然需要快速求解，所以我们下面想办法简化模型。

这个模型麻烦之处就在于，要求严格表示两架位于该区域内的飞机的距离应大于8km，所以需要考虑每架飞机在区域内的飞行时间的长度，比较繁琐。注意到区域对角线的长度只有$160\sqrt{2}$km，任何一架飞机在所考虑的区域内停留的时间不会超过$T_{max} = 160\sqrt{2}/800 = 0.2\sqrt{2} < 0.283$(h)，因此这里我们简化一下问题：不再单独考虑每架飞机在区域内停留的时间T_i，而以最大时间（这时已经是一个常数）T_{max}代替之，此时所有

$T_{ij} = T_{\max}$. 这实际上强化了问题的要求,即考虑了有些飞机可能已经飞出区域,但仍不允许两架飞机的距离小于 8km.

这个简化的模型可以如下输入 LINGO 软件:

```
MODEL:
TITLE  飞行管理问题的非线性规划模型;
SETS:
Plane/1..6/: x0,y0,cita0,cita1,d_cita;
! cita0 表示初始角度,cita1 为调整后的角度,d_cita 为调整的角度;
link(plane,plane)|&1 #LT# &2: b,c;
ENDSETS
DATA:
x0 y0 cita0 =
```

150	140	243
85	85	236
150	155	220.5
145	50	159
130	150	230
0	0	52

```
;
max_cita = 30;
T_max = 0.283;
V = 800;
ENDDATA
INIT:
d_cita = 0 0 0 0 0 0;
ENDINIT
@for(plane: cita1 - cita0 = d_cita);
@for(link(i,j):
 b(i,j) = -2 * (x0(i) - x0(j)) * @sin((cita1(i) + cita1(j)) * 3.14159265/360)
        + 2 * (y0(i) - y0(j)) * @cos((cita1(i) + cita1(j)) * 3.14159265/360);
 c(i,j) = (x0(i) - x0(j))^2 + (y0(i) - y0(j))^2 - 64;
);
! 避免碰撞的条件;
! 右端点非负;
@for(link(i,j): [Right]
  (2 * V * T_max * @sin((cita1(i) - cita1(j)) * 3.14159265/360))^2
```

```
        + b(i,j) * (2 * V * T_max * @sin((cita1(i) - cita1(j)) * 3.14159265/360))
        + c(i,j) > 0);
!最小点非负;
@for(link(i,j):[Minimum] @if(
    - b(i,j)/4/V/@sin((cita1(i) - cita1(j)) * 3.14159265/360) #gt# 0 #and#
    - b(i,j)/4/V/@sin((cita1(i) - cita1(j)) * 3.14159265/360) #lt# T_max ,
        b(i,j)^2 - 4 * c(i,j), - 1) < 0);
@for(link: @free(b));
! 调整角度上下限,单位为角度;
@for(plane: @bnd( - max_cita,d_cita,max_cita));
[obj] MIN = @SUM(plane: (d_cita)^2);
END
```

注意:上面模型中方向角单位一律用角度,而 LINGO 只接受弧度,所以程序中一律进行了转换.

求解这个模型,得到

```
Local optimal solution found.
Objective value:                          295.4937
Model Title:飞行管理问题的非线性规划模型
       Variable         Value           Reduced Cost
       D_CITA(1)       - 10.50980        0.000000
       D_CITA(2)         0.000000        0.000000
       D_CITA(3)         0.000000        0.000000
       D_CITA(4)         6.515425        0.000000
       D_CITA(5)        10.00681         0.000000
       D_CITA(6)         6.515425        0.000000
```

这个结果得到的是一个局部极小点,调整角度较大.能找到更好的解吗? 如果不用全局求解程序,通常很难得到稍大规模的非线性规划问题的全局最优解.所以我们启动 LINGO 全局求解程序求解这个模型,可以得到全局最优解如下:

```
Global optimal solution found at iteration:       93
Objective value:                          6.953944
Model Title:飞行管理问题的非线性规划模型
       Variable         Value
       D_CITA(1)       0.2719480E - 02
       D_CITA(2)       0.5613433E - 02
       D_CITA(3)       2.059140
       D_CITA(4)      - 0.4985421
```

D_CITA(5)	-0.5407837E-03
D_CITA(6)	1.570129

(这里只给出 $\Delta\theta_i$ 的值)

可以看到,在 $0.01°$ 的误差要求下,需要调整第 3,4,6 三架飞机的角度,分别调整 $2.06°,-0.50°,1.57°$.调整量的平方和为 6.95.

其实,使用全局求解程序,通常也不一定要等到得到全局最优解,而是观察求解状态窗口,看到一个较好的当前解(或当前最好解在较长时间内不发生变化)时,就可以终止程序,用当前最好的局部最优解作为最后结果.例如,对于本例,LINGO 求出全局最优大约需要 1min,而实际上 5s 内 LINGO 就得到了与全局最优解类似的解.

此外,上面的模型还可以进一步简化,例如可以假设要求飞机永远不相撞,即认为 $T_{\max}$ 为无限大,这时显然约束(15)也是多余的,而且约束(16)中只需要 $t_{ij}^* > 0$ 的条件就可以了.也就是说,上面程序中的对应部分(约束[Right]和[Minimum])可以改写为更简单的形式:

!右端点非负,不再需要;
!最小点非负,简化为以下形式;
@for(link(i,j): @if(-b(i,j)/4N/@sin((cital(i)-cital(j)*3.14159265/360#gt#0,b(i,j)^2-4*c(i,j),-1)<0);

实际计算显示,此时得到的结果与前面计算的结果几乎没有差别.

备注 优化的目标函数除了 $\sum_{i=1}^{6}|\Delta\theta_i|^2$ 外,也可以设定为 $\sum_{i=1}^{6}|\Delta\theta_i|$ 或 $\max_{1\leqslant i\leqslant 6}|\Delta\theta_i|$ 等,用 LINGO 求解的过程是完全类似的,计算结果略有差异,这里就不再对这两个目标函数具体计算了.甚至可以考虑让参与调整的飞机的数量尽量小,这种想法在实际中也不能说没有道理,但与题目中的要求不符,而且解题难度并没有减小,意义似乎不大.

实际调度中,由于计算上面的调度方案需要时间,将调度信息告知飞机驾驶员并做出调整方向角的操作也需要时间,因此如果考虑一定的反应滞后时间,应该是比较合理的.也就是说,如果反应时间是 10s,则计算中应采用飞机沿当前方向角飞行 10s 以后的位置作为计算的基础.

12.1.3 模型 2 及求解

从 12.1.2 节可以看出,求解模型 1 的非线性规划模型是比较困难的,输入后也很可能找不到好的解甚至出现错误.此外,演示版软件还会受到求解规模的限制,尤其可能无权使用全局求解程序.因此,如果能把这个问题简化成比较简单的规划模型,将是非常有价值的.

模型建立

如图 12-1,把两架飞机 i,j 分别看成半径为 4km 的圆(图中 i,j 为圆心),AB,CD 为公切线，将 AB 和 CD 的夹角的一半称为碰撞角.在调整时刻,设第 i 架飞机与第 j 架飞机的碰撞角为 α_{ij},则易知

$$\alpha_{ij} = \alpha_{ji} = \arcsin(8/r_{ij}), \tag{17}$$

其中 r_{ij} 为当前这两架飞机连线的长度(距离).

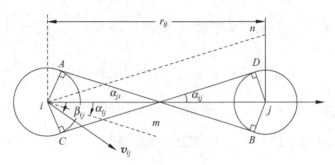

图 12-1 第 i 架飞机与第 j 架飞机的碰撞角

因为飞机间的距离大于 8km 就不会相撞,所以如果这两个圆随着时间推移不相交就可以了.为此,考虑第 i 架飞机相对于第 j 架飞机的相对速度(矢量,图中记为 $\boldsymbol{v}_{ij}$)是比较方便的,因为相对速度的大小和方向在飞机飞行中会始终保持不变(除非调整飞行角度).设 β_{ij} 为调整前的相对速度 $\boldsymbol{v}_{ij}$ 与这两架飞机连线(从 i 指向 j 的矢量)的夹角(以连线矢量为基准,逆时针方向为正,顺时针方向为负),则 $\beta_{ij} = -\beta_{ji}$.具体来说,β_{ij} 应该如下计算：

β_{ij} = 相对速度 $\boldsymbol{v}_{ij}$ 的辐角 — 从 i 指向 j 的连线矢量的辐角

$$= \arctan_2(\sin\theta_i^0 - \sin\theta_j^0, \cos\theta_i^0 - \cos\theta_j^0)$$

$$- \arctan_2(y_j^0 - y_i^0, x_j^0 - x_i^0). \tag{18}$$

注意：标准的反正切函数的符号是 $\arctan$,返回主值；我们这里使用 $\arctan_2$ 表示一个特殊的返回四象限辐角的反正切函数,即 $\arctan_2(b, a)$ 返回向量 (a, b) 的 $-\pi$ 到 π 之间的辐角(或者返回 0 到 2π 之间的辐角也是可以的).即使这样,也还不能完全满足要求,因为这样得到的 β_{ij} 取值位于 -2π 到 2π 之间,还需要将它转换到 $-\pi$ 到 π 之间才行(超过 π 时就减去 2π,小于 $-\pi$ 就加上 2π).

从图中可以看出(注意图中的两条辅助线 $in // CD$、$im // AB$),两架飞机 i, j 不相撞的充要条件是(实际上不只是在所考虑的区域内不相交,而是永远不会相交)

$$|\beta_{ij}| \geqslant \alpha_{ij}. \tag{19}$$

如果调整前这个关系式成立,则不需要调整.否则,仍用 $\Delta\theta_i$ 表示第 i 架飞机飞行方向角的调整量,并记由此引起的 β_{ij} 的改变量为 $\Delta\beta_{ij}$.现在,问题的关键是如何弄清楚 $\Delta\beta_{ij}$ 如何随 $\Delta\theta_i$ 和 $\Delta\theta_j$ 变化.可以证明

$$\Delta\beta_{ij} = (\Delta\theta_i + \Delta\theta_j)/2. \tag{20}$$

下面利用复数的知识证明式(20).

证明 由题知 $|\boldsymbol{v}_i|=800\text{km}=A$. 设改变前的速度分别为 $\boldsymbol{v}'_i=Ae^{i\theta_i}$, $\boldsymbol{v}'_j=Ae^{i\theta_j}$, 改变方向后速度分别为

$$\boldsymbol{v}_i^2=Ae^{i(\theta_i+\Delta\theta_i)}, \quad \boldsymbol{v}_j^2=Ae^{i(\theta_j+\Delta\theta_j)}.$$

改变前相对速度

$$\boldsymbol{v}_{ij}=\boldsymbol{v}'_i-\boldsymbol{v}'_j=A[e^{i\theta_i}-e^{i\theta_j}],$$

改变后相对速度

$$\boldsymbol{v}'_{ij}=\boldsymbol{v}_i^2-\boldsymbol{v}_j^2=A[e^{i(\theta_i+\Delta\theta_i)}-e^{i(\theta_j+\Delta\theta_j)}],$$

$$\begin{aligned}\frac{\boldsymbol{v}'_{ij}}{\boldsymbol{v}_{ij}}&=\frac{A[e^{i(\theta_i+\Delta\theta_i)}-e^{i(\theta_j+\Delta\theta_j)}]}{A[e^{i\theta_i}-e^{i\theta_j}]}\\
&=\frac{\cos(\theta_i+\Delta\theta_i)+i\sin(\theta_i+\Delta\theta_i)-\cos(\theta_j+\Delta\theta_j)-i\sin(\theta_j+\Delta\theta_j)}{\cos\theta_i+i\sin\theta_i-\cos\theta_j-i\sin\theta_j}\\
&=\frac{2\sin\frac{\theta_i+\Delta\theta_i-\theta_j-\Delta\theta_j}{2}\left(\sin\frac{\theta_i+\Delta\theta_i-\theta_j+\Delta\theta_j}{2}-i\cos\frac{\theta_i+\theta_j+\Delta\theta_i+\Delta\theta_j}{2}\right)}{2\sin\frac{\theta_i-\theta_j}{2}\left(\sin\frac{\theta_i+\theta_j}{2}-i\cos\frac{\theta_i+\theta_j}{2}\right)}\\
&=\frac{\sin\frac{\theta_i+\Delta\theta_i-\theta_j-\Delta\theta_j}{2}}{\sin\frac{\theta_i-\theta_j}{2}}e^{i\left(\frac{\Delta\theta_i+\Delta\theta_j}{2}\right)},\end{aligned}$$

即 $\boldsymbol{v}'_{ij}$ 与 $\boldsymbol{v}_{ij}$ 辐角相差 $\frac{\Delta\theta_i+\Delta\theta_j}{2}$.

因此,可以得到如下的数学规划模型:

$$\min \sum_{i=1}^{6}|\theta_i|^2; \tag{21}$$

$$\text{s.t.} \quad |\beta_{ij}+\frac{1}{2}(\Delta\theta_i+\Delta\theta_j)|\geqslant\alpha_{ij},$$

$$i,j=1,\cdots,6, i\neq j, \tag{22}$$

$$|\Delta\theta_i|\leqslant 30°, \quad i=1,\cdots,6. \tag{23}$$

这仍然是一个非线性规划模型. 同 β_{ij} 一样,这个模型中的 $\beta_{ij}+\frac{1}{2}(\Delta\theta_i+\Delta\theta_j)$ 的取值也需要转换到 $-\pi$ 到 π 之间才合理. 通常情况下调整量很小,即 $(\Delta\theta_i+\Delta\theta_j)$ 很小,因此只需要 β_{ij} 位于 $-\pi$ 到 π 之间就差不多了(除非 β_{ij} 很接近 $-\pi$ 和 π,下面的表 12-2 显示本题并非这种情况).

模型求解

为了编写 LINGO 程序求解式(21)~(23),必须解决如何用式(18)求 β_{ij} 的问题,因为

LINGO中并没有能返回$-\pi$到π之间的辐角的反正切函数$\arctan_2$. 如果一定要用LINGO求β_{ij}, 就需要很仔细地利用LINGO中正常的@tan函数, 通过判断每个点的位置, 来正确得到这种关系, 这是很不方便的, 不是LINGO软件的优势所在. 所以, 最好使用其他软件先计算β_{ij}以后直接输入LINGO. 这里假设已经用其他方法(如MATLAB)计算得到了β_{ij}的值, 如表12-2所示(由于对称性, 只需要求出表中一半的元素的值).

表 12-2 其他方法计算得到的 β_{ij} 的值 单位:(°)

i \ j	1	2	3	4	5	6
1		109.263642	−128.250000	24.179830	173.065051	14.474934
2			−88.871097	−42.243563	−92.304847	9.000000
3				12.476311	−58.786243	0.310809
4					5.969234	−3.525606
5						1.914383
6						

对于α_{ij}, 由式(17)知它的取值位于0到$\pi/2$之间, 在反正弦函数arcsin返回的角度的主值内, 用LINGO计算也不麻烦, 所以我们直接在LINGO中计算.

于是, 该飞机管理的数学规划模型可如下输入LINGO求解:

```
MODEL:
!飞行管理模型;
SETS:
Plane/1..6/: x0,y0,d_cita;
!d_cita 为调整的角度;
link(plane,plane)|&1 #LT# &2: alpha,beta;
ENDSETS
DATA:
x0 y0    =
  150 140
   85  85
  150 155
  145  50
  130 150
    0   0 ;
```

```
beta = 109.263642  -128.250000  24.179830  173.065051  14.474934
       -88.871097  -42.243563  -92.304847  9.000000
       12.476311  -58.786243  0.310809
       5.969234  -3.525606
       1.914383;
ENDDATA
!计算 alpha;
@FOR(LINK(I,J): @SIN(alpha * 3.14159265/180.0) =
    8 /(((X0(I) - X0(J))^2 + (Y0(I) - Y0(J))^2)^.5 );
@for(link(i,j): @abs(beta(i,j) + 0.5 * d_cita(I) + 0.5 * d_cita(J))
         > alpha(I,J););
@for(link: @bnd(0,alpha,90));
@for(plane: @bnd(-30,d_cita,30));
min = @sum(plane: @sqr(d_cita));
END
```

计算结果如下（只显示 $\Delta\theta_i$ 和 α_{ij} 的结果）：

```
Linearization components added:
  Constraints:         60
  Variables:           60
  Integers:            15
Local optimal solution found at iteration:    575
Objective value:                         6.954676
      Variable            Value           Reduced Cost
      D_CITA(1)      -0.2622117E-07      -0.1776357E-07
      D_CITA(2)      -0.2490247E-07       0.000000
      D_CITA(3)       2.062448            0.000000
      D_CITA(4)      -0.4954375           0.000000
      D_CITA(5)      -0.2482437E-07       0.000000
      D_CITA(6)       1.567011            0.000000
      ALPHA(1,2)      5.391190            0.000000
      ALPHA(1,3)     32.23095             0.000000
      ALPHA(1,4)      5.091816            0.000000
      ALPHA(1,5)     20.96336             0.000000
      ALPHA(1,6)      2.234507            0.000000
      ALPHA(2,3)      4.804024            0.000000
      ALPHA(2,4)      6.613460            0.000000
      ALPHA(2,5)      5.807866            0.000000
```

ALPHA(2,6)	3.815925	0.000000
ALPHA(3,4)	4.364672	0.000000
ALPHA(3,5)	22.83365	0.000000
ALPHA(3,6)	2.125539	0.000000
ALPHA(4,5)	4.537692	0.000000
ALPHA(4,6)	2.989819	0.000000
ALPHA(5,6)	2.309841	0.000000

这个结果与前面得到的结果几乎是一样的.注意上面显示结果的最前面几行,实际上是告诉我们LINGO对约束自动进行了线性化处理("Linearization components added"),这是通过加入15个整数变量做到的("Integers: 15").可见,对一些可以线性化的约束或目标(如这里的约束是变量线性函数的绝对值的形式的情形),LINGO具有自动线性化的功能,以便找到更好的解.因此,这时我们可以不用自己亲自对模型进行线性化(有时这是一件很困难的事情).事实上,我们看到此时不使用全局求解程序,就很容易得到了很好的解(不过由于目标还是非线性的,所以LINGO仍然只是报告找到了局部极小点).

备注 如果目标函数也采用绝对值和的形式,即 $\sum_{1\leqslant i\leqslant 6}|\Delta\theta_i|$,则LINGO就能够自动实现整个模型线性化了.这只需将上面LINGO程序中的目标函数改写为:

```
min = @sum(plane: @abs(d_cita));
```

求解得到的显示为

```
Linearization components added:
    Constraints:         84
    Variables:           84
    Integers:            21
Global optimal solution found.
Objective value:                    3.629460
Extended solver steps:                     7
Total solver iterations:                 190
        Variable       Value        Reduced Cost
        D_CITA(1)      0.000000     0.000000
        D_CITA(2)      0.000000     0.000000
        D_CITA(3)      2.557886     0.000000
        D_CITA(4)      0.000000     0.000000
        D_CITA(5)      0.000000     0.000000
        D_CITA(6)      1.071574     0.000000
```

由此可知最优解为 $\Delta\theta_3\approx 2.56°$,$\Delta\theta_6\approx 1.07°$(其他调整角度为0).此时LINGO线性化时引入了21个整数变量.由于转化后完全是(整数)线性规划模型,因此直接就可以得到全局最优解(不需要使用全局最优求解程序).

需要指出的是,这个模型中的 β_{ij} 和 $\beta_{ij}+\frac{1}{2}(\Delta\theta_i+\Delta\theta_j)$ 的取值需要转换到 $-\pi$ 到 π 之间才合理,对于一般情形的飞机初始位置,可能会有出现错误的时候,所以最好对最后求到的解进行一次可行性检验.

12.2 钢管订购和运输

12.2.1 问题描述

2000 年全国大学生数学建模竞赛中的 B 题("钢管定购和运输").

要铺设一条 $A_1 \to A_2 \to \cdots \to A_{15}$ 的输送天然气的主管道,如图 12-2 所示.经筛选后可以生产这种主管道钢管的钢厂有 $S_1, S_2, \cdots, S_7$.图中粗线表示铁路,单细线表示公路,双细线表示要铺设的管道(假设沿管道或者原来有公路,或者建有施工公路),圆圈表示火车站,每段铁路、公路和管道旁的阿拉伯数字表示里程(单位: km).

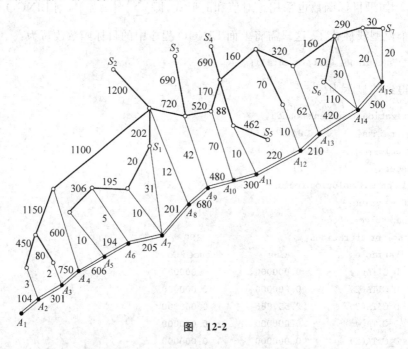

图 12-2

为了方便,1km 主管道钢管称为 1 单位钢管.

一个钢厂如果承担制造这种钢管的任务,至少需要生产 500 个单位.钢厂 S_i 在指定期限内能生产该钢管的最大数量为 s_i 个单位,钢管出厂销价 1 单位钢管为 p_i 万元,见

表 12-3；1 单位钢管的铁路运价见表 12-4.

表 12-3

i	1	2	3	4	5	6	7
s_i	800	800	1000	2000	2000	2000	3000
p_i	160	155	155	160	155	150	160

表 12-4 单位钢管的铁路运价

里程/km	≤300	301～350	351～400	401～450	451～500
运价/万元	20	23	26	29	32
里程/km	501～600	601～700	701～800	801～900	901～1000
运价/万元	37	44	50	55	60

注：1000km 以上每增加 1km 至 100km 运价增加 5 万元。公路运输费用为 1 单位钢管每公里 0.1 万元（不足整公里部分按整公里计算）。钢管可由铁路、公路运往铺设地点（不只是运到点 $A_1, A_2, \cdots, A_{15}$，而是管道全线）。

(1) 请制定一个主管道钢管的订购和运输计划，使总费用最小（给出总费用）。

(2) 请就(1)的模型分析：哪个钢厂钢管的销价的变化对购运计划和总费用影响最大？哪个钢厂钢管的产量的上限的变化对购运计划和总费用的影响最大？并给出相应的数字结果。

(3) 如果要铺设的管道不是一条线，而是一个树形图，铁路、公路和管道构成网络，请就这种更一般的情形给出一种解决办法，并对图 12-3 按(1)的要求给出模型和结果。

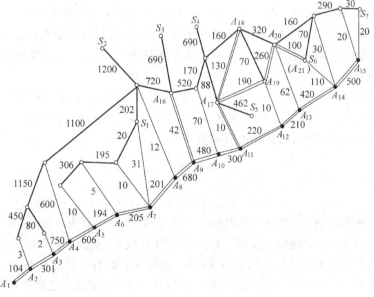

图 12-3

12.2.2 运费矩阵的计算模型

问题分析

我们只考虑本题第一问的求解.首先,所有钢管必须要运到天然气主管道铺设线路上的节点 $A_1, A_2, \cdots, A_{15}$,然后才能向左或右铺设.因此,必须求出从每个钢管厂 $S_1, S_2, \cdots, S_7$(记为 $i=1, 2, \cdots, 7$)到每个节点 $A_1, A_2, \cdots, A_{15}$(记为 $j=1, 2, \cdots, 15$)的每单位钢管的最小运费 c_{ij}(不妨称为运费矩阵)及其对应的运输方式和路线.

因为题目中没有给出装卸成本,我们简单地假设总是采用最经济的运输方式,虽然这个假设在实际中可能不太接近现实.也就是说,在运输过程中需要多次装卸也是允许的(如铁路转公路,再转铁路,等等).自然的想法是运输路线应该是走最短路径,但由于有两种运输和计价方式(铁路和公路),公路运输费用为 1 单位钢管每公里 0.1 万元(不足整公里部分按整公里计算),运费是路程的线性函数;然而,铁路运费要通过运输里程查表得到,是一个阶梯函数.这两种运输计价方式混合在一起,使得我们不能直接在整个铁路、公路混合的运输网络上计算最短路径作为运输路线,但可以分别在铁路、公路网上计算最短路径,然后换算成相应的费用;最后在整个网络上以两个子网上相应的运费为权,再求一次最短路问题,就可以把它们统一成一个标准的运费矩阵.

铁路子网络

假设铁路运输路线应该是走最短路径,而且采用连续路径计价方式一定优于分段计价方式(其实题中数据并不符合这一假定,例如题中 650km 的运价为 44 万元,而分成 300km 和 350km 两段计价只需要 43 万元,这种情况应该是不太符合实际的,可能是命题时选择数据的疏忽,我们不过多地考虑这种情况).这时,我们可以把铁路运输子网独立出来,在这个网络上计算任意两个节点 i,j 之间的最短路长度 d_{ij}^1,然后按照这个最短路长度查铁路运价表得到最小运费 c_{ij}^1.

在无向网络上求任意两点之间最短路的算法很多,尤其对本题这种弧上的权(距离)全为正数的情况,存在相对比较简单的算法.例如,求任意两点之间最短路的 Floyd-Warshall 算法是(可参阅网络优化的有关书籍)

$$\begin{cases} u_{ii}^{(1)} = 0, \\ u_{ij}^{(1)} = w_{ij}, \quad i \neq j, \\ u_{ij}^{(k+1)} = \min\{u_{ij}^{(k)}, u_{ik}^{(k)} + u_{kj}^{(k)}\}, \quad i, j, k = 1, 2, \cdots, n. \end{cases} \tag{24}$$

这实际上是一种标号算法,其中 n 是网络中的节点数(节点编号为 $1, 2, \cdots, n$);w_{ij} 是给定的网络上相邻节点 i,j 之间的直接距离(i,j 不相邻时取 w_{ij} 充分大就可以了);$u_{ij}^{(k)}$ 可以看成是任意两个节点 i,j 之间距离的中间迭代值(或称为临时标号),即从节点 i 到 j 但不允许经过其他节点 $k, k+1, \cdots, n$ 时的最短距离;自然,$u_{ij}^{(n+1)}$ 就是 i,j 之间的最短距离(或称为永久标号),即 d_{ij}^1.

下面说明如何用 LINGO 软件求最短路. 对图中节点编号(除已经编号的节点 $S_1 \sim S_7$、$A_1 \sim A_{15}$ 外, 再增加编号 $B_1 \sim B_{17}$, 如图 12-4 所示). 实际上, 如果令铁路运输子网以外的节点间的距离为充分大, 就可以把整个铁路、公路网络放在一起考虑, 这样虽然增加了问题的规模, 但对于最后将两个网络合并起来考虑是有利的, 所以我们采用这种想法来做. 对于本题, 我们设这个充分大的数为 BIG=20000(km), 显然这已经足够大了.

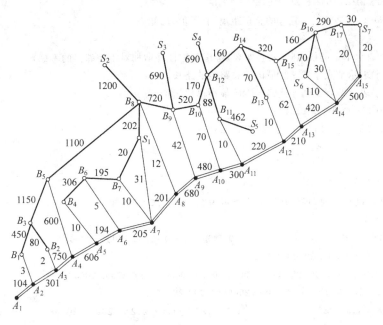

图 12-4

相应的 LINGO 程序如下(简要解释参见程序中的注释语句):

```
model:
SETS:
!NODES 表示节点集合;
NODES /S1,S2,S3,S4,S5,S6,S7,
    A1,A2,A3,A4,A5,A6,A7,A8,A9,A10,A11,A12,A13,A14,A15,
    B1,B2,B3,B4,B5,B6,B7,B8,B9,B10,B11,B12,B13,B14,B15,B16,B17/;
!派生集合 ROADS 表示的是网络中直接连接的道路(弧);
由于并非所有节点间都有道路直接连接, 所以将弧具体列出, 这是稀疏集合;
ROADS(NODES,NODES)/
!要铺设的管道;
    A1,A2 A2,A3 A3,A4 A4,A5 A5,A6 A6,A7 A7,A8 A8,A9 A9,A10 A10,A11
    A11,A12 A12,A13 A13,A14 A14,A15
```

```
! 公路网;
    B1,A2 B2,A3 B5,A4 B4,A5 B6,A6 D7,A7 S1,A7 B8,A8 B9,A9,B10,A10,
    B11,A11 B13,A12 B15,A13 S6,A14 B16,A14 B17,A15 S7,A15
! 铁路网;
    B1,B3 B2,B3 B3,B5 B4,B6 B6,B7 B7,S1 B5,B8 B8,S1 B8,S2 B8,B9
    B9,S3 B9,B10 B10,B12 B12,B11 B11,S5 B12,S4 B12,B14 B14,B13
    B14,B15 B15,B16 B16,S6 B16,B17 B17,S7
! 距离 W0(i,j)是节点 i 到 j 的直接距离(有限值,已知);
    /: W0;
! 属性 W 表示基本的权矩阵(直接距离,考虑对称性并增加对不相邻弧的考虑),
    D1(i,j)表示节点 i 到 j 的最优行驶路线的路长,
    C1(i,j)表示节点 i 到 j 铁路运输的最小单位运价(万元);
LINK(NODES,NODES): W,D1,C1;
! 属性 U 表示迭代过程的权矩阵(临时标号);
NNN(Nodes,nodes,nodes): U;
ENDSETS
DATA:
! 针对铁路网计算时,将公路网的距离定为充分大(BIG = 20000);
    BIG = 20000;
    W0 = 20000 20000 20000 20000 20000 20000 20000 20000 20000
         20000 20000 20000 20000
         20000 20000 20000 20000 20000 20000 20000 20000
         20000 20000 20000 20000 20000 20000 20000
             450   80  1150  306  195   20  1100  202  1200  720
             690  520  170   88   462  690  160   70
             320  160  70   290   30;
! 输出费用 C1 到文本文件中,以备后用;
@TEXT(TrainCost.txt) = @writefor(nodes(i): @writefor(nodes(j):
        @format(c1(i,j),'5.0f')),@newline(1));
ENDDATA
CALC:
! 无向网络,根据给定的直接距离具有对称性,得到初始距离矩阵;
@FOR(LINK(i,j)|@IN(ROADS,i,j):
        W(i,j) = W0(i,j);W(j,i) = W0(i,j););
@FOR(LINK(i,j)|i#eq#j: W(i,j) = 0);
! 所有无直接连接的节点间的距离定为充分大;
@FOR(LINK(i,j)|i#ne#j #and# #not# @IN(ROADS,i,j)
        #and# #not# @IN(ROADS,j,i): W(i,j) = BIG; W(j,i) = BIG;);
! 以下三个循环语句就是最短路计算公式(Floyd-Warshall 算法);
```

```
! k = 1 的初值；
@FOR(NNN(i,j,k)|k#eq#1: U(i,j,k) = W(i,j));
! 迭代过程；
@For(nodes(k)|k#lt#@size(nodes): @FOR(LINK(i,j): U(i,j,k+1) =
    @if(U(i,j,k) #le# U(i,k,k) + U(k,j,k),
    U(i,j,k),U(i,k,k) + U(k,j,k))));
! 最后一次迭代得到 D1；
@FOR(NNN(i,j,k)|k#eq#@size(nodes): D1(i,j) =
    @if(U(i,j,k) #le# U(i,k,k) + U(k,j,k),
    U(i,j,k),U(i,k,k) + U(k,j,k)));
! 以下就是按最短路 D1 查找相应运费 C1 的计算公式；
@FOR(LINK|D1#eq#0: C1 = 0);
@FOR(LINK|D1#gt#0    #and# D1#le#300: C1 = 20);
@FOR(LINK|D1#gt#300  #and# D1#le#350: C1 = 23);
@FOR(LINK|D1#gt#350  #and# D1#le#400: C1 = 26);
@FOR(LINK|D1#gt#400  #and# D1#le#450: C1 = 29);
@FOR(LINK|D1#gt#450  #and# D1#le#500: C1 = 32);
@FOR(LINK|D1#gt#500  #and# D1#le#600: C1 = 37);
@FOR(LINK|D1#gt#600  #and# D1#le#700: C1 = 44);
@FOR(LINK|D1#gt#700  #and# D1#le#800: C1 = 50);
@FOR(LINK|D1#gt#800  #and# D1#le#900: C1 = 55);
@FOR(LINK|D1#gt#900  #and# D1#le#1000: C1 = 60);
@FOR(LINK|D1#gt#1000: C1 = 60 + 5 * @floor(D1/100 - 10)
    + @if(@mod(D1,100)#eq#0,0,5));
ENDCALC
end
```

其实，这个 LINGO 模型中的计算过程完全是在计算(CALC)段完成的，所以 LINGO 很容易就得到了结果，相应的费用存放在文本文件 TrainCost.txt 中，这是一个 39 行，每行 39 个数据的文件，即铁路运输费用。为节省篇幅，我们这里略去这个文件的具体内容，但应注意，上面文件中，对应费用大于 1000 时，其实等价于这两点无法仅仅通过铁路相互到达。

公路子网络

类似地，可以假设公路运输路线应该是走最短路径，把公路运输子网独立出来，在这个网络上计算任意两个节点 i,j 之间的最短路长度，然后按照这个最短路长度 d_{ij}^2 乘以 0.1 得到最小运费 c_{ij}^2（因为公路运输费用为 1 单位钢管每公里 0.1 万元）。

此时，上面的 LINGO 模型中除了将 C1 改为 C2，D1 改为 D2 外，主要还需要作以下

修改:

(1) 初始的直接距离 W0 需要修改,新的数据段为

```
DATA:
! 针对公路网计算时,将铁路网的距离定为充分大(BIG = 20000);
BIG = 20000;
    W0 =       104  301  750  606  194  205  201  680  480  300
            220  210  420  500
              3    2  600   10    5   10   31   12   42   70
             10   10   62  110   30   20
         20000 20000 20000 20000 20000 20000 20000 20000 20000 20000
         20000 20000 20000 20000 20000 20000 20000 20000
         20000 20000 20000 20000 20000;
! 输出费用 C2 到文本文件中,以备后用(因为有小数,格式也变化了,否则一行太长);
@TEXT(TruckCost.txt) = @writefor(nodes(i): @writefor(nodes(j):
     c2(i,j),@newline(1) ) );
ENDDATA
```

(2) 从距离转化成费用的语句需要修改为:

```
! 以下就是按最短路 D2 查找相应运费 C2 的计算公式;
@FOR(LINK: C2 = .1 * D2);
```

作以上修改后,用 LINGO 求解得到相应的费用,存放在文本文件 TruckCost.txt 中,这是一个 1521 行,每行 1 个数据的文件,即公路运输费用. 这个文件中,对应费用等于 2000 时,其实等价于这两点无法仅仅通过公路相互到达.

购运费用矩阵

在此基础上,就可以将以上两个子网络(需要分别看成两个完全子图)组合成一个网络,每条弧上相应的运费 c_{ij}^1 或 c_{ij}^2 为权(如果某条弧 (i,j) 上既有铁路运费 c_{ij}^1,又有公路运费 c_{ij}^2,只需要取其中较小的一个即可). 此时,再计算从每个钢管厂 $S_1, S_1, \cdots, S_7$(记为 $i = 1, 2, \cdots, 7$)到每个节点 $A_1, A_2, \cdots, A_{15}$(记为 $j = 1, 2, \cdots, 15$)的最短路,得到的就是每单位钢管的最小运费 c_{ij}.

算法仍然可以采用 Floyd-Warshall 算法,完全类似地修改 LINGO 程序如下:

```
model:
! 铁路公路混合运输网的运费计算;
SETS:
! NOTES 表示节点集合;
NODES /S1,S2,S3,S4,S5,S6,S7,
  A1,A2,A3,A4,A5,A6,A7,A8,A9,A10,A11,A12,A13,A14,A15,
```

    B1,B2,B3,B4,B5,B6,B7,B8,B9,B10,B11,B12,B13,B14,B15,B16,B17/;
!派生集合 ROADS 表示的是网络中的直接连接的道路(弧),由于并非所有节点间都有道路直接连接,所以将弧具体列出,这是稀疏集合;
ROADS(NODES,NODES)/
!要铺设的管道;
    A1,A2 A2,A3 A3,A4 A4,A5 A5,A6 A6,A7 A7,A8 A8,A9 A9,A10 A10,A11
    A11,A12 A12,A13 A13,A14 A14,A15
!公路网;
    B1,A2 B2,A3 B5,A4 B4,A5 B6,A6 B7,A7 S1,A7 B8,A8 B9,A9,B10,A10,
    B11,A11 B13,A12 B15,A13 S6,A14 B16,A14 B17,A15 S7,A15
!铁路网;
    B1,B3 B2,B3 B3,B5 B4,B6 B6,B7 B7,S1 B5,B8 B8,S1 B8,S2 B8,B9
    B9,S3 B9,B10 B10,B12 B12,B11 B11,S5 B12,S4 B12,B14 B14,B13
    B14,B15 B15,B16 B16,S6 B16,B17 B17,S7 /;
!属性 W 表示基本的权矩阵(由 C1、C2 得到),
    C1(i,j)表示节点 i 到 j 铁路运输的最小单位运价(万元),
    C2(i,j)表示节点 i 到 j 公路运输的最小单位运价(万元),
    C(i,j)表示节点 i 到 j 混合运输的最小单位运价(万元);
LINK(NODES,NODES): W,C1,C2,C;
!属性 U 表示迭代过程的权矩阵(临时标号);
NNN(Nodes,nodes,nodes): U;
ENDSETS
DATA:
!读出前面刚刚计算得到的结果;
C1 = @File(TrainCost.txt);
C2 = @File(TruckCost.txt);
!输出费用 C 到文本文件中,以备后用(只输出需要的结果);
@TEXT(FinalCost.txt) = @writefor(nodes(i)|i#le#7:
    @writefor(nodes(j)|j#ge#8 #and# j#le#22:
        @format(c(i,j),'6.1f')),@newline(1));ENDDATA
CALC:
!得到初始距离矩阵;
@FOR(LINK: W = @if(C1#le#C2,C1,C2));
@FOR(LINK(i,j)|i#eq#j: W(i,j) = 0);
!以下三个循环语句就是最短路计算公式(Floyd-Warshall 算法);
!k = 1 的初值;
@FOR(NNN(i,j,k)|k#eq#1: U(i,j,k) = W(i,j));
!迭代过程;
@For(nodes(k)|k#lt#@size(nodes): @FOR(LINK(i,j): U(i,j,k+1) =

```
    @if(U(i,j,k)#le# U(i,k,k)+U(k,j,k),
        U(i,j,k),U(i,k,k)+U(k,j,k)));
!最后一次迭代得到 D1;
@FOR(NNN(i,j,k)|k#eq#@size(nodes):C(i,j)=
    @if(U(i,j,k)#le# U(i,k,k)+U(k,j,k),
        U(i,j,k),U(i,k,k)+U(k,j,k)));
ENDCALC
end
```

运行后,得到一个 7 行,每行 15 个数据的文本文件 FinalCost.txt,即混合运输费用 c_{ij}:

170.7 160.3 140.2 98.6 38.0 20.5 3.1 21.2 64.2 92.0 96.0 106.0 121.2 128.0 142.0
215.7 205.3 190.2 171.6 111.0 95.5 86.0 71.2 114.2 142.0 146.0 156.0 171.2 178.0 192.0
230.7 220.3 200.2 181.6 121.0 105.5 96.0 86.2 48.2 82.0 86.0 96.0 111.2 118.0 132.0
260.7 250.3 235.2 216.6 156.0 140.5 131.0 116.2 84.2 62.0 51.0 61.0 76.2 83.0 97.0
255.7 245.3 225.2 206.6 146.0 130.5 121.0 111.2 79.2 57.0 33.0 51.0 71.2 73.0 87.0
265.7 255.3 235.2 216.6 156.0 140.5 131.0 121.2 84.2 62.0 51.0 45.0 26.2 11.0 28.0
275.7 265.3 245.2 226.6 166.0 150.5 141.0 131.2 99.2 76.0 66.0 56.0 38.2 26.0 2.0

如果第 i 行再加上第 i 个钢厂的采购费用 p_i,则可得到如下购运费用矩阵 $p_i + c_{ij}$:

	A1	A2	A3	A4	A5	A6	A7	A8	A9	A10	A11	A12	A13	A14	A15
S1	330.7	320.3	300.2	258.6	198.0	180.5	163.1	181.2	224.2	252.0	256.0	266.0	281.2	288.0	302.0
S2	370.7	360.3	345.2	326.6	266.0	250.5	241.0	226.2	269.2	297.0	301.0	311.0	326.2	333.0	347.0
S3	385.7	375.3	355.2	336.6	276.0	260.5	251.0	241.2	203.2	237.0	241.0	251.0	266.2	273.0	287.0
S4	420.7	410.3	395.2	376.6	316.0	300.5	291.0	276.2	244.2	222.0	211.0	221.0	236.2	243.0	257.0
S5	410.7	400.3	380.2	361.6	301.0	285.5	276.0	266.2	234.2	212.0	188.0	206.0	226.2	228.0	242.0
S6	410.7	405.3	385.2	366.6	306.0	290.5	281.0	271.2	234.2	212.0	201.0	195.0	176.2	161.0	178.0
S7	435.7	425.3	405.2	386.6	326.0	310.5	301.0	291.2	259.2	236.0	226.0	216.0	198.2	186.0	162.0

不过,这里介绍的 LINGO 模型没有明确地给出最佳运输路径,读者可能需要仔细分析结果报告中蕴含的信息才能得到具体路径.一般来说,求最短路并不是 LINGO 软件的优势所在,所以最好用其他软件编程求解(如 MATLAB 或 C++ 等).例如,如果使用 C++ 编程计算,记录最佳运输路径是一件很容易的事情.我们这里只是作为一个例子,说明用 LINGO 软件也是可以求最短路的(实际上上面的模型根本没有优化的内容,只是直接计算结果而已).

12.2.3 运输量计算模型及求解

记第 i 个钢厂的采购费用为 p_i,最大供应量为 s_i,最小供应量为 500,从第 i 个钢厂到铺设节点 j 的运输费用为 c_{ij};用 b_j 表示管道第 j 段需要铺设的钢管量.这些已经是已知的(或已经求得的).

决策变量:用 f_i 表示钢厂 i 是否使用;x_{ij} 是从钢厂 i 运到节点 j 的钢管量;y_j 是从节点 j 向左铺设的钢管量;z_j 是从节点 j 向右铺设的钢管量.

目标函数:目标函数应该包括两部分费用.

(1) 从第 i 个钢厂采购钢管并将钢管运到铺设节点 j 的运输费用,对所有 i,j 求和,即

$$\sum_{i,j}(p_i+c_{ij})x_{ij}. \tag{25}$$

(2) 从铺设节点 j 向左铺设的钢管量 y_j 和从节点 j 向右铺设的钢管量 z_j 导致的运输费:这部分费用是以 0.1 为首项、0.1 为公差的等差级数,所以对所有 j 求和,可得这部分费用为

$$\frac{0.1}{2}\sum_{j=1}^{15}[(1+y_j)y_j+(1+z_j)z_j]. \tag{26}$$

约束条件是比较明显的,所以下面直接给出本题第一问求运输量的模型如下:

$$\min \quad \sum_{i,j}(p_i+c_{ij})x_{ij}+\frac{0.1}{2}\sum_{j=1}^{15}[(1+y_j)y_j+(1+z_j)z_j]; \tag{27}$$

$$\text{s.t} \quad 500f_i \leqslant \sum_{j=1}^{15}x_{ij} \leqslant s_if_i, \quad i=1,2,\cdots,7, \tag{28}$$

$$\sum_{i=1}^{7}x_{ij}=y_j+z_j, \quad j=1,2,\cdots,15, \tag{29}$$

$$y_{j+1}+z_j=b_j \quad j=1,2,\cdots,14, \tag{30}$$

$$y_1=z_{15}=0, \tag{31}$$

$$f_i=0,1, \quad i=1,2,\cdots,7. \tag{32}$$

约束(28)表示每个钢厂的生产总量限制(不低于500t,也不超过总能力限制);约束(29)表示运输到每个铺设节点的钢管数量正好等于从这个节点向左和向右铺设的钢管数量;约束(30)表示每一段管道上铺设的钢管数量正好等于前一个节点向右、后一个节点向左铺设的钢管数量之和;约束(31)是对端点 A_1 和 A_{15} 的自然限制;约束(32)表示是否使用某个钢厂的 0-1 限制.

这是一个二次规划模型.有些读者可能已经注意到,由于题目中说明运输不足整数公里需要按照整数公里计算,所以上面费用中的第二项只有当 y_j,z_j 为整数时才是精确成立,否则只能看成是一种近似.不过,由于题目中所给的距离都是整数,所以虽然上面的模型中最优解未必一定是整数,但这个问题必然存在 y_j,z_j 为整数的解(自然,此时 x_{ij} 也是整数),因此我们只需要在模型中再加上 y_j(或 z_j)为整数的限制就完全没有问题了.这样的性质通常为"占优(domination)"性质,在优化建模中利用这种性质有时是非常方便的.

于是，LINGO 程序如下：

```
MODEL:
TITLE 钢管购运计划;
SETS:
    SUPPLY/S1..S7/: S,P,f;
    NEED/A1..A15/: b,y,z;
    LINK(Supply,need): C,X;
ENDSETS
DATA:
S = 800 800 1000 2000 2000 2000 3000;
P = 160 155 155 160 155 150 160;
b = 104,301,750,606,194,205,201,680,480,300,220,210,420,500,;
c = @text(finalcost.txt);
@TEXT(FinalResult.txt) = @writefor(supply(i):
  @writefor(need(j): @format(x(i,j),'5.0f')),@newline(1));
@TEXT(FinalResult.txt) = @writefor(need: @format(y,'5.0f'));
@TEXT(FinalResult.txt) = @write((@newline(1)));
@TEXT(FinalResult.txt) = @writefor(need: @format(z,'5.0f'));
ENDDATA
[obj] MIN = @sum(link(i,j): (c(i,j) + p(i)) * x(i,j))
        + 0.05 * @sum(need(j): y(j)^2 + y(j) + z(j)^2 + z(j));
!约束;
@for(supply(i): [con1] @sum(need(j): x(i,j)) <= S(i) * f(i));
@for(supply(i): [con2] @sum(need(j): x(i,j)) >= 500 * f(i));
@for(need(j):[con3] @sum(supply(i): x(i,j)) = y(j) + z(j));
@for(need(j)|j#NE#15:[con4] z(j) + y(j+1) = b(j));
y(1) = 0; z(15) = 0;
@for(supply: @bin(f));
@for(need: @gin(y));
END
```

求解模型，结果文件 FinalResult.txt 中的内容为：

```
    0    0    0    0  335  199  266    0    0    0    0    0    0    0    0
    0  179    0   40  281    0    0  300    0    0    0    0    0    0    0
    0    0    0  336    0    0    0    0  664    0    0    0    0    0    0
    0    0    0    0    0    0    0    0    0    0    0    0    0    0    0
    0    0  508   92    0    0    0    0    0  351  415    0    0    0    0
    0    0    0    0    0    0    0    0    0    0   86  333  621  165    0
    0    0    0    0    0    0    0    0    0    0    0    0    0    0    0
```

```
0  104  226  468  606  184  190  125  505  321  270  75  199  286  165
0   75  282    0   10   15   76  175  159   30  145  11  134  335    0
```

前 7 行是 x_{ij} 的结果,后两行分别是 y_j, z_j 的结果,这就是最佳运输量计划. 最优目标函数值为 1278632(万元).

最后,我们可以指出:以上方法可以很容易地推广到图 12-3 的问题. 首先,求最小运费矩阵完全可以直接采用 12.2.1 节中介绍的方法,因为我们在计算时并没有对网络的拓扑结构做出任何的要求(只要费用非负就足够了). 其次,对图 12-3,由于从铺设节点出发可能不只向左、向右两种铺设选择(如节点 A_9 和 A_{17} 有三种铺设方向),此时只要增加类似 y_j, z_j 的相应变量 u_j 就可以了.

12.3 露天矿生产的车辆安排

12.3.1 问题描述

2003 年全国大学生数学建模竞赛中的 B 题("露天矿生产的车辆安排").

钢铁工业是国家工业的基础之一,铁矿是钢铁工业的主要原料基地. 许多现代化铁矿是露天开采的,它的生产主要是由电动铲车(以下简称电铲)装车、电动轮自卸卡车(以下简称卡车)运输来完成. 提高这些大型设备的利用率是增加露天矿经济效益的首要任务.

露天矿里有若干个爆破生成的石料堆,每堆称为一个铲位,每个铲位已预先根据铁含量将石料分成矿石和岩石. 一般来说,平均铁含量不低于 25% 的为矿石,否则为岩石. 每个铲位的矿石、岩石数量,以及矿石的平均铁含量(称为品位)都是已知的. 每个铲位至多能安置一台电铲,电铲的平均装车时间为 5min.

卸货地点(以下简称卸点)有卸矿石的矿石漏、2 个铁路倒装场(以下简称倒装场)和卸岩石的岩石漏、岩场等,每个卸点都有各自的产量要求. 从保护国家资源及矿山的经济效益的角度考虑,应该尽量把矿石按矿石卸点需要的铁含量(假设要求都为 29.5%±1%,称为品位限制)搭配起来送到卸点,搭配的量在一个班次(8h)内满足品位限制即可. 从长远看,卸点可以移动,但一个班次内不变. 卡车的平均卸车时间为 3min.

所用卡车载重量为 154t,平均时速 28km/h. 卡车的耗油量很大,每个班次每辆车消耗近 1t 柴油. 发动机点火时需要消耗相当多的电瓶能量,故一个班次中只在开始工作时点火一次. 卡车在等待时所耗费的能量也是相当可观的,原则上在安排时不应发生卡车等待的情况. 电铲和卸点都不能同时为两辆及两辆以上卡车服务. 卡车每次都是满载运输.

每个铲位到每个卸点的道路都是专用的宽 60m 的双向车道,不会出现堵车现象,每段道路的里程都是已知的.

一个班次的生产计划应该包含以下内容：出动几台电铲，分别在哪些铲位上；出动几辆卡车，分别在哪些路线上各运输多少次（因为随机因素影响，装卸时间与运输时间都不精确，所以排时计划无效，只求出各条路线上的卡车数及安排即可）。一个合格的计划要在卡车不等待条件下满足产量和质量（品位）要求，而一个好的计划还应该考虑下面两条原则之一：

(1) 总运量(t·km)最小，同时出动最少的卡车，从而运输成本最小；

(2) 利用现有车辆运输，获得最大的产量（岩石产量优先；在产量相同的情况下，取总运量最小的解）。

请你就两条原则分别建立数学模型，并给出一个班次生产计划的快速算法。针对下面的实例，给出具体的生产计划、相应的总运量及岩石和矿石产量。

某露天矿有铲位10个，卸点5个，现有铲车7台，卡车20辆。各卸点一个班次的产量要求：矿石漏1.2万t，倒装场Ⅰ1.3万t，倒装场Ⅱ1.3万t，岩石漏1.9万t，岩场1.3万t。

铲位和卸点位置的二维示意图如图12-5所示，各铲位和各卸点之间的距离(km)见表12-5，各铲位矿石、岩石数量（万t）和矿石的平均铁含量见表12-6。

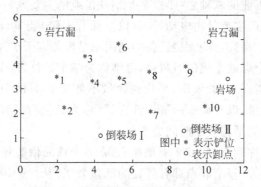

图 12-5　铲位和卸点位置的二维示意图

表 12-5　各铲位和各卸点之间的距离

	铲位1	铲位2	铲位3	铲位4	铲位5	铲位6	铲位7	铲位8	铲位9	铲位10
矿石漏	5.26	5.19	4.21	4.00	2.95	2.74	2.46	1.90	0.64	1.27
倒装场Ⅰ	1.90	0.99	1.90	1.13	1.27	2.25	1.48	2.04	3.09	3.51
岩场	5.89	5.61	5.61	4.56	3.90	3.65	2.46	2.46	1.06	0.57
岩石漏	0.64	1.76	1.27	1.83	2.74	2.60	4.21	3.72	5.05	6.10
倒装场Ⅱ	4.42	3.86	3.72	3.16	2.25	2.81	0.78	1.62	1.27	0.50

表 12-6 各铲位矿石、岩石数量和矿石的平均铁含量

	铲位 1	铲位 2	铲位 3	铲位 4	铲位 5	铲位 6	铲位 7	铲位 8	铲位 9	铲位 10
矿石量/万 t	0.95	1.05	1.00	1.05	1.10	1.25	1.05	1.30	1.35	1.25
岩石量/万 t	1.25	1.10	1.35	1.05	1.15	1.35	1.05	1.15	1.35	1.25
铁含量/%	30	28	29	32	31	33	32	31	33	31

12.3.2 运输计划模型及求解

问题分析

与 12.2 节的问题类似，本题也可以看成是经典运输问题的一种变形和扩展．它与典型的运输问题明显有以下不同：

(1) 这是运输矿石与岩石两种物资的问题；

(2) 属于产量大于销量的不平衡运输问题；

(3) 为了完成品位约束，矿石要搭配运输；

(4) 产地、销地均有单位时间的流量限制；

(5) 运输车辆只有一种，每次都是满载运输，154t/车次；

(6) 铲位数多于铲车数意味着要最优的选择不多于 7 个产地作为最后结果中的产地；

(7) 最后求出各条路线上的派出车辆数及安排．

每个运输问题对应着一个线性规划问题．以上不同点对它的影响不同，(1)、(2)、(3)、(4) 条可通过变量设计、调整约束条件实现；(5) 条是整数要求将使其变为整数线性规划；(6) 条不容易用线性模型实现，一种简单的办法是从 $C_{10}^7=120$ 个整数规划中取最优的即得到最佳物流；为完成 (7) 条，由最佳物流算出各条路线上的最少派出车辆数 (整数) 再给出具体安排即完成全部计算．然而这是个实际问题，为了及时指挥生产，题中要求算法是快速算法，而整数规划的本质是 NPC 问题，仅就 20min 内计算含 50 个变量的整数规划来说就不一定办得到．从另一个角度看，这是一个二层规划问题，第二层规划是组合优化，如果求最优解计算量较大，现成的各种算法都无能为力．于是问题变为找一个寻求近优解的近似解法，例如可用启发式方法求解．

调用 120 次整数规划可用三种方法避免：① 先不考虑电铲数量约束运行整数线性规划，再对解中运量最少的几个铲位进行筛选；② 在整数线性规划的铲车约束中调用 sign 函数来实现；③ 增加 10 个 0-1 变量来标志各个铲位是否有产量．

从每个运输问题都有目标函数的角度看，这又是一个多目标规划问题，第一问的主要目标有：① 重载路程最小；② 总路程最小；③ 出动卡车数最少．仔细分析可得：① 和 ② 在第一层，③ 在第二层；① 与 ② 基本等价，于是只用 ① 于第一层，对其结果在第二层中派最

少的卡车,实现全局目标生产成本最小.第二问的主要目标有:④岩石产量最大;⑤矿石产量最大;⑥运量最小.三者之间的关系根据题意应该理解为字典序.

合理的假设主要有:

(1) 卡车在一个班次中不应发生等待或熄火后再启动的情况.

(2) 在铲位或卸点处由两条路线以上造成的冲突问题面前,我们认为只要平均时间能完成任务,就认为不冲突.不进行具体排时计划方面的讨论.

(3) 空载与重载的速度都是28km/h,耗油相差却很大.

(4) 卡车可提前退出系统,等等.

模型建立

我们将只考虑本题第一问(求运输量)的模型.首先定义如下数学符号:x_{ij}为从i号铲位到j号卸点的石料运量(单位:车);c_{ij}为从i号铲位到j号卸点的距离(单位:km);T_{ij}为从i号铲位到j号卸点路线上运行一个周期平均所需时间(单位:min);A_{ij}为从i号铲位到j号卸点最多能同时运行的卡车数(单位:辆);B_{ij}为从i号铲位到j号卸点路线上一辆车最多可以运行的次数(单位:次);p_i为i号铲位的矿石铁含量(%);$p=(30, 28, 29, 32, 31, 33, 32, 31, 33, 31)$. q_j为j号卸点任务需求(单位:t);$q=(1.2, 1.3, 1.3, 1.9, 1.3)\times 10000$. ck_i为i号铲位的铁矿石储量(单位:万t);cy_i为i号铲位的岩石储量(单位:万t);f_i为描述第i号铲位是否使用的0-1开关变量,取1为使用,取0为关闭.

目标函数与约束条件的分析:

(1) 目标函数取为重载运输时的运量(t·km)最小(因x_{ij}代表整数车次数,乘154后等于运量;再乘以运输距离等于吨公里).

(2) 道路能力约束:由于一个电铲(卸点)不能同时为两辆卡车服务,所以一条路线上最多能同时运行的卡车数是有限制的.卡车在i号铲位到j号卸点路线上运行一个周期平均所需的时间为

$$T_{ij} = \frac{i \text{到} j \text{距离} \times 2}{\text{平均速度}} + 3 + 5 (\min).$$

由于装车时间5min大于卸车时间3min,所以可分析出这条路线上在卡车不等待条件下最多能同时运行的卡车数为:$A_{ij} = \left\lfloor \frac{T_{ij}}{5} \right\rfloor$. 同样可分析出每辆卡车一个班次中在这条路线上最多可以运行的次数为$B_{ij} = \left\lfloor \frac{8\times 60 - (A_{ij}-1)\times 5}{T_{ij}} \right\rfloor$,其中$(A_{ij}-1)\times 5$是开始装车时最后一辆车的延时时间.则一个班次中这条固定路线上最多可能运行的总车次大约为:$L_{ij} = A_{ij} \times B_{ij}$.

(3) 电铲能力约束:还是因为一台电铲不能同时为两辆卡车服务,所以一台电铲在一个班次中的最大可能产量为:$8\times 60/5$(车).

(4) 卸点能力约束:卸点的最大吞吐量为每小时$60/3=20$车次,于是一个卸点在一

个班次中的最大可能产量为：8×20(车).

(5) 铲位储量约束：铲位的矿石和岩石产量都不能超过相应的储藏量.

(6) 产量任务约束：各卸点的产量大于等于该卸点的任务要求.

(7) 铁含量约束：各矿石卸点的平均品位要求都在指定的范围内.

(8) 电铲数量约束：电铲数量约束无法用普通不等式表达，但这里通过巧妙地引入 10 个 0-1 变量 f_i 来标志各个铲位是否有产量. 这样做可求出最优解，但算法运行时间增加了. 也可用其他方法解决该问题.

(9) 卡车数量约束：卡车总数不超过 20 辆.

(10) 整数约束：当把问题作为整数规划模型时，车流量 x_{ij} 为非负整数.

这样，我们可以得到的各种模型之一为

$$\min \sum_{i=1}^{10}\sum_{j=1}^{5} 154 x_{ij} c_{ij}, \tag{33}$$

$$\text{s.t.} \quad x_{ij} \leqslant A_{ij} B_{ij}, \quad i=1,2,\cdots,10, j=1,2,\cdots,5, \tag{34}$$

$$\sum_{j=1}^{5} x_{ij} \leqslant f_i \times 8\times 60/5, \quad i=1,2,\cdots,10, \tag{35}$$

$$\sum_{i=1}^{10} x_{ij} \leqslant 8\times 20, \quad j=1,2,\cdots,5, \tag{36}$$

$$\begin{aligned} x_{i1}+x_{i2}+x_{i5} &\leqslant ck_i \times 10000/154, \\ x_{i3}+x_{i4} &\leqslant cy_i \times 10000/154, \end{aligned} \quad i=1,2,\cdots,10, \tag{37}$$

$$\sum_{i=1}^{10} x_{ij} \geqslant q_j/154, \quad j=1,2,\cdots,5, \tag{38}$$

$$\begin{aligned} \sum_{i=1}^{10} x_{ij} \times (p_i-30.5) &\leqslant 0, \\ & j=1,2,5, \\ \sum_{i=1}^{10} x_{ij} \times (p_i-28.5) &\geqslant 0, \end{aligned} \tag{39}$$

$$\sum_{i=1}^{10} f_i \leqslant 7, \tag{40}$$

$$\sum_{i,j} \frac{x_{ij}}{B_{ij}} \leqslant 20, \tag{41}$$

$$f_i=0,1; x_{ij} \text{ 为整数}, i=1,2,\cdots,10, j=1,2,\cdots,5. \tag{42}$$

其中，$T_{ij}=i$ 到 j 距离$\times 2/$平均速度$+3+5$(min)，$A_{ij}=[T_{ij}/5]$，$B_{ij}=[(8\times 60-(A_{ij}-1)\times 5)/T_{ij}]$(近似)

模型求解

上述模型的 LINGO 程序如下：

```
model:
  title CUMCM - 2003B - 01;
  sets:
  ! CAI 表示采矿点集合, XIE 表示卸点集合;
    cai / 1..10 /: crate,cnum,cy,ck,flag;
    xie / 1 .. 5 /: xsubject,xnum;
    link(xie,cai ): distance,lsubject,number,che,b;
  endsets
  data:
    crate = 30 28 29 32 31 33 32 31 33 31;
    xsubject = 1.2 1.3 1.3 1.9 1.3 ;
    distance = 5.26 5.19 4.21 4.00 2.95 2.74 2.46 1.90 0.64 1.27
               1.90 0.99 1.90 1.13 1.27 2.25 1.48 2.04 3.09 3.51
               5.89 5.61 5.61 4.56 3.51 3.65 2.46 2.46 1.06 0.57
               0.64 1.76 1.27 1.83 2.74 2.60 4.21 3.72 5.05 6.10
               4.42 3.86 3.72 3.16 2.25 2.81 0.78 1.62 1.27 0.50;
    cy = 1.25 1.10 1.35 1.05 1.15 1.35 1.05 1.15 1.35 1.25;
    ck = 0.95 1.05 1.00 1.05 1.10 1.25 1.05 1.30 1.35 1.25;
  enddata
! 目标函数;
       min = @sum(cai(i):
          @sum(xie(j):
             number(j,i) * 154 * distance(j,i)));
! 卡车每一条路线上最多可以运行的次数;
@for(link(i,j):
b(i,j) = @floor((8 * 60 - ((@floor((distance(i,j)/28 * 60 * 2 + 3 + 5)/5) - 1) * 5)/(distance(i,j)/28 * 60 * 2 + 3 + 5)));
! 每一条路线上的最大总车次的计算;
@for(link(i,j):
lsubject(i,j) = ((@floor((distance(i,j)/28 * 60 * 2 + 3 + 5)/5)) * b(i,j));
! 计算各个铲位的总产量;
@for(cai(j):
     cnum(j) = @sum(xie(i): number(i,j)));
! 计算各个卸点的总产量;
@for(xie(i):
     xnum(i) = @sum(cai(j): number(i,j)));
! 道路能力约束;
@for(link(i,j):
```

```
        number(i,j) < = lsubject(i,j);
! 电铲能力约束;
@for(cai(j):
        cnum(j) < = flag(j) * 8 * 60/5 );
! 电铲数量约束 - - - -added by Xie Jinxing,2003 - 09 - 07;
@sum(cai(j): flag(j) ) < = 7;
! 卸点能力约束;
@for(xie(i):
        xnum(i) < = 8 * 20);
! 铲位产量约束;
@for(cai(i):
number(1,i) + number(2,i) + number(5,i) < = ck(i) * 10000/154);
@for(cai(i):      number(3,i) + number(4,i) < = cy(i) * 10000/154);
! 产量任务约束;
@for(xie(i):
        xnum(i) > = xsubject(i) * 10000/154);
! 铁含量约束;
@sum(cai(j):
        number(1,j) * (crate(j) - 30.5)) < = 0;
@sum(cai(j):
        number(2,j) * (crate(j) - 30.5)) < = 0;
@sum(cai(j):
        number(5,j) * (crate(j) - 30.5)) < = 0;
@sum(cai(j):
        number(1,j) * (crate(j) - 28.5)) > = 0;
@sum(cai(j):
        number(2,j) * (crate(j) - 28.5)) > = 0;
@sum(cai(j):
        number(5,j) * (crate(j) - 28.5)) > = 0;
! 关于车辆的具体分配;
@for(link(i,j):
        che(i,j) = number(i,j)/b(i,j));
! 各个路线所需卡车数简单加和;
hehe = @sum(link(i,j): che(i,j));
! 整数约束;
@for (link(i,j): @gin(number(i,j)));
@for (cai(j): @bin(flag(j)));
! 车辆能力约束;
hehe < = 20;
ccnum = @sum(cai(j): cnum(j));
end
```

计算结果：最佳物流相对应的各个路线上的最佳运输车次（目标值 85628.62t·km）见表 12-7.

表 12-7 最佳物流相对应的各个路线上的最佳运输车次

	铲位 1	铲位 2	铲位 3	铲位 4	铲位 5	铲位 6	铲位 7	铲位 8	铲位 9	铲位 10
矿石漏		13						54		11
倒装场 I		42	43							
岩场									70	15
岩石漏	81		43							
倒装场 II		13	2							70

以上只是解决了题目中的第一个问题.如果要具体安排派车,还需要采用其他方法.所以,这里给出的模型只是一种近似处理方法,这在解决复杂问题时是经常采用的方法.

至于问题第二问"获得最大的产量（岩石产量优先；在产量相同的情况下,取总运量最小的解）",则与上面模型类似,只要把目标函数作适当修改就可以了.此时问题看起来似乎是多目标规划,但可以首先以最大的总产量为目标求解模型,求出最大的总产量；其次将"总产量=可能得到的最大产量"作为约束增加到原问题的约束中,以岩石产量最大为目标求解模型,得到新的岩石产量和矿石产量；最后,把得到的岩石产量和矿石产量均作为约束放入模型,以总运量最小为目标求解模型.

12.4 空洞探测

12.4.1 问题描述

2000 年全国大学生数学建模竞赛中的 D 题（"空洞探测"）.

山体、隧洞、坝体等的某些内部结构可用弹性波测量来确定.一个简化问题可描述为,一块均匀介质构成的矩形平板内有一些充满空气的空洞,在平板的两个邻边分别等距地设置若干波源,在它们的对边对等地安放同样多的接收器,记录弹性波由每个波源到达对边上每个接收器的时间,根据弹性波在介质中和在空气中不同的传播速度,来确定板内空洞的位置.现考察如下的具体问题：

一块 240m×240m 的平板（如图 12-6）,在 AB 边等距地设置 7 个波源 $P_i(i=1,2,\cdots,7)$,CD 边对等地安放 7 个接收器 $Q_j(j=1,2,\cdots,7)$,记录由 P_i 发出的弹性波到达 Q_j 的时间 $t_{ij}(s)$,见表 12-8；在 AD 边等距地设置 7 个波源 $R_i(i=1,2,\cdots,7)$,BC 边对等地安放 7 个接收器 $S_j(j=1,2,\cdots,7)$,记录由 R_i 发出的弹性波到达 S_j 的时间 $\tau_{ij}(s)$,见表 12-9.已知弹性波在介质和空气中的传播速度分别为 2880m/s 和 320m/s,且弹性波沿

板边缘的传播速度与在介质中的传播速度相同.

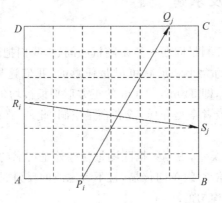

图 12-6 空洞探测示意图

(1) 确定该平板内空洞的位置.
(2) 只根据由 P_i 发出的弹性波到达 Q_j 的时间 $t_{ij}(i,j=1,2,\cdots,7)$,能确定空洞的位置吗？讨论在同样能够确定空洞位置的前提下,减少波源和接受器的方法.

表 12-8 由 P_i 发出的弹性波到达 Q_j 的时间

t_{ij}	Q_1	Q_2	Q_3	Q_4	Q_5	Q_6	Q_7
P_1	0.0611	0.0895	0.1996	0.2032	0.4181	0.4923	0.5646
P_2	0.0989	0.0592	0.4413	0.4318	0.4770	0.5242	0.3805
P_3	0.3052	0.4131	0.0598	0.4153	0.4156	0.3563	0.1919
P_4	0.3221	0.4453	0.4040	0.0738	0.1789	0.0740	0.2122
P_5	0.3490	0.4529	0.2263	0.1917	0.0839	0.1768	0.1810
P_6	0.3807	0.3177	0.2364	0.3064	0.2217	0.0939	0.1031
P_7	0.4311	0.3397	0.3566	0.1954	0.0760	0.0688	0.1042

表 12-9 由 R_i 发出的弹性波到达 S_j 的时间

τ_{ij}	S_1	S_2	S_3	S_4	S_5	S_6	S_7
R_1	0.0645	0.0602	0.0813	0.3516	0.3867	0.4314	0.5721
R_2	0.0753	0.0700	0.2852	0.4341	0.3491	0.4800	0.4980
R_3	0.3456	0.3205	0.0974	0.4093	0.4240	0.4540	0.3112
R_4	0.3655	0.3289	0.4247	0.1007	0.3249	0.2134	0.1017
R_5	0.3165	0.2409	0.3214	0.3256	0.0904	0.1874	0.2130
R_6	0.2749	0.3891	0.5895	0.3016	0.2058	0.0841	0.0706
R_7	0.4434	0.4919	0.3904	0.0786	0.0709	0.0914	0.0583

12.4.2 优化模型及求解

问题分析

这道题目有多种解法．测量问题一般是随机型问题，我们把这个问题看成是确定型问题来解．虽然平板上空洞的大小和形状可以是任意的，我们这里把它简化成 $40\mathrm{m}\times40\mathrm{m}$ 的正方形（可以称为单元），即 $240\mathrm{m}\times240\mathrm{m}$ 的正方形平板被均匀地分成 $6\times6=36$ 个小正方形单元，每个小正方形或者全是介质，或者全是空洞．此外，在以下假设下考虑这个问题的解法：

(1) 观测数据有测量误差，观测数据除测量误差外是可靠的．
(2) 波在传播过程中沿直线单向传播，且不考虑波的反射、折射以及干涉等现象．
(3) 空气和介质都是均匀的．
(4) "弹性波"在传播过程中没有能量损失．其波速仅与介质有关，且在同一均匀介质中波速不变．
(5) 假设平板可划分为网格，空洞定位于每个网格单元内，空洞大小大致相同．
(6) 题中已经假设弹性波沿板边缘的传播速度与在介质中的传播速度相同．此外，网格化以后，如果某条波线位于平板中两个单元的边缘（交线）上，我们假设这条波线的传播是沿着每个单元各走一半的路程（或者换句话说，如果这两个单元中一个是空洞，另一个是介质，则波线沿这条交线的传播速度是在空洞和介质中传播速度的平均值）．做这样的网格化（离散化）以后，设一边上的波源为 m 个（本题 $m=7$），另一边上的波源为 n 个（本题 $n=7$），则得到 $(m-1)(n-1)$ 个单元．

建立平面直角坐标系，设 A 点为原点，AB 为 x 轴，AD 为 y 轴，则 C 点坐标为 $(240,240)$．假设平板上每个单元是从左向右、从下向上编号的，例如单元 (k,l) 表示由点 $(40(k-1),40(l-1))$、$(40k,40(l-1))$、$(40(k-1),40l)$、$(40k,40l)$ 围成的小正方形单元，其中 k,l 的取值范围是 $1\leqslant k,l\leqslant 6$．每个单元对应一个决策变量 x_{kl}，表示该单元是否为空洞（1 表示是，0 表示否）．我们的任务就是要确定这 36 个 0-1 变量 x_{kl} 的取值．为此，首先需要计算每条波线与每个单元的交线的长度，这虽然可以使用任何软件编程进行计算，但我们下面还是说明如何用 LINGO 进行计算．

波线与网格交线长度的计算

可以先考虑波源 P_i 与接收器 Q_j 决定的波线与每个单元 (k,l) 的交线，记其长度为 b_{ijkl}（对 R_i 与 S_j 可以类似地考虑，或直接根据对称性得到结果，我们将在后面再讨论）．假设 P_i 与 Q_j 都是从左向右编号的，其中 i,j 的取值范围是 $1\leqslant i,j\leqslant 7$，如 P_1 位于原点 $(0,0)$，Q_2 位于 $(40,240)$，等等．

如果 $i=j$，则波线 P_iQ_j 与 y 轴平行，此时只要不是平板上最左边和最右边的波线，波线 P_iQ_j 都会位于两个单元的边缘（交线）上．根据上面的假设 6，容易看出：

$$b_{ijkl} = \begin{cases} 40, & \text{如果 } k=i=j=1 \text{ 或 } k+1=i=j=7; \\ 20, & \text{如果 } k=i=j \text{ 或 } k+1=i=j, \text{且 } 2\leqslant k\leqslant 5. \end{cases} \quad (1\leqslant l\leqslant 6) \quad (43)$$

下面来考虑 $i\neq j$ 的情况.

因为波源 P_i 的坐标是 $(40(i-1),0)$, Q_j 的坐标是 $(40(j-1),240)$, 所以容易得到 P_iQ_j 的直线方程为

$$(j-i)y = 6(x-40(i-1)). \quad (44)$$

这条直线 P_iQ_j 与每个单元 (k,l) 的边缘最多只能有两个交点, 但交点有可能位于单元的不同的边缘位置(每个单元有上、下、左、右四个边缘位置). 虽然对于像本题这样规模不太大的问题, 可以通过枚举法确定所有交点, 但我们下面还是介绍能够用于更大规模问题的一般的解题方法.

对于单元 (k,l) 的左边缘, 其对应的直线方程为

$$x = 40(k-1). \quad (45)$$

将式(45)代入式(44), 可以得到波线与单元边缘对应交点的 y 坐标为

$$y^1_{ijkl} = 240(k-i)/(j-i), \quad \text{其中 } l-1\leqslant 6(k-i)/(j-i)\leqslant l. \quad (46)$$

式(46)条件 $l-1\leqslant 6(k-i)/(j-i)\leqslant l$ 是为了保证这个交点是有效的, 即这个交点确实位于这个单元 (k,l) 所在的范围内.

同理, 对于单元 (k,l) 的右边缘, 其对应的直线方程为

$$x = 40k. \quad (47)$$

将式(47)代入式(44), 可以得到对应交点的 y 坐标为

$$y^2_{ijkl} = 240(k+1-i)/(j-i), \quad \text{其中 } l-1\leqslant 6(k+1-i)/(j-i)\leqslant l. \quad (48)$$

对于单元 (k,l) 的下边缘, 其对应的直线方程为

$$y = 40(l-1). \quad (49)$$

将式(49)代入式(44), 可以得到对应交点的 x 坐标为

$$x^3_{ijkl} = (120i - 20(i-j)(l-1))/3. \quad (50)$$

但式(50)只有在 $40(k-1)\leqslant (120i-20(i-j)(l-1))/3\leqslant 40k$ 时才是有效的, 这个条件化简后就是 $0\leqslant 6(i-k)-(i-j)(l-1)\leqslant 6$, 于是可以得到对应交点的 y 坐标为

$$y^3_{ijkl} = 40(l-1), \quad \text{其中 } 0\leqslant 6(i-k)-(i-j)(l-1)\leqslant 6. \quad (51)$$

同理, 对于单元 (k,l) 的上边缘, 其对应的直线方程为

$$y = 40l. \quad (52)$$

将式(52)代入式(42), 可以得到对应交点的 x 坐标为

$$x^4_{ijkl} = (120i - 20(i-j)l)/3. \quad (53)$$

但式(53)只有在 $40(k-1)\leqslant (120i-20(i-j)l-1)/3\leqslant 40k$ 时才是有效的, 这个条件化简后就是 $0\leqslant 6(i-k)-(i-j)l\leqslant 6$, 于是可以得到对应交点的 y 坐标为

$$y^4_{ijkl} = 40l, \quad \text{其中 } 0\leqslant 6(i-k)-(i-j)l\leqslant 6. \quad (54)$$

至此,式(46)、(48)、(51)、(54)给出了直线 P_iQ_j 与单元 (k,l) 的边缘所有可能的交点的 y 坐标及其存在交点的条件. 但事实上,这些条件中最多只能有两个同时成立,我们可以由此计算波线 P_iQ_j 与单元 (k,l) 的交线在 y 轴方向上的投影长度,记为 dy_{ijkl}. 当 $i \neq j$ 时,如果式(46)、(48)、(51)、(54)中有两个条件同时成立,则

$$dy_{ijkl} = \max(y_{ijkl}^1, y_{ijkl}^2, y_{ijkl}^3, y_{ijkl}^4) - \min(y_{ijkl}^1, y_{ijkl}^2, y_{ijkl}^3, y_{ijkl}^4). \tag{55}$$

用 a_{ij} 表示波源 P_i 与接收器 Q_j 之间的距离,则

$$a_{ij} = \sqrt{240^2 + \left(\frac{i-j}{6} \times 240\right)^2}, \quad i,j = 1,2,\cdots,7, \tag{56}$$

在图 12-7 中,我们画出了波线 P_iQ_j 与单元 (k,l) 的交线示意图,从中可以看出三角形 $P_iP_jQ_j$ 与 EFG 是相似三角形(E,G 是两个交点,EF 垂直于 GF). 由于 P_iQ_j 的长度为 a_{ij}, P_jQ_j 的长度为 240, EG 的长度为 b_{ijkl}, FG 的长度为 dy_{ijkl}, 所以由相似关系容易得到

$$b_{ijkl} / dy_{ijkl} = a_{ij} / 240. \tag{57}$$

这样就可以得到

$$b_{ijkl} = a_{ij} \, dy_{ijkl} \, / \, 240. \tag{58}$$

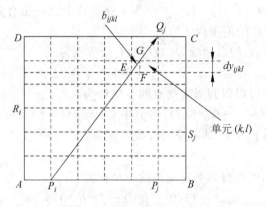

图 12-7 空洞探测中的交线

进一步可以看出,这种想法对于 $i=j$ 的特例也是成立的(只需要将式(43)中的 b_{ijkl} 看成相应的 dy_{ijkl} 即可,因为此时的 $a_{ij}=240$).

最后,对 R_i 与 S_j 可以类似地考虑,这里直接根据对称性得到结果. 事实上,将图 12-7 顺时针旋转 $90°$,就可以清楚地看出,波线 R_iS_j 与单元 (k,l) 的交线长度 c_{ijkl} 可以表示成

$$c_{i,j,k,l} = b_{j,i,l,7-k}. \tag{59}$$

下面就根据这种思想用 LINGO 编程来计算 b_{ijkl} 和 c_{ijkl},程序(模型)如下:

```
model:
title CUMCM - 2000D - a;
sets:
```

```
pp/p1..p7/;! 也可表示 R1~R7;
qq/q1..q7/;! 也可表示 S1~S7;
point/1..4/;
wave(pp,qq): a;
cross(pp,qq,pp,qq)|&3 #LT# @size(pp) #and# &4 #LT# @size(qq):
    dy,b,c;
CXP(cross,point): y;
endsets
Data:
! BIG 是正常情况下不可能出现的交点坐标,这里只作为标记;
BIG = 300;
@ole('exam1204.xls','bb','cc') = b c;
Enddata
calc:
! 计算波线 PiQj 的长度;
@for(wave(i,j):
    a(i,j) = @sqrt(@sqr(240) + @sqr(40*j - 40*i)));
! 当 i=j 时,计算波线 PiQj 与小方块单元(k,l)的交线在 y 坐标上的投影长度;
@for(cross(i,j,k,l)|i #EQ# j #AND# i #EQ# 1:
    dy(i,j,k,l) = @if(k #EQ# i,40,BIG);
    );
@for(cross(i,j,k,l)|i #EQ# j #AND# i #EQ# @size(pp):
    dy(i,j,k,l) = @if(k #EQ# i-1,40,BIG);
    );
@for(cross(i,j,k,l)|i #EQ# j #AND# i #NE# 1 #AND# i #NE# @size(pp):
    dy(i,j,k,l) = @if(k #EQ# i-1 #OR# k #EQ# i,20,BIG);
    );
! 当 i,j 不相等时,计算波线 PiQj 与小方块单元(k,l)的交点的 y 坐标;
@for(cross(i,j,k,l)|i #NE# j:
    @for(point(n)|n #EQ# 1:
        y(i,j,k,l,n) = @if(l-1 #LE# 6*(k-i)/(j-i) #AND#
            l #GE# 6*(k-i)/(j-i),240*(k-i)/(j-i),BIG);
        );
    @for(point(n)|n #EQ# 2:
        y(i,j,k,l,n) = @if(l-1 #LE# 6*(k+1-i)/(j-i) #AND#
            l #GE# 6*(k+1-i)/(j-i),240*(k+1-i)/(j-i),BIG);
        );
    @for(point(n)|n #EQ# 3:
        y(i,j,k,l,n) = @if(0 #LE# 6*(i-k)-(i-j)*(l-1) #AND#
```

```
      6 #GE# 6*(i-k)-(i-j)*(l-1),40*(l-1),BIG);
  );
  @for(point(n)|n #EQ# 4:
    y(i,j,k,l,n) = @if(0 #LE# 6*(i-k)-(i-j)*l #AND#
      6 #GE# 6*(i-k)-(i-j)*l,40*l,BIG);
  );
);
!当i,j不相等时,计算波线PiQj与小方块单元(k,l)的交线在y坐标上的投影长度;
@for(cross(i,j,k,l)|i #NE# j:
  dy(i,j,k,l) = @max(point(n): @if(y(i,j,k,l,n) #LT# BIG,
      y(i,j,k,l,n),0)) - @min(point(n): y(i,j,k,l,n))
);
!计算波线PiQj与小方块单元(k,l)的交线长度;
@for(cross(i,j,k,l):
  b(i,j,k,l) = @if(@abs(dy(i,j,k,l)) #LT# BIG,
      a(i,j) * dy(i,j,k,l)/ 240,0));
@for(cross(i,j,k,l):
  c(i,j,k,l) = b(j,i,l,7-k));
endcalc
@for(cross: @free(dy));
End
```

在这个程序中,实际上没有任何优化功能,完全是在计算(clac)段按语句顺序计算我们前面定义的那些变量的值. 特别地,引入了一个常量 BIG = 300,这只是为了标记一个交点位于当前考虑的单元之外. 这样,根据程序的运行逻辑,当 dy(i,j,k,l) = BIG 和 - BIG 时,实际上表示的是当前的波线与当前的单元没有交点.

数据段中的语句

@ole('exam1204.xls','bb','cc') = b c;

是将计算结果 b 和 c 保存在 Excel 文件 exam1204.xls 中,为此我们需要先建立 Excel 文件 exam1204.xls,并在其中定义两个范围名 bb 和 cc 以便接收数据(当然,取其他名字也是可以的,只要与程序中的一致就可以了). 因为 b(其实 c 也一样)共有 $7\times 7\times 6\times 6 = 1764$ 个值,所以我们可以在 exam1204.xls 中将范围 bb 定义为 B1~B1764(同时,将范围 cc 定义为 C1~C1764). 注意文件 exam1204.xls 中 B1~B1764 单元中的"B"与上面程序中的变量 b 没有任何关系,例如把 bb 定义为 D1~D1764 当然也可以,只是此时变量 b 的结果会送到 exam1204.xls 中的 D 列去. 对范围 cc 也是一样.

求解这个模型后,就可以发现 exam1204.xls 中的 B,C 两列中已经存放好了数据,我们将在下面的模型中利用这些数据.

优化模型的建立

对波线 P_iQ_j，用 p_{ij} 表示弹性波经过介质的长度，q_{ij} 表示弹性波经过空气的长度，则

$$q_{ij} = \sum_{k,l=1}^{6} b_{ijkl} x_{kl}, \quad p_{ij} = a_{ij} - q_{ij} = a_{ij} - \sum_{k,l=1}^{6} b_{ijkl} x_{kl}. \tag{60}$$

用 t_{ij} 表示传播时间的观测值，如果没有测量误差，则

$$\begin{aligned} t_{ij} &= p_{ij}/v_1 + q_{ij}/v_2 \\ &= \left(a_{ij} - \sum_{k,l=1}^{6} b_{ijkl} x_{kl}\right)\Big/ v_1 + \sum_{k,l=1}^{6} b_{ijkl} x_{kl}/v_2, \\ & i,j = 1,2,\cdots,7, \end{aligned} \tag{61}$$

其中弹性波在介质和空气中的传播速度分别为 $v_1 = 2880 (\text{m/s})$ 和 $v_2 = 320 (\text{m/s})$。

同理可以讨论 τ_{ij}，即

$$\begin{aligned} \tau_{ij} &= \left(a_{ij} - \sum_{k,l=1}^{6} c_{ijkl} x_{kl}\right)\Big/ v_1 + \sum_{k,l=1}^{6} c_{ijkl} x_{kl}/v_2 \\ & i,j = 1,2,\cdots,7. \end{aligned} \tag{62}$$

由于有测量误差存在，式(61)、(62)不一定能严格成立，我们优化的目标可以采用最小二乘准则，即优化问题为

$$\begin{aligned} \min & \left[t_{ij} - \left(a_{ij} - \sum_{k,l=1}^{6} b_{ijkl} x_{kl}\right)\Big/ v_1 - \sum_{k,l=1}^{6} b_{ijkl} x_{kl}/v_2\right]^2 \\ & + \left[\tau_{ij} - \left(a_{ij} - \sum_{k,l=1}^{6} c_{ijkl} x_{kl}\right)\Big/ v_1 - \sum_{k,l=1}^{6} c_{ijkl} x_{kl}/v_2\right]^2. \end{aligned} \tag{63}$$

这是一个整数二次规划模型(实际上没有约束，只有 36 个 0-1 变量 x_{kl} 是决策变量)。

这个问题相应的 LINGO 模型为

```
model:
title CUMCM - 2000D-b;
sets:
pp/p1..p7/;! 也表示 R1~R7;
qq/q1..q7/;! 也表示 S1~S7;
wave(pp,qq): a,t1,t2;
cell(pp,qq)|&1 #LT# @size(pp) #and# &2 #LT# @size(qq): x;
cross(wave,cell): b,c;
endsets
Data:
t1 =
```

0.0611	0.0895	0.1996	0.2032	0.4181	0.4923	0.5646
0.0989	0.0592	0.4413	0.4318	0.4770	0.5242	0.3805
0.3052	0.4131	0.0598	0.4153	0.4156	0.3563	0.1919
0.3221	0.4453	0.4040	0.0738	0.1789	0.0740	0.2122
0.3490	0.4529	0.2263	0.1917	0.0839	0.1768	0.1810
0.3807	0.3177	0.2364	0.3064	0.2217	0.0939	0.1031
0.4311	0.3397	0.3566	0.1954	0.0760	0.0688	0.1042

;
t2 =

0.0645	0.0602	0.0813	0.3516	0.3867	0.4314	0.5721
0.0753	0.0700	0.2852	0.4341	0.3491	0.4800	0.4980
0.3456	0.3205	0.0974	0.4093	0.4240	0.4540	0.3112
0.3655	0.3289	0.4247	0.1007	0.3249	0.2134	0.1017
0.3165	0.2409	0.3214	0.3256	0.0904	0.1874	0.2130
0.2749	0.3891	0.5895	0.3016	0.2058	0.0841	0.0706
0.4434	0.4919	0.3904	0.0786	0.0709	0.0914	0.0583

;
v1 = 2880;
v2 = 320;
b c = @ole('exam1204.xls','bb','cc');
Enddata
! 计算波线 PiQj 的长度,也等于波线 RiSj 的长度;
@for(wave(i,j):
 a(i,j) = (240^2 + (40 * j - 40 * i)^2)^0.5);
! 计算误差的平方和;
min = @sum(wave(i,j):
 (t1(i,j) - (a(i,j) - @sum(cell(k,l): b(i,j,k,l) * x(k,l)))/v1
 - @sum(cell(k,l): b(i,j,k,l) * x(k,l))/v2)^2
+ (t2(i,j) - (a(i,j) - @sum(cell(k,l): c(i,j,k,l) * x(k,l)))/v1
 - @sum(cell(k,l): c(i,j,k,l) * x(k,l))/v2)^2
);
@for(cell: @bin(x));
end

求解这个模型,可以得到全局最优解(只列出 x_{kl} 取 1 的值):

```
Objective value:              0.4355692
       Variable        Value        Reduced Cost
       X(P2,Q2)        1.000000     0.1180158
       X(P2,Q3)        1.000000     0.1351862
```

X(P2,Q5)	1.000000	0.8910613E − 01
X(P3,Q2)	1.000000	0.1041941
X(P3,Q3)	1.000000	0.1511415
X(P3,Q4)	1.000000	0.1058873
X(P4,Q4)	1.000000	0.1107440
X(P5,Q3)	1.000000	0.9129600E − 01

也就是说,共有 8 个单元是空洞,分别为(2,2)、(2,3)、(2,5)、(3,2)、(3,3)、(3,4)、(4,4)、(5,3),如图 12-8 中的阴影部分所示.

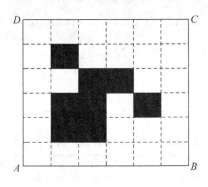

图 12-8 空洞示意图

注 采用将网格加密的方法,可能可以得到更精确的结果.不过,弹性波沿平板边缘的理论传播时间 $t = 240/2880 = 0.0833(s)$,弹性波沿平板边缘的实际传播时间 $t_{11} = 0.0611(s)$,$t_{77} = 0.1042(s)$,$\tau_{11} = 0.0645(s)$,$\tau_{77} = 0.0583(s)$,且题目中已假设"弹性波沿板边缘的传播速度与在介质中的传播速度相同",所以观测数据的最大绝对误差为 $d = 0.025s$.因为时间观测值的最大绝对误差为 $0.025s$,转化成空洞长度为 $0.025 \times 320 = 8(m)$,所以在测量空洞的大小时,可以认为直径小于等于 8m 的空洞是测不出来的.

习 题 12

12.1 投资的收益和风险(1998 年全国大学生数学建模竞赛 A 题)

市场上有 n 种资产(如股票、债券等)$S_i(i=1,2,\cdots,n)$ 供投资者选择,某公司有数额为 M 的一笔相当大的资金可用作一个时期的投资.公司财务分析人员对这 n 种资产进行了评估,估算出在这一时期内购买 S_i 的平均收益率为 r_i,并预测出购买 S_i 的风险损失率为 q_i.考虑到投资越分散,总的风险越小,公司确定,当用这笔资金购买若干种资产时,总体风险可用所投资的 S_i 中最大的一个风险来度量.

购买 S_i 要付交易费,费率为 p_i,并且当购买额不超过给定值 u_i 时,交易费按购买 u_i

计算(不买当然无需付费).另外,假定同期银行存款利率是 r_0,且既无交易费又无风险($r_0=5\%$).

(1) 已知 $n=4$ 时的相关数据如表 12-10 所示,试给该公司设计一种投资组合方案,即用给定的资金 M,有选择地购买若干种资产或存银行生息,使净收益尽可能大,而总体风险尽可能小.

(2) 试就一般情况对以上问题进行讨论,并利用表 12-11 的数据进行计算.

表 12-10　市场上 4 种资产的相关数据

S_i	$r_i/\%$	$q_i/\%$	$p_i/\%$	$u_i/$元
S_1	28	2.5	1	103
S_2	21	1.5	2	198
S_3	23	5.5	4.5	52
S_4	25	2.6	6.5	40

表 12-11　市场上多种资产的相关数据

S_i	$r_i/\%$	$q_i/\%$	$p_i/\%$	$u_i/$元
S_1	9.6	42	2.1	181
S_2	18.5	54	3.2	407
S_3	49.4	60	6.0	428
S_4	23.9	42	1.5	549
S_5	8.1	1.2	7.6	270
S_6	14	39	3.4	397
S_7	40.7	68	5.6	178
S_8	31.2	33.4	3.1	220
S_9	33.6	53.3	2.7	475
S_{10}	36.8	40	2.9	248
S_{11}	11.8	31	5.1	195
S_{12}	9	5.5	5.7	320
S_{13}	35	46	2.7	267
S_{14}	9.4	5.3	4.5	328
S_{15}	15	23	7.6	131

12.2　钻井布局(1999 年全国大学生数学建模竞赛 B、D 题)

勘探部门在某地区寻找矿源.初步勘探时期已零散地在若干位置上钻井,取得了地质资料.进入系统勘探时期后,要在一个区域内按纵横等距的网格点来布置井位,进行"撒网式"全面钻探.由于钻一口井的费用很高,如果新设计的井位与原有井位重合(或相当接近),便可利用旧井的地质资料,不必打这口新井.因此,应该尽量利用旧井,少打新井,以节约钻探费用.比如钻一口新井的费用为500万元,利用旧井资料的费用为10万元,则利用一口旧井就节约费用490万元.

设平面上有 n 个点 P_i,其坐标为 (a_i, b_i), $i=1,2,\cdots,n$,表示已有的 n 个井位.新布置的井位是一个正方形网格 N 的所有结点(所谓"正方形网格"是指每个格子都是正方形的网格;结点是指纵线和横线的交叉点).假定每个格子的边长(井位的纵横间距)都是1单位(比如100m).整个网格是可以在平面上任意移动的.若一个已知点 P_i 与某个网格结点 X_i 的距离不超过给定误差 ε (=0.05单位),则认为 P_i 处的旧井资料可以利用,不必在结点 X_i 处打新井.

为进行辅助决策,勘探部门要求我们研究如下问题:

(1) 假定网格的横向和纵向是固定的(比如东西向和南北向),并规定两点间的距离为其横向距离(横坐标之差的绝对值)及纵向距离(纵坐标之差的绝对值)的最大值.在平面上平行移动网格 N,使可利用的旧井数尽可能大.试提供数值计算方法,并对表12-12给出的数值例子用计算机进行计算.

(2) 在欧氏距离的误差意义下,考虑网格的横向和纵向不固定(可以旋转)的情形,给出算法及计算结果.

(3) 如果有 n 口旧井,给出判定这些井均可利用的条件和算法(你可以任意选定一种距离).

表 12-12 数值例子

i	1	2	3	4	5	6	7	8	9	10	11	12
a_i	0.50	1.41	3.00	3.37	3.40	4.72	4.72	5.43	7.57	8.38	8.98	9.50
b_i	2.00	3.50	1.50	3.51	5.50	2.00	6.24	4.10	2.01	4.50	3.41	0.80

说明:$n=12$ 个点的坐标.

12.3 煤矸石堆积(1999年全国大学生数学建模竞赛C题)

煤矿采煤时,会产出无用废料——煤矸石.在平原地区,煤矿不得不征用土地堆放矸石.通常矸石的堆积方法是:

架设一段与地面角度约为 $\beta=25°$ 的直线形上升轨道(角度过大,运矸车无法装满),用在轨道上行驶的运矸车将矸石运到轨道顶端后向两侧倾倒,待矸石堆高后,再借助矸石堆延长轨道,这样逐渐堆起如图12-9所示的一座矸石山来.

现给出下列数据:

矸石自然堆放安息角(矸石自然堆积稳定后,其坡面与地面形成的夹角)$\alpha \leqslant 55°$;矸石容重(碎矸石单位体积的重量)约 $2t/m^3$;运矸车所需电费为 0.50 元/度(不变);运矸车机械效率(只考虑堆积坡道上的运输)初始值(在地平面上)约30%,坡道每延长10m,效率在原有基础上约下降2%;土地征用费现值为8万元/亩,预计地价年涨幅约10%;

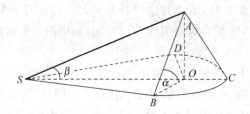

图 12-9 煤矸石堆积示意图

银行存、贷款利率均为 5%；煤矿设计原煤产量为 300 万 t/年；煤矿设计寿命为 20 年；采矿出矸率（矸石占全部采出的百分比）一般为 7%～10%。另外，为保护耕地，煤矿堆矸土地应比实际占地多征用 10%.

现在煤矿设计中用于处理矸石的经费（只计征地费及堆积时运矸车用的电费）为 100 万元/年，这笔钱是否够用？试制定合理的年度征地计划，并对不同的出矸率预测处理矸石的最低费用。

12.4 基金使用计划（2001 年全国大学生数学建模竞赛 C 题）

某校基金会有一笔数额为 M 元的基金，打算将其存入银行或购买国库券。当前银行存款及各期国库券的利率见表 12-13。假设国库券每年至少发行一次，发行时间不定。取款政策参考银行的现行政策。

校基金会计划在 n 年内每年用部分本息奖励优秀师生，要求每年的奖金额大致相同，且在 n 年末仍保留原基金数额。校基金会希望获得最佳的基金使用计划，以提高每年的奖金额。请你帮助校基金会在如下情况下设计基金使用方案，并对 $M=5000$ 万元, $n=10$ 年给出具体结果：

(1) 只存款不购国库券；

(2) 可存款也可购国库券；

(3) 学校在基金到位后的第 3 年要举行百年校庆，基金会希望这一年的奖金比其他年度多 20%.

表 12-13 当前银行存款及各期国库券的利率

	银行存款税后年利率/%	国库券年利率/%
活期	0.792	
半年期	1.664	
一年期	1.800	
二年期	1.944	2.55
三年期	2.160	2.89
五年期	2.304	3.14

12.5 抢渡长江(2003年全国大学生数学建模竞赛D题)

"渡江"是武汉城市的一张名片. 1934年9月9日,武汉警备旅官兵与体育界人士联手,在武汉第一次举办横渡长江游泳竞赛活动,起点为武昌汉阳门码头,终点设在汉口三北码头,全程约5000m. 有44人参加横渡,40人达到终点,张学良将军特意向冠军获得者赠送了一块银盾,上书"力挽狂澜".

2001年,"武汉抢渡长江挑战赛"重现江城. 2002年,正式命名为"武汉国际抢渡长江挑战赛",于每年的5月1日进行. 由于水情、水性的不可预测性,这种竞赛更富有挑战性和观赏性.

2002年5月1日,抢渡的起点设在武昌汉阳门码头,终点设在汉阳南岸咀,江面宽约1160m. 据报载,当日的平均水温为16.8℃,江水的平均流速为1.89m/s. 参赛的国内外选手共186人(其中专业人员将近一半),仅34人到达终点,第一名的成绩为14分8秒. 除了气象条件外,大部分选手由于路线选择错误,被滚滚的江水冲到下游,而未能准确到达终点.

假设竞渡区域两岸为平行直线,它们之间的垂直距离为1160m,从武昌汉阳门的正对岸到汉阳南岸咀的距离为1000m,如图12-10所示.

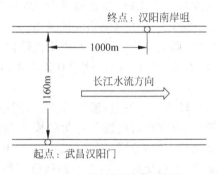

图12-10 "抢渡长江"示意图

请通过数学建模来分析上述情况,并回答以下问题:

(1) 假定在竞渡过程中游泳者的速度大小和方向不变,且竞渡区域每点的流速均为1.89m/s. 试说明2002年第一名是沿着怎样的路线前进的,求他(她)游泳速度的大小和方向. 如何根据游泳者自己的速度选择游泳方向,试为一个速度能保持在1.5m/s的人选择游泳方向,并估计他的成绩.

(2) 在(1)的假设下,如果游泳者始终以和岸边垂直的方向游,他(她)们能否到达终点? 根据自己所建的数学模型说明为什么1934年和2002年能游到终点的人数的百分比有如此大的差别; 给出能够成功到达终点的选手的条件.

(3) 若流速沿离岸边距离的分布如下:

$$v(y) = \begin{cases} 1.47\text{m/s}, & 0\text{m} \leqslant y \leqslant 200\text{m}, \\ 2.11\text{m/s}, & 200\text{m} < y < 960\text{m}, \\ 1.47\text{m/s}, & 960\text{m} \leqslant y \leqslant 1160\text{m} \end{cases}$$

(设从武昌汉阳门垂直向上为 y 轴正向),游泳者的速度大小(1.5m/s)仍全程保持不变,试为他选择游泳方向和路线,估计他的成绩.

(4) 若流速沿离岸边距离为连续分布,例如:

$$v(y) = \begin{cases} \dfrac{2.28}{200}y, & 0 \leqslant y \leqslant 200, \\ 2.28, & 200 < y < 960, \\ \dfrac{2.28}{200}(1160-y), & 960 \leqslant y \leqslant 1160. \end{cases}$$

或你认为合适的连续分布,如何处理这个问题.

(5) 用普通人能懂的语言,给有意参加竞渡的游泳爱好者写一份竞渡策略的短文.

(6) 你的模型还可能有什么其他的应用?

12.6 电力市场的输电阻塞管理(2004 年全国大学生数学建模竞赛 B 题)

我国电力系统的市场化改革正在积极、稳步地进行.2003 年 3 月国家电力监管委员会成立,2003 年 6 月该委员会发文列出了组建东北区域电力市场和进行华东区域电力市场试点的时间表,标志着电力市场化改革已经进入实质性阶段.可以预计,随着我国用电紧张的缓解,电力市场化将进入新一轮的发展,这给有关产业和研究部门带来了可预期的机遇和挑战.

电力从生产到使用的四大环节——发电、输电、配电和用电是瞬间完成的.我国电力市场初期是发电侧电力市场,采取交易与调度一体化的模式.电网公司在组织交易、调度和配送时,必须遵循电网"安全第一"的原则,同时要制定一个电力市场交易规则,按照购电费用最小的经济目标来运作.市场交易-调度中心根据负荷预报和交易规则制定满足电网安全运行的调度计划——各发电机组的出力(发电功率)分配方案;在执行调度计划的过程中,还需实时调度承担 AGC(自动发电控制)辅助服务的机组出力,以跟踪电网中实时变化的负荷.

设某电网有若干台发电机组和若干条主要线路,每条线路上的有功潮流(输电功率和方向)取决于电网结构和各发电机组的出力.电网每条线路上的有功潮流的绝对值有一个安全限值,限值还具有一定的相对安全裕度(即在应急情况下潮流绝对值可以超过限值的百分比的上限).如果各机组出力分配方案使某条线路上的有功潮流的绝对值超出限值,称为输电阻塞.当发生输电阻塞时,需要研究如何制定既安全又经济的调度计划.

• 电力市场交易规则

(1) 以 15min 为一个时段组织交易,每台机组在当前时段开始时刻前给出下一个时段的报价.各机组将可用出力由低到高分成至多 10 段报价,每个段的长度称为段容量,每个段容量报一个价(称为段价),段价按段序数单调不减.在最低技术出力以下的报价一般为负值,表示愿意付费维持发电以避免停机带来更大的损失.

(2) 在当前时段内,市场交易-调度中心根据下一个时段的负荷,预报每台机组的报价、当前出力和出力改变速率,按段价从低到高选取各机组的段容量或其部分(见下面注释),直到它们之和等于预报的负荷,这时每个机组被选入的段容量或其部分之和形成该时段该机组的出力分配预案(初始交易结果).最后一个被选入的段价(最高段价)称为该时段的清算价,该时段全部机组的所有出力均按清算价结算.

注释:

(a) 每个时段的负荷预报和机组出力分配计划的参照时刻均为该时段结束时刻.

(b) 机组当前出力是对机组在当前时段结束时刻实际出力的预测值.

(c) 假设每台机组单位时间内能增加或减少的出力相同,该出力值称为该机组的爬坡速率.由于机组爬坡速率的约束,可能导致选取它的某个段容量的部分.

(d) 为了使得各机组计划出力之和等于预报的负荷需求,清算价对应的段容量可能只选取部分.

市场交易-调度中心在当前时段内要完成的具体操作过程如下:

(1) 监控当前时段各机组出力分配方案的执行,调度 AGC 辅助服务,在此基础上给出各机组的当前出力值.

(2) 作出下一个时段的负荷需求预报.

(3) 根据电力市场交易规则得到下一个时段各机组出力分配预案.

(4) 计算当执行各机组出力分配预案时电网各主要线路上的有功潮流,判断是否会出现输电阻塞.如果不出现,接受各机组出力分配预案;否则,按照如下原则实施阻塞管理.

• 输电阻塞管理原则

(1) 调整各机组出力分配方案使得输电阻塞消除.

(2) 如果(1)做不到,还可以使用线路的安全裕度输电,以避免拉闸限电(强制减少负荷需求),但要使每条线路上潮流的绝对值超过限值的百分比尽量小.

(3) 如果无论怎样分配机组出力都无法使每条线路上的潮流绝对值超过限值的百分比小于相对安全裕度,则必须在用电侧拉闸限电.

(4) 当改变根据电力市场交易规则得到的各机组出力分配预案时,一些通过竞价取得发电权的发电容量(称序内容量)不能出力;而一些在竞价中未取得发电权的发电容量(称序外容量)要在低于对应报价的清算价上出力.因此,发电商和网方将产生经济利益冲突.网方应该为因输电阻塞而不能执行初始交易结果付出代价,网方在结算时应该适当地给发电商以经济补偿,由此引起的费用称为阻塞费用.网方在电网安全运行的保证下应当同时考虑尽量减少阻塞费用.

你需要做的工作如下:

1. 某电网有 8 台发电机组, 6 条主要线路, 表 12-14 和表 12-15 中的方案 0 给出了各机组的当前出力和各线路上对应的有功潮流值, 方案 1~32 给出了围绕方案 0 的一些实验数据, 试用这些数据确定各线路上有功潮流关于各发电机组出力的近似表达式.

表 12-14 各机组出力方案　　　　　　　　单位: MW

方案 \ 机组	1	2	3	4	5	6	7	8
0	120	73	180	80	125	125	81.1	90
1	133.02	73	180	80	125	125	81.1	90
2	129.63	73	180	80	125	125	81.1	90
3	158.77	73	180	80	125	125	81.1	90
4	145.32	73	180	80	125	125	81.1	90
5	120	78.596	180	80	125	125	81.1	90
6	120	75.45	180	80	125	125	81.1	90
7	120	90.487	180	80	125	125	81.1	90
8	120	83.848	180	80	125	125	81.1	90
9	120	73	231.39	80	125	125	81.1	90
10	120	73	198.48	80	125	125	81.1	90
11	120	73	212.64	80	125	125	81.1	90
12	120	73	190.55	80	125	125	81.1	90
13	120	73	180	75.857	125	125	81.1	90
14	120	73	180	65.958	125	125	81.1	90
15	120	73	180	87.258	125	125	81.1	90
16	120	73	180	97.824	125	125	81.1	90
17	120	73	180	80	150.71	125	81.1	90
18	120	73	180	80	141.58	125	81.1	90
19	120	73	180	80	132.37	125	81.1	90
20	120	73	180	80	156.93	125	81.1	90
21	120	73	180	80	125	138.88	81.1	90
22	120	73	180	80	125	131.21	81.1	90
23	120	73	180	80	125	141.71	81.1	90
24	120	73	180	80	125	149.29	81.1	90
25	120	73	180	80	125	125	60.582	90
26	120	73	180	80	125	125	70.962	90
27	120	73	180	80	125	125	64.854	90
28	120	73	180	80	125	125	75.529	90

续表

方案\机组	1	2	3	4	5	6	7	8
29	120	73	180	80	125	125	81.1	104.84
30	120	73	180	80	125	125	81.1	111.22
31	120	73	180	80	125	125	81.1	98.092
32	120	73	180	80	125	125	81.1	120.44

表 12-15 各线路的潮流值　　　　　　　　　　单位：MW

方案\线路	1	2	3	4	5	6
0	164.78	140.87	−144.25	119.09	135.44	157.69
1	165.81	140.13	−145.14	118.63	135.37	160.76
2	165.51	140.25	−144.92	118.7	135.33	159.98
3	167.93	138.71	−146.91	117.72	135.41	166.81
4	166.79	139.45	−145.92	118.13	135.41	163.64
5	164.94	141.5	−143.84	118.43	136.72	157.22
6	164.8	141.13	−144.07	118.82	136.02	157.5
7	165.59	143.03	−143.16	117.24	139.66	156.59
8	165.21	142.28	−143.49	117.96	137.98	156.96
9	167.43	140.82	−152.26	129.58	132.04	153.6
10	165.71	140.82	−147.08	122.85	134.21	156.23
11	166.45	140.82	−149.33	125.75	133.28	155.09
12	165.23	140.85	−145.82	121.16	134.75	156.77
13	164.23	140.73	−144.18	119.12	135.57	157.2
14	163.04	140.34	−144.03	119.31	135.97	156.31
15	165.54	141.1	−144.32	118.84	135.06	158.26
16	166.88	141.4	−144.34	118.67	134.67	159.28
17	164.07	143.03	−140.97	118.75	133.75	158.83
18	164.27	142.29	−142.15	118.85	134.27	158.37
19	164.57	141.44	−143.3	119	134.88	158.01
20	163.89	143.61	−140.25	118.64	133.28	159.12
21	166.35	139.29	−144.2	119.1	136.33	157.59
22	165.54	140.14	−144.19	119.09	135.81	157.67
23	166.75	138.95	−144.17	119.15	136.55	157.59
24	167.69	138.07	−144.14	119.19	137.11	157.65
25	162.21	141.21	−144.13	116.03	135.5	154.26

续表

线路方案	1	2	3	4	5	6
26	163.54	141	−144.16	117.56	135.44	155.93
27	162.7	141.14	−144.21	116.74	135.4	154.88
28	164.06	140.94	−144.18	118.24	135.4	156.68
29	164.66	142.27	−147.2	120.21	135.28	157.65
30	164.7	142.94	−148.45	120.68	135.16	157.63
31	164.67	141.56	−145.88	119.68	135.29	157.61
32	164.69	143.84	−150.34	121.34	135.12	157.64

说明：各方案与表 12-14 相对应。

2. 设计一种简明、合理的阻塞费用计算规则，除考虑上述电力市场规则外，还需注意：在输电阻塞发生时公平地对待序内容量不能出力的部分和报价高于清算价的序外容量出力的部分。

3. 假设下一个时段预报的负荷需求是 982.4MW，表 12-16、表 12-17 和表 12-18 分别给出了各机组的段容量、段价和爬坡速率的数据，试按照电力市场规则给出下一个时段各机组的出力分配预案。

4. 按照表 12-19 给出的潮流限值，检查得到的出力分配预案是否会引起输电阻塞，并在发生输电阻塞时，根据安全且经济的原则，调整各机组出力分配方案，并给出与该方案相应的阻塞费用。

5. 假设下一个时段预报的负荷需求是 1052.8MW，重复 3~4 的工作。

表 12-16　各机组的段容量　　　　　　　　　　　　单位：MW

段机组	1	2	3	4	5	6	7	8	9	10
1	70	0	50	0	0	30	0	0	0	40
2	30	0	20	0	15	6	2	0	0	8
3	110	0	40	0	30	0	20	40	0	40
4	55	5	10	0	10	10	0	15	0	1
5	75	5	15	0	15	15	0	10	10	10
6	95	0	20	0	0	15	10	20	0	10
7	50	15	5	15	10	10	5	10	3	2
8	70	0	20	0	20	0	0	20	15	5

表 12-17　各机组的段价　　　　　　　　　　　　　单位：元/MW·h

段\机组	1	2	3	4	5	6	7	8	9	10
1	−505	0	124	168	210	252	312	330	363	489
2	−560	0	182	203	245	300	320	360	410	495
3	−610	0	152	189	233	258	308	356	415	500
4	−500	150	170	200	255	302	325	380	435	800
5	−590	0	116	146	188	215	250	310	396	510
6	−607	0	159	173	205	252	305	380	405	520
7	−500	120	180	251	260	306	315	335	348	548
8	−800	153	183	233	253	283	303	318	400	800

表 12-18　各机组的爬坡速率　　　　　　　　　　单位：MW/min

机组	1	2	3	4	5	6	7	8
速率	2.2	1	3.2	1.3	1.8	2	1.4	1.8

表 12-19　各线路的潮流限值和相对安全裕度　　　单位：MW

线　路	1	2	3	4	5	6
限值/MW	165	150	160	155	132	162
安全裕度/%	13	18	9	11	15	14

附录 LINGO 10.0 新增功能介绍

A.1 新增功能简介

2006 年初，LINDO 系统公司正式发布了 LINGO 10.0 版本。与 LINGO 9.0 及更早的版本相比，该版本的主要改进包括三个方面：

1. LINGO 10.0 最显著的新特征在于增强了用 LINGO 编程的能力。这主要包括：

(1) 程序流程的控制

在 LINGO 早期版本的计算段(CALC)中，控制程序流程的只有一种语句，即集合循环函数@FOR 引导的语句，此外所有计算段中的语句是顺序执行的。LINGO 10.0 在计算段中增加了控制程序流程的语句，主要包括条件分支控制(@IFC 或@IFC/@ELSE 语句)、条件循环控制(@WHILE 语句)、循环跳出控制(@BREAK 语句)、程序暂停控制(@PAUSE 语句)以及程序终止控制(@STOP 语句)。

(2) 子模型(SUBMODEL)

在 LINGO 的早期版本中，每个模型窗口中只允许有一个优化模型，称为主模型(MAIN MODEL)。在 LINGO 10.0 中，每个模型窗口中除了主模型外，用户还可以定义子模型(SUBMODEL)。子模型可以在主模型的计算段中被调用，这就进一步增强了 LINGO 的编程能力。相应的新增函数还包括@SOLVE、@GEN、@PIC、@SMPI、@RELEASE 等。

(3) 其他新增函数

LINGO 10.0 增加了输出函数@TABLE，可以更方便地以格式化的表格形式输出数据；新增了数学函数@NORMSINV，即标准正态分布的分布函数的逆函数；新增了缺省输出设备(文件)的重定义函数@DIVERT；新增了参数设置函数@SET 和@APISET 等。

2. 对 LINGO 内部采用的一些求解程序(如混合整数规划、非线性优化和全局优化求解程序，包括一些相应的选项)的功能进行了完善和改进，使求解过程更快速、更可靠，对模型进行调试的能力和对模型错误进行更准确定位的能力也得到了进一步增强。

3. 增加了对一些新的软硬件的支持，如支持 64 位运算和更大的内存等，以及支持 Java JNI 接口技术，新的@ODBC 函数支持 Microsoft SQL Server 等。

我们下面只对第 1 类新增功能(增强 LINGO 编程能力的功能)进行简要介绍，关心第 2、3 类新增功能的读者请直接阅读 LINGO 在线帮助文件或相关介绍文档。

A.2 程序流程的控制

A.2.1 条件分支控制

在计算段(CALC)中,如果只有当某个条件满足时才执行某个或某些语句,则可以使用@IFC 或@IFC...@ELSE 语句,其中@ELSE 部分是可选的(在下面的语法中用方括号表示).其基本的使用语法是:

@**IFC**(condition;
　　　executable statements(可执行语句1);
[@**ELSE**
　　　executable statements(可执行语句2);]
)

其中 condition 是一个逻辑表达式(表示相应的条件),当 condition 的逻辑值为"真"(条件成立)时,程序执行语句1;否则程序执行语句2.

我们以本书5.2节(有瓶颈设备的多级生产计划问题)中的数据来说明这个语句的用法.在该问题中,项目间的消耗系数 Req 是一个非常稀疏的矩阵,仅有6个非零元.如果我们想输出这个矩阵,但不显示其中的零元素(即显示为空),可以在原来的程序(本书177-178页的程序 exam0502.lg4)中增加以下的计算段:

```
calc:
    @WRITE('项目间的消耗系数如下:');
    @WRITE(@NEWLINE(1));
    @WRITEFOR(PART(J): 5*'', PART(J));
    @FOR(PART(I):
        @WRITE(@NEWLINE(1), PART(I));
        @FOR(PART(J):
          @IFC(Req(i,j)#GT# 0.0;
            @write(@FORMAT(Req(i,j),'#5.0f'));
          @ELSE
            @WRITE('');
          );
        );
    );
    @WRITE(@NEWLINE(2));
endcalc
```

运行修改后的程序,相应的输出如下(只列出与计算段中相关的部分输出):

项目间的消耗系数如下:

	A	B	C	D	E	F	G
A							
B	5.						
C	7.						
D			9.				
E			11.				
F				13.			
G				15.			

下面我们作几点说明:

1. 请注意上面程序中的函数@WRITE 和@WRITEFOR,它们在 LINGO 9.0 中也出现过(参见本书 112 页),但当时主要是用在程序的数据段(DATA)方便用户控制输出格式,所输出的变量的取值是程序运行结束后最后结果的相关数据,并且输出必须定向到@TEXT函数,即通过@TEXT 函数输出到缺省的输出设备(通常就是报告窗口)或文本文件. LINGO 10.0 中,这两个函数也是为了方便用户控制输出格式,但它们还可以出现在计算段(CALC)随时输出中间结果,并且不需要使用@TEXT 函数,输出的结果也是被定向到缺省的输出设备(通常就是标准的报告窗口).如果希望改变缺省的输出设备,可以采用@DIVERT 函数(参见本附录 A.4.3 节).

作为一个简单例子,我们可以编写以下程序,说明在计算段中可以随时输出中间结果.

```
calc:
    a = 5;
    @write('a = ',a,@newline(1));
    b = 8;
    a = a + b;
    @write('a = ',a,@newline(1));
endcalc
```

以上程序中第 3 行和第 6 行的语句是一样的,但由于变量 a 的值在两次输出之间发生了变化,输出结果会不一样:

a = 5
a = 13

2. 请读者特别注意,条件分支控制语句的用法只能出现在计算段(CALC)中.这也意味着,我们不应该对程序运行结束后才能得到最后结果、计算段中尚未确定具体取值的变量进行上述判断和输出.否则,输出的取值可能只是变量的初始值或中间计算结果.读者可能会觉得既然如此,那么这种控制语句的用处就不大了,因为计算段处理的似乎都是已知参数(或从已知参数很容易直接计算得到的变量值).实际上并非如此,这是由于LINGO 10.0 增加了子模型功能,而子模型又是可以在计算段进行求解的,这时计算段中的变量所取的值可能既不是初始参数,又不是整个模型最后的结果,也就是可以输出中间结果.

LINGO 10.0中还增加了条件循环(@WHILE 语句)等其他复杂的控制语句,它们通常也要用到@IFC 语句.我们将在后面介绍子模型和条件循环控制时再通过例子进行说明.

3. 读者还应该注意,@IFC 函数和以前用过的@IF 函数的功能是不同的:@IFC 是引导流程控制语句的函数(按照不同条件选择不同的程序分支进行执行),而@IF 是一个算术函数,按照不同条件返回不同的计算结果或表达式(参见本书114页的介绍).

A.2.2 条件循环控制及相关语句

在 LINGO 早期版本中,只有一种控制程序流程的语句,即集合循环函数@FOR 引导的语句,该函数对集合的元素逐个进行循环.在 LINGO 10.0 中,如果只要当某个条件满足时就反复执行某个或某些语句,直到条件不成立为止,则可以使用@WHILE 语句.其基本的使用语法是:

@**WHILE**(*condition*:
   executable statements(可执行语句);
)

其中 *condition* 是一个逻辑表达式(表示相应的条件),当 *condition* 的逻辑值为"真"(条件成立)时,程序就执行相应的语句,直到条件不成立为止.请注意,条件循环控制也只能出现在计算段(CALC)中.

在条件循环控制中,还经常会使用到循坏跳出控制(@BREAK 语句)、程序暂停控制(@PAUSE 语句)以及程序终止控制(@STOP 语句):

- @BREAK 函数不需要任何参数,其功能是立即终止当前循环,继续执行当前循环外的下一条语句.这个函数可以用在条件循环语句(@WHILE 语句)中,也可以用在集合循环语句(@FOR 语句)中.此外,由于一般是在满足一定的特定条件时才终止当前循环的执行,所以函数@BREAK 一般也要结合@IFC/@ELSE 使用.
- @PAUSE 函数暂停程序执行,并弹出一个窗口,等待用户选择继续执行(RESUME)或者终止程序(INTERRUPT).如果希望在弹出的窗口中显示某些文本信息或某个变量的当前取值,只需要将这些文本信息或变量作为@PAUSE 的调用参数即可.
- @STOP 函数终止程序的运行,并弹出一个窗口,说明程序已经停止运行.如果希望在弹出的窗口中显示某些文本信息或某个变量的当前取值,只需要将这些文本或变量作为@STOP 的调用参数即可.

例如,如果希望从一个递增排列的正整数数列 X 中找到某个具体的数 KEY 在数列

X 中所在的位置,可以采用二分搜索算法.具体的程序是(原程序位于 LINGO 安装目录的 examples 目录下,文件名为 loopbins.lg4,这里加上了中文注释):

```
MODEL:
TITLE 二分搜索;                              ! Binary-search;
SETS:
  S1: X;
ENDSETS
DATA:
  KEY = 16;                                 ! 想要找到的数;
    X = 2 7 8 11 16 20 22 32;               ! 递增排列的正整数数列;
ENDDATA
CALC:
  IB = 1;                                   ! 搜索位置的最小值;
  IE = @SIZE(S1);                           ! 搜索位置的最大值(数列中元素的个数);
  @WHILE(IB #LE# IE:
    LOC = @FLOOR((IB + IE)/2); ! 二分法;
    @IFC(KEY #EQ# X(LOC):
      @BREAK;                               ! 找到结果,结束循环;
    @ELSE
      @IFC(KEY #LT# X(LOC):
        IE = LOC - 1;
      @ELSE
        IB = LOC + 1;
      );
    );
  );
  @IFC(IB #LE# IE:
    @PAUSE('找到位置: ', LOC);              ! 显示结果;
  @ELSE
    @STOP(' 数列中找不到相应的数!!! ');      ! 程序停止运行;
  );
ENDCALC
END
```

注 这里集合 S1 没有显式地定义元素,但由于其属性 X 有 8 个元素,因此 LINGO 自动认为集合 S1 = {1,2,3,4,5,6,7,8}.

本程序运行时,将找到 KEY = 16 位于数列 X 中的第 5 个位置,于是通过 @PAUSE 语句将这一信息报告给用户;如果取 KEY = 15,由于数列 X 中没有 15,程序运行时通过 @STOP 语句将这一信息报告给用户.

请注意，由于@BREAK 函数不需要参数，因此程序中的语句直接写成"@BREAK;". 而函数@PAUSE 和@STOP 是可以有参数的，所以程序中即使不给出参数，语句也应该写成"@PAUSE();"和"@STOP();"等，即标示参数表的小括号不能省略，否则就会出现语法错误. 这和以前用过的函数@TEXT 的用法非常类似.

A.3 子模型功能介绍

A.3.1 子模型的定义及求解

子模型必须包含在主模型之内，即必须位于以"MODEL:"开头、以"END"结束的模块内. 同一个主模型中，允许定义多个子模型，所以每个子模型本身必须命名，其基本语法是：

@SUBMODEL mymodel:
    可执行语句(约束 + 目标函数);
ENDSUBMODEL

其中 $mymodel$ 是该子模型的名字，可执行语句一般是一些约束语句，也可能包含目标函数，但不可以有自身单独的集合段、数据段、初始段和计算段等. 也就是说，同一个主模型内的变量都是全局变量，这些变量对主模型和所有子模型同样有效.

如果已经定义了子模型 $mymodel$，则在计算段中可以用语句"@SOLVE($mymodel$);"求解这个子模型.

我们来看一个背包问题的例子：王先生想要出门旅行，需要将一些旅行用品装入一个旅行背包. 旅行背包有一个重量限制，装入的旅行用品总重量不得超过 30kg. 候选的旅行用品有 8 件，其重量依次为 3,4,6,7,9,10,11,12(kg)；王先生认为这 8 件旅行用品的价值(或重要性)依次为 4,6,7,9,11,12,13,15. 那么，为了使背包装入的旅行用品的总价值最大，王先生应该选择哪几件旅行用品？

我们用 VAL(I)、WGT(I) 分别表示第 I 件物品的价值和重量，CAP 表示背包的重量限制，用 Y(I) 表示是否装入第 I 件物品(0-1 决策变量，1 表示装，0 表示不装). 容易建立如下优化模型(直接按 LINGO 的程序格式写出，命名为文件 knapsack01.lg4)：

```
MODEL:
SETS:
   ITEM: WGT, VAL, Y;
ENDSETS
DATA:
   VAL = 4 6 7 9 11 12 13 15;
   WGT = 3 4 6 7 9 10 11 12;
```

```
        CAP = 30;
    ENDDATA
    MAX = OBJ;
        [Objective] OBJ = @SUM(ITEM(j): VAL(j) * Y(j)); ! 目标;
        [Capacity] @SUM(ITEM(j): WGT(j) * Y(j)) <= CAP;! 重量约束;
        @FOR(ITEM(j): @BIN(Y(j))); ! 0/1 变量;
    END
```

求解本模型,可得到最优解 Y(2)=Y(4)=Y(5)=Y(6)=1(其他 Y(I)为 0),最优值 OBJ=38.

对于这样一个简单的模型,上面的程序中只有主模型.作为一种练习,我们也可以将这个模型定义为子模型,然后在主模型的计算段(CALC)中进行求解,相应的程序为(命名为文件 knapsack02.lg4)):

```
MODEL:
SETS:
    ITEM: WGT, VAL, Y;
ENDSETS
DATA:
    VAL = 4 6 7 9 11 12 13 15;
    WGT = 3 4 6 7 9 10 11 12;
    CAP = 30;
ENDDATA
SUBMODEL KNAPSACK: ! 开始定义子模型 KNAPSACK;
    MAX = OBJ;
        [objective] OBJ = @SUM(ITEM(j): VAL(j) * Y(j)); ! 目标;
        [capacity] @SUM(ITEM(j): WGT(j) * Y(j)) <= CAP;! 重量约束;
        @FOR(ITEM(j): @BIN(Y(j))); ! 0/1 变量;
ENDSUBMODEL ! 完成子模型 KNAPSACK 的定义;
CALC:
    @SOLVE(KNAPSACK); ! 求解子模型 KNAPSACK;
ENDCALC
END
```

求解本模型,得到的结果与不用子模型时相同.

A.3.2 求背包问题的多个最好解的例子

对于上面的背包问题,最优解并不是唯一的.如果我们希望找到所有的最优解(最优值 OBJ=38 的所有解),有没有办法呢? 更一般地,能否找出前 K 个最好的解? 这样我们可以把这 K 个最好的解全部列出来,供王先生(决策者)选择.

为了得到第 2 个最好的解,我们需要再次求解子模型 KNAPSACK,但必须排除再次找到刚刚得到的解 Y(2)=Y(4)=Y(5)=Y(6)=1(其他 Y(I)为 0).因此,我们需要在第 2 次求解子模型 KNAPSACK 时,增加一些约束条件(一般称为"割",因为这类约束有可能排除(割去)了原来可行域的一部分可行点).生成"割"的方法可能有很多种,这里我们介绍一种针对 0-1 变量的特殊处理方法.

对于我们刚刚得到的解 Y(2)=Y(4)=Y(5)=Y(6)=1(其他 Y(I)为 0),显然满足

$$Y(1)-Y(2)+Y(3)-Y(4)-Y(5)-Y(6)+Y(7)+Y(8)=-4;$$

这个等式左边就是将刚刚得到的解中取 1 的 Y(I)的系数定义为 -1,取 0 的 Y(I)的系数定义为 1,然后求代数和;等式右边就是解中取 1 的 Y(I)的个数的相反数.

为了防止再次求解子模型 KNAPSACK 时这个解再次出现,就是要防止 Y(2),Y(4),Y(5),Y(6)同时取 1 的情况出现.下面的约束就可以保证做到这一点:

$$Y(1)-Y(2)+Y(3)-Y(4)-Y(5)-Y(6)+Y(7)+Y(8)>=-3;$$

这个约束就是将上面等式中的右端项增加了 1,将等号"="改成了">=".显然,这个约束排除了 Y(2),Y(4),Y(5),Y(6)同时取 1 的情况,因为 Y(2),Y(4),Y(5),Y(6)同时取 1(其他 Y(I)=0)不能满足这个约束.其次,由于 Y(I)只能取 0 或 1,这个约束除了排除 Y(2),Y(4),Y(5),Y(6)同时取 1 的情况外,没有对原可行解空间增加任何新的限制.

可以想象,增加这个约束后,新的最优解一定与 Y(2)=Y(4)=Y(5)=Y(6)=1(其他 Y(I)为 0)不同.这种处理方法具有一般性,可以用于找出背包问题的前 K 个最好解.

具体的程序如下(以下程序中取 K=7,命名为文件 knapsack03.lg4)):

```
SETS:
  ITEM: WGT, VAL, Y;
  SOLN: RHS; ! RHS 表示根据每个最优解生成"割"时的右端项;
  SXI(SOLN,ITEM): COF; ! "割"的系数,即 1 或 -1;
ENDSETS
DATA:
  K = 7;
  VAL = 4 6 7 9 11 12 13 15;
  WGT = 3 4 6 7 9 10 11 12;
  CAP = 30;
  SOLN = 1..K;
ENDDATA
SUBMODEL KNAPSACK:
  MAX = OBJ;
  OBJ = @SUM(ITEM(j): VAL(j) * Y(j)); ! 目标;
  @SUM(ITEM(j): WGT(j) * Y(j)) <= CAP; ! 重量约束;
```

```
        @FOR(ITEM(j): @BIN(Y(j))); ! 0/1 变量;
        @FOR(SOLN(k)| k #LT# ksofar: !"割去"(排除)已经得到的解;
           @SUM(ITEM(j): COF(k,j) * Y(j)) >= RHS(k);
        );
ENDSUBMODEL
CALC:
        @divert('knapsack.txt'); ! 结果保存到文件 knapsack.txt;
        @FOR(SOLN(ks): ! 对 ks = 1,2,…,K 进行循环;
          KSOFAR = ks; ! KSOFAR 表示当前正在计算的是第几个最优解;
          @SOLVE(KNAPSACK);
          RHS(ks) = 1;
          ! 以下打印当前(第 ks 个)最优解 Y 及对应的最优值 OBJ;
          @WRITE(' ',ks,' ',    @FORMAT(OBJ,'3.0f'),':');
          @writefor(ITEM(j):' ',Y(j));
          @write(@newline(1));
          ! 以下计算这个解生成的"割"的系数;
          @FOR(ITEM(j):
            @IFC(Y(j) #GT# .5:
              COF(KS,j) = -1;
              RHS(ks) = RHS(ks) - 1;
            @ELSE
              COF(KS,j) = 1;
          ); ! 分支 @IFC/@ELSE 结束;
          ); ! 循环 @FOR(ITEM(j)结束;
        ); ! 对 ks 的循环结束;
        @divert(); ! 关闭文件 knapsack.txt,恢复正常输出模式;
ENDCALC
```

注 计算段中的语句@divert('knapsack.txt')的含义是,将此后的输出定向到文本文件 knapsack.txt(参见本附录 A.4.3 节).

运行这个程序以后,文件 knapsack.txt 中将包括以下输出(其他输出略去):

```
1  38: 0 1 0 1 1 1 0 0
2  38: 1 1 1 1 0 1 0 0
3  38: 1 1 0 0 0 0 1 1
4  37: 1 1 0 0 0 1 0 1
5  37: 0 1 1 1 0 0 0 1
6  37: 1 1 1 1 1 0 0 0
7  37: 0 1 1 0 1 0 1 0
```

可见,前 7 个最好的解中,最优值为 OBJ=38 的解一共有 3 个,而 OBJ=37 的解至少有 4 个(因为我们只计算了前 7 个最好的解,我们暂时还无法判断 OBJ=37 的解是否只有 4 个),每个解(Y 的取值)也显示在结果报告中了.

A.3.3 多个子模型的例子

同一个 LINGO 主模型中,允许定义多个子模型. 例如,如果我们希望分别求解以下 4 个优化问题:

(1) 在满足约束 $x^2+4y^2 \leqslant 1$ 且 x,y 非负的条件下,求 $x-y$ 的最大值;

(2) 在满足约束 $x^2+4y^2 \leqslant 1$ 且 x,y 非负的条件下,求 $x+y$ 的最小值;

(3) 在满足约束 $x^2+4y^2 \leqslant 1$ 且 x,y 可取任何实数的条件下,求 $x-y$ 的最大值;

(4) 在满足约束 $x^2+4y^2 \leqslant 1$ 且 x,y 可取任何实数的条件下,求 $x+y$ 的最小值.

我们可以编写如下 LINGO 程序:

```
MODEL:
SUBMODEL OBJ1:
    MAX = X - Y;
ENDSUBMODEL
SUBMODEL OBJ2:
    MIN = X + Y;
ENDSUBMODEL
SUBMODEL CON1:
    x^2 + 4 * y^2 <= 1;
ENDSUBMODEL
SUBMODEL CON2:
    @free(x);
    @free(y);
ENDSUBMODEL
CALC:
    @write('问题 1 的解:', @newline(1));
    @solve(OBJ1,CON1);
    @write('问题 2 的解:', @newline(1));
    @solve(OBJ2,CON1);
    @write('问题 3 的解:', @newline(1));
    @solve(OBJ1,CON1,CON2);
    @write('问题 4 的解:', @newline(1));
    @solve(OBJ2,CON1,CON2);
ENDCALC
END
```

这个程序中定义了 4 个子模型,其中 OBJ1 和 OBJ2 只有目标(没有约束),而 CON1 和

CON2 只有约束(没有目标). 在计算段, 我们将它们进行不同的组合, 分别得到针对问题 (1)～(4)的优化模型进行求解. 但需要注意, 每个 @solve 命令所带的参数表中的子模型是先合并后求解的, 所以用户必须确保每个 @solve 命令所带的参数表中的子模型合并后是合理的优化模型, 例如最多只能有一个目标函数.

运行这个后, 得到的正是我们预想的结果(只列出部分相关的输出结果):

问题 1 的解:

```
Objective value:                    1.000000
        Variable        Value       Reduced Cost
            X          1.000000      0.5198798E-08
            Y       0.4925230E-08    1.000000
```

问题 2 的解:

```
Objective value:                 0.2403504E-09
        Variable        Value       Reduced Cost
            X          0.000000      1.000000
            Y          0.000000      1.000000
```

问题 3 的解:

```
Objective value:                    1.118034
        Variable        Value       Reduced Cost
            X          0.8944272     0.000000
            Y         -0.2236068     0.000000
```

问题 4 的解:

```
Objective value:                   -1.118034
        Variable        Value       Reduced Cost
            X         -0.8944272     0.000000
            Y         -0.2236068     0.000000
```

这 4 个问题都是非常简单的问题, 最优解和最优值很容易用解析方法计算得到, 读者不妨用解析方法计算和验证一下以上得到的解的正确性.

A.3.4 其他相关函数

1. @GEN

这个函数只能在计算段使用, 功能与菜单命令 LINGO|Generate 和 LINGO 行命令 GEN 类似(参见本书 118 页和 132 页), 即生成完整的模型并以代数形式显示(主要作用是可供用户检查模型是否有误). 当不使用任何调用参数时, "@GEN();"语句只对主模型

中出现在当前"@GEN();"语句之前的模型语句进行处理.

例如,如果在上面 A.3.1 节的文件 knapsack01.lg4 中增加以下的计算段:

```
calc:
    @gen();
endcalc
```

则程序运行时报告窗口的显示为:

```
MODEL:
[_1] MAX = OBJ;
[OBJECTIVE] OBJ - 4 * Y_1 - 6 * Y_2 - 7 * Y_3 - 9 * Y_4 - 11 * Y_5 - 12 * Y_6 - 13 * Y_7 - 15 * Y_8
 = 0;
[CAPACITY] 3 * Y_1 + 4 * Y_2 + 6 * Y_3 + 7 * Y_4 + 9 * Y_5 + 10 * Y_6 + 11 * Y_7 + 12 * Y_8 <= 30;
@BIN(Y_1); @BIN(Y_2); @BIN(Y_3); @BIN(Y_4); @BIN(Y_5);
@BIN(Y_6); @BIN(Y_7); @BIN(Y_8);
END
```

用户可以指定@GEN 处理哪个(或多个)子模型,这只需要将子模型名(可以多个)作为调用@GEN 函数的参数即可.如果为@GEN 函数指定多个子模型作为调用参数,则显示的是这几个子模型合并后的结果.

例如,如果在上面 A.3.1 节的文件 knapsack02.lg4 的计算段中增加以下语句:

```
@gen(KNAPSACK);
```

则程序运行时报告窗口的显示与上面的显示相同(因为 knapsack02.lg4 的子模型 KNAPSACK 与 knapsack01.lg4 的主模型本质上是一样的).

注 如果在上面 A.3.2 节的文件 knapsack03.lg4 的计算段中不同的位置增加 @gen(KNAPSACK)语句,将得到不同的输出结果.这是因为在计算段中不同的位置,子模型 KNAPSACK 的具体内容是有可能发生变化的(因为"割"约束在不断增加).例如,如果将 @gen(KNAPSACK)语句增加在计算段的最后,得到的输出为(可以看出此时模型中有 6 个 "割",即约束[_4]~[_9]):

```
MODEL:
[_1] MAX = OBJ;
[_2] OBJ - 4 * Y_1 - 6 * Y_2 - 7 * Y_3 - 9 * Y_4 - 11 * Y_5 - 12 * Y_6 - 13 * Y_7 - 15 * Y_8 = 0;
[_3] 3 * Y_1 + 4 * Y_2 + 6 * Y_3 + 7 * Y_4 + 9 * Y_5 + 10 * Y_6 + 11 * Y_7 + 12 * Y_8 <= 30;
[_4] Y_1 - Y_2 + Y_3 - Y_4 - Y_5 - Y_6 + Y_7 + Y_8 >= -3;
[_5] - Y_1 - Y_2 - Y_3 - Y_4 + Y_5 - Y_6 + Y_7 + Y_8 >= -4;
[_6] - Y_1 - Y_2 + Y_3 + Y_4 + Y_5 + Y_6 - Y_7 - Y_8 >= -3;
[_7] - Y_1 - Y_2 + Y_3 + Y_4 + Y_5 - Y_6 + Y_7 - Y_8 >= -3;
```

```
[_8] Y_1-Y_2-Y_3-Y_4+Y_5+Y_6+Y_7-Y_8>=-3;
[_9] -Y_1-Y_2-Y_3-Y_4-Y_5+Y_6+Y_7+Y_8>=-4;
@BIN(Y_1); @BIN(Y_2); @BIN(Y_3); @BIN(Y_4); @BIN(Y_5); @BIN(Y_6); @BIN(Y_7);
@BIN(Y_8);
END
```

2. @PIC

这个函数只能在计算段使用,功能与菜单命令 LINGO|Picture 和行命令 PIC 类似(参见本书 118 页和 61 页),即以图形形式显示模型的大致模样(主要作用是可供用户检查模型是否有误).其使用方法与@GEN 完全类似.

例如,如果将@pic(KNAPSACK)语句增加在文件 knapsack03.lg4 计算段的最后,得到的输出为:

```
      Y Y Y Y Y Y Y Y
    O ( ( ( ( ( ( ( (
    B 1 2 3 4 5 6 7 8
    J ) ) ) ) ) ) ) )

1:  1       '    '    MAX
2:  1-4-6-7-9-B-B-B-B = 0
3:  '3'4 6 7'9 B B'B < B
4:  '1-1 1-1-1-1 1 1 >-3
5:  '-1-1-1-1 1-1 1 1 >-4
6:  '-1-1 1 1'1 1-1-1 >-3
7:  '-1-1 1 1 1-1 1-1 >-3
8:  '1-1-1-1 1 1 1-1 >-3
9:  '-1-1-1-1-1 1 1 1'1 >-4
```

对于其中系数矩阵和右端项的字符的含义,可以参考相应的行命令 PIC(参见本书 61 页).

3. @SMPI

这个函数只能在计算段使用,功能与 LINGO 行命令 SMPI 类似(参见本书 132 页),即以 MPI 文件格式(这是 LINDO API 专用的一种文件格式)将模型保存到文件,在需要时这个文件可供 LINDO API 使用.

调用@SMPI 时的第一个参数必须是将要保存到的文件的文件名,其他参数的要求与@GEN 相同.也就是说,子模型(一个或多个)也是可以保存为 MPI 格式的文件.

4. @RELEASE

一般来说,如果一个变量 X 在计算段中被赋值(或通过计算确定了它的值),这个变量在模型求解时就被认为是常数,不再作为决策变量进行优化. 如果希望在模型求解时仍然将它作为决策变量进行优化,可以在计算段中使用@RELEASE 函数. 其用法是:

@RELEASE(X);

A.4 其他新增函数

A.4.1 函数@NORMSINV 的用法

该函数是一个一元函数,即标准正态分布的分布函数的逆函数,其输入参数必须是一个不超过 1 的非负数. 记输入参数 p,则@NORMSINV(p)计算标准正态分布 N(0,1)的 p 分位数,结果可以取任意实数.

例如,如果在 LINGO 中输入以下语句(注意这里的@free(y)语句是为了让 y 有机会取负值,因为 LINGO 中变量缺省为非负):

x = @normsinv(0.5);
y = @normsinv(0.2); @free(y);
z = @normsinv(0.8);

得到的输出为(注意 x 并不严格等于精确值 0,这是由于计算精度的影响):

x 0.1490050E-07
y -0.8416212
z 0.8416212

容易知道,对于一个一般的正态分布 $N(u, s^2)$,则其 p 分位数为 $u + s^2 * $ @NORMSINV(p).

A.4.2 函数@TABLE 的用法

该函数以表格形式输出与集合和集合的属性相关的数据,并且只能在数据段(DATA)中使用. 目前该函数仅用于将数据输出到结果报告窗口或文本文件中,而不能输出到数据库或电子表格(EXCEL)文件中. 也就是说,只能输出到@TEXT 函数,而不能输出到@OLE 和@ODBC 函数.

如果该函数只有一个输入参数,则该输入参数必须是一个集合名或者是集合的某个属性名;当输入参数是一个集合名时,则显示该集合的成员(元素),对应的位置显示为"X"(其他位置显示为空);当输入参数是一个属性名时,则对应的位置显示该属性(数组变量)的具体取值.

例如,对于例 3.5(最短路问题),如果在程序的数据段(DATA)中增加以下语句:

@text() = @table(ROADS);

@text() = @table(D);

得到的输出为：

	S	A1	A2	A3	B1	B2	C1	C2	T
S		X	X	X					
A1					X	X			
A2					X	X			
A3					X	X			
B1							X	X	
B2							X	X	
C1									X
C2									X
T									

	S	A1	A2	A3	B1	B2	C1	C2	T
S		6	3	3					
A1					6	5			
A2					8	6			
A3					7	4			
B1							6	7	
B2							8	9	
C1									5
C2									6
T									

我们作几点说明：

1. 如果某一行显示不下，则会简单地换行进行显示．如果对应的集合只是一维的，则显示时集合的元素（属性的下标）按列向量排列．如果对应的集合为二维或更多，则将最后一维显示在水平行，其他维显示在纵向列中．

例如，如果编写以下简单的程序：

```
sets:
    Set_a/1 2/;
    Set_b/a b/;
    Set_c/x,y/;
    Set_d/m,n/;
    set(set_a,set_b,set_c,set_d);
endsets
data:
    @text() = @table(set);
enddata
```

显示的结果为：

```
    M N
1 A X X
1 A Y X X
1 B X X
1 B Y X X
2 A X X
2 A Y X X
2 B X X
2 B Y X X
```

2. 以上这种显示顺序也是可以由用户控制的：

(1) 如果在@table的第一个输入参数(集合名或者是集合的某个属性名)后面写上一个正整数H作为第二个输入参数，则将最后H维显示在水平行(自然，H不应该超过集合的最大维数)，其他维显示在纵向列中。因此，如果将上面的语句@text() = @table(set)改为@text() = @table(set,1)，效果是一样的；如果改为@text() = @table(set,2)，则将最后2维(第3、4维)显示在水平行，效果如下所示：

```
    X X Y Y
    M N M N
1 A X X X X
1 B X X X X
2 A X X X X
2 B X X X X
```

(2) 如果集合的维数是n，在@table的第一个输入参数(集合名或者是集合的某个属性名)后面可以写上n个正整数k1,k2,…, kn(这是1,2,…, n的一个排列)，则显示时按照第k1,k2,…, kn维的顺序输出，并将第kn维显示在水平行。因此，上面例子中的语句@text() = @table(set)与@text() = @table(set,1,2,3,4)的效果是一样的；如果改为@text() = @table(set,4,3,2,1)，显示如下所示：

```
      1 2
M X A X X
M X B X X
M Y A X X
M Y B X X
N X A X X
N X B X X
N Y A X X
```

```
N Y B X X
```

(3) 如果集合的维数为 n，并在 @table 的第一个输入参数（集合名或者是集合的某个属性名）后面写上 n 个正整数 k1,k2,…,kn（这是 1,2,…,n 的一个排列），此外再增加一个正整数 H，则显示时按照第 k1,k2,…,kn 维的顺序输出，并将 k1,k2,…,kn 中最后面的 H 维显示在水平行（其中 H 不应该超过 n－1）。因此，上面例子中的语句 @text() = @table(set) 与 @text() = @table(set,1,2,3,4,1) 的效果也是一样的；如果改为 @text() = @table(set,4,3,2,1,2)，显示如下所示（注意此时最后两维也就是原 set 集合的第 2 维和第 1 维）：

```
      A A B B
      1 2 1 2
    M X X X X
    M Y X X X
    N X X X X
    N Y X X X
```

我们这里给出的例子都是针对输出集合元素的，对于输出属性变量的情形，使用方法与此完全类似。这里的例子中 set 是一个稠密集合，对于稀疏集合的情形，使用方法也与此完全类似。

A.4.3 函数 @DIVERT 的用法

该函数只能用在计算段（CALC），可以改变缺省的输出设备。其用法与数据段（DATA）中的 @TEXT 函数类似，即具体用法是：

```
@DIVERT('filename')
```

其中 filename 是表示文件名的字符串（最好写上完整的路径名，以方便找到这个文件）。程序运行时将生成文本文件 filename（如果这个文件已经存在，旧文件将被新生成的文件覆盖），以后的输出直接写入到这个文件，直到再次遇到 "@DIVERT()" 语句时关闭这个文件，结束这一输出模式。

在 A.3.2 节，我们已经使用过这个函数。我们下面再举一个例子：

```
sets:
    Set_a/1 2/;
    Set_b/a b/;
    Set_c/x,y/;
    Set_d/m,n/;
    set(set_a,set_b,set_c,set_d);
endsets
```

```
calc:
    @divert('abc.txt');
    @writefor(set(i,j,p,r):i+j+p+r,' ');
    @divert();
endcalc
```

运行后,文本文件 abc.txt 的内容为:

4 5 5 6 5 6 6 7 5 6 6 7 6 7 7 8

如果文本文件已经存在,而希望将新的输出结果追加到原文件内容后面,可以通过增加一个参数 'A' 实现. 例如,如果将上面的计算段改为:

```
@divert('abc.txt','a');
@write(@newline(1));
@writefor(set(i,j,p,r):i+j+p+r,' ');
@divert();
```

再运行一次,发现文本文件 abc.txt 的内容为:

4 5 5 6 5 6 6 7 5 6 6 7 6 7 7 8
4 5 5 6 5 6 6 7 5 6 6 7 6 7 7 8

最后指出,@divert 函数是可以嵌套使用的,从而在计算段中就可以实现将不同的内容写入到多个文件中去. 读者不妨自己试试.

A.4.4 函数 @SET 和 @APISET 的用法

在以前的 LINGO 版本中,LINGO 系统的各种控制参数和选项只能通过菜单命令 LINGO|Options(Ctrl+I)进行修改(参见本书 119-130 页),或者通过命令行命令 SET 和 APISET 进行修改(参见本书 132 页). 在 LINGO 10.0 中,则允许用户在计算段中通过函数 @SET 和 @APISET 对各种控制参数和选项进行修改(@SET 只能修改 LINGO 系统的参数,而 @APISET 可以修改 LINDO API 的所有参数). 这些修改后的参数取值只有当当前模型运行(求解)时有效,一旦当前模型的求解完成(程序运行结束),所有参数值就会自动恢复到原有的状态. 这两个函数同样只能在计算段中使用.

我们下面只给出几个例子,详细内容请参看 LINGO 在线帮助文件或其他相关文档.

```
@SET('IPTOLR',.05);        ! 将参数 IPTOLR 的值设为 0.05;
@SET('IPTOLR');            ! 恢复参数 IPTOLR 的缺省值;
@SET('DEFAULT');           ! 恢复 LINGO 系统所有参数的缺省值;
@APISET(318,'INT',5);      ! 将 LINDO API 系统中编号为 318 号的参数的值设为 5;
@APISET('DEFAULT');        ! 恢复 LINDO API 所有参数的缺省值;
```

参 考 文 献

1. 姜启源,谢金星,叶俊.数学模型(第3版).北京:高等教育出版社,2003
2. 姜启源,邢文训,谢金星,杨顶辉.大学数学实验.北京:清华大学出版社,2005
3. 姜启源,何青,高立.数学实验.北京:高等教育出版社,1999
4. 谢金星,邢文训.网络优化.北京:清华大学出版社,2000
5. 全国大学生数学建模竞赛组委会.全国大学生数学建模竞赛优秀论文汇编(1992—2000).北京:中国物价出版社,2002
6. 洪文,吴本忠.LINGO 4.0 for Windows 最优化软件及其应用.北京:北京大学出版社,2001
7. 胡运权等.运筹学基础及应用(第4版).北京:高等教育出版社,2004
8. 韩伯棠.管理运筹学.北京:高等教育出版社,2000
9. 薛毅.数学建模基础.北京:北京工业大学出版社,2004
10. 刘德铭,黄振高.对策论及其应用.北京:国防科技大学出版社,1995
11. 唐应辉,唐小我.排队论——基础与应用.成都:电子科技大学出版社,2000
12. Foulds L R. Combinatorial Optimization for Undergraduates. New York: Springer-Verlag, 1984(中译本:沈明刚等.组合最优化.上海:上海翻译出版公司,1988)
13. Giordano F R, Weir M D, Fox W P. A First Course in Mathematical Modeling (3rd edition). Brooks/Cole,2003 (中译本:叶其孝,姜启源等.数学建模.北京:机械工业出版社,2005)
14. Winston W L. Introduction to Mathematical Programming. Fourth edition. Californian: Brooks/Cole-Thomson Learning, 2003
15. Winston W L. Operations Research: Applications and Algorithms. Third edition. Duxbury Press, 1994
16. Schrage L. Optimization Modeling with LINDO. Fifth edition. Duxbury Press, 1997
17. Schrage L. Optimization Modeling with LINGO. 6th ed. LINDO Systems Inc., 2006
18. Lindo Systems Inc.: http://www.lindo.com. 2006